Digitale Bildverarbeitung

Martin Werner

Digitale Bildverarbeitung

Grundkurs mit neuronalen Netzen
und MATLAB®-Praktikum

 Springer Vieweg

Martin Werner
Fachbereich Elektrotechnik und
Informationstechnik, Hochschule Fulda
Fulda, Deutschland

ISBN 978-3-658-22184-3   ISBN 978-3-658-22185-0   (eBook)
https://doi.org/10.1007/978-3-658-22185-0

Die Deutsche Nationalbibliothek verzeichnet diese Publikation in der Deutschen Nationalbibliografie;
detaillierte bibliografische Daten sind im Internet über http://dnb.d-nb.de abrufbar.

Planung/Lektorat: Reinhard Dapper
Springer Vieweg ist ein Imprint der eingetragenen Gesellschaft Springer Fachmedien Wiesbaden GmbH und ist
ein Teil von Springer Nature.
Die Anschrift der Gesellschaft ist: Abraham-Lincoln-Str. 46, 65189 Wiesbaden, Germany

Vorwort

Aufnahme und Bearbeitung von Bildern mit dem Smartphon sind heute ein „Kinderspiel". Bei der Bildverarbeitung in Wissenschaft und Technik geht es weniger um gefällige Bilder, als um die zweckgebundene Auswertung der Bildinformation.

Das Buch Digitale Bildverarbeitung richtet sich an Studierende in MINT-Studiengängen, die einen Einstieg in Methoden und Anwendungen der digitalen Bildverarbeitung suchen. Im Vordergrund steht das Verständnis der „bleibenden" Konzepte. Die Darstellung der Themen sind dem Bachelorstudium an Universitäten und Hochschulen für angewandte Wissenschaften angepasst. Jedes Kapitel besteht aus einer Einführung in die Grundlagen, aus Beispielen und praktischen Aufgaben am Computer mit MATLAB®. Lösungen und viele Programmbeispiele unterstützen den Lernerfolg. Empfohlen wird die aktive Bearbeitung der Aufgaben und Beispiele mit MATLAB® am Computer. Die Beispiele können nach eigenen Interessen und Wünschen modifiziert und mit eigenen Bildern erweitert werden.

Das Programmsystem MATLAB® mit der Image Processing Toolbox wird vorausgesetzt. Es ist an vielen Hochschulen verfügbar und auch als preiswerte Studentenversion erhältlich. Der Einsatz der Image Processing Toolbox von MATLAB® ermöglicht schnell sichtbare Ergebnisse ohne erschöpfendes Programmieren von Ein-, Ausgabe- und Formatierungs-Routinen. So bleibt der Blick auf die Algorithmen der Bildverarbeitung frei und der Weg in die Praxis wird abgekürzt.

Die Versuche zu künstlichen neuronalen Netzen können im Wesentlichen ohne weitere Software bearbeitet werden, da zur besseren Verständlichkeit und Erweiterbarkeit die Beispiele mit elementaren MATLAB-Befehlen programmiert wurden. Ergänzend werden einige Anwendungen der MATLAB® Neural Network Toolbox vorgestellt.

Die Originalversion des Buchs wurde revidiert: Die fehlerhaften Gleichungen auf S. 218 und S. 220 des Kapitels 8 wurden korrigiert. Zudem wurden zu allen 14 Kapiteln des Buches elektronische Zusatzmaterialien angefügt. Ein Erratum ist verfügbar unter https://doi.org/10.1007/978-3-658-22185-0_15

Mit seiner Themenauswahl und dem Angebot zum explorativen Lernen soll das Buch Digitale Bildverarbeitung solide Grundlagen für eine spätere fachliche Vertiefung in einem Masterstudium oder einer einschlägigen Berufspraxis legen. Das eher kurzlebige Produktwissen kann dann später in einer Produktschulung schnell erworben werden.

Allen Studierenden, die die Laborversuche durch ihr Interesse und mit vielen Anregungen an der Hochschule Fulda begleitet haben, herzlichen Dank. Mein besonderer Dank gilt Herrn OStR Carsten Rathgeber für die wertvollen Anregungen und Herrn Dipl.-Ing. (FH) Bernd Heil für die Unterstützung im Nachrichtentechnik-Labor.

Fulda   Martin Werner
im Herbst 2020

Inhaltsverzeichnis

Digitale Bilder

1

Inhaltsverzeichnis

Die Originalversion dieses Kapitels wurde revidiert: Das elektronische Zusatzmaterial wurde beigefügt. Ein Erratum ist verfügbar unter https://doi.org/10.1007/978-3-658-22185-0_15

Elektronisches Zusatzmaterial Die elektronische Version dieses Kapitels enthält Zusatzmaterial, das berechtigten Benutzern zur Verfügung steht https://doi.org/10.1007/978-3-658-22185-0_1

Zusammenfassung

Die Bilddarstellung durch eine digitale Kamera basiert auf der optischen Abbildung mit einer dünnen Sammellinse. Abtastung und Quantisierung des Bildes schließen sich an. Die so aufgenommenen Rasterbilder werden im Rechner als Bildmatrizen gespeichert. Bei einem Grauwertbild wird für jedes Bildelement ein Grauwert aufgenommen. Bei Farbbildern gehören zu jedem Bildelement drei Farbkomponenten. Die Bildverarbeitung geschieht durch Manipulation der Bildelemente durch ausgewählte Bildverarbeitungsalgorithmen.

Schlüsselwörter

Abbildungsgleichung („thin lens formula") · Abbildungsmaßstab („reproduction scale") · Blende („diaphragm") · Blendenöffnung („aperture") · Blendenzahl („f-number") · Bildelement („picture element") · Bildformat („image format/ type") · Bildgröße („image size") · Binärbild („binary image") · Brennweite („focal length") · Digitalkamera („digital camera") · Grauwertbild („grayscale image") · Hyperfokaler Abstand („hyperfocal distance") · Linsengleichung („thin lens formula") · MATLAB · Pixel („pixel") · Rasterbild („raster graphics/ image" · „bitmap") · RGB-Bild („RGB image") · Sammellinse („biconvex lens") · Schärfentiefe („depth of field") · Schwarz-Weiß-Bild („black-and-white image")

1.1   Einführung

Mit der Verbreitung preiswerter Mobiltelefone mit integrierter Kamera sind digitale Bilder praktisch für jedermann zugänglich geworden. In gleichem Maße ist der Wunsch gestiegen, die Bilder zu bearbeiten, sei es um die Bildgröße anzupassen oder sogar Bildinhalte zu verändern. Hierfür sind kommerzielle und frei erhältliche Softwarepakete entstanden, wie beispielsweise das bekannte Programm GIMP (GNU Image Manipulation Program). Bei der *Bildbearbeitung* steht die Wirkung auf den Betrachter im Vordergrund, z. B. bei der Gestaltung eines Fotoalbums oder einer Werbebroschüre. Obwohl es Überschneidungen gibt, unterscheidet sich hiervon die *Bildverarbeitung* wesentlich. Die Bildverarbeitung ist an der Bildinformation und ihrer automatischen Verarbeitung interessiert, wie das scheinbar simple Zählen von unterschiedlichen Werkstücken auf einem Förderband (Demant et al. 2011) oder die Unterscheidung von Gewebearten in einer Computertomographie(CT)-Aufnahme (Gonzalez und Woods 2018; Toennies 2012). Auf die Bildverarbeitung gestützte Entscheidungen betreffen unmittelbar Qualität und Kosten von Produkten bzw. Therapien für die Patienten.

Oft werden komplexe Systeme aus Hard- und Software eingesetzt. Spezielle Bildverarbeitungssysteme unterstützen typisch fünf Arbeitsschritte: die Bilderfassung, die Vorverarbeitung, die Segmentierung, die Merkmalsextraktion und die Klassifikation. Diese fünf Arbeitsschritte werden sich als Roter Faden durch dieses Buch ziehen.

Im Folgenden werden praktischen Übungen mit dem verbreiteten Programmsystem MATLAB®[1] der Firma MathWorks eingesetzt (z. B. Solomon und Breckon 2011). Fünf Gründe sprechen besonders für den Einsatz von MATLAB mit der `Image Processing Toolbox`:

- MATLAB ist ein Werkzeug für die digitale Signalverarbeitung und wird weltweit auf vielen PCs und Arbeitsplatzrechnern eingesetzt;
- Die Kombination von MATLAB und PC ermöglicht es einfach und kostengünstig reale Bilder zu verwenden;
- Wegen der einfachen Bedienbarkeit sowie den guten grafischen Eigenschaften kann sofort mit der Bildverarbeitung begonnen werden;
- MATLAB ist als preiswerte Studentenversion erhältlich und wird mit einer ausführlichen Online-Hilfefunktion sowie thematischen (Video-)Einführungskursen ausgeliefert;
- Und nicht zuletzt, bietet die MATLAB-Bedienoberfläche viele nützliche Hilfen an.

Es liegt in der Natur der Sache, dass ein mächtiges Werkzeug wie MATLAB weder auf wenigen Seiten beschrieben, noch in den wichtigsten Funktionen schnell beherrscht werden kann. Dieses Kapitel soll Sie deshalb auch bei den ersten Schritten in MATLAB unterstützen. Mit zunehmender Übung, werden sich Ihnen mehr und mehr Möglichkeiten erschließen. Die kommentierten Programmbeispiele zu den Übungen im Buch und die ausführliche Online-Dokumentation von MATLAB helfen Ihnen dabei. Die praktischen Übungen und Aufgaben, soweit sie am Computer durchzuführen sind, wurden mit der MATLAB-Version R2018a getestet.

Weil die Bildverarbeitung stark werkzeugorientiert ist, lässt es sich nicht vermeiden, dass im Weiteren immer wieder direkt Bezug auf MATLAB genommen wird. Um Missverständnissen auszuweichen, werden Begriffe und Definitionen möglichst kompatibel zu MATLAB eingeführt. Der besseren Lesbarkeit halber wird im Text auf entsprechende Hinweise verzichtet.

1.2 Abbildung durch Auge und Kamera

Für uns Menschen entstehen Bilder als Abbildung der physikalischen Realität zunächst über die Augen und schließlich im Gehirn. Digitale Bilder entstehen im Prozess der Bilderfassung durch Bildaufnehmer in der Kamera (Demant et al. 2011; Gonzalez und Woods 2018; Jähne 2012; Russ 2007). Dem Auge und der Kamera liegt ein gemeinsames physikalisches Prinzip zugrunde, die Sammellinse.

---

[1]MATLAB® ist ein eingetragenes Warenzeichen der Firma The MathWorks, Inc., USA, www.mathworks.com.

Abb. 1.1 Schnittbild des menschlichen Auges

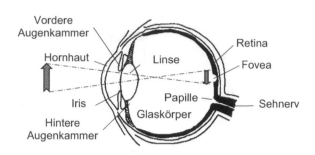

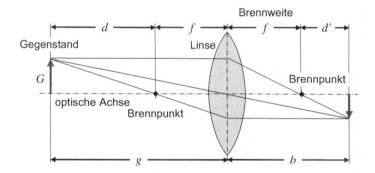

Abb. 1.2 Abbildung durch eine dünne bikonvexe Sammellinse mit $b < g$

1.2.1 Sammellinse

Das vereinfachte Schnittbild des menschlichen Auges in Abb. 1.1 veranschaulicht das „Sehen" bzw. die Bildaufnahme durch eine Kamera. Das von einem Gegenstand vor dem Auge aktiv ausgesandte bzw. passiv reflektierte Licht gelangt durch den optischen Apparat (Hornhaut/Kornea und Linse) auf die lichtempfindliche Netzhaut (Retina). Dabei findet eine Umkehrung von oben und unten statt.

Die Abbildung auf der Netzhaut wird physikalisch durch das Modell der dünnen *Sammellinse* in Abb. 1.2 erklärt. Sammellinsen können wie hier bikonvex oder auch konvex-konkav sein (Vogel 1995). Für viele praktische Anwendungen, z. B. der Längenmessung von Objekten, ist es wichtig das Modell zu kennen, damit die Größen von Gegenständen und ihren Bildern zueinander ins Verhältnis gesetzt werden können. Charakteristisch für das Modell sind die drei folgenden Strahlengänge (Abb. 1.2):

- Ein parallel zur optischen Achse einfallender Strahl verläuft durch den Brennpunkt hinter der Linse.
- Ein Strahl der vor der Linse durch den Brennpunkt einfällt, verläuft hinter der Linse parallel zur optischen Achse.
- Ein Strahl auf der optischen Achse verändert seine Richtung nicht.

Linsengleichung

Mit den drei Strahlengängen lassen sich in Abb. 1.2 die *Bildgröße B* und die *Gegenstandsgröße G* über einfache Dreiecksbeziehungen mit der für die Linse charakteristischen *Brennweite f* und dem bildseitigen und dem objektseitigen Abstand *d'* bzw. *d* verknüpfen. Aus dem Strahlensatz folgt auf der Bildseite $G/B = f/d'$ und entsprechend auf der Gegenstandsseite $G/B = d/f$. Es folgt die *newtonsche Abbildungsgleichung* (I. Newton, 1642–1726)

$$d' \cdot d = f^2.$$

Benutzt man statt dessen die Abstände zur Linse, die *Gegenstandsweite g* und die *Bildweite b*, so erhält man die *gaußsche Abbildungsgleichung* (J. C. F. Gauß, 1777–1855), die bekanntere *Linsengleichung*

$$\frac{1}{b} + \frac{1}{g} = \frac{1}{f}.$$

Die Äquivalenz mit der newtonschen Abbildungsgleichung lässt sich durch Umformung zeigen.

Das Größenverhältnis von Bild *B* und Gegenstand *G* hängt von den jeweiligen Abständen *b* bzw. *g* ab und wird durch den (lateralen) *Abbildungsmaßstab* beschrieben

$$m = \frac{B}{G} = \frac{b}{g} = \frac{f}{d} = \frac{d'}{f}.$$

Sind Brennweite und Abstände bekannt, so kann aus der Bildgröße die Gegenstandsgröße errechnet werden.

1.2.2 Schärfentiefe

Eine weitere wichtige Kenngröße der Bildaufnahme ist die *Schärfentiefe*. Sie gibt den Entfernungsbereich für die Objekte an, bei der die systembedingte Unschärfe die Bildqualität nicht (zusätzlich) beeinträchtigt. Mit maßgeblich dafür ist die Größe der digitalen Sensorelemente. Denn in der Bildebene können systembedingt keine kleineren Strukturen als die Sensorelemente aufgelöst werden.

Blendenzahl
Wir verwenden wieder das vereinfachte Modell der dünnen Sammellinse (Abb. 1.2), welche wir durch eine Blende in der Linsenebene ergänzen. Man spricht von einem *Standardobjektiv*. (Für spezielle Aufgaben werden auch Blenden auf der Bildseite im Brennpunkt bzw. dahinter eingesetzt. Dann spricht man von *telezentrischen* bzw. *hypergeometrischen* Objektiven.)

Die Blende begrenzt ringförmig die Öffnung des Objektives und damit die Menge des einfallenden Lichts. Vergrößert sich die Öffnung, vergrößert sich die Beleuchtungsstärke

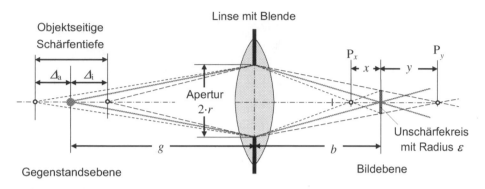

Abb. 1.3 Zur Berechnung der Schärfentiefe (Standardoptik)

der Bildebene. Als Fachbegriff ist die *Blendenöffnung*, die *Apertur* der Kamera, eingeführt. Charakteristischer Wert ist das Verhältnis von Brennweite zur Apertur (Loch-
durchmesser), die *Blendenzahl* (für dünne Linsen)

$$k = \frac{f}{2 \cdot r}.$$

Die Situation mit der Blende in der Linsenebene veranschaulicht Abb. 1.3. Sie liefert
den Ausgangspunkt für die weiteren Überlegungen.

Schärfentiefe

Wir nehmen an, dass die Kamera auf die Gegenstandsweite g und die Bildweite b scharf
eingestellt ist (Abb. 1.3). Befindet sich ein Objekt um Δ_a außerhalb oder um Δ_i innerhalb der Gegenstandsweite, so kreuzen sich die zugehörigen Strahlen in den Punkten P_x
bzw. P_y vor bzw. hinter der Bildebene mit den Abständen x bzw. y. Statt eines idealen
Punktes resultiert in der Bildebene der *Unschärfekreis*, auch Zerstreuungskreis genannt,
mit dem Radius ε.

In der Praxis ist die umgekehrte Fragestellung interessanter. Für vorgegebenem Radius
ε (des Sensorelements) soll der Bereich vor der Kamera bestimmt werden, für den die
resultierenden Unschärfekreise, die systembedingte Unschärfe, den Kreis mit Radius ε
nicht übersteigen. Dies führt auf die Schärfentiefe. Sie soll nun berechnet werden. Aus der
Linsengleichung erhält man zunächst zu den Schnittpunkten P_x und P_y in Abb. 1.3

$$\frac{1}{f} = \frac{1}{g + \Delta_a} + \frac{1}{b - x} \quad \text{und} \quad \frac{1}{f} = \frac{1}{g - \Delta_i} + \frac{1}{b + y}.$$

Über die Abstände x und y lassen sich die Blendenöffnung und der Radius des
Unschärfekreises in die Gleichungen einbringen. Aus einfachen geometrischen Überlegungen gelten in Abb. 1.3 die Verhältnisse

$$\frac{r}{\varepsilon} = \frac{b - x}{x} = \frac{b + y}{y}.$$

Auflösen nach x bzw. y liefert die gesuchten Substituenten

$$x = \frac{\varepsilon \cdot b}{\varepsilon + r} \quad \text{und} \quad y = \frac{\varepsilon \cdot b}{\varepsilon - r}.$$

Nun werden die Abstände x und y in die beiden Ansätze zur Schärfentiefe eingesetzt und die gesuchten objektseitigen Abstände für den Schärfebereich berechnet.

$$\Delta_a = \frac{2 \cdot \varepsilon \cdot k \cdot g \cdot (g-f)}{f^2 - 2 \cdot \varepsilon \cdot k \cdot (g-f)} \quad \text{und} \quad \Delta_i = \frac{2 \cdot \varepsilon \cdot k \cdot g \cdot (g-f)}{f^2 + 2 \cdot \varepsilon \cdot k \cdot (g-f)}$$

Die *Schärfentiefe* ist insgesamt gleich der Summe aus Δ_a und Δ_i. Für sie lassen sich drei Faustregeln ableiten. Die Schärfentiefe wird umso geringer,

- je kleiner die Blendenzahl k,
- je länger die Brennweite f
- und je kürzer die Gegenstandsweite g.

Von besonderem praktischem Interesse ist die Gegenstandsweite für den Grenzfall unendlicher Schärfentiefe, der *hyperfokale Abstand*. Dazu betrachten wir bei konstanter Blendenzahl und Brennweite die Nullstelle im Nenner von Δ_a

$$f^2 - 2 \cdot \varepsilon \cdot k \cdot (g_H - f) = 0.$$

Es ergibt sich der hyperfokale Abstand

$$g_H = f \cdot \left(1 + \frac{f}{2 \cdot \varepsilon \cdot k} \right) = f \cdot \left(1 + \frac{r}{\varepsilon} \right).$$

CCD-Kamera

Heute weit weitverbreitet sind Kameras mit CCD-Sensoren („charge-coupled device "). In den Bildsensoren wandeln eine Vielzahl von Photodioden die einfallenden Photonen in elektrische Ladung um, die über der Belichtungszeit gesammelt wird. Beim anschließenden Entladen fließt Strom, dessen Spannungsabfall an einem Widerstand digital erfasst werden kann. Sind die Sensorelemente, in einer Matrix angeordnet, spricht man von Matrixsensoren. Und jedes Sensorelement trägt ein Bildelement entsprechend seiner Position bei.

Zur Veranschaulichung betrachten wir eine hochauflösende CCD-Kamera mit Bildsensorelementen der Größe 10 mal 10 µm. Die Blendenzahl sei zwei und die Brennweite 15 mm. Wir legen eine Fernaufnahme zugrunde. Das heißt, der Objektabstand ist mit 1,5 m deutlich größer als die Brennweite. Mit den Zahlenwerten des Beispiels können wir die eingeführten Kenngrößen veranschaulichen:

- Der Abbildungsmaßstab ist hier 0,01, womit das Bild des Objektes auf dem Sensor um den Faktor 100 verkleinert wird.

- Für die Berechnung der Schärfentiefe legen wir den Radius des Unschärfekreises mit 5 μm gleich der halben Sensorhöhe fest. Damit ist die Schärfetiefe circa 0,4 m.
- Wie weit sollte bei den gegebenen Einstellungen der fokussierte Gegenstand entfernt sein, damit der gesamte Hintergrund scharf abgebildet wird? Der hyperfokale Abstand beträgt circa 11,26 m.

Die notwendigen Berechnungen können auch als einfaches MATLAB-Programm formuliert werden. Eine mögliche Umsetzung zeigt Programm 1.1. Mit ihm können auch obige Faustregeln überprüft werden, ob die Schärfentiefe mit der Blendenzahl, der Brennweite oder dem Objektabstand tatsächlich ab bzw. zunimmt.

Programm 1.1 Berechnung der Schärfentiefe

```
% Schärfentiefe
% bv_digbild_1 * mw * 2019-12-05
%% Eingaben
fprintf('\n')
fprintf('Schärfentiefe 2019-12-05\n')
fprintf('Eingaben\n')
k = input('Blendenzahl k = ');
f = input('Brennweite in mm f = ');
g = input('Gegenstandsweite in m g = ');
epsilon = input('Unschärferadius in mm… epsilon = ');
%% Berechnungen
fprintf('Ergebnisse\n')
f = f*1e-3; epsilon = epsilon*1e-3; % Normierung, Größen in m
b = f*g/(g-f); % Bildweite in m
if b >= g % Voraussetzung b<g verletzt
    fprintf('Fehler b >= g')
else
    m = f/(g-f); % Abbildungsmaßstab
fprintf('Abbildungsmaßstab: %6.2f\n',m)
    c = 2*epsilon*k*(g-f); % Hilfsgröße
    gdy = c*g/(f^2-c); % Abstand außen
    gdx = c*g/(f^2+c); % Abstand innen
    st = gdy + gdx; % Schärfentiefe
fprintf('Schärfentiefe: %6.2f m\n',st)
    gH = f*(1+f/(2*epsilon*k)); % Hyperfokaler Abstand
fprintf('Hyperfokaler Abstand: %6.2f m \n',gH)
end
```

Ergänzen Sie die Textlücken sinngemäß.

1. Bei Sammellinsen vereinen sich alle parallel zur optischen Achse einfallenden Lichtstrahlen im ___ hinter der Linse.
2. Die Linsengleichung stellt den Zusammenhang zwischen der Gegenstandsweite, der Bildweite und der ___ her.
3. Das Verhältnis von Bildgröße zu Gegenstandsgröße nennt man den ___.
4. Die Apertur ist gleich dem ___ der kreisförmigen Blendenöffnung.
5. Die Blendenzahl erhält man aus der ___ geteilt durch die Apertur.
6. Verdoppelt man die Blendenzahl, sinkt die ___ auf ein Viertel.
7. Die Schärfentiefe hängt von vier Größen ab, nämlich dem Radius des tolerierbaren Unschärfekreises sowie der ___, der ___ und der ___.
8. Bei Fokussierung auf einen Gegenstand im ___ Abstand, wird der der gesamte Hintergrund scharf abgebildet.
9. Die Schärfentiefe wird umso geringer, je ___ die Blendenzahl ist.
10. Die Schärfentiefe wird umso geringer, je ___ die Brennweite ist.
11. Die Schärfentiefe wird umso geringer, je ___ der Abstand zum fokussierten Objekt ist.
12. I. Newton und J. C. F. Gauß werden im Zusammenhang mit der ___ genannt.

1.3   Digitale Bildmatrix

Das *sichtbare Licht* kann in vielen praktischen Fragestellungen als elektromagnetische Welle bzw. als Strom von Lichtteilchen, den Photonen, beschrieben werden. Die *Wellenlängen (λ)* liegen etwa im Bereich von 380 bis 760 nm, was dem Frequenzband von 790 bis 395 THz entspricht. Trifft sichtbares Licht auf die Netzhaut, so werden in den lichtempfindlichen Fotorezeptoren, den sogenannten Stäbchen und Zapfen, durch fotochemische Prozesse Potenzialverschiebungen angeregt, die an den Synapsen als elektrochemische Signale weitergeleitet werden. Bereits auf der Retina findet durch ein neuronales Netzwerk eine Vorverarbeitung der Signale in Form einer einfachen „Mustererkennung" statt. Die Reizunterschiede auf den rezeptiven Feldern der Retina werden durch On- und Off-Zentrum-Neuronen betont, so dass Kanten und Konturen besser wahrgenommen werden können (Kap. 6 u. 7). Die neuronale Signalverarbeitung auf der Retina und im Gehirn machen die menschliche Wahrnehmung allerdings auch anfällig gegen Sinnestäuschungen (Birbaumer und Schmidt 2010; Schandry 2006).

In einer *Digitalkamera* wird das Bild mittels eines lichtempfindlichen Bildsensors erzeugt. Heute werden häufig flächige *CCD-Sensoren* („charge-coupled device")

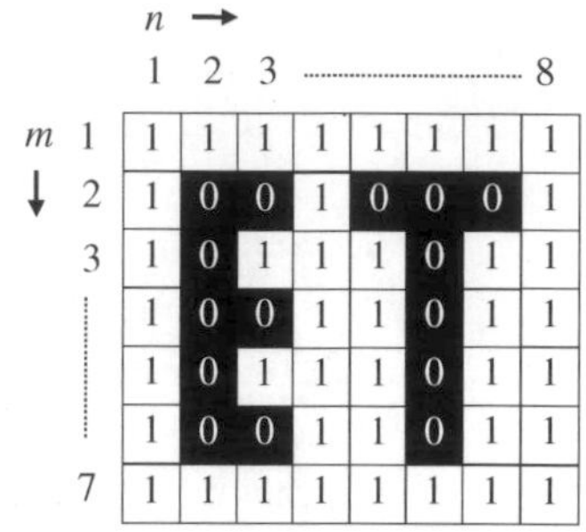

Abb. 1.4 Beispiel einer binäre Bildmatrix der Dimension 7×8

$$
\begin{array}{c}
\begin{array}{l}n \rightarrow \\ 1\ 2\ 3 \ \cdots\cdots\cdots\cdots\cdots\ 8\end{array}
\end{array}
$$

		1	2	3	4	5	6	7	8
m	1	1	1	1	1	1	1	1	1
$\downarrow$	2	1	0	0	1	0	0	0	1
	3	1	0	1	1	1	0	1	1
		1	0	0	1	1	0	1	1
		1	0	1	1	1	0	1	1
		1	0	0	1	1	0	1	1
	7	1	1	1	1	1	1	1	1

eingesetzt. Die energietragenden (Licht-)Photonen setzen Elektronen frei. Fotoaktive Zonen sammeln die freigesetzten Elektronen, ähnlich einem Kondensator, über eine gewisse Zeit, so dass eine zur Beleuchtungsintensität in der Bildebene proportionale Ladung entsteht. Beim kurzzeitigen Entladen induziert der Strom eine Spannung an einem Widerstand, die nach Verstärkung schließlich mit einem Analog-Digital-Umsetzer (ADU) digitalisiert wird.

Flächenkameras besitzen Bildsensoren, die nach einem bestimmten Raster wie eine Matrix in viele fotoaktive Zonen aufgeteilt sind. Jede Zone liefert pro Abtastvorgang ein *Bildelement*, kurz *Pixel* („picture element") genannt. Heute übliche Sensoren nach dem Standard APS-C (Advanced Photo System, 1996) liefern beispielsweise 10 Megapixel bei der Bildgröße von $20{,}7 \times 13{,}8$ bis 24×16 mm.

Die *Bilderfassung* beinhaltet die örtliche Diskretisierung der Beleuchtungsstärke in der Bildebene in zwei Dimensionen, die *Rasterung*. Hinzu kommt die Quantisierung der Beleuchtungsstärke zu den jeweiligen Sensorelementen. Für eine gelungene Bilderfassung und die weitere Verarbeitung kann die Beleuchtung mitentscheidend sein. Auswahl und Einsatz der richtigen Beleuchtungstechnik spielen in der industriellen Praxis eine wichtige Rolle (Demant et al. 2011).

1.3.1 Rasterbilder

Wie das Beispiel der Digitalkamera zeigt, lassen sich digitale Bilder in der Regel als rechteckförmige *Rasterbilder* interpretieren. Entsprechend der mathematischen Definition einer Matrix spricht man von der *Bildmatrix* $A_{M \times N} = (a_{m,n})$ mit den Elementen $a_{m,n}$ in M Zeilen und N Spalten, also der Dimension $M \times N$ mit den ganzzahligen Indizes $m \in \{1, 2, \ldots, M\}$ und $n \in \{1, 2, \ldots, N\}$. Abb. 1.4 zeigt ein einfaches Beispiel.

Für jedes Indexpaar (m, n) erhält man ein Bildelement mit einem spezifischen Wert. Typische Werte sind 0 und 1 bei *Binärbildern*, meist *Schwarz-Weiß-Bilder* genannt, oder Werte aus $\{0, 1, 2, \ldots, 255\}$ bei *Grauwertbildern* mit der üblichen Auflösung von acht Bits für die Wortlänge. In der Regel umfasst der Grauwertbereich die Darstellung von schwarz (0) bis weiß (255).

Abb. 1.5 Aus der Kachel
„ET" zusammengesetztes
Schwarz-Weiß-Bild

Rasterbilder unterstützt MATLAB durch $(m \times n)$-dimensionale Datenfelder (`array`). Für sie sind spezielle Operationen definiert, wie sie in der linearen Algebra und vielen Anwendungen benötigt werden. Im Falle von nur ein oder zwei Dimensionen entstehen daraus Vektoren bzw. Matrizen. Man beachte, bei MATLAB beginnt die Indizierung von Datenfeldern mit dem Index 1; der Index 0 liefert im Programm einen Fehler.

Die MATLAB `Image Processing Toolbox` benutzt für Bildmatrizen verschiedene Datentypen. Meist kommen die Datentypen `logical`, `uint8` und `double` zum Einsatz. Daneben sind auch die Datentypen `int16`, `uint16` und `single` gebräuchlich. Allgemein haben in der Bildverarbeitung die Datentypen Einfluss auf die Qualität der Darstellung, den Speicherbedarf, die Verarbeitungsgeschwindigkeit und die numerische Stabilität der Algorithmen.

Bei Vergleichen von Bildgrößen aus unterschiedlichen Quellen bzw. mit verschiedenen Programmen beachte man auch, dass manchmal auch die Zahl der Spalten zuerst genannt wird, wie beispielsweise im Windows® Explorer.

1.3.2   Schwarz-Weiß-Bilder

Schwarz-Weiß-Bilder sehen für die Pixel nur zwei mögliche Werte vor. Sie werden deshalb auch Binärbilder genannt. In der Regel werden 0 und 1 oder „falsch" und „wahr" für die Intensität schwarz bzw. weiß verwendet.

Übung 1.1 Binärbild (Programm 1.2)

a) Erzeugen Sie mit MATLAB ein Bild mit dem Buchstabenpaar „ET" als schwarze Schrift auf weißem Grund, wie in Abb. 1.4. Dazu erstellen Sie zuerst mit den MATLAB-Befehlen `ones` und `zeros` eine passende Matrix. Danach wandeln Sie die Matrix in eine logische (Bild-)Matrix (`logical`), die sie dann mit dem Befehl `imshow` am Bildschirm anzeigen.

b) Das Bild aus (a) soll nun als Grundelement aufgefasst und kurz Kachel genannt werden. Durch Kopieren und Invertieren (~) setzen Sie aus der Kachel ein neues größeres Bild wie in Abb. 1.5 zusammen.

c) Wie viele Zeilen und Spalten besitzt das größere Bild in (b)? (`size`)

d) Speichern Sie das zusammengesetzte Bild mit dem Befehl `imwrite` im TIFF-
Format *(Tagged Image File Format)* ab. Zur Probe löschen Sie danach den Arbeits-
speicher `Workspace` mit dem Befehl `clear` und laden dann das Bild mit dem
Befehl `imread` wieder.

MATLAB Tipps

Mit dem Befehl `figure` können Sie ein neues Bildobjekt am Bildschirm öffnen, sodass
mehrere Grafiken angezeigt werden können.

Die Größe der Bildanzeige kann über das Menü `File` ☞ `Preferences` ☞ `Image`
`Processing` ☞ `Initial Magnification` beeinflusst werden. Allgemein ist bei der
Bildschirmdarstellung darauf zu achten, dass bei Skalierung der Bilder unter Umständen
(in der Bildmatrix vorhandene) Bildinhalte gar nicht oder verzerrt angezeigt werden
können.

MATLAB unterstützt mehrere Bildformate, also Standards um digitale Bilder zu
lesen und zu speichern. Zu den bekanntesten Bildformaten zählen das *Windows Bitmap*
(BMP), das *Graphics Interchange Format* (GIF), das Format der *Joint Photographic
Expert Group* (JPG, JEPG), das *Tagged Image File Format* (TIF, TIFF) und das *Portable
Network Graphics Format* (PNG). Eine Liste der unterstützten Bilddateiformate zeigt der
Befehl `imformats`.

1.3.3   Grauwertbilder

Grauwertbilder sind Intensitätsbilder, weil die Pixelwerte die *Intensität* oder *Helligkeit*
der Bildelemente angeben. Üblicherweise werden die Pixelwerte als ganze Zahlen im
Bereich von 0 (schwarz) bis 255 (weiß), also mit 8bit-Wortlänge (`uint8`), dargestellt.
Wegen der Quantisierung der Intensität in 256 Stufen spricht man von den *Graustufen* 0
bis 255. Für hohe Qualitätsanforderungen, z. B. in der medizinischen Diagnostik, werden
auch zwei Byte pro Pixel verwendet („2-byte-pro-pixel image", `uint16`). Meist werden
aber nur 12 Bits tatsächlich genützt.

Übung 1.2 Grauwertbild (Programm 1.3)

a) Das Schwarz-Weiß-Bild in Abb. 1.5 soll in ein Grauwertbild mit 8bit-Wortlänge
umgewandelt werden. (`uint8`)
b) Nun soll bei den inneren vier Kacheln weiß in einen etwas helleren und schwarz
in einen etwas dunkleren Grauton, z. B. die Grauwerte 160 bzw. 96, umgewandelt
werden.

MATLAB Adressierung

Um einen Bereich in einem Datenfeld auszuwählen, ermöglicht MATLAB die bereichsweise Indexadressierung, beispielsweise `I(8:21,10:27)`. Darüber hinaus unterstützt

MATLAB die *logische Indizierung*. Ist I ein Grauwertbild, so werden mit I(I < 200) alle Bildelemente adressiert deren Grauwert kleiner 200 ist. Somit sind kompakte Befehle möglich wie I(I < 200) = 100.

1.3.4 Farbsehen und Farbbilder

Das menschliche Sehen stützt sich auf zwei Arten von Photorezeptorzellen auf der Netzhaut (Birbaumer und Schmidt 2010). Sie werden ihren Formen nach Zapfen oder Stäbchen genannt. Die ca. 120 Mio. besonders lichtempfindlichen Stäbchen ermöglichen das Dämmerungssehen, das *skotopische Sehen*, und die ca. 6 Mio. Zapfen das Tagessehen, das *photopische Sehen*. Während in der Dämmerung nur Grautöne wahrgenommen werden, ermöglicht das Tagessehen die Farbwahrnehmung, weil die Zapfen das Tageslicht nach Wellenlänge (Farbe) unterschiedlich absorbieren. Man spricht von den Blau-, den Grün- und den Rot-Zapfen mit den Empfindlichkeitsmaxima bei etwa den Wellenlängen 440, 535 bzw. 565 nm. Das Empfindlichkeitsmaximum der Stäbchen liegt bei etwa 500 nm.

Bemerkenswert ist die Adaptionsleistung der Photorezeptoren. Bei abnehmender Lichtintensität passt sich die Empfindlichkeitsschwelle der Zapfen über circa vier Größenordnungen an. Für mittlere Intensitätsbereiche gilt die logarithmische Beziehung des *Weber-Fechner-Gesetzes* zwischen der Empfindung *(E)* und der Reizstärke *(S* für Stimulus) mit $E \approx \ln S$ (Birbaumer und Schmidt 2010). Danach steuern die Stäbchen weitere zwei Größenordnungen bei. Die Dunkeladaption über insgesamt sechs Größenordnungen geschieht allerdings relativ langsam und kann über 30 min dauern. Bei der *Nachtblindheit* kommt es zum Totalausfall der Adaptionsfähigkeit der Stäbchen.

Zapfen und Stäbchen sind in unterschiedlicher Dichte auf der Netzhaut verteilt. Eine besondere Rolle beim Sehen spielt die Sehgrube *(Fovea)* (Abb. 1.1). Dort befinden sich ausschließlich Zapfen für das photopische Sehen. Die deckende neuronale Gewebeschicht über den Zapfen ist besonders dünn, so dass sich eine „Grube" bildet und der Lichteinfall weniger behindert wird. Bei Tageslicht ist die Fovea die Stelle des schärfsten Sehens, auf die das Auge das (Wunsch-)Abbild fixiert.

Interessant ist ferner, dass etwa 8 % der Männer und 0,4 % der Frauen unter angeborener Schwäche des Farbsinns leiden. Dabei unterscheidet man die *Dichromasie* (partielle Farbblindheit: rot-grün, gelb-blau) und die seltene *Achromasie*, die totale Farbblindheit.

Physiologischen Befunde zum 3-Zapfensystem der Netzhaut und zur Wahrnehmung von Mischfarben haben zur trichromatischen Theorie des Farbsehens geführt. Andererseits deuten Kontrastphänomene in der Wahrnehmung auf die Gegenfarbentheorie hin, die auf vier Urfarben und ihren Kontrasten, nämlich Rot/Grün und Blau/Gelb, beruht (sowie Schwarz/Weiß) (Birbaumer und Schmidt 2010).

Farbsysteme

Technische Systeme zur Bildaufnahme und Bildverarbeitung stützen sich auf das Phänomen des menschlichen Farbempfindens durch additives Mischen der Farbkomponenten. Farbbilder bestehen deshalb meist aus drei Farbkomponenten mit denen sich durch additive Mischung *Farbräume* erzeugen lassen. Je nach Anwendung werden unterschiedliche Farbsysteme mit spezifischen Farbräumen eingesetzt, die wie Koordinatensysteme ineinander umgewandelt werden können (Burger und Burge 2015; Gonzalez und Woods 2018; Russ 2007). Zusätzlich können in Bildverarbeitungssystemen i. d. R. auch eigene Farbtabellen verwendet werden.

Ein verbreitetes Beispiel ist das *RGB-Farbsystem* mit den drei *Primärfarben* Rot, Grün und Blau. Dafür wurden 1924/31 von der *Internationalen Beleuchtungskommission* (CIE, Commission Internationale d'Eclairage) aus technischen Gründen die Wellenlängen 700, 546 bzw. 436 nm gewählt. Die Bilder werden als *RGB-Bilder* bezeichnet. Meist werden die Intensitäten der Farbkomponenten mit je acht Bits quantisiert, so dass jedem Pixel ein Zahlentripel *(R, G, B)* aus ganzen Zahlen zwischen 0 und 255 zugeordnet wird, z. B. (255, 0, 0) für rot und (255, 255, 255) für weiß. Man spricht von der Farbtiefe von acht Bits. Videosysteme mit höheren Farbtiefen werden heute unter dem Schlagwort *High-dynamic-range-Imaging/Video* (HDR) angeboten bzw. eingeführt (HDR10, HDR10+, Dolby Vision).

Prinzipiell kann jede Farbkomponente als eigenes Grauwertbild dargestellt und verarbeitet werden. Im Weiteren werden der Einfachheit halber meist Grauwertbilder verwendet. Deshalb soll hier nur am Beispiel eines RGB-Bildes gezeigt werden, wie es in ein Grauwertbild transformiert werden kann. Für die früher gängigen Farbfernsehsysteme (PAL, NTSC, digital) wird die Helligkeit *Y*, *Luminanz* genannt, durch gewichtete Addition der Farbkomponenten *R*, *G* und *B* bestimmt. Für das PAL- und das NTSC-System gilt

$$Y = 0,2989 \cdot R + 0,5870 \cdot G + 0,1140 \cdot B.$$

Neben dem RGB-Farbsystem existieren weitere Farbsysteme, die unterschiedliche Anwendungsbereiche abdecken. In Bereich des Drucks auf weißem Papier wird das subtraktive Farbsystem CMY/CMYK mit den Farbkomponenten „cyan", „mangenta" und „yellow" für den Toner bzw. die Tinte verwendet. Dann entspricht die Mischung der Farbpigmente $C=M=Y=0$ (keine Farbpigmente) einem weißen und $C=M=Y=1$ einem schwarzen Punkt.

Aus praktischen Gründen werden im *Vierfarbdruck* direkt schwarze Pigmente K („black") aufgetragen. In der digitalen Verarbeitung werden auch (3-Komponenten-) Farbsysteme genutzt, die auf dem Farbton *H* („hue"), die Farbsättigung *S* („saturation") und die Helligkeit *L* („luminance"), oder ähnlich *B* („brightness"), *I* („intensity") und *V* („value"), beruhen (Burger und Burge 2015; Gonzalez und Woods 2018). Entsprechende Farbsysteme werden kurz HSI, HSV, HSB bzw. HLS genannt. Diese und das RGB-System können ineinander umgerechnet werden, so dass in der Praxis je nach Zweck

gewechselt werden kann. Manipulationen in den einzelnen Komponenten der Farbsysteme können sich recht unterschiedlich auswirken.

Übung 1.3 *Ein* RGB-Bild in ein Grauwertbild transformieren (Programm 1.4)

a) Oft werden von der Digitalkamera bereits bei der Aufnahme dem Bildformat
   konforme (Zusatz-)Informationen gespeichert. Der Befehl `imfinfo` zeigt diese
   Informationen am Bildschirm. Wenden Sie also zuerst den Befehl `imfinfo` auf die
   JPG-Datei `hsfd.jpg` an, um sich einen Überblick über die Bildeigenschaften zu
   verschaffen. Bestimmen Sie die Bildgröße und die Auflösung der Pixel.
b) Laden Sie das Bild in den Arbeitsspeicher und stellen Sie es als Farbbild und in
   seinen drei Farbkomponenten am Bildschirm nebeneinander dar. Beachten Sie auch
   die Darstellung des Bildes im Arbeitsspeicher. (`subplot`)
c) Wandeln Sie das RGB-Bild in ein Grauwertbild um (Abb. 1.6). (`rgb2gray`)

MATLAB-Tipps
Mit dem Befehl `doc   imfinfo` haben Sie Zugriff auf die Onlinedokumentation, die
Ihnen u. a. eine tabellarische Übersicht möglicher Parameter liefert.

Beachten Sie auch die unterschiedlichen Angaben für die Bildgröße. Oft werden
Breite × Höhe (Width × Height) angegeben, z. B. im Windows Explorer. MATLAB
verwendet für die Bilder im Arbeitsspeicher (`Workspace`) die Matrixform mit
Zeilen × Spalten („rows × columns").

Quiz 1.2

Ergänzen Sie die Textlücken sinngemäß.

1. Für photopisches Sehen ist die Lichtempfindlichkeit in der ___ ist am größten.
2. Beim photopischen Sehen werden ___ Arten von ___ unterschieden.
3. Die Stäbchen genannten Fotorezeptoren ermöglichen das ___ Sehen.
4. Das Adaptionsvermögen der Empfindlichkeit des menschlichen Auges bzgl. der
   Helligkeit erstreckt sich typisch über ___ Größenordnungen.
5. Circa 8 % der ___ und 0,4 % der ___ leiden unter angeborenen Schwächen des
   Farbsinns.
6. Zwischen etwa 380 (blau) und 760 nm (rot) liegen die ___ des sichtbaren Lichts.
7. Einer fotoaktiven Zone des Kamerabildsensors entspricht im digitalen Bild einem
   ___.
8. Schwarz-Weiß-Bilder werden oft als Bildmatrix mit ___ Elementen dargestellt.
9. Grauwertbilder werden häufig als Bildmatrizen mit den Integer-Zahlen von ___
   (schwarz) bis ___ (weiß) dargestellt.
10. RGB-Farbbilder werden meist mit ___ Bits pro Pixel codieren.
11. Aus der ___ Summe der Farbkomponenten *R*, *G* und *B* berechnet sich die ___ *Y*.

Abb. 1.6 RGB-Bild oben und Grauwertbild unten (`hsfd`)

12. Ein RGB-Bild in ein Grauwertbild im Format `int8` konvertiert der Befehl ___.
13. Informationen über ein Bild bzw. eine Bilddatei können mit dem Befehl ___ angezeigt werden.
14. Im Befehl `I(I>100)=0;` wird eine ___ Indizierung vorgenommen.

1.3.5   Bildgrößen ändern und Bildbereiche ausschneiden

In der Bildverarbeitung ist es oft nützlich nur einen Bildausschnitt zu verarbeiten oder die Zahl der Pixel zu ändern. Am einfachsten geschieht dies durch Weglassen bzw.

Vervielfachen von Bildpunkten. Was aber, wenn die gewünschte Zahl der Zeilen bzw. Spalten nicht im ganzzahligen Verhältnis zu der Zahl im Originalbild steht? Zudem kann das Vervielfachen von Bildpunkten im Ergebnisbild zu sichtbaren flächigen Artefakten, sogenannten Klötzchen, führen. Es ist daher üblich Interpolationsverfahren einzusetzen. Auch das Weglassen von Bildpunkten, das Abtasten, kann zu sichtbaren Artefakten führen. Man spricht von Aliasing (Kap. 9). Eine tief gehende Diskussion von *Bildinterpolation* und *Bildabtastung* würde hier zu weit führen. In der folgenden Übung soll der passende MATLAB-Befehl vorgestellt und nur mit seinen Standardparametern (bicubic) eingesetzt werden.

Übung 1.4 Bildgröße ändern (Programm 1.5)

a) Laden Sie das Bild hsfd.jpg (Abb. 1.6) und wandeln Sie es in ein Grauwertbild um (Übung 1.2). Welche Größe, gemessen an Zeilen und Spalten $M \times N$, hat das Bild?
b) Verkleinern Sie nun die Zahl der Pixel auf die Bildgröße 300×400. (imresize)
c) Vergrößern Sie nun die Zahl der Pixel wieder auf die Originalgröße. Vergleichen Sie das Originalbild, das verkleinerte Bild und das rekonstruierte Bild. Verwenden Sie dazu die interaktive Lupenfunktion in der Bild-Werkzeugleiste, um den kreisförmigen Durchbruch in den Bildern unter dem Schriftzug hervorzuheben. Erklären Sie die Ergebnisse.

Ist nur ein Bildausschnitt von besonderem Interesse, wie der kreisförmige Durchbruch in Übung 1.4, dann ist es aus Gründen der Effizienz meist günstiger, vor der Bildverarbeitung den betreffenden Bildausschnitt zu extrahieren. Die MATLAB Image Processing Toolbox enthält eine Reihe von Möglichkeiten Bilder interaktiv zu bearbeiten. Ein Beispiel ist der Befehl imcrop. Mit ihm lassen sich mittels der PC-Maus interaktiv Bildbereiche markieren und extrahieren.

Übung 1.5 Bildausschnitt (Programm 1.6)

a) Laden Sie das Bild hsfd.jpg und wandeln Sie es in ein Grauwertbild um (Übung 1.3).
b) Wenden Sie den Ausschneidebefehl imcrop in interaktiver Form auf das Bild in (a) an. Schneiden Sie dabei das Logo der Hochschule Fulda möglichst passend aus und erzeugen Sie so ein neues Bild hsfd_logo.
c) Wandeln Sie das ausgeschnittene Logo in ein Schwarz-Weiß-Bild um und speichern Sie das Ergebnis als Bild hsfd_logo im TIFF-Format ab (Abb. 1.7). (im2bw)

1.3.6   Abstandsmessung

Das Bildverarbeitungswerkzeug von MATLAB stellt eine Reihe von nützlichen Befehlen bereit. Eine praktische Zusammenstellung öffnet der Befehl imtool. Er wird im Laufe

Abb. 1.7 Ausgeschnittenes
Logo der Hochschule Fulda als
Schwarz-Weiß-Bild (`hsfd_
logo`)

der weiteren Übungen noch öfter benutzt. Zum Einstig genügt es hier das Messwerkzeug anzuwenden. Mit ihm lassen sich interaktiv die *Abstände* zwischen zwei Bildpunkten als Zahl der Bildelemente bestimmen. Zusammen mit Informationen zur Bildaufnahme kann daraus, wie in Aufgabe 1.2 noch gezeigt wird, die reale Größe von Objekten geschätzt werden.

Übung 1.6 Abstandsmessung (in Pixel)

a) Rufen Sie das Bild `hsfd` mit dem Werkzeug `imtool` auf.
b) Vergrößern Sie den Bereich des Durchbruchs mit der Lupenfunktion (`zoom in`) in der Werkzeugleiste.
c) Wählen Sie in der Werkzeugleiste das Lineal (`measure distance`).
d) Ziehen Sie mit der Maus möglichst einen Durchmesser durch die Öffnung des Durchbruchs und schreiben Sie die angezeigte Länge in dazwischenliegenden Pixelelementen auf, siehe Beispiel in Abb. 1.8.

Quiz 1.3

Ergänzen Sie die Textlücken sinngemäß.

1. Das Verkleinern des Bildformates durch ___ der Bildränder wird ___ genannt.
2. Bei der Vergrößerung eines Bildes mit dem Befehl ___ ist eine bikubische ___ zwischen 16 originalen Bildpunkten voreingestellt.
3. Bildausschnitte lassen sich interaktiv mit dem Befehl ___ erzeugen.
4. Grauwertbilder und RGB-Bilder in Schwarz-Weiß-Bilder transformiert der Befehl ___.
5. Bildmatrizen am Rechner entsprechen in ihren Darstellungen ___.
6. Im PAL-Farbfernsehen wird der ___ durch die Luminanz-Komponente Y und die Chrominanz-Komponenten U und V dargestellt.

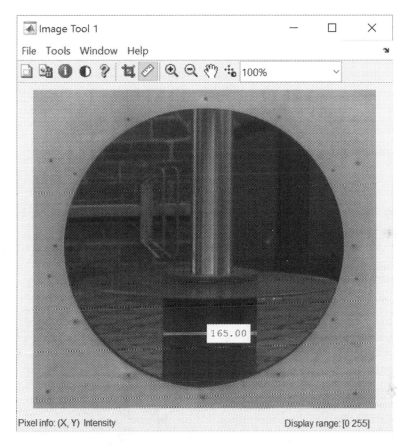

Abb. 1.8 Abstandsmessung mit `imtool (hsfd)`

7. Bei Grauwertbildern wird die ___ der Pixel codiert.
8. Zusatzinformationen über die Bilder/Bilddateien erhält man mit dem Befehl ___.

1.4   Aufgaben

Aufgabe 1.1 Schärfentiefe (Erhardt 2008; Beispiel 3.1)
Eine CCD-Kamera habe Bildsensoren mit der Kantenlänge 16 μm und ein 50 mm-Objektiv. Der Gegenstand sei 1 m vor der Kamera. Es wird die Blende acht eingestellt.

a) Berechnen Sie die Schärfentiefe.
b) Bestimmen Sie den hyperfokalen Abstand.
c) Wie ändert sich die Schärfentiefe, wenn die Blendenzahl halbiert wird?

Aufgabe 1.2 Abbildungsmaßstab und Gegenstandsweite
Der Aufgabe wird das Bild `hsfd` mit dem Ergebnis in Übung 1.6 für den Durchmesser des Durchbruchs zugrunde gelegt (Abb. 1.8). Die Messung an der Öffnung hat einen Durchmesser von 72 cm ergeben. Die verwendete Kamera besitzt einen Bildsensor mit der Bezeichnung 1/1.7″ CCD.

a) Geben Sie die Größe des verwendeten Bildsensors in Breite mal Höhe in mm an.
b) Berechnen Sie den Abbildungsmaßstab.
c) Das Foto wurde mit der Brennweite 17 mm aufgenommen. Wie groß war der Abstand der Kamera vom Objekt?

Größen von Bildsensoren
Die Angabe zur Größe des Bildaufnehmers leitet sich historisch aus der Vidikon-Vakuumaufnahmeröhre her. Sie trägt die Referenz 1″ (Zoll, engl. inch, 1″=2,54 cm) mit der Fläche 12,8 mm × 9,6 mm und der Diagonale von 16 mm (16,4 mm). Bei der Bezeichnung 1/x″ wird die Diagonale durch x geteilt. Zum Beispiel ergibt sich für die Größenangabe 1/2″ die Diagonale von 8 mm und die Fläche von 6,4 mm × 4,8 mm. (Zahlenwerte im Beispiel gerundet.)

Aufgabe 1.3 Englischsprachige Fachbegriffe
Ordnen Sie die englischen und deutschen Fachbegriffe richtig zu:
    1. „computer vision", 2. „image analysis", 3. „image compression", 4. „image enhancement", 5. „image transform", 6. „pattern recognition" und
    a. Bildauswertung, b. Bildbearbeitung, c. Bilderkennen, d. Bildkompression, e. Bild-transformation, f. Mustererkennung.

1.5   Zusammenfassung

Das Kapitel Digitale Bilder stellt elementare Grundlagen zum Verständnis digitaler Bilder und ihrer Verarbeitung an Rechnern (mit MATLAB) vor. Einführend wird die Abbildung von Objekten durch das menschliche Auge bzw. einer Kamera erläutert. Die Linsengleichung stellt den geometrischen Zusammenhang zwischen den realen Objekten und den Bildern her. Dabei nimmt die Blende besonderen Einfluss auf die Schärfentiefe.
    Mit der Kamera aufgenommene Rasterbilder werden als digitale Bilder durch die Bildmatrix beschrieben. Es wird zwischen Schwarz-Weiß-Bildern, Grauwertbildern und Farbbildern unterschieden. MATLAB-Beispielen veranschaulichen verschiedene Typen von Bildmatrizen.
    Schließlich werden MATLAB-Werkzeuge zur Manipulation der Bildgröße und dem interaktiven Ausschneiden von Bildbereiche eingesetzt. Am Beispiel gemessener Objekt-abständen wird der praktische Bezug zwischen Bild und realer Szene hergestellt. Es wird

gezeigt, wie aus den Bildern Abstände und Größen von aufgenommenen Objekten geschätzt werden können.

1.6   Lösungen zu den Aufgaben

Zu **Quiz 1.1**

1. Brennpunkt
2. Brennweite
3. Abbildungsmaßstab
4. Durchmesser
5. Brennweite
6. Beleuchtungsstärke
7. Gegenstandsweite, Brennweite, Blendenzahl
8. hyperfokalen
9. kleiner
10. länger (größer)
11. kürzer (kleiner)
12. Linsengleichung

Zu **Quiz 1.2**

1. Focva (Sehgrube)
2. drei, Zäpfchen
3. skotopische Sehen (Dämmerungssehen)
4. sechs
5. Männer, Frauen
6. Wellenlängen
7. ein Pixel
8. logischen
9. 0, 255
10. 24 ($=3 \cdot 8$)
11. gewichteten, die Luminanz (Helligkeit)
12. `rgb2gray`
13. `imfinfo`
14. logische

Zu **Quiz 1.3**

1. Beschneiden, „cropping"
2. `imresize`, Interpolation
3. `imcrop`

4. `im2bw`
5. Rasterbildern
6. Farbraum
7. Intensität/Helligkeit
8. `Imfinfo`

Zu **Aufgabe 1.1**

a) Schärfentiefe 0,1m
b) Hyperfokaler Abstand circa 19,6 m
c) Schärfentiefe halbiert sich ebenfalls

Zu **Aufgabe 1.2**

a) 1/1.7″ ergibt für die Diagonale 9,4 mm und für die Fläche, d. h. Breite × Höhe, 7,6 mm × 5,6 mm.
b) Gegenstandsgröße $G = 720$ mm
   Bildgröße $B = 5,6$ mm $\cdot$ (490 pel / 3000 pel) $\approx 0,91$ mm
   Abbildungsmaßstab $m = B\ /\ G \approx 1,27 \cdot 10^{-3}$
c) Aus der Linsengleichung folgt mit dem Abbildungsmaßstab für die Gegenstandsweite

$$g = f \cdot \left(1 + \frac{1}{m} \right) \approx 17 \text{ mm} \cdot \left(1 + \frac{1}{1,27 \cdot 10^{-3}} \right) \approx 13,4 \text{ m}.$$

Zu **Aufgabe 1.3**
1c, 2a, 3d, 4b, 5e, 6f

1.7   Programmbeispiele

Programm 1.2 Binärbild

```
% Binary image comprising ET
% bv_digbild_2 * mw * 2019-12-06
%% Tile ET
A = ones(7,9); % Matrix (white)
A(2,2:4) = zeros(1,3); % E (black)
A(3:5,2) = zeros(3,1); % E (black)
A(4,3) = 0; % E (black)
A(6,2:4) = zeros(1,3); % E (black)
A(2,6:8) = zeros(1,3); % T (black)
A(3:6,7) = zeros(4,1); % T (black)
```

```
BW = logical(A);
figure('Name','bv_digbild_2 : binary image','NumberTitle','off');
imshow(BW)
%% Combined tiles
BW = [BW ~BW; ~BW BW];
BW = [BW BW; BW BW];
figure('Name','bv_digbild_2 : binary image','NumberTitle','off');
imshow(BW);
imwrite(BW,'etet.tif') % save image
```

Programm 1.3 Grauwertbild

```
% Convert binary image to grayscale image
% bv_digbild_3 * mw * 2019-12-06
%% Binary to grayscale (8 bits)
BW = imread('etet.tif'); % load image
I = 255*uint8(BW); % binary image to grayscale image
figure('Name','bv_digbild_3 : grayscale image','NumberTitle','off');
imshow(I)
%% Manipulate grayscale image
[M,N] = size(I);
Mq = M/4; Nq = N/4;
J = I(Mq+1:3*Mq,Nq+1:3*Nq);
J(J>=128) = 160;
J(J<128) = 96;
I(Mq+1:3*Mq,Nq+1:3*Nq) = J;
figure('Name','bv_digbild_3 : grayscale image','NumberTitle','off');
imshow(I)
```

Informationen zu Grafikdateien imfinfo('hsfd.jpg')

```
Filename: [1x58 char]
       FileModDate: '11-Feb-2012 15:54:11'
          FileSize: 3047194
            Format: 'jpg'
     FormatVersion: ''
             Width: 4000
            Height: 3000
          BitDepth: 24
         ColorType: 'truecolor'
   FormatSignature: ''
   NumberOfSamples: 3
      CodingMethod: 'Huffman'
     CodingProcess: 'Sequential'
```

```
            Comment: {}
   ImageDescription: 'hsfd_logo'
               Make: 'Canon'
              Model: 'Canon PowerShot G9'
        Orientation: 1
        XResolution: 180
        YResolution: 180
     ResolutionUnit: 'Inch'
           DateTime: '2010:05:10 08:51:23'
             Artist: 'Martin Werner'
   YCbCrPositioning: 'Centered'
      DigitalCamera: [1x1 struct]
        UnknownTags: [4x1 struct]
      ExifThumbnail: [1x1 struct]
```

Programm 1.4 RGB-Farbbild

```
% RGB image to grayscale image
% bv_digbild_4 * mw * 2019-12-06
%% List image information
imfinfo('hsfd.jpg')
%% Show image and color components
I = imread('hsfd.jpg');
figure('Name','bv_digbild_4 : RGB image','NumberTitle','off');
subplot(2,2,1), imshow(I), title('RGB image')
subplot(2,2,2), imshow(I(:,:,1)), title('Red color component (R)')
subplot(2,2,3), imshow(I(:,:,2)), title('Green color component (G)')
subplot(2,2,4), imshow(I(:,:,3)), title('Blue color component (B)')
%% Show grayscale image
J = rgb2gray(I);
figure('Name',' bv_digbild_4 : grayscale image','NumberTitle','off');
imshow(J), title('grayscale image')
```

Programm 1.5 Änderung der Bildgröße (Zahl der Pixel)

```
% Binary image to grayscale image and resize
% bv_digbild_5 * mw * 2019-12-06
%% Load image
I = rgb2gray(imread('hsfd.jpg')); % RGB image to grayscale image
%% Resize image
I2 = imresize(I,[300 400]); % resize image
I3 = imresize(I2,[3000 4000]); % resize image
figure('Name','bv_digbild_5 : resize image','NumberTitle','off');
subplot(2,2,1), imshow(I), title('Original image')
```

```
subplot(2,2,2), imshow(I2), title('Shrinked size image')
subplot(2,2,3), imshow(I3), title('Reconstructed size image')
```

Programm 1.6 Bildausschneiden

```
% Cropping image
% bv_digbild_6 * mw * 2019-12-06
%% Load image
I = rgb2gray(imread('hsfd.jpg')); % RGB image to grayscale image
%% Cropping
JC = imcrop(I); % cropping image
figure('Name','bm_digbild_6 : cropped image','NumberTitle','off');
imshow(JC)
%% Grayscale to binary
BW = im2bw(JC);
figure('Name','bm_digbild_6 : binary image','NumberTitle','off');
imshow(BW)
imwrite(BW,'logo.tif')
```

Literatur

Birbaumer, N., & Schmidt, R. F. (2010). *Biologische Psychologie* (7. Aufl.). Heidelberg: Springer.

Burger, W., & Burge, M. J. (2016). *Digital image processing. An algorithmic introduction using Java* (2. Aufl.). London: Springer.

Demant, Ch., Streicher-Abel, B., & Springhoff, A. (2011). *Industrielle Bildverarbeitung. Wie optische Qualitätskontrolle wirklich funktioniert* (3. Aufl.). Berlin: Springer.

Erhardt, A. (2008). *Einführung in die Digitale Bildverarbeitung. Grundlagen, Systeme und Anwendungen*. Wiesbaden: Vieweg+Teubner.

Gonzalez, R. C., & Woods, R. E. (2018). *Digital image processing* (4. Aufl.). Harlow, Essex (UK): Pearson Education.

Jähne, B. (2012). *Digitale Bildverarbeitung und Bildgewinnung* (7. Aufl.). Berlin: Springer.

Russ, J. C. (2007). *The image processing handbook* (5. Aufl.). Boca Raton, FL: CRC Press.

Schandry, R. (2006). *Biologische Psychologie* (2. Aufl.). Weinheim: Beltz Verlag.

Solomon, Ch., & Breckon, T. (2011). *Fundamentals of digital image processing. A practical approach with examples in MATLAB*. Oxford: Wiley-Blackwell.

Toennies, K. D. (2012). *Guide to medical image analysis. Methods and algorithms*. Berlin. Springer.

Vogel, H. (1995). *Gerthsen Physik*. Berlin: Springe.

Helligkeit und Kontrast

2

Inhaltsverzeichnis

Die Originalversion dieses Kapitels wurde revidiert: Das elektronische Zusatzmaterial wurde beigefügt. Ein Erratum ist verfügbar unter https://doi.org/10.1007/978-3-658-22185-0_15

Elektronisches Zusatzmaterial Die elektronische Version dieses Kapitels enthält Zusatzmaterial, das berechtigten Benutzern zur Verfügung steht
https://doi.org/10.1007/978-3-658-22185-0_2

Zusammenfassung

Die Intensitäten der Bildelemente werden als Grauwerte anhand von Maschinen-zahlen diskret repräsentiert. Der Mittelwert der Grauwerte im Bild gibt dessen Hellig-keit an. Den maximalen Unterschied zwischen den Grauwerten bezeichnet man als Kontrast. Bei der Bildaufnahme kann es durch Über- oder Unterbelichtung zu störendem Kontrastabfall kommen. Zur nachträglichen Verbesserung des Kontrasts wird die Gammakorrektur und das Histogrammebnen in verschiedenen Varianten eingesetzt.

Schlüsselwörter

Abschneiden („clipping") · Belichtungsfehler („exposure error") · Bildverbesserung („image enhancement") · Bitebene („bit plane") · Gammakorrektur („gamma correction") · Grauwertprofil („intensity profile") · Grauwertspreizung („histogram/ intensity stretching") · Helligkeit („brightness") · Histogrammebnen („histogram equalization") · Punktoperation („single pixel operation") · Kontrast („contrast") ·Kontrastanpassung („contrast adjustment") · MATLAB · Steganografie („steganography") · Wasserzeichen („digital water marking")

In diesem Kapitel betrachten wir die Bildelemente mit Blick auf ihre Helligkeit und setzen zwei Schwerpunkte: die digitale Darstellung des Grauwerts und die Anpassung des Kontrasts im Bild insgesamt. Der Kontrast nimmt Einfluss auf die Qualität der Bilder bzw. was in den Bildern erkennbar ist.

Die im Weiteren für die Grauwerte behandelten Methoden sind ohne große Änderung auch auf die Farbkomponenten etc. anwendbar, weshalb hier die Betrachtungen auf Grauwertbilder beschränkt bleiben.

2.1   Bitebenen

Zunächst bleiben wir bei einzelnen Bildelementen. Im digitalen Grauwertbild ist jedem Bildelement eine (Maschinen-)Zahl zugeordnet, die die Helligkeit des Bildelements repräsentiert. Die Quantisierung der Grauwerte liefert implizit eine formale Zerlegung des Bildes in Bitebenen, je nach Wertigkeit des betrachteten Bits. Manche Bits tragen nur relativ wenig zur Bildinformation bei und können sogar manipuliert werden, um Information „unsichtbar" im Bild zu verstecken.

2.1.1   Digitale Darstellung der Bildelemente

Im digitalen Grauwertbild wird die Helligkeit der Bildelemente, der Grauwert, durch vorzeichenlose ganze Zahlen dargestellt. Typisches Beispiel ist das `uint8`-Format.

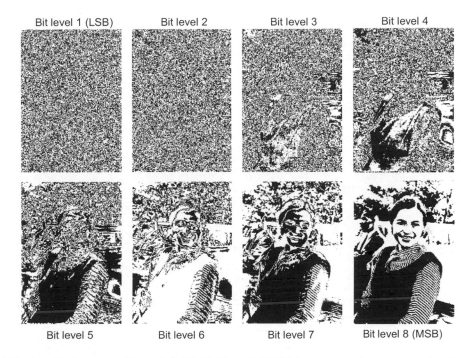

| Bit level 1 (LSB) | Bit level 2 | Bit level 3 | Bit level 4 |

| Bit level 5 | Bit level 6 | Bit level 7 | Bit level 8 (MSB) |

Abb. 2.1 Bitebenen von Ebene 1 (LSB) bis Ebene 8 (MSB) (`bv_kont_1.m`, `Parks.jpg`)

Bei einer Wortlänge w (in bit) pro Grauwert, erhält man als *Repräsentant* die ganze (Maschinen-)Zahl mit den binären Koeffizienten b_i

$$x = \sum_{i=1}^{w/\text{bit}} b_i \cdot 2^{i-1} \quad \text{mit} \quad b_i \in \{0, 1\}.$$

Jedem Bildpunkt ist durch genau w Koeffizienten b_i ein Grauwert aus der Menge der möglichen Graustufen, den Repräsentanten, zugeordnet. Der Koeffizient mit der größten Wertigkeit wird MSB („most significant bit") und der mit der kleinsten LSB („least significant bit") genannt. Im Beispiel der typischen Wortlänge von acht Bits ergeben sich die Wertigkeiten von b_1 und b_8 zu $2^{1-1} = 1$ bzw. $2^{8-1} = 128$. Trägt man nur die i-ten Koeffizienten aller Bildpunkte in ein eigenes Bild ein, so entstehen jeweils binäre Bilder, die als Schwarz-Weiß-Bilder sichtbar gemacht werden können. Entsprechend der Wertigkeiten der Koeffizienten spricht man von der i-ten *Bitebene* („bit level").

In MATLAB können mit dem Befehl `bitget` gezielt einzelne Bits der Grauwerte im `uint8`-Format abgefragt und schließlich die Bitebenen dargestellt werden. Abb. 2.1 zeigt ein Beispiel mit von oben links nach unten rechts zunehmender Wertigkeit des jeweiligen Bits. Ebene 1 und 2 zeigen quasi zufällige Verteilungen. Mit zunehmender Wertigkeit werden die ursprünglichen Bildinhalte jedoch deutlicher. Abb. 2.1 zeigt die historische Aufnahme mit Rosa Louise Parks[1] und Dr. Martin Luther King[2] aus dem Jahr 1955 [Parks 2014-03-28]).

Programm 2.1 Bitebenen

```
% Bitlevel images
% bv_kont_1 * mw * 2019-12-06
%% Load image
I = imread('Parks.jpg'); % load RGB image
J = rgb2gray(I); % convert to grayscale image
FIG = figure('Name',…
    'Rosa Louise Parks with Dr. Martin Luther King (Jr.) in 1955',…
    'NumberTitle','off');
imshow(J)
%% Image levels
figure('Name','bv_kont_1 : bit level images ','NumberTitle','off');
for k=1:8 % from LSB to MSB
    subplot(2,4,k), imshow(logical(bitget(J,k)))
    title(['bit level ',num2str(k)])
end
```

2.1.2 Steganografie

In Abb. 2.1 wird sichtbar, dass die unteren Bitebenen für das Sehempfinden des Betrachters wenig bis keine Rolle spielen, d. h. quasi nur noch regelloses Bildrauschen zeigen. Menschen können bei üblichen Bildern etwa 30 Graustufen unterscheiden, was einer Auflösung von fünf Bits entspricht. Dies kann dazu benützt werden, zusätzliche Informationen als *Wasserzeichen* in unteren Bitebenen zu übertragen. Man spricht dann von der *Steganographie*, dem verborgenen Schreiben. Sie wird in der nächsten Übung 2.1 an einem einfachen Beispiel demonstriert.

Steganographie
Von altgriechisch steganos und graphein, zu Deutsch bedeckt bzw. schreiben. Bei der praktischen Anwendung der Steganographie wird die meist bereits verschlüsselte Information in der Regel nachfolgend so codiert, dass auch das eingefügte Bitmuster – anders als hier – als quasi regelloses Bildrauschen erscheint. Hierzu eignen sich z. B. am Computer erzeugte Pseudozufallsfolgen (Beutelspacher 2015).

---

[1]Rosa Louise Parks (1913−2005), US-amerikanische Bürgerrechtlerin, löste 1955 in Alabama den „Montgomery Bus Boycott" aus.

[2]Dr. Martin Luther King (Jr.) (1929−1968), US-amerikanischer Theologe und Bürgerrechtler, Friedensnobelpreis 1964; wahrscheinlich bekannteste Reden „I Have a Dream" (Washington, 1963-08-28) und „Beyond Vietnam: A Time to Break Silence" (New York City, 1967-04-04).

Übung 2.1 Steganographie

a. Für das Übungsbeispiel laden sie die Bilder `Parks` und `hsfd_logo`. Das Binärbild mit dem Logo skalieren Sie auf die Größe 100×100. Es dient im Weiteren als Wasserzeichen, als Signatur.
b. Bestimmen Sie die 1. Bitebene des Bildes `Parks` und ersetzen sie die Elemente ab links oben durch die Signatur. Stellen Sie die manipulierte 1. Bitebene als Bild dar. Ist das Logo zu erkennen?
c. Rekonstruieren sie das Bild `Parks` mit der manipulierten 1. Bitebene und stellen Sie das (Gesamt-)Bild grafisch dar. Ist das Logo zu erkennen? Nutzen Sie auch die interaktive Lupenfunktion des Bildes zum genaueren suchen.

2.2 Helligkeit und Kontrast

Für die Qualität der Bilder sind Helligkeit und Kontrast entscheidend. Ist ein Bild sehr hell, zum Beispiel wegen Überbelichtung bei der Aufnahme, besitzen fast alle Bildelemente Grauwerte nahe beim Maximum. Demzufolge sind Objekte im Bild nur schwer oder gar nicht zu unterscheiden. Entsprechendes gilt bei Unterbelichtung. Aber auch bei „optimaler" Aufnahme können Bilder nur geringe Helligkeitsunterschiede aufweisen, wie typisch unterschiedliche Gewebezellen in medizinischen Aufnahmen. Ohne weitere Bildverarbeitung können Ärzte die verschiedenen Gewebearten nicht unterscheiden (Toennies 2012).

2.2.1 Analyse von Bildelementen mit MATLAB

Bildverarbeitungsprogramme stellen Werkzeuge bereit, die die Anwender bei der Entwicklung von Bildverarbeitungsalgorithmen unterstützen. Drei nützliche MATLAB-Befehlen sind `impixelinfo`, `impixel` und `improfile`. Sie liefern pixelspezifische Informationen. Die interaktive Übung 2.2 stellt die Anwendung vor.

Übung 2.2 Pixelinformationen

a. Laden Sie das Bild `Parks` in den Arbeitsspeicher und bringen sie es als Grauwertbild zur Anzeige (Abb. 2.2). Beachten Sie das Bildformat RGB der Quelle.
b. Nun geben Sie das Kommando `impixelinfo` ein. Es erscheint im unteren linken Bildrand die Anzeige `Pixel info: (X, Y) Intensity`. Bewegen Sie den Mauszeiger über das Bild werden als Koordinaten die Spalte und die Zeile sowie der Grauwert des Bildpunktes angegeben auf den die Maus jeweils zeigt. (Für RGB-Bilder gilt entsprechendes für die drei Farbkomponenten.)
c. Mit dem Befehl `impixel` haben Sie interaktiv Zugriff auf Grauwerte bzw. Werte der Farbkomponenten und können sie speichern. Wiederholen sie zunächst (a.). Geben Sie

dann den Befehl `p = impixel;` ein und führen Sie den Mauszeiger über das Bild. Als Zeiger erscheint ein Doppelkreuz. Wenn Sie die linke Maustaste drücken, wird der Wert des Bildelements unter dem Doppelkreuz in der Programmvariablen p gespeichert. Wiederholen Sie die Operation einige Male und schließen Sie mit einem Doppelklick ab. Die Variable p ist nun im Arbeitsspeicher verfügbar und enthält die Grauwerte aller angeklickten Bildelemente. (Die Grauwerte sind im Beispiel dreifach aufgelistet, weil der Befehl zu den drei Farbkomponenten der RGB-Bilder kompatibel sein soll.)

d. Der Befehl `improfile` liefert ein Profil der Grauwerte („grayscale profile") bzw. der drei Farbkomponenten entlang einer mit der Maus vorgegeben Linie im Bild.

Wiederholen sie zunächst (a.). Geben Sie dann den Befehl `improfile` ein. Mit dem Mauszeiger in Form eines Kreuzes können Sie durch Klicken auf der linken Maustaste Geraden zwischen Bildelement erzeugen. Mit kurzem Doppelklick schließen Sie die Aktion ab. Es erscheint nun ein Bild mit dem Grauwertprofil entlang der gewählten Geraden im Bild.

Beginnen Sie im Beispielbild (Abb. 2.2) die Aktion im dunklen Bereich des Kleides und führen Sie eine Gerade über den Ärmel des Kleides auf die Kühlerhaube des Fahrzeugs. Erklären Sie die Form des resultierenden Grauwertprofils.

2.2.2 Histogramm eines Grauwertbildes

Anhand der Verteilung der Grauwerte lassen sich einige Aussagen zur Bildqualität bzw. Maßnahmen zur Bildverbesserung ableiten. Zwei wichtige Kenngrößen aus der

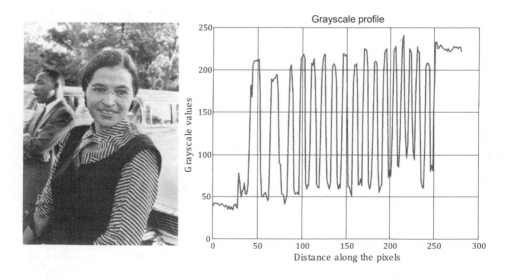

Abb. 2.2 Bild mit R. L. Parks und Dr. M. L. King (Parks 2014–3-28) und Beispiel für ein Grauwertprofil (`Parks.jpg`)

beschreibenden Statistik für ein Grauwertbild sind die Helligkeit und der Kontrast. Die *Helligkeit* des Bildes ist gleich der mittleren Intensität, dem Mittelwert der Grauwerte. Der Kontrast des Bildes hängt mit der Spanne der Grauwerte zusammen. Normiert man die Differenz aus maximaler und minimaler Intensität im Bild, x_{max} bzw. x_{min}, auf den größtmöglichen Grauwert, resultiert für das übliche 8-Bit-Format der normierte *Kontrast*

$$c = \frac{x_{max} - x_{min}}{255}.$$

Trägt man die (absolute) Häufigkeit der Grauwerte eines Bildes in einem Diagramm auf, so spricht man kurz vom *Histogramm*. MATLAB unterstützt die Erfassung und Anzeige des Histogramms durch den Befehl `imhist`.

Das Histogramm für das Bild `Parks` zeigt Abb. 2.3. Darin deutet sich eine bimodale Verteilung an. Es häufen sich die Grauwerte in zwei Bereichen um circa 40 für dunkle bzw. 240 für helle Bildbereiche. Der gesamte Grauwertebereich wird in etwa ausgeschöpft.

Mit dem Programm 2.2 wurden einfache statistische Kennwerte berechnet. Es ergaben sich `x_min=22; mue=122.8; x max=253; std=71.5; contrast=0.91;`

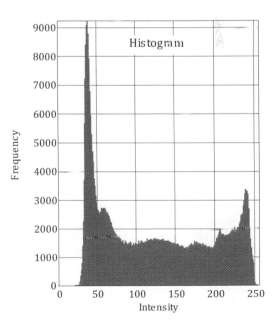

Abb. 2.3 Bild mit R. L. Parks und Dr. M. L. King (Parks 28.3.2014) und Histogramm der Intensität (`Parks.jpg`)

Programm 2.2 Histogramm

```
% Histogram and descriptive statistics
% bv_kont_3 * mw * 2019-12-06
%% Load image
I = imread('Rosaparks.jpg'); % load RGB image
J = rgb2gray(I); % convert to grayscale image
FIG = figure('Name',…
    'Rosa Louise Parks with Dr. Martin Luther King (Jr.) in 1955',…
'NumberTitle','off');
subplot(1,2,1), imshow(J)
    %% Normalized histogram
[H,x] = imhist(J); % frequency
subplot(1,2,2), bar(x,H,1,'b'), grid
axis([0 255 0 max(H)]);
title('Histogram'), xlabel('Intensity'), ylabel('Frequency')
% Descriptive statistics
MIN = min(min(J)); MAX = max(max(J)); C = double(MAX-MIN)/255;
MUE = mean2(J); STD = std2(J);
fprintf('\nImage: %s\n',NAME)
fprintf(' x_min = %3i; mue = %5.1f \n',MIN,MUE)
fprintf(' x_max = %3i; std = %5.1f \n',MAX,STD)
fprintf(' contrast = %4.2f\n',C)
```

Quiz 2.1

Ergänzen Sie die Lücken im Text sinngemäß.

1. Das Verstecken von Informationen in Bildern nennt man ___.
2. Menschen können in typischen Bildern bis zu etwa ___ Graustufen unterscheiden.
3. Belichtungsfehler können zu einem ___ Kontrast führen.
4. Der Mittelwert der Intensitäten (Grauwerte) eines Bildes liefert die ___ des Bildes.
5. Die Häufigkeitsverteilung der Grauwerte entlang einer Linie im Bild liefert der Befehl ___.
6. Informationen über die Häufigkeiten der Grauwerte im Bild liefert der Befehl ___.
7. Der normierte Kontrast kann Werte zwischen ___ und ___ annehmen.
8. Quasizufällige Binärbilder sind typisch für niedrige ___.

2.3   Kontrastanpassung

Aus Grauwert-Histogrammen kann oft auf Belichtungsfehler geschlossen werden. Wird der Darstellungsbereich nicht vollständig genutzt, kann eine *Unterbelichtung* oder *Überbelichtung* vorliegen. Bei Bildern mit Beleuchtungsfehlern oder um bestimmte Objekte mit ähnlichen Grauwerten mit dem Auge unterscheiden zu können, wie z. B. Gewebeaufnahmen in der medizinischen Diagnostik, ist es nützlich, den Kontrast nachträglich anzupassen.

2.3.1   Lineare Grauwertspreizung

Eine systematische Kontrastverstärkung kann durch die *lineare Grauwertspreizung* erzielt werden. Die Grauwerte nach der Spreizung $y_{m,n}$ berechnen sich aus den Grauwerten vor der Spreizung $x_{m,n}$ gemäß der linearen Abbildung

$$y_{m,n} = \underbrace{(y_{\max} - y_{\min})}_{\text{Kontrast nach der Spreizung}} \cdot \frac{x_{m,n} - \overbrace{x_{\min}}^{\text{Versatz vor der Spreizung}}}{\underbrace{x_{\max} - x_{\min}}_{\text{Kontrast vor der Spreizung}}} + \underbrace{y_{\min}}_{\text{Versatz nach der Spreizung}} ,$$

wobei der gewünschte Kontrast und der Versatz („offset") nach der Spreizung vorgegeben werden. Meist wird maximaler Kontrast und kein Versatz gewünscht, sodass sich die Formel für den normierten Zielwert vereinfacht.

Punktoperator
Die lineare Grauwertspreizung wird als *homogene Punktoperation* bezeichnet, weil jedes Grauwertelement im Originalbild genau auf die eigene Position im Ergebnisbild abgebildet wird, ohne dass andere Bildpunkte, z. B. in der unmittelbaren Umgebung, einen direkten Einfluss ausüben. Allgemein spricht man von einer Abbildung als *Punktoperator*, wenn die Abbildungsfunktion keinen Bezug auf den Kontext des Bildelements nimmt. Wird die Abbildungsfunktion auf alle Bildpunkte gleich angewendet, ist der Punktoperator homogen.

Die lineare Grauwertspreizung berücksichtigt keinerlei Ortsinformation, wie z. B. die Verteilung der Grauwerte im Bild, sodass keine selektive Behandlung von Bildregionen möglich ist. Diese Einschränkung überwinden zwei Ansätze, die auch kombiniert werden können:

- die nichtlineare Abbildung der Grauwerte durch eine homogene Punktoperation,
- und die selektive Anwendung der Grauwertspreizung auf Bildregionen durch eine *inhomogene Punktoperation*.

2.3.2 Gammakorrektur

Der vielleicht wichtigste Sonderfall einer nichtlinearen Abbildung der Grauwerte ist die *Gammakorrektur*. Sie erweitert die Grauwertspreizung durch Einführung eines Exponenten für den Quotienten, des *Gammawertes*, der dem Verfahren auch seinen Namen gibt.

$$y_{m,n} = \left(y\text{max} - y\text{min}\right) \cdot \left(\frac{x_{m,n} - x\text{min}}{x\text{max} - x\text{min}}\right)^{\gamma} + y\text{min}$$

Für γ gleich eins liegt wieder die lineare Transformation vor. Und die Abbildung vereinfacht sich für den typischen Fall des maximalen normierten Kontrasts für das Ergebnisbild ohne Offset

$$y_{m,n} = \left(\frac{x_{m,n} - x\text{min}}{x\text{max} - x\text{min}}\right)^{\gamma}.$$

Gammawert

Die Potenzierung der Grauwerte mit dem Exponenten γ liefert eine parametrisierbare nichtlineare Abbildung. Je nach Gammawert erfasst die Spreizung mehr die dunklen bzw. hellen Bildbereiche und es wird die Helligkeit der Bilder insgesamt vergrößert oder verkleinert. Die normierten Kennlinien der Gammakorrektur für einige ausgewählte Gammawerte zeigt Abb. 2.4.

Die Gammakorrektur spielt eine wichtige Rolle in der Bildverarbeitung, da z. B. bei Kameras, Scannern, Bildschirmen und Druckern die Graustufen im digitalen Bild und die tatsächlichen Intensitätswerte der Vorlagen bzw. Anzeigen nicht streng linear aufeinander abgestimmt sind. Durch die Gammakorrektur werden die nichtlinearen Verzerrungen kompensiert (Burger und Burge 2016, Abb. 4.20).

Abb. 2.4 Normierte Kennlinien der Gammakorrektur für verschiedene Gammawerte γ

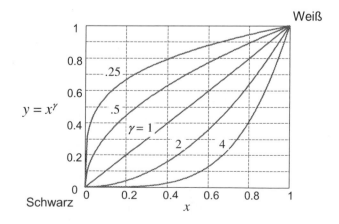

2.3.3 Automatische Kontrastanpassung mit Abschneiden

Die Methode der Kontrastanpassung und Gammakorrektur kann vorteilhaft zur *automatischen Kontrastanpassung mit Abschneiden* („clipping") kombiniert werden.

$$y_{m,n} = y_{\text{low}} + \left(y_{\text{high}} - y_{\text{low}}\right) \cdot \begin{cases} 0 & \text{für } x_{m,n} < x_{\text{low}} \\ \left(\frac{x_{m,n} - x_{\text{low}}}{x_{\text{high}} - x_{\text{low}}}\right)^{\gamma} & \text{sonst} \\ 1 & \text{für } x_{m,n} > x_{\text{high}} \end{cases}$$

Häufig werden folgende Vorgaben für die normierten Größen gemacht:

- maximaler Kontrast: $y_{\text{low}} = 0$ und $y_{\text{high}} = 1$,
- gemäßigtes Abschneiden: x_{low} und x_{high} werden so gewählt, dass 1 % der Grauwerte unterhalb bzw. oberhalb des jeweiligen Grenzwertes liegen. Man spricht dann von einer Sättigung (Saturation) von 2 %,
- Gammawerte um 0,5.

Übung 2.3 Interaktive Grauwertspreizung mit dem MATLAB-Werkzeug `imtool`

Das Graustufenbild `Parks` (Abb. 2.3) besitzt bereits hohen Kontrast, sodass die automatische Grauwertspreizung an anderen Beispielen erprobt werden soll. Laden Sie erst das Bild `muenzen` in den Arbeitsspeicher. Dann öffnen Sie das Werkzeug `imtool` für das Bild. Wählen sie das `Adjust-contrast`-Werkzeug im Menü über den 4. Schaltknopf von links (schwarz-weißer Kreis). Alternativ erreichen Sie das Werkzeug auch über das Menü `Tool`. Machen Sie sich durch gezieltes Probieren mit den Möglichkeiten des Werkzeugs vertraut. Was beobachten Sie im Bild? Erklären Sie die Veränderungen.

Übung 2.4 Automatische Grauwertspreizung mit Gammakorrektur

MATLAB unterstützt die automatische Grauwertspreizung mit Gammakorrektur und Sättigung durch den Befehl `imadjust`. Die benötigte Spannweite der Grauwerte liefert der Befehl `stretchlim`.

Verwenden Sie wieder das Bild `muenzen`. Spreizen Sie die Grauwerte auf maximalen Kontrast mit dem Befehl `imadjust`. Geben Sie dabei den Gammawert einmal gleich 2 und dann gleich 0,5 vor. Diskutieren Sie die Ergebnisse im Vergleich.

Quiz 2.2

Ergänzen Sie sinngemäß die Lücken im Text.

1. Die Gammakorrektur liefert meist eine ___ Abbildung der Grauwerte.
2. Mit der linearen Grauwertspreizung können ___ gemildert werden.
3. Eine Abbildung der Bildelemente auf das jeweils entsprechende Bildelement im Ergebnisbild bei der der Bildkontext keine Rolle spielt, bezeichnet man als einen ___.

4. Eine Abbildung von Bildelement auf das jeweils entsprechende Bildelement im Ergebnisbild bei der der Ort der Bildelemente keine Rolle spielt, bezeichnet man als ___.

5. Bei der Kontrastanpassung mit der Option ___ geht Bildinformation verloren.

6. Mit der Gammakorrektur werden ___ der Intensität (Grauwerte) durch Scanner und Bildschirme berücksichtigt.

7. Bei einem Gammawert von zwei wird nach Gammakorrektur das Bild ___.

8. Bei der automatischen Kontrastanpassung wird typisch ein gemäßigtes ___ angewendet.

9. Der Befehl `imhist` liefert die ___ Häufigkeiten der Grauwerte im Bild.

10. Mit dem Befehl `imadjust` können die ___ gespreizt werden.

11. Die Gammakorrektur ist eine ___ Abbildung und wird mit dem Gammawert ___.

12. Geräte wie Kameras, Scanner, Bildschirme und Drucker besitzen spezifische ___.

2.3.4 Histogrammebnen

Das *Histogrammebnen* („histogram equalization") ist ein homogener Punktoperator zur Bildverbesserung, der die globale Bildinformation des Histogramms der Grauwerte verwendet. Aus der Informationstheorie ist bekannt, dass eine *Informationsquelle* mit gleichverteilten Symbolen maximale *Entropie* aufweist, also größten mittleren (syntaktischen) Informationsgehalt hat (Werner 2017). Dies legt den Gedanken nahe, durch eine Abbildung der Grauwerte die Entropie zu erhöhen und so vielleicht auch für den „Betrachter" (Mensch oder Maschine) das Erkennen des Bildes bzw. von Bildinhalten zu erleichtern.

Abbildungskennlinie

Um die Entropie zu maximieren, soll für das Bild eine Gleichverteilung der Grauwerte erzeugt werden, also anschaulich das Histogramm eingeebnet werden. Eine kurze mathematische Vorüberlegung liefert den Algorithmus zur Berechnung der Abbildungskennlinie für das jeweilige Bild. Wir gehen dazu von einer streng monotonen Abbildung der normierten Grauwerte x des Originalbildes X auf die normierten Grauwerte y des Ergebnisbildes Y aus. Abb. 2.5 illustriert das Prinzip.

Fasst man die Bilder als Informationsquellen auf, mit den Grauwerten als zunächst kontinuierliche Zufallsvariablen im Intervall [0, 1], so können *Wahrscheinlichkeitsdichtefunktionen* (WDF) für das Original- und das Ergebnisbild, $f_X(x)$ bzw. $f_Y(y)$, zugeordnet werden. Wegen der angenommenen streng monotonen Abbildung $T(x)$ für die Wahrscheinlichkeiten folgt gemäß der Flächeninterpretation der Wahrscheinlichkeit der Zusammenhang für die *Wahrscheinlichkeitsverteilungsfunktionen* (WVF)

$$F_Y(y) = \int_0^y f_Y(u)\,\mathrm{d}u = F_X\big(T^{-1}(y)\big) = \int_0^{T^{-1}(y)} f_X(u)\,\mathrm{d}u.$$

Abb. 2.5 Beispiel einer monotonen Abbildung der Grauwerte

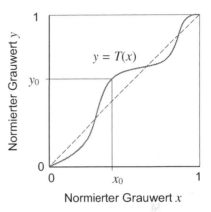

Aus der Monotonie der Abbildung $T(x)$ folgt in Abb. 2.5 anschaulich: die Wahrscheinlichkeit einen Grauwert in Y vorzufinden der kleiner gleich y_0 ist, ist gleich der Wahrscheinlichkeit einen Grauwert in X vorzufinden der kleiner gleich x_0 ist, wenn y_0 das Bild von x_0 ist, d. h. $y_0 = T(x_0)$.

Der Zusammenhang kann ebenso auf die WDF übertragen werden. Die WDF im Ergebnisbild ergibt sich durch Differentiation der WVF im Ergebnisbild

$$\frac{\mathrm{d}}{\mathrm{d}y}F(y) = f_Y(y) = \frac{\mathrm{d}}{\mathrm{d}y}\int_0^{T^{-1}(y)} f_X(u)\,\mathrm{d}u = f_X\big(T^{-1}(y)\big) \cdot \frac{\mathrm{d}}{\mathrm{d}y}T^{-1}(y),$$

wobei die Differentiationsregel für Parameterintegrale angewendet wird (Bronstein et al. 1999).

Die Umkehrregel der Differentiation, die Differentiation der Umkehrfunktion, liefert für die Abbildung $T(x)$ und ihrer Inversen

$$\frac{\mathrm{d}}{\mathrm{d}y}T^{-1}(y) = \left.\frac{1}{\frac{\mathrm{d}}{\mathrm{d}x}T(x)}\right|_{x=T^{-1}(y)}.$$

Folglich ist die gesuchte WDF bei allgemein monotoner Abbildung

$$f_Y(y) = \left.\frac{f_X(x)}{\frac{\mathrm{d}}{\mathrm{d}x}T(x)}\right|_{x=T^{-1}(y)}.$$

Aus dem Wunsch nach Histogrammebnung, dass die WDF nach der Abbildung konstant ist, folgt auf der linken Seite der Gleichung eine Konstante. Und folglich auf der rechten Seite, dass die Ableitung der Abbildungsfunktion $T(x)$ gleich der WDF $f_X(x)$ ist. Also ist die Abbildungsfunktion selbst gleich der Stammfunktion, und somit die WVF der Grauwerte im Originalbild

$$T(x) = F_X(x) = \int\limits_0^x f_X(u) \, \mathrm{d}u.$$

Damit ist die gesuchte Abbildung gefunden und die mathematischen Vorüberlegungen sind abgeschlossen. Allerdings setzt die Herleitung strenge Monotonie voraus, also die eindeutige Umkehrbarkeit der Abbildung. Diese ist nicht immer gegeben, z. B. dann nicht, wenn die WDF abschnittsweise null ist. Wie wir sehen werden, ist das in der digitalen Bildverarbeitung jedoch unkritisch.

Histogrammebnen

Dass sich die Abbildungsfunktion zum Ebnen des Histogramms aus der WDF ergibt, lässt sich für die Grauwertbilder unmittelbar in einen stabilen numerischen Algorithmus umsetzen. An Stelle der (theoretischen) WDF tritt die relative Häufigkeit der Grauwerte im Bild. Und die empirische Häufigkeitsverteilung übernimmt die Funktion der WVF. Dazu gehen wir von K diskreten Graustufen k mit $k \in \{0, 1, \ldots, K-1\}$ im Original-bild aus. (Im Beispiel der Grauwertauflösung von acht Bits ist $K = 256$.) Im Histogramm werden deren relative Häufigkeiten f_k erfasst. Aufsummieren der relativen Häufigkeiten liefert dann die kumulative relative Häufigkeit

$$F_k = \sum_{n=0}^k f_n \quad \text{mit} \quad F_{K-1} = 1.$$

Die kumulative relative Häufigkeit entspricht der WVF in obiger Herleitung. Das Ebnen des Histogramms geschieht folglich durch Verwenden der kumulativen Häufigkeit als Abbildungsfunktion. Zu allen Bildelementen in X mit dem Grauwert $x_k = k$ wird in Y der Grauwert y_k wie folgt berechnet:

$$y_k = T(x_k) = (K-1) \cdot F_k = (K-1) \cdot \sum_{n=0}^k f_n \quad \text{für } k = 0 : K-1$$

Zusammengefasst besteht der Algorithmus *Histogrammebnen* aus vier Schritten:

1. Bestimmung des Histogramms der Grauwerte des Originalbildes mit den relativen Häufigkeiten f_k;
2. Bestimmung der kumulierten relativen Häufigkeiten F_k;
3. Für jedes Paar korrespondierender Bildpunkte des Originalbildes und des Ergebnis-bildes wird der Grauwert x_k im Originalbild bestimmt und der zugehörige Wert der kumulierten relativen Häufigkeiten F_k in das Ergebnisbild eingetragen;
4. Damit das Ergebnisbild den vollen Graustufenbereich umfasst, wird jeder Grauwert im Ergebnisbild abschließend mit $K-1$ multipliziert.

Beispiel 2.1

Histogrammebnen

Der oben beschriebene Algorithmus wurde in Programm 2.3 umgesetzt und auf ein Bild mit relativ unterschiedlich hellen Bildinhalten angewendet. Abb. 2.6 zeigt das Originalbild und das Ergebnis nach dem Histogrammebnen.

Darunter sind die jeweiligen Histogramme zusehen. Die vereinfachend als bimodal zu beschreibende Form des Histogramms deutet auf zwei unterschiedliche Bildbereiche hin; hier die helle metallische Platte im Vordergrund und dort das dunkle Gebäude im Hintergrund.

Unten in Abb. 2.6 finden sich die zugehörigen kumulierten relativen Häufigkeiten (Verteilungen). Rechts zum Ergebnisbild ist die Annäherung an die Gerade deutlich zu erkennen. Allerdings zeigt sich auch der diskrete Charakter der Grauwerte an den sichtbaren Treppenstufen überall dort, wo im Histogramm des Originalbildes dominante Häufungsbereiche, z. B. der Gipfel bei der Intensität 170, auftreten.

Das Beispiel des Bildes hsfd deckt den gewünschten Effekt des Histogrammebnens auf. Wegen der hohen Aufnahmequalität des Originals, oder auch vielleicht des Motives, erscheint jedoch das Ergebnisbild nicht augenfällig als „Verbesserung". Im Folgenden werden wir sehen, wie der Algorithmus durch zwei Maßnahmen „verbessert" werden kann. ◀

Programm 2.3 Histogrammebnen

```
% Histogram equalization
% bv_kont_5 * mw * 2019-12-06
IMAGE = 'hsfd.jpg'; I = imread(IMAGE);
If ndims(I)==3; I = rgb2gray(I); end
%% Histogram - input image
[II,x] = imhist(I); h = H/sum(H); % normalized histogram
ch = cumsum(h); % cumulative histogram
%% Histogram equalization
T = uint8(255*ch); % mapping based on cumulative histogram
J = T(1+I); % actual mapping using efficient MATLAB code
%% Histogram - output image
[H,x] = imhist(J); h2 = H/sum(H); % normalized histogram
ch2 = cumsum(h2); % cumulative histogram
%% Graphics
FIG1 = figure('Name',['bv_kont_5 : normalized histogram - ',IMAGE],…
    'NumberTitle','off');
    subplot(2,2,1), bar(x,h,1,'b'), grid
    axis([0 255 0 max(h)]); title('Normalized Histogram')
```

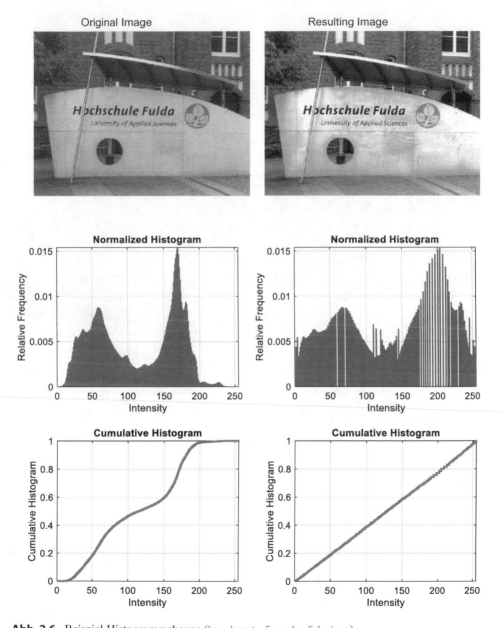

Abb. 2.6 Beispiel Histogrammebenen (`bv_kont_5.m`, `hsfd.jpg`)

```
xlabel('Intensity'), ylabel('Relative Frequency')
subplot(2,2,3), stairs(ch,'LineWidth',2), grid
axis([0 255 0 1]); title('Cumulative Histogram')
xlabel('Intensity'), ylabel('Cumulative Histogram')
subplot(2,2,2), bar(x,h2,1,'b'), grid
```

```
    axis([0 255 0 max(h2)]); title('Normalized Histogram')
    xlabel('Intensity'), ylabel('Relative Frequency')
    subplot(2,2,4), stairs(ch2,'LineWidth',2), grid
    axis([0 255 0 1]); title('Cumulative Histogram')
    xlabel('Intensity'), ylabel('Cumulative Histogram')
FIG2 = figure('Name',['bv_kont_5 : normalized histogram - ',IMAGE],…
    'NumberTitle','off');
    subplot(1,2,1), imshow(I), title('Original Image')
    subplot(1,2,2), imshow(J), title('Resulting Image')
```

MATLAB unterstützt das Histogrammebnen durch den Befehl `histeq`. Wie das normierte Histogramm rechts oben in Abb. 2.6 zeigt, wird das Ziel der Histogrammebnung im Beispiel mehr schlecht als recht erreicht. Besser ist es, wenn der diskrete Charakter der Bilder, der treppenförmige Charakter der kumulierten relativen Häufigkeit, berücksichtigt wird. Reduziert man die Zahl der Treppenstufen im Ergebnisbild erhält man dafür einen Freiheitsgrad, der zur besseren Annäherung der kumulativen relativen Häufigkeit an die Wunschfunktion genutzt werden kann. Mit anderen Worten: „weniger Treppenstufen unterschiedlicher Breite, dafür aber ähnlich hoch". Die modifizierte Methode erklärt sich am besten anhand eines Übungsbeispiels, das wir noch kurz vorbereiten.

Die Befehlszeile `[J,  T]=histeq(I,n)` veranlasst eine Histogrammebnung. Für das Originalbild `I` wird eine Abbildung `T` der Grauwerte des Ergebnisbildes `J` berechnet. Die Abbildung wird so bestimmt, dass für die vorgegebene Stufenzahl `n` die maximale Abweichung der kumulativen relativen Häufigkeit im Ergebnisbild minimiert wird. Dazu werden die Grauwerte des Originalbildes in n Intervalle zusammengefasst (Stufenbreite) und in n über die gesamte Grauwerteskala gleichmäßig verteilte Grauwerte (Stufenhöhe) abgebildet.

Übung 2.5 Histogrammebnen

a. Wiederholen Sie das Beispiel 2.1 und ersetzen Sie zunächst in Programm 2.3 die Histogrammebnung durch den Befehl
   `[J,  T]=histeq(I,n);`
   mit n gleich 256, der maximalen Stufenzahl. Stellen Sie auch die Abbildung T als Stufenfunktion dar und vergleichen Sie T mit der kumulativen relativen Häufigkeit des Originalbildes. Ergeben sich wesentliche Änderungen?
b. Nun soll der Einfluss der Stufenzahl deutlich werden. Wiederholen Sie (a.) mit n gleich 64, dem MATLAB Standardwert.
c. Der Einfluss der Stufenzahl kann beispielsweise mit n gleich acht oder vier noch deutlicher gemacht werden. Welcher Effekt stellt sich bei kleiner bis sehr kleiner Stufenzahl sichtbar ein?

Neben der Histogrammebnung unterstützt der Befehl `histeq` eine Anpassung an ein vorgegebenes „Wunsch"-Histogramm. In machen Anwendungen sind gewisse Verteilungen der Intensität, z. B. eine Normalverteilung, typisch. In solchen Fällen kann es sinnvoll sein, als Zielverteilung die Normalverteilung (oder die eines typischen Referenzbildes) anzustreben.

Das Histogrammebnen im Beispiel berücksichtigt zwar in gewisser Weise das gesamte Bild, behandelt aber als homogener Punktoperator aller Bildobjekte gleich. Es nimmt keine Rücksicht auf helle oder dunkle Objekte und deren Anordnung im Bild, also in Abb. 2.6 nicht auf das helle metallische Objekt im Vordergrund und nicht auf den dunklen Gebäudeeingang im Hintergrund rechts. Das Histogrammebenen entfaltet seine Wirkung meist erst, wenn es selektiv auf Bildteile angewandt wird. Man spricht dann vom *adaptiven Histogrammebnen,* weil sich der Algorithmus auf die lokalen Eigenschaften des Bildes anpasst. Oft wird die Anpassung auf einfache rechteckförmige Bildteile, sogenannten Kacheln, vorgenommen.

Übung 2.6 Adaptives Histogrammebnen

MATLAB ermöglicht adaptives Histogrammebnen mit den Befehlen `adaptisteq`. In der Übung soll der Einsatz des adaptiven Verfahrens am Beispiel des Bildes `hsfd` deutlich gemacht werden, s. Abb. 2.7. Wenden Sie den Befehl

```
adapthisteq(I,'NumTiles',[8 8],'ClipLimit',.01,…
    'Distribution','uniform','Range','full');
```

an. Die angegebenen Parameterwerte entsprechen den Standardwerten.

Mit dem Parameter `NumTiles` wird die Zerlegung des Bildes in rechteckförmige Kacheln gesteuert. Für jede Kachel wird die Abbildung zum Histogrammebnen, allgemein zur Histogrammanpassung, berechnet. Damit im Ergebnisbild keine Artefakte durch die Kachelbildung sichtbar werden, wird bei der Anpassung über benachbarte Kacheln gemittelt (Abb. 2.7).

Original Image   `adapthisteq`

Abb. 2.7 Adaptives Histogrammebnen (`adapthisteq`, `hsfd.jpg`)

Achten Sie auch auf den Kontrast des Ergebnisbildes. Damit speziell in homogenen Bildbereichen, das heißt Kacheln, die nur geringen Kontrast aufweisen, keine Übersaturierung des Kontrastes eintritt, wird die Kontrastverstärkung mit diesem Parameter ClipLimit begrenzt.

Schließlich kann eine von drei Wunschverteilungen für das Wunsch-Histogramm eingestellt werden: uniform, rayleigh oder exponential. Die letzten beiden Optionen sind parametrisierbar und für spezielle Anwendungen.

Wenden Sie die adaptive Histogrammebnung für verschiedene Parametereinstellungen von NumTiles und ClipLimit an, so dass Sie deren Einfluss auf die Ergebnisbilder am Bildschirm anschaulich nachvollziehen können.

Quiz 2.3

Ergänzen Sie die Lücken im Text sinngemäß.

1. Das Histogrammebnen folgt dem informationstheoretischen Prinzip der Maximierung der ___.
2. Die Abbildungsvorschrift der Grauwerte des Histogrammebnens verwendet das ___ Histogramm der Grauwerte.
3. Nach dem (einfachen) Histogrammebnen approximiert die Verteilung der Grauwerte die ___.
4. Der Algorithmus des Histogrammebnens kann so erweitert werden, dass als Ziel eine ___ berücksichtigt wird.
5. Das adaptive Histogrammebenen zeichnet sich durch Anpassung an ___ Bildeigenschaften aus.
6. Die automatische Grauwertanpassung gemäß dem Wunschhistogramm sieht der Befehl ___ vor.
7. Für Bilder, die unterschiedliche Objekte zeigen, kann zur Kontrastanpassung der Einsatz des Befehls ___ sinnvoll sein.

2.4   Aufgaben

Aufgabe 2.1
Macht es einen Unterschied, ob ein Bild bei maximalem Kontrast aufgenommen wird oder erst nachträglich auf maximalen Kontrast gespreizt wird? Begründen Sie Ihre Antwort.

Aufgabe 2.2 Kontrastanpassung
Mit dem Programm 2.4 wurden die drei Bilder in Abb. 2.8 generiert. Ordnen Sie die Abbildungen von links nach rechts den Bildern I1, I2 und J im Programm zu.

Abb. 2.8 Zu Aufgabe 2.2 (`bv_kont_8.m`, `adler.jpg`)

Programm 2.4

```
% Adjust image intensity values
% bv_kont_8 * mw * 2019-12-06
I = imread('adler.jpg');
[H,x] = imhist(I);
FIG1 = figure('Name',['bv_kont_8 : histogram - ',IMAGE],…
    'NumberTitle','off');
    bar(x,H,1,'b'), grid
    xlabel('Intensity'), ylabel('Frequency')
    axis([0 255 0 max(H)]); title('Histogram')
I1 = imadjust(I,[0 150]/255,[]);
FIG2 = figure('Name',['bv_kont _8 : imadjust - ',IMAGE],…
    'NumberTitle','off');
    imshow(I1)
I2 = imadjust(I,[150 255]/255,[],2);
FIG3 = figure('Name',['bv_kont _8 : imadjust - ',IMAGE],…
    'NumberTitle','off');
    imshow(I2)
J = adapthisteq(I,'NumTiles',[8 8],'Distribution','uniform');
FIG4 = figure('Name',['bv_kont _8 : adapthisteq - ',IMAGE],…
    'NumberTitle','off');
    imshow(J)
```

2.5   Zusammenfassung

Die Bitebenen eines Bildes reflektieren den diskreten Charakter der Grauwerte. Von den üblichen acht Bitebenen können von Menschen typisch die obersten vier bis fünf als signifikante Bildinformation erkannt werden. Deshalb ist es relativ einfach möglich, in den unteren Bitebenen „unsichtbar" Information als Wasserzeichen zu verstecken. Das vorgestellte Beispiel weist anschaulich auf die Möglichkeiten der Steganographie, der Kunst der verborgenen Informationsübertragung, mit Bildern hin.

Der Mittelwert und die Spannweite der Grauwerte eines Bildes, Helligkeit bzw. Kontrast genannt, sind zentrale Kennwerte. Beide stehen mit der Qualität der Aufnahme in Verbindung. Belichtungsfehler führen oft zu übermäßig dunklen bzw. hellen Bildern mit niedrigem Kontrast. In diesen Fällen sind Objekte meist nur schwer oder nicht zu unterscheiden. Ist noch ausreichend Information über die Grauwertunterschiede in den unteren Bitebenen vorhanden, kann durch eine Anpassung des Kontrasts eine sichtbare Verbesserung erreicht werden. Hierfür stehen verschiede Methoden zur Verfügung, z. B. die einfache lineare Grauwertspreizung, die Gammakorrektur und die automatische Anpassung mit Abschneiden. Besonders interessant sind automatische Verfahren, die ohne menschlichen Eingriff auf unterschiedliche Bilder angewendet werden können. Sie werden für das maschinelle Bilderkennen („computer vision") gebraucht. Exemplarisch dazu wurden das Histogrammebnen und seine adaptive Erweiterung vorgestellt. Die theoretische Fundierung des Algorithmus, seine Anwendung mit MATLAB und seine Leistungsfähigkeit wurden ausführlich demonstriert.

2.6 Lösungen zu den Aufgaben

Zu Quiz 2.1

1. Steganografie
2. 30
3. geringen
4. Helligkeit
5. `improfile`
6. `imhist`
7. null, eins
8. Bitebenen

Zu Quiz 2.2

1. nichtlinear
2. Belichtungsfehler
3. Punktoperator
4. homogen
5. Abschneiden („clipping")
6. Verzerrungen
7. dunkler
8. Abschneiden
9. absoluten
10. Intensitäten (Grauwerte)
11. nichtlineare, parametrisiert (eingestellt)
12. Gammawerte

Zu **Quiz 2.3**

1. Entropie
2. Kumulierte
3. Gleichverteilung
4. Wunschverteilung
5. lokale
6. histeq
7. adapthisteq

Zu **Aufgabe 2.1.**

Es macht einen Unterschied, denn die Auflösung kann nachträglich nicht verbessere werden. Durch die Kontrastanpassung wird nur die bildliche Darstellung verändert.

Zu **Aufgabe 2.2** Kontrastanpassung

In Abb. 2.8 von links nach rechts: I1, I2 und J.

2.7   Programmbeispiele

Programm 2.5 Steganographie

```
% Steganography
% bv_kont_2 * mw * 2019-12-06
%% Prepare images
I = imread('Parks.jpg'); % load RGB image
J = rgb2gray(I); % convert to grayscale image
logo = imread('logo.tif');
logo = imresize(logo,[100 100]); % resize logo
%% Steganography
FIG = figure('Name','bv_kont_2 : image levels ','NumberTitle','off');
BWsteg = logical(bitget(J,1)); % 1st bit level
BWsteg(640:739,140:239) = logo;
subplot(1,4,1),imshow(BWsteg)
title('Input - bit level 1')
Jsteg = bitset(J,1,BWsteg); % embeded signature
subplot(1,4,2), imshow(Jsteg)
title('Steganography')
subplot(1,4,3), imshow(J), title('Original')
BWtest = logical(bitget(Jsteg,1));
subplot(1,4,4), imshow(BWtest), title('Output - bit level 1')
```

Programm 2.6 Kontrastanpassung

```
% Contrast adjustment
% bv_kont_4 * mw * 2019-12-06
%% Load image
I = imread('muenzen.jpg'); % load JPG image
J = rgb2gray(I);
FIG = figure('Name','Münzen','NumberTitle','off');
subplot(2,2,1), imshow(J), title('Original')
%% Contrast adjustment
High_Low = stretchlim(J);
G = 2;
I = imadjust(J,High_Low,[],G);
subplot(2,2,2), imshow(I), title(['Gamma = ',num2str(G)])
G = .5;
I = imadjust(J,High_Low,[],G);
subplot(2,2,4), imshow(I), title(['Gamma = ',num2str(G)])
```

Programm 2.7 Histogrammangleichung mit Wunsch-Histogramm

```
% Histogram equalization
% bv_kont_6 * mw * 2019-12-06
%% Load image
IMAGE = 'hsfd.jpg';
I = imread(IMAGE);
I = rgb2gray(I);
%% Histogram - output image
[H,x] = imhist(I); h = H/sum(H); % normalized histogram
ch = cumsum(h); % cumulative histogram
%% Histogram equalization
[J T] = histeq(I,8);
%% Histogram - output image
[H,x] = imhist(J); h2 = H/sum(H); % normalized histogram
ch2 = cumsum(h2); % cumulative histogram
%% Graphics
FIG1 = figure('Name',['bv_kont_6 ; normalized histogram - ',IMAGE],…
    'NumberTitle','off');
    subplot(2,2,3), stairs(0:255,T,'LineWidth',2), grid
    axis([0    255    0    1]);    title('Grayscale    transformation
characteristic')
    xlabel('{\itx} \rightarrow')
    ylabel('{\ity} = {\itT}({\itx}) \rightarrow')
    subplot(2,2,1), bar(x,h,1,'b'), grid
    axis([0 255 0 max(h)]); title('Normalized Histogram (original)')
```

```
    xlabel('Intensity'), ylabel('Relative Frequency')
    subplot(2,2,2), bar(x,h2,1,'b'), grid
    axis([0 255 0 max(h2)]); title('Normalized Histogram (result)')
    xlabel('Intensity'), ylabel('Relative Frequency')
    subplot(2,2,4), stairs(ch2,'LineWidth',2), grid
    axis([0 255 0 1]); title('Cumulative Histogram ')
    xlabel('Intensity'), ylabel('Cumulative Histogram')
FIG2 = figure('Name',['bv_kont_6 : normalized histogram - ',IMAGE],…
    'NumberTitle','off');
    subplot(1,2,1), imshow(I), title('Original Image')
    subplot(1,2,2), imshow(J), title('Resulting image')
```

Programm 2.8 Histogrammangleichung mit Wunschhistogramm

```
% Adaptive histogram equalization
% bv_kont_7 * mw * 2019-12-06
%% Load image
I = imread('hsfd.jpg');
I = rgb2gray(I);
%% Histogram - input image
[H,x] = imhist(I); h = H/sum(H); % normalized histogram
ch = cumsum(h); % Cumulative histogram
%% Histogram equalization
[Jeq,T] = histeq(I);
%% Adaptive histogram equalization
J = adapthisteq(I,'NumTiles',[8 8],'ClipLimit',.01,…
    'Distribution','uniform','Range','full');
%% Histogram - output image
[H,x] = imhist(J); h2 = H/sum(H); % normalized histogram
ch2 = cumsum(h2); % Cumulative histogram
%% Graphics
FIG1 = figure('Name',['bv_kont_7 : normalized histogram - ',IMAGE],…
    'NumberTitle','off');
    subplot(1,3,1), imshow(Jeq), title('Resulting image (eq.)')
    subplot(1,3,2), imshow(I), title('Original Image')
    subplot(1,3,3), imshow(J), title('Resulting image (adapt.)')
```

Literatur

Beutelspacher, A. (2015). *Kryptologie. Eine Einführung in die Wissenschaft vom Verschlüsseln, Verbergen und Verheimlichen* (10. Aufl.). Wiesbaden: Springer Spektrum.

Bronstein, I. N., Semendjajew, K. A., Musiol, G., & Mühlig, H. (1999). *Taschenbuch der Mathematik* (4. Aufl.). Frankfurt a. M.: Harri Deutsch.

Burger, W., & Burge, M. J. (2016). *Digital image processing. An algorithmic introduction using Java* (2. Aufl.). London: Springer.

Parks (2014-03-28). Verfügbar unter http://de.wikipedia.org/wiki/Rosa_Parks.

Toennies, K. D. (2012). *Guide to medical image analysis. Methods and algorithms.* London: Springer.

Werner, M. (2017). *Nachrichtentechnik. Eine Einführung für alle Studiengänge* (8. Aufl.). Wiesbaden: Springer Vieweg.

Punkt- und Rangoperatoren

3

Inhaltsverzeichnis

Die Originalversion dieses Kapitels wurde revidiert: Das elektronische Zusatzmaterial wurde beigefügt. Ein Erratum ist verfügbar unter https://doi.org/10.1007/978-3-658-22185-0_15

Elektronisches Zusatzmaterial Die elektronische Version dieses Kapitels enthält Zusatzmaterial, das berechtigten Benutzern zur Verfügung steht
https://doi.org/10.1007/978-3-658-22185-0_3

© Springer Fachmedien Wiesbaden GmbH, ein Teil von Springer Nature 2021, korrigierte Publikation 2021
M. Werner, *Digitale Bildverarbeitung*, https://doi.org/10.1007/978-3-658-22185-0_3

Zusammenfassung

Punktoperatoren definieren die punktweise Abbildung eines Bildes. Abhängig von den Grauwerten im Original, werden den Bildelementen im Ergebnisbild Grauwerte zugewiesen. Eine spezielle Anwendung ist die Binarisierung durch Schwellenwertsegmentierung. Sie erzeugt Schwarz-Weiß-Bilder und kann die Trennung von Bildobjekt(en) und Bildhintergrund unterstützen. Hierzu kann der Schwellenwert mit der Methode von Otsu für jedes Bild automatisch berechnet werden. Eine spezielle Klasse von Punktoperatoren sind die Rangoperatoren. Sie beziehen in einer Rangoperation von Grauwerten benachbarter Bildelemente die Nachbarschaft des jeweiligen Bildelements mit ein. Bedeutsame Beispiele sind das Medianfilter, das Minimumfilter, das Maximumfilter, das Kantenfilter, das Schärfungsfilter und das konservierende Glättungsfilter. Das Medianfilter eignet sich besonders zur Unterdrückung störenden Impulsrauschens in Bildern.

Schlüsselwörter

Bildrauschen („image noise") · Binarisieren („binning") · Bitebene („bit plane") · Extremwertschärfer („sharpening filter") · Gewichtung („wighting") · Impulsrauschen („impulse noise") · Invertieren („inversion") · Kantenfilter („contour filter") · Maske („mask") · MATLAB · Maximumfilter („max filter") · Medianfilter („median filter") · Minimumfilter („min filter") · Nachbarschaft („neighborhood") · Postereffekt („posterize effect") · Punktoperator („point processing") · Rangoperator („ordering · Ranking") · Rangordnungsfilter („order-statistic filter" · „rank value filter") · Salz-und-Pfeffer-Rauschen („salt-and-pepper noise") · Schwellenwertsegmentierung („thresholding") · Zylinderhut-Transformation („top-hat transform")

Dieses Kapitel enthält zwei Schwerpunkte. Zunächst bleibt die Betrachtung bei den einzelnen Bildelementen („point processing"). Es werden Beispiele der Grauwerttransformation vorgestellt, die auf jedes Bildelement gleichartig angewendet werden, also homogene Punktoperatoren sind: das Binarisieren, das Zusammenfassen („binning") und das Invertieren. Danach wird im zweiten Schwerpunkt mit den Rangoperatoren ein neues Konzept eingeführt. Nun wird die Nachbarschaft des Bildelements einbezogen. Mit anderen Worten, die Grauwerte im Ergebnisbild hängen nicht mehr nur von dem einen Grauwert im Eingangsbild ab, sondern auch von den Grauwerten der Nachbarn („neighborhood processing"). Zur Beschreibung der Nachbarschaft wird die Maske eingeführt.

3.1   Homogene Punktoperatoren zur Grauwerttransformation

In diesem Abschnitt werden drei elementare homogene Grauwerttransformationen betrachtet: die Schwellenwertsegmentierung, die Vergröberung („binning") mit dem sichtbaren Postereffekt und die Invertierung der Grauwerte. Als homogene Punktoperatoren sind alle drei Abbildungen unabhängig von der jeweiligen Lage der Bildpunkte.

3.1.1   Schwellenwertsegmentierung

3.1.1.1 Schwellenwertoperator

Bei der *Schwellenwertsegmentierung* („thresholding") eines Grauwertbilds, auch *Binarisierung* genannt, wird ein Schwarz-Weiß-Bild erzeugt, indem jedem Grauwert x unterhalb oder gleich einer *Schwelle* x_S der Binärwert 0 (schwarz) und sonst 1 (weiß) zugeordnet wird.

$$y = T(x) = \begin{cases} 0 \ \text{f ü r} \quad x \le x_S \\ 1 \ \text{sonst} \end{cases}$$

Die Schwellenwertoperation wird auf jedes Bildelement angewendet. Ein typischer Einsatz liegt in der Erkennung eines größeren Objektes vor einem etwa gleichförmigen Hintergrund. Es wird ein bimodales Histogramm mit zwei ausgeprägten Hochpunkten (Gipfeln) vorausgesetzt, so dass die Schwelle x_S zur Unterscheidung der Objekte an die Stelle des Tiefpunktes (Tal) dazwischen gelegt werden kann. In vielen Anwendung ist die Wahl der Schwelle nicht so einfach. Hinzu kommt, dass oft auch eine automatische Wahl gewünscht wird, also ein Algorithmus zur automatischen Bestimmung der Schwelle ohne Eingriff durch einen Menschen. Ein verbreiteter Algorithmus hierfür, der auch in MATLAB verwendet wird, ist die *Methode von Otsu*[1] aus dem Jahr 1979. Sie fußt auf einem statistischen Ansatz, wie er in der Bildverarbeitung und Mustererkennung öfter anzutreffen ist. Darüber hinaus ist die Komplexität des Algorithmus relativ gering. Wir stellen ihn am Beispiel einer globalen Schwelle ausführlich vor. Die Methode ist auch auf mehrfache Schwellen („multiple thresholding") anwendbar (z. B., Gonzalez und Woods 2018).

3.1.1.2 Schwellenwert nach Otsu

Zuerst klären wir die Voraussetzungen. Wir gehen von Grauwertbildern der Größe $M \times N$ und mit $K = 2^{w/\,\text{bit}}$ Graustufen aus. Weitere Daten, die nicht aus den Bildern selbst abgeleitet werden können, sollen wegen der gewünschten automatischen Berechnung nicht verwendet werden.

---

[1]Nobuyuki Otsu, japanischer Mathematiker und Ingenieur.

Aus den Bildern können jeweils die Häufigkeiten h_k der Bildelemente mit dem Grauwert k, für $k = 0$, $1,\ldots,$ $K - 1$. bestimmt werden. Das normierte Histogramm für die
relativen Häufigkeiten der Grauwerte ist dann

$$f_k = \frac{h_k}{M \cdot N} \quad \text{für } k = 0, 1, \ldots, K - 1.$$

Ferner gilt die Normbedingung

$$\sum_{k=0}^{K-1} f_k = 1.$$

Führen wir nun eine Schwelle x_S ein, entstehen durch Segmentierung der Bildelemente
zwei Klassen, K_1 und K_2. Der Klasse K_1 werden alle Bildelemente mit Grauwerten in
$[0, x_S]$ und der Klasse K_2 alle in $[x_S + 1, K - 1]$ zugeordnet. Die Aufgabe besteht in
der geeigneten Wahl der Schwelle x_S, für deren Lösung ein geeignetes Kriterium festzulegen ist. Da keine weiteren Daten verwendet werden sollen, scheint es sinnvoll, von
den beiden Prinzipien der Ähnlichkeit innerhalb einer Klasse und der Verschiedenheit
zwischen den Klassen, der *Homogenität* bzw. der *Heterogenität*, auszugehen.

Wie soll nun Ähnlichkeit und Verschiedenheit bestimmt werden? Aus der Statistik ist
die Varianz (Streuung) als empirische Größen bekannt, die das Maß an Variation in einer
Stichprobe widerspiegelt. Sind alle Stichprobenelemente gleich, ist die Varianz null.

Nach der Klassenbildung können drei *empirische Varianzen* berechnet werden: je
eine für die beiden Klassen und eine für das gesamte Bild. Die Idee der Methode besteht
nun darin, im Sinne einer vollständigen Suche alle möglichen Aufteilungen in die beiden
Klassen, d. h. alle möglichen Schwellenwerte, zu simulieren und die beste auszuwählen.
Dabei sollen die Varianzen innerhalb der Klassen möglichst gering und zwischen den
Klassen möglichst groß werden.

Zur Lösung werden drei empirische Hilfsvariablen in Abhängigkeit von der Schwelle
$x_S \in [0, K - 1]$ definiert:

- die relative Häufigkeit, dass ein Bildelement der Klasse K_1 zugeordnet wird

$$P_1(x_S) = \sum_{k=0}^{x_S} f_k,$$

- der empirische (bedingte) Mittelwert der Klasse K_1

$$m_1(x_S) = \sum_{k=0}^{x_S} k \cdot \frac{f_k}{P_1(x_S)}$$

- und die empirische (bedingte) Varianz innerhalb der Klasse K_1

$$\sigma_1^2(x_S) = \sum_{k=0}^{x_S} (k - m_1(x_S))^2 \cdot \frac{f_k}{P_1(x_S)}.$$

Man beachte, dass die Grundgesamtheit für den Mittelwert und die Varianz nur aus Elementen der Klasse K_1 besteht und somit die Werte f_k aus dem normierten Histogramm des Bildes noch mit der „Klassenwahrscheinlichkeit" entsprechend gewichtet werden müssen damit die Normbedingung in der Klasse gilt.

Im Weiteren benutzen wir die verkürzte Schreibweise P_1, m_1 und σ_1 und lassen der Einfachheit halber die Abhängigkeit von der Schwelle x_S weg. Ganz entsprechend wird für die Klasse K_2 vorgegangen.

$$P_2 = 1 - P_1, \quad m_2 = \sum_{k=x_S+1}^{K-1} k \cdot \frac{f_k}{P_2} \quad \text{und} \quad \sigma_2^2 = \sum_{k=x_S+1}^{K-1} (k - m_2)^2 \cdot \frac{f_k}{P_2}$$

Für den empirischen Mittelwert des Bildes insgesamt gilt

$$m_B = \sum_{k=0}^{K-1} k \cdot f_k = m_1 \cdot P_1 + m_2 \cdot P_2.$$

Und weiter gilt für die empirische Varianz des Bildes

$$\sigma_B^2 = \sum_{k=0}^{K-1} (k - m_B)^2 \cdot f_k.$$

Varianz innerhalb der Klassen

Betrachtet man das idealisierte Beispiel eines homogenen Objektes vor einem anderen selbst wieder homogenen Hintergrund, so ist die Varianz innerhalb der Klassen jeweils null, weil die Grauwerte gleich dem jeweiligen Mittelwert sind. Man kann also annehmen, dass die Klasseneinteilung umso besser gelingt, je geringer die Abweichungen der Grauwerte des Bildes jeweils vom Klassenmittelwert sind. Führt man also für eine vorgegebene Schwelle x_S die Klassifizierung für jedes Bildelement $x_{m,n}$ durch und ersetzt den Grauwert durch den jeweiligen Klassenmittelwert, resultiert die Abweichung vom Ideal, die *Varianz innerhalb der Klassen*

$$\sigma_{in}^2 = \frac{1}{M \cdot N} \left[\sum_{m,n \in K_1} (x_{m,n} - m_1)^2 + \sum_{m,n \in K_2} (x_{m,n} - m_2)^2 \right] =$$
$$= \sum_{k=0}^{x_S} (k - m_1)^2 \cdot f_k + \sum_{k=x_S+1}^{K-1} (k - m_2)^2 \cdot f_k = P_1 \cdot \sigma_1^2 + P_2 \cdot \sigma_2^2$$

Im Falle der idealen Klassifikationsaufgabe ist σ_{in}^2 gleich null.

Varianz zwischen den Klassen

Die *Varianz zwischen den Klassen* misst den Grad des Unterschieds zwischen den beiden Klassen.

$$\sigma_{zw}^2 = P_1 \cdot [m_1 - m_B]^2 + P_2 \cdot [m_2 - m_B]^2$$

Je weiter die Klassenmittelwerte auseinanderliegen, vom Bildmittelwert abweichen, umso größer wird die Varianz zwischen den Klassen. Und je größer die Varianz zwischen den Klassen, umso größer der Unterschied und umso besser können die Klassen getrennt werden.

Für das Verständnis und die weitere Vorgehensweise ist die Varianzzerlegung wichtig. Wie in der Aufgabe 3.2 gezeigt wird, ist die Varianz des Bildes die Summe der obigen Varianzen

$$\sigma_{in}^2 + \sigma_{zw}^2 = \sigma_B^2.$$

Weil die Varianz des Bildes vorgegeben, d. h. unabhängig von der Schwelle ist, sind hier die beiden Kriterien „Varianz innerhalb der Klassen" und „Varianz zwischen den Klassen" fest gekoppelt. Also, die Varianz nimmt innerhalb der Klassen nur zu, wenn die Varianz zwischen den Klassen entsprechend abnimmt. Minimiert man die Varianz innerhalb der Klassen, maximiert man implizit die Varianz zwischen den Klassen und umgekehrt. Beide Kriterien zur Schwellenwertsuche sind äquivalent.

Algorithmus

Zur Berechnung der Schwelle bietet es sich rechentechnisch an, die Varianz zwischen den Klassen zu maximieren, da dann nur statistische Kenngrößen erster Ordnung (Mittelwerte) zu bestimmen sind, der algorithmische Aufwand somit geringer ist. Als Optimierungskriterium wird das Maximum der normierten Varianz zwischen den Klassen verwendet.

$$\eta(\tilde{x}_S) = \max_{0 \leq x_S < K} \sigma_{zw}^2(x_S)$$

Für die Implementierung des Algorithmus wird für die Varianz zwischen den Klassen die aus einer Zwischenrechnung resultierende, weniger komplexe Rechenvorschrift verwendet (Aufgabe 3.3)

$$\sigma_{zw}^2(x_S) = \frac{[m_B \cdot P(x_S) - m(x_S)]^2}{P(x_S) \cdot [1 - P(x_S)]} \quad \text{mit } P(x_S) = \sum_{k=0}^{x_S} f_k \quad \text{und } m(x_S) = \sum_{k=0}^{x_S} k \cdot f_k.$$

Eine mögliche Realisierung der Methode von Otsu für Grauwertbilder zeigt das Programm 3.1.

Programm 3.1 Schwellenwertberechnung nach Otsu (1979)

```
function level = otsu_thresh(I)
% Compute optimum global threshold using Otsu's Method
% function Level = otsu_thresh(I)
% I : graylevel image
% level : threshold, normalized in [0,1]
% otsu_thres.m * mw * 2018-11-05
[h,x] = imhist(I);
f = h/sum(h);
K = length(f);
mB = sum((0:K-1).*f');
P = [f(1) zeros(1,K-1)];
m = zeros(1,K);
for k = 1:K-1
    P(1+k) = P(k) + f(1+k);
    m(1+k) = m(k) + k*f(1+k);
end
sig2 = ((mB*P-m).^2)./(P.*(1-P));
[~,k] = max(sig2);
level = k/K;
return
```

Für einen simplen Test knüpfen wir an Kap. 2 an und verwenden wieder das Grauwert-bild Parks (Parks 2014-03-28). Das Ergebnis der Schwellenwertsegmentierung zeigt Abb. 3.1. Mit der Schwelle 130 resultiert ein Schwarz-Weiß-Bild, das im Wesentlichen der Bitebene 8 in Abb. 2.1 entspricht. Das überrascht nicht. Der Blick auf Abb. 2.3 bestätigt eine breite Verteilung der Grauwerte und die grundlegende Annahme von vornehmlich zwei Objektklassen ist hier auch nicht gegeben. Näher an der Praxis ist das Bildbeispiel für die Übung 3.1. Die Schwellenwertsegmentierung wird i. d. R. als Vorverarbeitung für die Objekterkennung eingesetzt.

Übung 3.1 Schwellenwertsegmentierung

a) Verwenden Sie das Bildbeispiel muenzen. Führen Sie nach der Methode von Otsu eine Schwellenwertsegmentierung mit der Funktion in Programm 3.1 durch. Vergleichen Sie die Schwelle mit dem Histogramm des Originals.
b) MATLAB bietet für die Schwellensegmentierung den Befehl für die Schwellenberechnung graythresh in Kombination mit dem Befehl für die Segmentierung imbinarize an. Wiederholen Sie (a) mit den MATLAB-Befehlen und vergleichen Sie die berechneten Schwellenwerte.

Abb. 3.1 Schwellenwertsegmentierung mit der Methode von Otsu (Schwelle 130, `Parks.jpg`)

3.1.2 Zusammenfassen von Graustufen (Postereffekt)

Das Zusammenfassen von benachbarten Graustufen („binning") kann in Bildern zum augenfälligen *Postereffekt* („posterizing") führen. In der Bildverarbeitung ist das Zusammenfassen nützlich, wenn es Objekte in Bildern hervorhebt, die durch ähnliche Grauwerte gekennzeichnet sind. Durch die gezielte Vergröberung entstehen sichtbare *Äquidensiten*, d. h. Linien oder Flächen gleicher Grauwerte (Schwärzung). Eine spezielle Form des Zusammenfassens ist das Quantisieren mit abnehmender Wortlänge.

Das Zusammenfassen wird allgemein durch eine Treppenfunktion beschrieben mit den Intervallgrenzen x_i (Sprungstellen) für $i = 1, 2, …, N − 1$ und zugehörigen Sprunghöhen $y_i − y_{i−1}$ mit $y_0 = 0$. Abb. 3.2 zeigt ein Beispiel mit vier Intervallen („Eimern"). Eine mögliche Implementierung enthält Programm 3.2. Und Abb. 3.3 zeigt den Postereffekt im Beispiel einer Löwenzahnblüte mit reifen Früchten (Pusteblume) mit vier Äquidensiten.

Programm 3.2 Postereffekt

```
% Posterizing
% bv_rang_2 * mw * 2018-10-24
IMAGE = 'loewenzahn.jpg';
I = imread(IMAGE);
if ndims(I)==3; I=rgb2gray(I); end
```

Abb. 3.2 Kennlinie für
das Zusammenfassen der
Graustufen im Eingangsbild zu
einigen wenigen Graustufen im
Ergebnisbild

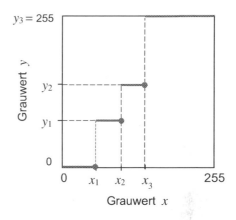

Original

Abb. 3.3 Beispiel für den Postereffekt (`loewenzahn.jpg`)

```
FIG = figure('Name',['bv_rang_2 : Poster - ',IMAGE],…
    'NumberTitle','off');
    subplot(1,2,1), imshow(I), title('Original')
Tx = [60 120 180];
Ty = [80 160 255];
P = Ty(end)*ones(size(I));
for k=length(Tx):-1:2
    P(I<=Tx(k)) = Ty(k-1);
end
P(I<=Tx(1)) = 0;
P = uint8(P);
subplot(1,2,2), imshow(P)
```

Abb. 3.4 Beispiel für
die Grauwertinvertierung
(`imcomplement`,
`loewenzahn`)

3.1.3 Grauwertinvertierung

Die *Grauwertinvertierung* geschieht indem man die Grauwerte eines Bildes vom
Maximalwert abzieht.

$$y_{m,n} = x\text{max} - x_{m,n}$$

So wird bei der üblichen Darstellung, mit $x_{max} = 255$ für weiß und $x_{min} = 0$ für
schwarz, jedes schwarze Pixel weiß und umgekehrt. Ein Beispiel zeigt Abb. 3.4.
(`imcomplement`).

3.1.4 Arithmetische Operationen mit Bildern

Die Darstellung von Bildern als Matrizen legt den Gedanken nahe, die üblichen Rechenoperationen auch mit Bildern durchzuführen. Dabei zu beachten sind die Datenformate.
Im Beispiel des `uint8`-Formates mit den diskreten Werten von 0 bis 255 können u. U.
auch die Resultate nur in diesem Wertebereich sinnvoll dargestellt werden.

MATLAB lässt die Anwendung der üblichen arithmetischen Symbole (+, −,.*,./)
auf Bilder zu. Zusätzlich enthält die MATLAB `Image Processing Toolbox`
spezielle Befehle für die Bilder: `imabsdiff`, `imadd`, `imcomplement`, `imdivide`,
`imlincomb`, `immultiply`, `imsubtract`. Die jeweiligen Anwendungsbereiche
lassen sich anhand der Namen zuordnen. Die funktionalen Details sind den Befehls-
dokumentationen zu entnehmen.

Quiz 3.1

Ergänzen Sie die Lücken im Text sinngemäß.

1. Grundlage der Methode von Otsu ist die Zerlegung ___ der ___ des Bildes.
2. Die Methode von Otsu liefert einen Zahlenwert für ___.

3. Die Methode von Otsu unterscheidet zwischen der Varianz ___ und ___ den Klassen.
4. Die normierte Segmentierungsschwelle nach der Methode von Otsu liefert der Befehl ___.
5. Der Befehl `I=imbinarize(I,100)` setzt alle Grauwerte kleiner gleich 100 auf den Wert ___.
6. Die Reduktion der Wortlänge für die Grauwerte ist ein Sonderfall ___.
7. Das Zusammenfassen von Grauwerten wird durch eine ___ Kennlinie charakterisiert.
8. Der Befehl `imcomplement` liefert ___.
9. Bei arithmetische Operationen mit Bildern, wie Addieren und Subtrahieren, ist ___ der Grauwerte zu beachten.
10. Einen auffälligen Effekt des Binnings nennt man ___.

3.2 Rangordnungsfilter

Das Instrumentarium der Bildverarbeitung wird mit den Rangoperationen wesentlich erweitert. Die Abbildung der Bildelemente geschieht nun unter Einfluss der umgebenden Bildelemente, der Verarbeitung von Nachbarschaftsinformation („neighborhood processing").

3.2.1 Rangoperationen

Unter dem Begriff Rangoperationen werden Algorithmen zusammengefasst, die zunächst für ein Bildelement die Grauwerte in seiner Nachbarschaft nach Rang ordnen. Ein typischer Vertreter ist das Medianfilter in Abb. 3.5. Im Eingangsbild wird zu jedem Bildpunkt durch die *Maske* eine Nachbarschaft definiert.

Von allen Bildelementen innerhalb der Maske wird der Median der Grauwerte bestimmt und an entsprechender Stelle in das Ergebnisbild eingetragen. Danach wird die Maske verschoben und die Berechnung jeweils wiederholt, bis alle Elemente des Ergebnisbildes bestimmt sind.

Zur systematischen Beschreibung von Rangordnungsfiltern führen wir folgende Begriffe ein:

- *Maske* $M = \{(l, m)\}$ mit den ganzzahligen Indizes $l, m \in \mathbb{Z}$ und N Elementen
  Im Beispiel in Abb. 3.5 gilt $l, m \in \{-1, 0, 1\}$ und $N = 9$
- *Nachbarschaft* $X_{i,j} = \{x_{i+l,j+m} | l, m \in M\}$ mit den Bildelementen im Eingangsbild um das Maskenzentrum im Punkt (i, j)
  Im Beispiel in Abb. 3.5 gilt $X_{i,j} = \{9, 6, 8, 9, 253, 3, 2, 7, 5\}$
- *Rangordnung* $R_{i,j} = \{x_1 \leq x_2 \leq \cdots \leq x_N | x_k \in X_{i,j}\}$

Im Beispiel in Abb. 3.5 gilt $R_{i,j} = \{2, 3, 5, 6, 7, 8, 9, 9, 253\}$

- *Rangoperation* Bildelemente im Ergebnisbild $y_{i,j} = f(R_{i,j})$
  Im Beispiel in Abb. 3.5 gilt $y_{i,j} = \text{median}(R_{i,j}) = 7$

Einige typische Rangoperationen sind in Tab. 3.1 zusammengestellt.

Die Anwendung der Rangoperation auf jedes Element eines Bildes nennt man *Filterung*. Dabei sind die *Bildränder* zu beachten, wenn nach Verschieben Teile der Maske außerhalb des Bildes liegen. In diesen Fällen sind die fehlenden Elemente zu ergänzen. MATLAB hält dafür meist mehrere Optionen zur (Bild-)Fortsetzung („*padding*") bereit. Die einfachste Methode ist das Nullsetzen (`zeros`), was allerdings zu schwarzen Ecken und Rändern führen kann. Häufig wird alternativ, soweit für den

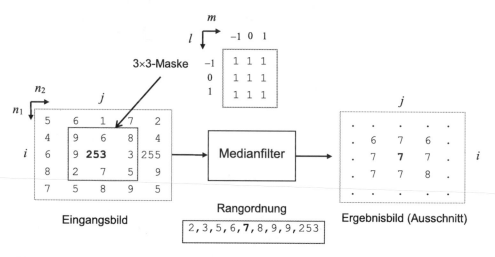

Abb. 3.5 Anwendung des 3×3-Medianfilters auf das Bildelement (i, j)

Tab. 3.1 Rangoperatoren (Zielelement y, Nachbarschaftselemente x)

Rangoperator	Abbildungsvorschrift
Medianfilter	$y_{i,j} = \begin{cases} x_{(N+1)/2} & \text{für } N \text{ ungerade} \\ \frac{x_{N/2} + x_{N/2+1}}{2} & \text{für } N \text{ gerade} \end{cases}$
Minimumfilter	$y_{i,j} = x_1$
Maximumfilter	$y_{i,j} = x_N$
Kantenfilter	$y_{i,j} = x_N - x_1$
(Extremwert-) Schärfungsfilter	$y_{i,j} = \begin{cases} x_1 & \text{für } x_{i,j} - x_1 < x_N - x_{i,j} \\ x_N & \text{sonst} \end{cases}$
Konservierendes Glättungsfilter	$y_{i,j} = \begin{cases} \tilde{x}_1 & \text{für } x_{i,j} < \tilde{x}_1 \\ x_{i,j} & \text{für } \tilde{x}_1 \le x_{i,j} \le \tilde{x}_N \\ \tilde{x}_N & \text{für } x_{i,j} > \tilde{x}_N \end{cases}$ mit $\tilde{X}_{i,j} = X_{i,j} \setminus \{x_{i,j}\}$

Algorithmus notwendig, eine symmetrische Fortsetzung (`symmetric`) des Bildes über den Bildrand hinaus eingesetzt.

Ein *Filter*, hier *Rangordnungsfilter* („order-statistic filter"), bezeichnet im Folgenden somit die Kombination von Punktoperation und Anwendungsvorschrift für das gesamte Bild.

3.2.2 Minimum- und Maximumfilter

Minimum- und Maximumfilter können die Gestalt der Objekte ändern, weshalb sie zur Familie der *morphologischen Filter* zählen. Morphologische Filter spielen bei der Objekterkennung eine wichtige Rolle. Ihr Design und ihre Anwendungen stützen sich auf eine elaborierte Theorie, die in Kap. 8 noch genauer vorgestellt wird. Morphologische Filter können auch auf Grauwerte und Farbkomponenten angewendet werden.

Mit dem Minimumfilter werden weiße Objekte geschrumpft. Im Gegensatz dazu lässt das Maximumfilter weiße Objekte wachsen. Man spricht von der *Erosion* bzw. *Dilatation* (Kap. 8). Abb. 3.6 zeigt einige Beispiele.

Die Maskengröße orientiert sich i. Allg. an der Detailauflösung im Bild. Und Kantenbilder werden für gewöhnlich invertiert, so dass die (schmalen) schwarzen Kanten deutlich auf weißem Grund hervortreten.

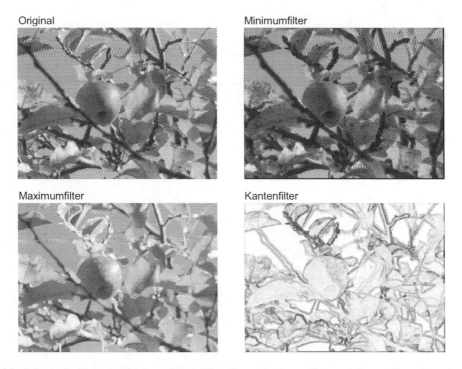

Abb. 3.6 Anwendungsbeispiele zum Minimumfilter, Maximumfilter und Kantenfilter (invertiert) mit der Maskengröße 21 × 21 (`bv_rang_3.m`, `apfel_fd.jpg`)

Übung 3.2 Minimum- und Maximumfilter

MATLAB unterstützt die Anwendung von Rangordnungsfiltern durch den Befehl `ordfilt2`. Der Befehl besitzt drei Eingangsparameter: die Eingangs (Bild-)Matrix, den Rang des ausgewählten Elements, und die (Masken-)Matrix zur Definition der Nachbarschaft. Der Rang gleich eins entspricht dabei dem Minimumfilter.

Wenden Sie auf das Bild `hsfd` das Minimum- und das Maximumfilter an. Wählen Sie der Einfachheit halber jeweils rechteckförmige Masken geeigneter Größe. (In der Bildverarbeitung werden meist Masken mit genau einem Element in der Mitte bevorzugt). Stellen Sie das Original und die Ergebnisse grafisch dar. Erklären Sie anhand der Bilder die Wirkungsweisen der Filter in Worten. (Welchen Einfluss hat die Maskengröße auf das Ergebnis? Wodurch unterscheiden sich die beiden Filtertypen grundsätzlich? Zu welchem in der Objekterkennung unerwünschten Effekt kann hier die Filterung führen?)

3.2.3 Kantenfilter

Zwischen den Objekten eines Bildes wird oft anhand der Grenzen, der Konturen, unterschieden. In der Bildverarbeitung spricht man meist von *Kanten* und es gibt eine Reihe von Methoden, um Kanten zu detektieren. Im Folgenden wird beispielhaft das Kantenfilter eingesetzt.

Übung 3.3 Kantenfilter

In der Übung sollen Sie das Kantenfilter (Tab. 3.1) auf das Grauwertbild `hsfd` anwenden. Wählen Sie die Maskengröße geeignet.

In Anlehnung an die Drucktechnik invertieren Sie das Ergebnisbild zur Anzeige. In der Drucktechnik ist es üblich, die Objekte im Vordergrund schwarz und den Hintergrund weiß darzustellen. Abb. 3.7 zeigt ein mögliches Resultat.

Abb. 3.7 Nach Kantenfilterung (`bv_rang3`, `hsfd.jpg`)

3.2.4   Schwellenwertsegmentierung mit Beleuchtungskompensation

Ein Beispiel für den Nutzen von Rangordnungsfilter liefert die Segmentierung von Bildobjekten. Um Bildobjekte zuverlässig zählen zu können, ist oft eine Vorverarbeitung notwendig. Beispielsweise, wenn bei der Bilderfassung die Szene ungleichmäßig beleuchtet wurde. Beispielsweise, wenn bei der Bilderfassung die Szene ungleichmäßig beleuchtet wurde.

Die MATLAB `Image Processing Toolbox` bringt dazu das Testbild `rice.png` mit (Gonzalez und Woods 2018, Abb. 9.42). Mit den folgenden Programmzeilen erhalten wir die Bildvorlage und das Ergebnis der Schwellenwertsegmentierung mit der Methode von Otsu.

```
I = imread('rice.png');
figure, imhist(I)
BW = imbinarize(I,graythresh(I));
figure, subplot(1,2,1), imshow(I), subplot(1,2,2), imshow(BW)
```

Die ungleichmäßige Bildbeleuchtung ist in Abb. 3.8 zu erkennen. Sie nimmt nach unten ab, so dass die Intensitäten der Objekte (Reisekörner) unten im Bild auf die Intensitäten des Hintergrundes oben im Bild sinken. Die automatische Schwellenwertsegmentierung mit der Methode von Otsu arbeitet nicht mehr zuverlässig.

Abhilfe schafft eine Vorverarbeitung, die zuerst die Beleuchtungsunterschiede ausgleicht. Charakteristisch für das Testbild sind die relativ kleinen Objekte, die Reiskörner. In so einem Fall können mit einem Minimumfilter die Objekte unterdrückt werden, und nur der Bildintergrund verbleibt. Das resultierende Bild enthält deshalb eine Schätzung der Beleuchtungsinformation. Zieht man den geschätzten Bildhintergrund vom Original ab, wird in helleren Bildbereichen die Intensität stärker reduziert als im dunkleren. Die ungleichmäßige Beleuchtung wird näherungsweise kompensiert.

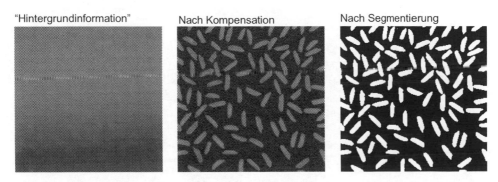

Abb. 3.8   Schwellenwertsegmentierung bei ungleichmäßiger Belichtung mit der Otsu-Methode (`rice.png`)

Wir machen uns die Idee in den folgenden Programmzeilen zu eigen. Zunächst wenden wir das Minimumfilter an, wobei wir die Maske so groß wählen, dass jeweils mindestens ein Hintergrundpixel eingeschlossen ist. Wir erhalten den „Bildhintergrund" und subtrahieren ihn vom Original. Abb. 3.9 zeigt den geschätzten Bildhintergrund und die Kompensation durch Subtraktion. Dadurch nimmt zwar der Kontrast im Bild ab, aber die Trennung zwischen Hintergrund und den Objekten wird in den Grauwerten verbessert. Schließlich liefert nun die automatische Schwellenwertsegmentierung mit der Methode von Otsu alle gesuchten Objekte (Reiskörner).

```
Imin = ordfilt2(I,1,true(12),'symmetric'); % minimum filter
J = imsubtract(I,Imin);
BW = imbinarize(J,graythresh(J));
figure, subplot(1,3,1), imshow(Imin), subplot(1,3,2), imshow(J)
    subplot(1,3,3), imshow(BW)
```

Das Kompensationsverfahren ähnelt der Zylinderhut-Transformation („*top-hat transform*"),die MATLAB mit dem Befehl `imtophat` unterstützt. Sie ist eine morphologische Operation und wird in Kap. 8 näher erläutert. Mit ihr kann die Vorverarbeitung vorzugsweise wie folgt programmiert werden. Dabei übernimmt das Strukturelement `se` die Rolle der Maske.

```
se = strel('disk',12); % structure element
J = imtophat(I,se); % top-hat transform
BW = imbinarize(J,graythresh(J));
```

Übung 3.4 Schwellenwertsegementierung bei ungleichmäßiger Beleuchtung
Vollziehen Sie das Beispiel anhand der Programmzeilen nach. Machen Sie sich die Wirkungsweise des Verfahrens durch Vergleich der Histogramme der relevanten Bilder klar.

Original   Nach Segmentierung

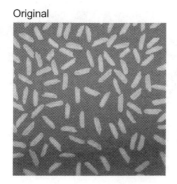

Abb. 3.9 Kompensation der ungleichmäßigen Beleuchtung zur Vorbereitung der Schwellenwertsegmentierung (`rice.png`)

Quiz 3.2

Ergänzen Sie sinngemäß die Lücken im Text.

1. Rangoperatoren sind eine Untergruppe von ___.
2. Rangoperatoren gehören zu den ___ Nachbarschaftsoperatoren.
3. Die Formel $y_{i,j} = x_N$ beschreibt das ___filter.
4. Die Kombination aus erst einem Minimum- und dann einem Maximumfilter realisiert ein ___filter.
5. Der Befehl `ordfilt2(I,1,true(3))` realisiert ein ___ mit einer Maske der Größe ___.
6. Beim Kantenfilter wird die ___ Differenz der Grauwerte einer Nachbarschaft ins Ergebnisbild eingesetzt.
7. In der Bildverarbeitung ist bei der Anwendung eines Filters besonders auf ___ zu achten.
8. MATLAB stellt im Befehl `imfilter` als „boundery options" mehrere Optionen für ___ der Bilder an den Rändern bereit.
9. Mit der Top-hat-Transformation kann eine ___ Bildbeleuchtung kompensiert werden, wenn die interessierenden Bildobjekte relativ ___ sind.
10. Bei der Kompensation einer ungleichmäßigen Beleuchtung wird ___ geschätzt und vom Originalbild ___.

3.3 Medianfilter und konservierendes Glättungsfilter

Das Medianfilter in Tab. 3.1 ist ein nichtlineares Filter, welches sich besonders zur Unterdrückung von *Impulsrauschen* („impulse noise") eignet. Impulsrauschen ist eine additive Störung, die sporadisch zu hohen bzw. kleinen Grauwerten führt. Der Störvorgang selbst wird als „Addition" des Bildes mit einem „Zufallsbild" modelliert. Ist die Störung durch Regellosigkeit gekennzeichnet, d. h. ist keine Abhängigkeiten zwischen den Grauwerten des Zufallsbildes erkennbar, spricht man in Anlehnung an die Audiotechnik vom *Bildrauschen*.

3.3.1 Salz-und-Pfeffer-Rauschen

Entstehen durch das Impulsrauschen schwarze und weiße Bildpunkte, ähnlich nach dem Streuen von Salz und Pfeffer über das Bild, spricht man von *Salz-und-Pfeffer-Rauschen* („salt and pepper noise"). Die Wirkung von Salz-und-Pfeffer-Rauschen zeigt Abb. 3.10 rechts. Darin sind 30 % der Bildelemente zufällig gestört.

Eine derartig gravierende Störung lässt sich durch eine einfache Mittelung über Bildbereiche nur unzureichend unterdrücken, weil die Mittelung die energiereichen Impulse

Original   Salz-und-Pfefferrauschen

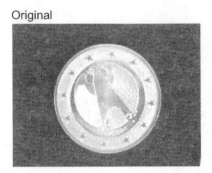 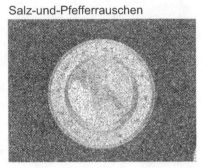

Abb. 3.10 Salz-und-Pfeffer-Rauschen (`muenzen.jpg`, 30 %)

über das Bild verwischt. Darunter leidet besonders die Darstellung von Kanten. Sind die
Impulse zufällig über das Bild verteilt, bietet sich zur Rauschunterdrückung das masken-
bezogene Medianfilter als nichtlinearer Rangoperator an.

3.3.2 Medianfilter

Bei der *Medianfilterung*, dem gleitenden Median, wird in der Regel eine quadratische
Maske über das gestörte Bild geschoben und der Median der Grauwerte in das dem
jeweiligen Maskenzentrum entsprechende Pixel des Ergebnisbildes geschrieben. Dabei
werden im Sinne einer Mehrheitsbildung einzelne *Ausreißer* („outlier") entfernt.

Die Leistungsfähigkeit des Medianfilters wird am gestörten Bild in Abb. 3.10
demonstriert. Die Ergebnisse nach Medianfilterung zeigt Abb. 3.11 für zwei unterschiedliche Maskengrößen. Während bei der Maskengröße 3×3 noch einige Ausreißer zu
sehen sind, sind bei der Maskengröße 5×5 keine Ausreißer mehr erkennbar.

Median 3x3   Median 5x5

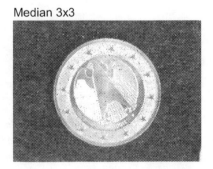 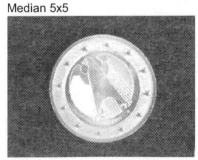

Abb. 3.11 Mit Salz-und-Pfeffer-Rauschen gestörtes Bild nach Medianfilterung mit den
Maskengrößen 3×3 und 5×5 (`muenzen.jpg`, 30 %)

Übung 3.5 Medianfilterung von Salz-und-Pfeffer-Rauschen
In der Übung soll die Wirkung des Medianfilters bei Salz-und-Pfeffer-Rauschen deutlich werden. Stellen Sie dazu das Eingangsbild und alle Ergebnisbilder in einer Grafik dar. Gehen Sie folgendermaßen vor:

a) Laden Sie das Bild `münzen` und stören Sie es mit 30 % Salz-und-Pfeffer-Rauschen. (`imnoise`)
b) Filtern Sie das gestörte Bild mit einem Medianfilter mit Maskengröße 3×3 und 5×5. Vergleichen Sie die Wirkungen der Medianfilterung insbesondere im Bereich der feinen Strukturen (Bildkanten). Ist dort eine Unschärfe, z. B. der Schrift, im Vergleich zum Original zu beobachten? (`medfilt2`)

Will man bei der Medianfilterung einzelnen Bildelementen innerhalb der Maske ein besonderes Gewicht verleihen, lässt der Sortieralgorithmus des Medianfilters eine relativ einfache Modifikation zu. Es bietet es sich an, für die Bildelemente Gewichte einzuführen, die die Werte für die Häufigkeiten im Sortieralgorithmus beeinflussen. Ein einfaches Beispiel ist die *Gewichtsmatrix*

$$W_3 = \begin{bmatrix} 1 & 2 & 1 \\ 2 & 3 & 2 \\ 1 & 2 & 1 \end{bmatrix}.$$

Den zugehörigen Algorithmus erklärt Abb. 3.12 anhand eines Zahlenwertbeispiels.

3.3.3   Konservierendes Glättungsfilter

Zum Medianfilter in Konkurrenz steht das konservierende Glättungsfilter in Tab. 3.1, wenn es darum geht, Ausreißer im Bild zu beseitigen. Statt immer den Median der Nachbarschaft (Maske) als Substituent einzusetzen, bleibt hier der Wert des Bildelements (Substituendum) meist erhalten. Daher auch das Attribut konservierend.

Im Einsatz beachtet man jedoch eine geringere Robustheit. Ist das betrachtet Bildelement ein Ausreißer und liegt noch ein gleichartiger Ausreißer in der Nachbarschaft (Maske), so bleibt der Ausreißer erhalten. Das konservierende Glättungsfilter arbeitet nur dann gut, wenn die Zahl der Ausreißer entsprechend selten ist. Ergebnisse für das konservierende Glättungsfilter werden in Übung 3.6 vorgestellt.

Übung 3.6 Konservierendes Glätten von Salz-und-Pfeffer-Rauschen
Wiederholen sie die Untersuchungen in Übung 3.5 mit dem konservierenden Glättungsfilter (Tab. 3.1). Programmieren Sie das konservierende Glättungsfilter und vergleichen Sie die Ergebnisse. Reduzieren Sie dazu die Zahl der gestörten Bildelemente soweit, bis Sie die Wirkung der Glättung beobachten können. Wie viele Prozent der Bildelemente sollten in etwa maximal gestört sein, damit die Glättung augenfällig wirkt?

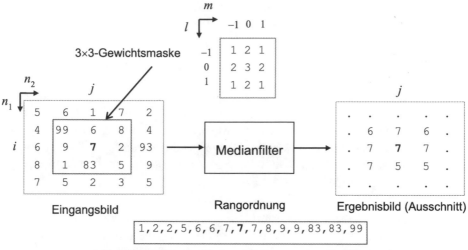

Vor Anwenden der Rangoperation werden die Grauwerte
entsprechend der Gewichtsmaske vervielfacht

Gewichtetes Medianfilter

- Bildelemente unter der Filtermaske (Nachbarschaft) im Eingangsbild auswählen und Grauwerte gemäß der Gewichtsmaske W vervielfachen;
- Median bestimmen und in das Ergebnisbild zentral unter der Gewichtsmaske eintragen;
- Filtermaske über das gesamte Eingangsbild schieben und dabei die Regel für die Bildränder beachten.

Abb. 3.12 Medianfilter mit Gewichtsmatrix

Quiz 3.3

Ergänzen Sie die Lückentexte sinngemäß.

1. Die Medianfilterung wird besonders gegen ____ eingesetzt.
2. Mit x = [1,4,3,2,2,6]; liefert der Befehl median(x) den Wert ____.
3. Beim Befehl medfilt2 steuert der Parameter ____ wie das Bild am Rand fortgesetzt wird.
4. Die Medianfilterung bezieht durch die Maske ____ der Bildelemente in den Filterprozess ein.
5. Bildrauschen wird mit dem Befehl ____ erzeugt.
6. Bei relativ wenigen und zufällig verteilten Ausreißern ist das ____ Glättungsfilter eine Alternative zum Medianfilter.
7. Die Befehle ordfilt2(I,5,true(3)) und der Befehl für das Medianfilter ____ liefern das gleiche Ergebnis.
8. Das Medianfilter kann durch ____ erweitert werden.

3.4   Aufgaben

Aufgabe 3.1 Rangoperatoren
Gegeben ist der Bildausschnitt in Abb. 3.13 (Matrixform). Führen Sie für das Bildelement (4,5) und die Maskengröße 3×3 die Rangoperationen zu den folgenden Filtern durch:
a) Minimumfilter, b) Maximumfilter, c) Kantenfilter, d) Extremwertschärfer, e) Medianfilter, f) Konservierendes Glättungsfilter

Aufgabe 3.2 Rangordnungsfilter
Mit den folgenden fünf Programmzeilen wurden in Abb. 3.14 aus der Vorlage 0 die Bilder 1 bis 5 erzeugt.

```
A = medfilt2(J,[9,9]); figure, imshow(A)
B = ordfilt2(J,1,true(5)); figure, imshow(B)
C = ordfilt2(J,25,true(5)); figure, imshow(C)
D = C - B; figure, imshow(D)
E = B; E(J-C<B-J) = C(J-C<B-J); figure, imshow(E)
```

a) Ordnen Sie die Abbildungen aus Abb. 3.14 in Tab. 3.2 richtig zu.
b) Benennen Sie den verwendeten Filtertyp richtig. Tragen Sie den Filtertyp in Tab. 3.3 ein.

Aufgabe 3.3 Zusatzaufgabe zur Herleitung der Methode von Otsu
Zeigen Sie die Varianzzerlegung, d. h. dass sich die Varianz innerhalb der Klassen und die Varianz zwischen den Klassen zur Varianz des Bildes ergänzen.

Beginnen Sie mit dem Ansatz für die Abweichungen der Intensitäten vom Gesamtmittelwert für die Klasse K_1

$$x_{m,n} - m_\mathrm{B} = \left(x_{m,n} - m_1\right) - (m_\mathrm{B} - m_1) \quad \text{für } x_{m,n} \leq x_\mathrm{S}$$

und berechnen Sie zunächst die Quadratsumme der Abweichungen für die spätere Darstellung der Varianz.

Für die Klasse K_2 gehen Sie entsprechend vor und zeigen anschließend die Varianzzerlegung.

Abb. 3.13 Bildausschnitt
(Matrixform)

5	6	1	7	1	4	1
4	7	6	8	4	6	7
6	9	6	2	25	6	8
8	1	8	5	3	4	4
7	5	2	3	4	3	7
8	1	8	5	2	3	4
7	5	2	3	2	1	2

Abb. 3.14   Bildschirmanzeige (Bildvorlage nach Ch. M. Schulz, Süddeutsche Zeitung, 9.11.2016)

Tab. 3.2 Zuordnung der Bildmatrizen im MATLAB-Programm und der Bilder in Abb. 3.14

Bildmatrix	A	B	C	D	E
Abbildung		3			

Tab. 3.3 Zuordnung der Filtertypen und der Bilder in Abb. 3.14

Bildschirmanzeige in Abb. 3.14	Filtertyp
1	
2	
3	Minimumfilter
4	
5	

Aufgabe 3.4 Zusatzaufgabe zur Herleitung der Methode von Otsu
Zeigen Sie, dass sich die Formel für die Varianz zwischen den Klassen auf die im Algorithmus verwendete Berechnungsformel vereinfachen lässt.

3.5   Zusammenfassung

Das Konzept der Rasterbilder mit seinen Bildelementen bereitet den Weg für vielfältige Bildmanipulationen. Punktoperatoren definieren pixelweises Abbilden der Grauwerte. Ein wichtiges Beispiel ist die Schwellenwertsegmentierung. Durch sie entstehen Schwarz-Weiß-Bilder, wobei Objekte im Bildvordergrund homogen weiß (bzw. schwarz) und der Bildhintergrund homogen schwarz (bzw. weiß) dargestellt werden sollen. Wie gut dies gelingt, hängt wesentlich von der Szene, der Bildqualität und schließlich dem Schwellenwert ab. Ein bekanntes automatisches Verfahren ist die Schwellensegmentierung nach Otsu, die den Schwellenwert mittels des Prinzips der Minimierung der Varianz innerhalb der Klassen (äquivalent der Maximierung der Varianz zwischen den Klassen) bestimmt.

Eine wichtige Klasse von Punktoperatoren entsteht durch die Einbeziehung der Nachbarschaft des Bildpunktes bei seiner Abbildung, dem „neighborhood processing". Die Nachbarschaft kann dabei flexibel durch die parametrisierbare (Operator-)Maske vorgegeben werden. Wichtige Beispiele sind Medianfilter, Minimumfilter, Maximumfilter, Kantenfilter, Schärfungsfilter und das konservierende Glättungsfilter.

Medianfilter und konservierendes Glättungsfilter erweisen sich im Fall von Impulsstörungen, z. B. dem Salz-und-Pfeffer-Rauschen, als wirksam. Selbst bei deutlich bildentstellender Störung durch Ausreißer kann das Medianfilter die Störung noch weitgehend unterdrücken.

3.6   Lösungen zu den Aufgaben

Zu **Quiz 3.1**

1. der Varianz, der Grauwerte (/Itensitäten/Bildlemente)
2. die Schwellenwertsegmentierung (/Schwelle)
3. innerhalb, zwischen
4. graythresh
5. false/0
6. des Binning
7. treppenförmige
8. die Grauwertinvertierung
9. der Wertebereich/das Zahlenformat
10. Postereffekt

Zu **Quiz 3.2**

1. Punktoperatoren
2. nichtlineare
3. Maximumfilter
4. ein Kantenfilter
5. Minimumfilter, 3×3
6. maximale
7. Randeffekte
8. die Fortsetzung
9. ungleichmäßige, klein
10. der Bildhintergrund, subtrahiert

Zu **Quiz 3.3**

1. Salz-und-Pfeffer-Rauschen/Impulsrauschen
2. 2,5
3. padopt
4. die Nachbarschaft
5. imnoise
6. konservierende
7. medfilt2(I,[3,3])
8. eine Gewichtsmatrix

Zu **Aufgabe 3.1** a) 2 b) 25 c) 23 d) 2 e) 4 d) 3.
   Zu **Aufgabe 3.2** Rangordnungsfilter

a) Zuordnung der Bildmatrizen: 1-D, 2-A, 3-B, 4-E, 5-C

b) Zuordnung der Filtertypen: 1- Kantenfilter, 2- Medianfilter, 3- Minimumfilter, 4-(Extremwert)Schärfungsfilter, 5-Maximumfilter

Zu Aufgabe 3.3

Mit dem Ansatz in der Aufgabenstellung folgt für die Quadratsumme der Abweichungen in Klasse 1

$$QS_1 = \sum_{x_{m,n} \in K_1} \left(x_{m,n} - m_B\right)^2 = \sum_{x_{m,n} \in K_1} \left(x_{m,n} - m_1\right)^2 + \sum_{x_{m,n} \in K_1} (m_B - m_1)^2 +$$
$$-2 \cdot \sum_{x_{m,n} \in K_1} \left(x_{m,n} - m_1\right) \cdot (m_B - m_1)$$

Wir schreiben nun die Summen über die Klasse 1 in entsprechende Summen über die Grauwerte um. Dabei benutzen wir als Parameter die relativen Häufigkeiten f_k (bezogen auf das Bild der Größe $M \times N$) und die Zahl der Bildelemente in der Klasse $P_1 \cdot M \cdot N$

$$QS_1 = \sum_{k=0}^{x_S} M \cdot N \cdot f_k \cdot (k - m_1)^2 + M \cdot N \cdot P_1 \cdot (m_B - m_1)^2 - 2 \cdot (m_B - m_1) \cdot \sum_{k=0}^{x_S} M \cdot N \cdot f_k \cdot (k - m_1)$$

Daraus erhalten wir die Varianz und den Mittelwert durch Relativieren mit $P_1 \cdot M \cdot N$

$$\frac{QS_1}{M \cdot N \cdot P_1} = \underbrace{\sum_{k=0}^{x_S} \frac{f_k}{P_1} \cdot (k - m_1)^2}_{\sigma_1^2} + (m_B - m_1)^2 - 2 \cdot (m_B - m_1) \cdot \left(\underbrace{\sum_{k=0}^{x_S} \frac{f_k}{P_1} \cdot k}_{m_1} - m_1 \underbrace{\sum_{k=0}^{x_S} \frac{f_k}{P_1}}_{1} \right)_{\Large 0}$$

und schließlich

$$\frac{QS_1}{M \cdot N} = P_1 \cdot \sigma_1^2 + P_1 \cdot (m_B - m_1)^2.$$

Ebenso gilt für die Klasse K_2

$$\frac{QS_2}{M \cdot N} = P_2 \cdot \sigma_2^2 + P_2 \cdot (m_B - m_2)^2.$$

Addiert man die beiden letzten Gleichungen, erhält man links die Varianz des Bildes und rechts kann zusammengefasst werden.

$$\frac{QS_1}{M \cdot N} + \frac{QS_2}{M \cdot N} = \sigma_B^2 = \underbrace{P_1 \cdot \sigma_1^2 + P_2 \cdot \sigma_2^2}_{\sigma_{in}^2} + \underbrace{P_1 \cdot (m_B - m_1)^2 + P_2 \cdot (m_B - m_2)^2}_{\sigma_{zw}^2}.$$

Es gilt somit unabhängig von der Wahl der Schwelle die Varianzzerlegung

$$\sigma_B^2 = \sigma_{in}^2 + \sigma_{zw}^2.$$

Zu **Aufgabe 3.4**

$$\sigma_{zw}^2 = P_1 \cdot [m_1 - m_B]^2 + P_2 \cdot [m_2 - m_B]^2$$

Im ersten Schritt wird m_B durch die Klassenmittelwerte ersetzt.

$$\sigma_{zw}^2 = P_1 \cdot [m_1 - m_1 P_1 - m_2 P_2]^2 + P_2 \cdot [m_2 - m_1 P_1 - m_2 P_2]^2 =$$
$$= P_1 \cdot [m_1 P_2 - m_2 P_2]^2 + P_2 \cdot [m_2 P_1 - m_1 P_1]^2 =$$
$$= P_1 \cdot P_2 \cdot \left(P_2 [m_1 - m_2]^2 + P_1 [m_2 - m_1]^2 \right) = P_1 \cdot P_2 \cdot [m_1 - m_2]^2$$

Im zweiten Schritt werden m_2 und P_2 ersetzt.

$$\sigma_{zw}^2 = P_1 \cdot (1 - P_1) \cdot \left[m_1 - \frac{(m_B - m_1 P_1)}{1 - P_1} \right]^2 = P_1 \cdot (1 - P_1) \cdot \left[\frac{m_1 - m_1 \cdot P_1 - m_B + m_1 P_1}{1 - P_1} \right]^2 =$$
$$= \frac{P_1}{1 - P_1} \cdot [m_1 - m_B]^2 = \frac{[m_1 \cdot P_1 - m_B \cdot P_1]^2}{P_1 \cdot (1 - P_1)} = \frac{[m - m_B \cdot P_1]^2}{P_1 \cdot (1 - P_1)}$$

mit

$$m(k) = \sum_{l=0}^{k} l \cdot f_l.$$

3.7   **Programmbeispiele**

Programm 3.3

```
% Binary mask (Thresholding)
% bv_rang_1 * mw * 2018-10-24
%% Load image
IMAGE = 'muenzen.jpg'; I = imread(IMAGE);
if ndims(I)==3; I = rgb2gray(I); end
%% Histogram
[H,x] = imhist(I);
FIG = figure('Name',['im_rang_1 : Thresholding - ',IMAGE],'NumberTitle
',' off');
    subplot(2,2,1), imshow(I), title('Original')
    subplot(2,2,2), bar(x,H), grid, axis([0 255 0 max(H)]),
    xlabel('intensity'), ylabel('frequency'), title('Histogram')
%% Binary mask
th = otsu_thresh(I); BW = (I>255*th); % user function
    subplot(2,2,3), imshow(BW)
    title(['BW (O) ',num2str(round(255*th))])
th = graythresh(I); BW = imbinarize(I,th); % MATLAB functions
    subplot(2,2,4), imshow(BW)
    title(['BW (M) ',num2str(round(255*th))])
```

Programm 3.4

```
% Posterizing
% bv_rang_2 * mw * 2018-10-24
%% Load image
IMAGE = 'loewenzahn.jpg'; I = imread(IMAGE);
if ndims(I)==3; I=rgb2gray(I); end
FIG = figure('Name',['im_rang_2 : Poster - ',IMAGE],…
    'NumberTitle','off');
    subplot(1,2,1), imshow(I), title('Original')
%% Posterizing
Tx = [60 120 180];
Ty = [90 160 220];
P = Ty(end)*ones(size(I));
for k=length(Tx):-1:2
    P(I<=Tx(k)) = Ty(k-1);
end
P(I<=Tx(1)) = 0;
P = uint8(P);
subplot(1,2,2), imshow(P)
```

Programm 3.5

```
% Minimum and maximum filter
% bv_rang_3 * mw * 2018-10-24
IMAGE = 'apfel_fd.jpg'; M = 13;
% IMAGE = 'hsfd.jpg'; M = 11;
% IMAGE = 'muenzen.jpg'; M = 21;
I = imread(IMAGE);
if ndims(I)==3; I=rgb2gray(I); end
FIG = figure('Name','im_rang_3 : Original','NumberTitle','off');
subplot(2,2,1), imshow(I), title('Original')
Imin = ordfilt2(I,1,true(M)); % minimum filter
Imax = ordfilt2(I,M*M,true(M)); % maximum filter
subplot(2,2,2), imshow(Imin), title('Min filter')
subplot(2,2,3), imshow(Imax), title('Max filter')
J = imcomplement(Imax-Imin); % contour filter
subplot(2,2,4), imshow(J), title('Contour filter')

Programm 3.6 % Salt-and-pepper noise
% bv_rang_4 * mw * 2018-10-24
%% Load image
% IMAGE = 'loewenzahn.jpg';
```

```
IMAGE = 'muenzen.jpg'; I = imread(IMAGE);
if ndims(I)==3; I=rgb2gray(I); end
FIG = figure('Name','im_rang_4 : Salt and pepper noise ',…
    'NumberTitle','off');
subplot(2,2,1), imshow(I), title('Original')
%% Add noise
J = imnoise(I,'salt & pepper',0.3);
subplot(2,2,2), imshow(J), title('Salt-and-pepper noise')
%% Median filter
J3 = medfilt2(J,[3 3]); % median filtering
J3 = uint8(J3);
subplot(2,2,3), imshow(J3), title('Median 3x3')
J4 = medfilt2(J,[5 5]); % median filtering
J4 = uint8(J4);
subplot(2,2,4), imshow(J4), title('Median 5x5')
```

Programm 3.7

```
% Conservative smoothing
% bv_rang_5 * mw * 2018-10-24
IMAGE = 'loewenzahn.jpg';
 % IMAGE = 'muenzen.jpg';
I = imread(IMAGE);
if ndims(I)==3; I=rgb2gray(I); end
FIG = figure('Name','im_rang_5 : Original','NumberTitle','off');
subplot(2,2,1), imshow(I), title('Original')
J = imnoise(I,'salt & pepper',0.005);
subplot(2,2,2), imshow(J), title('Salt-and-pepper noise')
% conservative smoothing filter 3x3
Iminc = ordfilt2(J,1+1,ones(3,3)); % min filter
Imaxc = ordfilt2(J,9-1,ones(3,3)); % max filter
Icsm = J;
Icsm(J<Iminc) = Iminc(J<Iminc);
Icsm(J>Imaxc) = Imaxc(J>Imaxc);
subplot(2,2,3), imshow(Icsm), title('Conservative smoothing (3x3)')
% conservative smoothing filter 5x5
Iminc = ordfilt2(J,1+1,ones(5,5)); % min filter
Imaxc = ordfilt2(J,25-1,ones(5,5)); % max filter
Icsm = J;
Icsm(J<Iminc) = Iminc(J<Iminc);
Icsm(J>Imaxc) = Imaxc(J>Imaxc);
subplot(2,2,4), imshow(Icsm), title('Conservative smoothing (5x5)')
```

Literatur

Gonzalez, R. C., & Woods, R. E. (2018). *Digital image processing* (4. Aufl.). Harlow, Essex (UK): Pearson Education.

Otsu, N. (1979). A threshold selection method from gray-level histograms. *IEEE Transaction on Systems, Man, and Cybernetics, SMC, 9,* 62–66.

Parks (2014-03-28). Verfügbar unter http://de.wikipedia.org/wiki/Rosa_Parks.

LSI-Systeme und lineare Filterung

4

Inhaltsverzeichnis

Die Originalversion dieses Kapitels wurde revidiert: Das elektronische Zusatzmaterial wurde beigefügt. Ein Erratum ist verfügbar unter https://doi.org/10.1007/978-3-658-22185-0_15

Elektronisches Zusatzmaterial Die elektronische Version dieses Kapitels enthält Zusatzmaterial, das berechtigten Benutzern zur Verfügung steht https://doi.org/10.1007/978-3-658-22185-0_4

Zusammenfassung

Die Familie der LSI-Systeme stellt wichtige Werkzeuge in der Bildverarbeitung. Die Grundlage bildet die lineare Faltung der Bilder mit den Faltungskernen der Systeme bzw. äquivalent die Kreuzkorrelation der Bilder mit den Filtermasken. Letzteres kann beispielsweise beim Abgleichen von Vorlagen durch Kreuzkorrelation mit den Bildern genutzt werden.

Schlüsselwörter

Bildrandmodifikation („zero padding", „border replication") · Faltung („convolution") · Faltungskern („convolution kernel") · Filtermaske („filter mask") · Korrelation („correlation") · Kreuzkorrelation („cross-correlation") · Impulsantwort („impulse response") · Korrelationskern („correlation kernel") · LSI-System („linear shift-invariant system") · Nachbarschaftsoperation („neighborhood operator", „block processing") · Objekterkennung („object recognition") · Pseudofaltung · Separierbarkeit („separability") · Träger („support") · Vorlagenabgleich („template matching") · zweidimensionale Signale („two-dimensional signals", „2-D signals")

Bilder sind physikalische Informationsträger und damit eine Form von Signalen. Stellt man Rasterbilder als Matrizen dar, lässt sich nahtlos an die Theorie der Signale und Systeme anknüpfen. Die aus der eindimensionalen Signalverarbeitung bekannten Begriffe, wie Filter und Faltung, werden unmittelbar auf den zweidimensionalen Fall übertragen. Im Folgenden werden wichtige Grundlagen zur Anwendung der Theorie der Signale und Systeme auf Bilder vorgestellt und anhand von Beispielen erprobt.

Neben den hier vorgestellten Beispielen liefert die Faltung („convolution") einen Basisalgorithmus für das maschinelle Lernen in Kap. 14. Man spricht von „deep convolutional neural networks" (CNN) (Gonzalez und Woods 2018; Goodfellow et al. 2016).

4.1   Basisoperation Faltung

Wir wiederholen zuerst die Faltung für den eindimensionalen Fall, um sie dann auf den zweidimensionalen Fall der Bilder zu übertragen. Schließen behandeln wir die Anwendung der Faltung in MATLAB.

4.1.1   Eindimensionale Faltung

Die *Faltung* ist eine, wenn nicht die Basisoperation der digitalen Signalverarbeitung. Sie definiert für *lineare verschiebungsinvariante Systeme*, kurz LSI-Systeme („linear shift-invariant"), die Abbildung des Eingangssignals auf das Ausgangssignal, siehe Abb. 4.1. Darin tritt vermittelnd die systemspezifische *Impulsantwort* auf.

Abb. 4.1 Eingangs-Ausgangsgleichung des eindimensionalen LSI-Systems mit Impulsantwort

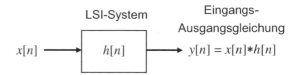

$$y[n] = x[n] * h[n] = \sum_{k=-\infty}^{\infty} x[k] \cdot h[n-k] = \sum_{k=-\infty}^{\infty} h[k] \cdot x[n-k]$$

Die Rechenoperation *Faltung* wird durch den „Faltungsstern" („asterix") symbolisiert. Ihren Namen hat sie von der Spiegelung einer der beiden Funktionen an der Ordinate, anschaulich wie das Falten eines Blattes in einem Buch. Die Faltung ist kommutativ, assoziativ und distributiv.

In der *Eingangs-Ausgangsgleichung* beschreibt die Impulsantwort den Einfluss des LSI-Systems vollständig. Die Impulsantwort ist, wie ihr Name sagt, die Reaktion des Systems auf eine Impuls $\delta[n]$ am Eingang. Dies gilt, wenn das System zu Beginn energiefrei war, also sich keine Ausschwingvorgänge überlagern. Weiter lassen sich anhand der Impulsantwort weitere Systemeigenschaften wie die Kausalität, die BIBO-Stabilität und die Reellwertigkeit prüfen (Werner, 2017).

In vielen physikalisch-technischen Anwendungen liegen zeitabhängige Signale vor. Dort spricht man von der normierten Zeitvariablen n und den linearen zeitinvarianten (LTI-)Systemen. Mathematisch fachsprachlich verwendet man den aus dem Lateinischen stammenden allgemeinen Begriff translationsinvariant. In der Bildverarbeitung wird mit den normierten Ortsvariablen (n_1, n_2) gearbeitet, so dass der im Alt-Englischen/Friesischen wurzelnde Ausdruck „shift-invariant" weit verbreitet ist.

Ist die Impulsantwort rechtsseitig und zeitlich beschränkt, d. h. $h[n] = 0$ für $n < 0$ und $n > N$, resultiert ein *FIR-System* („finite-length impulse response"). FIR-Systeme zeichnen sich durch Einfachheit und numerische Robustheit aus. Die Eingangs-Ausgangsgleichung reduziert sich für ein FIR-Sytem N-ter Ordnung auf

$$y[n] = x[n] * h[n] = \sum_{k=0}^{N} h[k] \cdot x[n-k].$$

Besitzt auch die Eingangsfolge eine beschränkte Länge, so ist ebenso die Länge der Ausgangsfolge beschränkt. Allgemein hat das Faltungsprodukt von zwei endlichen Folgen der Längen N_1 und N_2 die Länge $N_1 + N_2 - 1$. Die Länge des Ausgangssignals nimmt i. Allg. relativ zum Eingangssignal zu.

Übung 4.1 Eindimensionale Faltung

Gegeben sind die beiden Folgen $x_1[n] = \{1, 3, 2, 4\}$ und $x_2[n] = \{1, 2, 3\}$. Die Mengenschreibweise bezieht sich auf die Indizes $n = 0, 1, 2, \ldots$ Für die Berechnung der Faltung eventuell fehlende Signalelemente werden zu null angenommen.

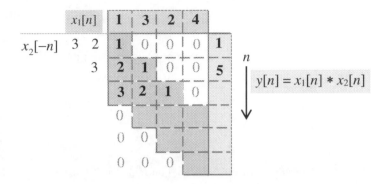

Abb. 4.2 Rechentafel (unvollständig) zur eindimensionalen Faltung

a. Berechnen Sie das Faltungsprodukt anhand der unvollständig ausgefüllten Rechentafel in Abb. 4.2.
b. Kontrollieren Sie Ihr Ergebnis mit dem Befehl `conv`.

4.1.2 Zweidimensionale Faltung

Aus der eindimensionalen Signalverarbeitung bekannten Ergebnisse lassen sich vielfach auf den zweidimensionalen Fall übertragen. Dazu muss jedoch die Darstellung
der zweidimensionalen Signale passend festgelegt werden. Bisher wurden die Bilder
durch die Bildmatrizen charakterisiert mit den Zeilen- und den Spaltennummern als
Indizes. In der Systemtheorie werden i. Allg. die Indizes für die zeit- bzw. ortsdiskreten
Signale aus der Menge der ganzen Zahlen Z genommen. Abb. 4.3 zeigt den Vergleich
der beiden Schreibweisen. Das linke Bild stellt die *Matrixform* eines zweidimensionalen
Signals mit endlichem *Träger* dar. Man beachte, dass in der Matrixform die Indizes, wie
in MATLAB, links oben mit 1 beginnen, d. h. $n_1 = 1, 2, 3, ..., N_1$ und $n_2 = 1, 2, 3, ..., N_2$.

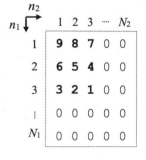

Martrixform X
mit Zeilen und Spalten

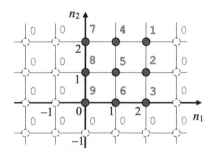

(n_1,n_2)-Indexebene für das
zweidimensionale Signal $x[n_1,n_2]$

Abb. 4.3 Signaldarstellungen in Matrixform und als zweidimensionales Signal

Das rechte Bild zeigt die rechtwinklige (n_1, n_2)-Ebene für das *zweidimensionale Signal* mit $n_1, n_2 \in Z$ (Unbehauen 1998).

Es ist wichtig, die Indizes richtig zuzuordnen. Für die Signaldarstellung wird, wenn nicht anders vereinbart, das Bild in den abgeschlossenen 1. Quadranten gelegt. Dann gilt die Gleichsetzung zwischen Matrixelement $x_{1,1}$ und Signalelement $x[0,0]$, $x_{2,1}$ und $x[1,0]$, usw. Im Zahlenbeispiel in Abb. 4.3 sind $x[0,0] = 9$, $x[1,0] = 6$, $x[0,1] = 8$, $x[1,1] = 5$, usw.

Mit der Signaldarstellung in der (n_1, n_2)-Ebene kann an die eindimensionale Signal- und Systemtheorie angeknüpft werden (Unbehauen 1998). Hält man eine der beiden unabhängigen Variablen fest, so entsteht jeweils ein gewöhnliches eindimensionales Signal, für das die Faltung wie oben definiert ist.

Die Faltung zweidimensionaler Signale wird entsprechend der eindimensionalen vorgenommen. Die *zweidimensionale Faltung* ist ebenfalls kommutativ, assoziativ und distributiv.

$$x_1[n_1, n_2] * *x_2[n_1, n_2] = \sum_{k_1=-\infty}^{\infty} \sum_{k_2=-\infty}^{\infty} x_1[k_1, k_2] \cdot x_2[n_1 - k_1, n_2 - k_2] =$$
$$= \sum_{k_1=-\infty}^{\infty} \sum_{k_2=-\infty}^{\infty} x_2[k_1, k_2] \cdot x_1[n_1 - k_1, n_2 - k_2]$$

Wir verdeutlichen die Faltung zunächst mit der zweidimensionalen *Impulsfolge*

$$\delta[n_1, n_2] = \begin{cases} 1 & \text{für } n_1 = 0 \text{ und } n_2 = 0 \\ 0 & \text{sonst} \end{cases}.$$

Setzen wir die Impulsfolge als Signal in die Faltung ein, vereinfacht sich die Faltungssumme durch die Ausblendeigenschaft der Impulsfolge. Weil nur der Summand mit $k_1 = 0$ und $k_2 = 0$ beiträgt gilt

$$\delta[n_1, n_2] * *x_2[n_1, n_2] = \sum_{k_1=-\infty}^{\infty} \sum_{k_2=-\infty}^{\infty} \delta[k_1, k_2] \cdot x_2[n_1 - k_1, n_2 - k_2] = x_2[n_1, n_2].$$

Das Signal $x_2[n_1, n_2]$ repliziert sich. Die Faltung mit der Impulsfolge bewirkt keine Änderung. Ähnliches gilt bei der verschobenen Impulsfolge, jedoch kommt es zu einer Translation des zweiten Signals. Die Position des Impulses bestimmt die Verschiebung.

$$\delta[n_1 - m_1, n_2 - m_2] * *x_2[n_1, n_2] = \sum_{k_1=-\infty}^{\infty} \sum_{k_2=-\infty}^{\infty} \delta[k_1 - m_1, k_2 - m_2] \cdot x_2[n_1 - k_1, n_2 - k_2] =$$
$$= x_2[n_1 - m_1, n_2 - m_2]$$

Fasst man zweidimensionale Signale allgemein als Zusammenstellung von gewichteten Impulsen auf, liefert die Faltung zweier Signale eine Linearkombination von gewichtet und verschobene Versionen des einen Signals, wobei die Elemente des anderen Signals jeweils das Gewicht und die Verschiebung bestimmen.

In der Bildverarbeitung werden in der Regel die Signale in Matrixform angegeben. Die Bildsignale sind dann in beiden Dimensionen von endlicher Länge, haben also einen endlichen *Träger*, auch *Support* genannt. Es ergeben sich Randeffekte, die in der Bildverarbeitung berücksichtigt werden müssen. Zusätzlich wird meist angenommen, dass die Bildsignale nur im abgeschlossenen 1. Quadranten von null verschieden sind.

Bei einfachen Signalen kann ein intuitives Rechenschema angegeben werden, das die Berechnung der zweidimensionalen Faltung von Hand unterstützt. Es kombiniert das Rechenschema der eindimensionalen Faltung mit der Methode der Maske, wie sie z. B. beim Medianfilter in Kap. 3 Verwendung findet. Abb. 4.4 zeigt das Rechenschema mit den beiden Signalen

$$X_1 = \begin{bmatrix} 1 & 2 \\ 3 & 4 \end{bmatrix} \quad \text{und} \quad X_2 = \begin{bmatrix} 1 & 5 \\ 3 & 4 \end{bmatrix}.$$

Im „Zentrum" steht X_2 und links darüber das in beide Richtungen gespiegelte Signal X_1. Nun wird das gespiegelte Signal X_1 schrittweise über X_2 geschoben. In jedem Schritt werden die sich überdeckenden Elemente multipliziert und die entstehenden Produkte addiert. So erhält man für jeden Schritt ein Element in der Ergebnismatrix

$$X_1 * *X_2 = \begin{bmatrix} 1 & 7 & 10 \\ 6 & 29 & 28 \\ 9 & 24 & 16 \end{bmatrix}.$$

Man beachte, wie in der Rechentafel die Zahl der Zeilen und der Spalten in der Ergebnismatrix relativ zu den beiden ursprünglichen Signalen zunimmt.

Übung 4.2 Faltung

a. Falten Sie die beiden Matrizen $X_1 = \begin{bmatrix} 1 & 2 \\ 3 & 1 \end{bmatrix}$ und $X_2 = \begin{bmatrix} 1 & 0 & 2 \\ 0 & 3 & 0 \\ 2 & 0 & 1 \end{bmatrix}$.

b. Wenn zwei Matrizen mit den Dimensionen $N_1 \times N_2$ bzw. $M_1 \times M_2$ gefaltet werden, wie viele Zeilen und Spalten hat dann das Faltungsprodukt?

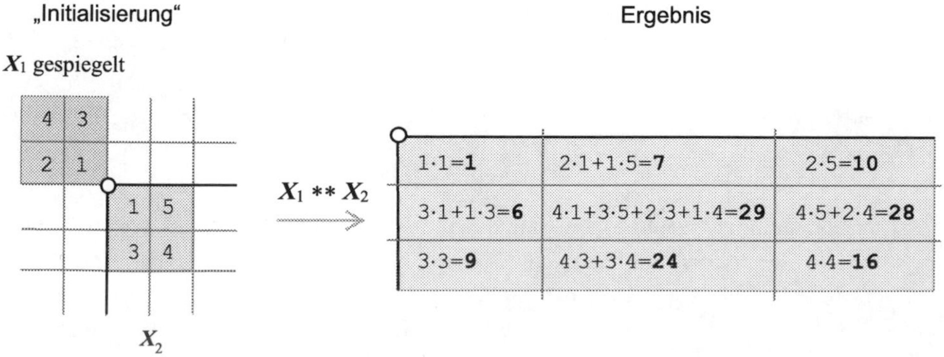

„Initialisierung"   Ergebnis

X_1 gespiegelt

Abb. 4.4 Schema zur Unterstützung der Berechnung der zweidimensionalen Faltung

4.1.3 Zweidimensionale Faltung mit MATLAB

MATLAB bietet zur Faltung zweidimensionaler Signale den Befehl `conv2` an. Bei dessen Anwendung ist zu berücksichtigen, dass sich die Faltung über die gesamte (n_1, n_2)-Ebene erstreckt, in der Regel aber die (Bild-)Signale nur im abgeschlossenen 1. Quadranten von null verschieden sind. Darüber hinaus können sich durch spezielle Anforderungen der Bildverarbeitung verschiedene Fälle ergeben, die beim Programmieren berücksichtigt werden müssen.

Übung 4.3 Faltung mit `conv2`

a. Wiederholen Sie die Faltung in Abb. 4.4 mit dem Befehl `conv2` („by default").
b. Der Befehl `conv2` besitzt den Formparameter („shape") mit den drei Optionen `full`, `same` und `valid`. Des Weiteren können die beiden Argumente (Signale) in der Reihenfolge vertauscht werden. Daraus ergeben sich sechs Möglichkeiten der Anwendung:
Probieren Sie die sich ergebenden drei Möglichkeiten des Formparameters ohne Signalvertauschung für die beiden Signale in Abb. 4.4 aus. Worauf sind die Unterschiede in den Ergebnissen zurückzuführen.
c. Jetzt sollen für das Signal X_2 in (b) durch das Signal

$$X_2 = \begin{bmatrix} 1 & 0 & 0 \\ 0 & 0 & 0 \\ 0 & 0 & 1 \end{bmatrix}$$

ersetzt werden. Führen Sie alle sechs Möglichkeiten in (b) durch. Erklären Sie die Resultate. Ist der Befehl `conv2` kommutativ? Welchen Einfluss hat der Formparameter auf das Ergebnis?

Quiz 4.1

Ergänzen Sie die Textlücken sinngemäß.

1. Die Abbildung des Eingangssignals auf das Ausgangssignal eines LSI-Systems charakterisiert ____.
2. Die Faltung zweier Folgen mit der Länge N_1 bzw. N_2 ergibt eine Folge der Länge ____.
3. LSI-Systeme sind linear und ____.
4. Die Faltung der Folge {1, 2} mit {3, 4} ergibt ____.
5. Sollen im Ergebnis des Befehls `conv2` nur Bildelemente ohne Randeffekt aufgenommen werden, ist der Formparameter ____ zu verwenden.
6. Soll der Befehls `conv2` die Bildgröße erhalten, so ist der Formparameter ____ einzugeben.

7. Die Faltung mit dem Befehl `conv2` ist i. Allg. nicht ___.
8. FIR-Systeme haben Impulsantworten mit endlichem ___.
9. Beim Befehl `conv2` wird der fehlende Formparameter automatisch durch die Option ___ ergänzt.
10. In der Regel werden Bilder in der Signalebene im ___ Quadranten dargestellt.

4.2   Zweidimensionale LSI-Systeme

Mit der zweidimensionalen Faltung als Basisoperation werden im Folgenden zwei-dimensionale LSI-Systeme für die Bildverarbeitung eingeführt und ihre Eigenschaften sowie die anschauliche Berechnung der Ausgangssignale vorgestellt.

4.2.1   Impulsantwort

Wie im eindimensionalen Fall kann die Faltung als *Eingangs-Ausgangsgleichung* eines *LSI-Systems* („linear shift invariant") in Abb. 4.5 aufgefasst werden. Oft besitzt die Impulsantwort nur einen endlichen Träger, d. h. sie ist nur auf einem endlichen Gebiet in der (n_1, n_2)-Ebene von null verschieden. Ist der Träger der Impulsantwort auf den abgeschlossenen 1. Quadranten beschränkt, spricht man in Analogie zum ein-dimensionalen Fall für Zeitsignals auch von einem „kausalen" System. In diesem Fall vereinfachen sich die Grenzen in den Summen der Eingangs-Ausgangsgleichung etwas.

Im zweidimensionalen Fall tritt eine wichtige neue Systemeigenschaft hinzu. Die Assoziativität der Faltung ermöglicht gegebenenfalls die (n_1, n_2)-*Separierbarkeit*. (Auch *x/y*-Separierbarkeit genannt.) Gilt für jedes separierbare Eingangssignal

$$x[n_1, n_2] = x_1[n_1] \cdot x_2[n_2]$$

für das Ausgangssignal des Systems

$$y[n_1, n_2] = y_1[n_1] \cdot y_2[n_2]$$

so ist das System, repräsentiert durch die Impulsantwort

$$h[n_1, n_2] = h_1[n_1] \cdot h_2[n_2],$$

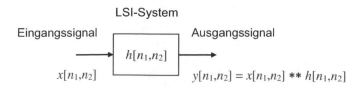

Abb. 4.5 Eingangs-Ausgangsgleichung des zweidimensionalen LSI-Systems

separierbar und umgekehrt.

Die separierbaren Systeme bilden eine Unterklasse der LSI-Systeme. Für sie kann die Berechnung des Ausgangssignals in zwei eindimensionale Faltungen aufgeteilt werden, zuerst zeilenweise und dann spaltenweise oder umgekehrt.

$$y[n_1, n_2] = x[n_1, n_2] * *h[n_1, n_2] = (x[n_1, n_2] * h_2[n_2]) * h_1[n_1] =$$
$$= (x[n_1, n_2] * h_1[n_1]) * h_2[n_2]$$

Die Berechnung durch zwei eindimensionale Faltungen bietet bei der praktischen Durchführung am Rechner oft den Vorteil der geringeren Komplexität. Wichtiger ist jedoch, dass eine Zerlegung des Systems in zwei eindimensionale Teilsysteme entsteht, womit ein direkter Rückgriff auf bekannte Lösungen der eindimensionalen Signalverarbeitung, z. B. typische Tiefpässe, Bandpässe etc., möglich wird.

4.2.2 Lineare Filterung von Bildern mit MATLAB

Die lineare Filterung von Bildern ist in der Praxis mit besonderen Bedingungen verbunden:

Zum ersten wird bei der Aufnahme eines Bildes durch den Bildsensor der Kamera ein Teil der Umgebung ausgeblendet. Bilder stellen in der Regel nur einen Ausschnitt aus einer größeren Szene dar, weisen somit einen endlichen Träger auf. Mit den Größen des Eingangsbildes $N_{1x} \times N_{2x}$ und der Impulsantwort $N_{1h} \times N_{2h}$ beschränkt sich die Faltung auf eine endliche Anzahl von Summanden

$$x[n_1, n_2] * *h[n_1, n_2] = \sum_{k_1=0}^{N_{1x}} \sum_{k_2=0}^{N_{2x}} x[k_1, k_2] \cdot h[n_1 - k_1, n_2 - k_2] =$$
$$= \sum_{k_1=0}^{N_{1h}} \sum_{k_2=0}^{N_{2h}} h[k_1, k_2] \cdot x[n_1 - k_1, n_2 - k_2]$$

Für die Faltung wird das Eingangsbild außen mit Pixelwerten gleich null ergänzt, obwohl in der ursprünglichen Szene kein „schwarzer Rand" vorhanden ist. In der Regel setzt sich das Bild entsprechend der Szene fort. Im Ergebnis treten somit *Randeffekte* auf.

Zum zweiten vergrößert sich der Träger durch die Faltung - von der hier uninteressanten Impulsfunktion als Impulsantwort abgesehen. Der Träger des Faltungsproduktes hat dann die Größe $(N_{1x} + N_{1h} - 1) \times (N_{2x} + N_{2h} - 1)$. In der Bildverarbeitung werden meist die gefilterten Bilder auf die gleiche Größe wie die Eingangsbilder beschnitten. Softwarepakete zur Bildverarbeitung besitzen üblicherweise verschiedene Möglichkeiten für das *Zuschneiden* und zur Behandlung von Randeffekten durch die *Bildrandmodifikation*.

Mit den Randeffekten liegt streng genommen keine lineare Faltung vor. Der einfacheren Sprechweise halber wird in der Bildverarbeitung üblicherweise trotzdem von linearen Filtern bzw. linearer Filterung gesprochen.

imfilter

Die MATLAB-Werkzeugsammlung `Image Processing Toolbox` stellt für die Filterung von Bildern mit der Faltung den Befehl `imfilter` zur Verfügung. Er basiert auf dem Befehl `conv2` (Übung 4.3).

Der Befehl `imfilter(A,H,OPTION1,OPTION2,…)` bietet eine Reihe von Optionen an, die wesentlichen Einfluss auf das Ergebnis haben:

- *Randoptionen* („boundery options") für die Fortsetzung des Originalbildes: `X`, `symmetric`, `replicate` und `circular`;
- *Größenoptionen* („size options") für die Größe des Ergebnisbildes: `same` und `full`;
- und *Berechnungsoptionen* für die Berechnung mit der Korrelation („correlation") bzw. der Faltung („convolution"): `corr` und `conv`.

Ebenso wichtig ist, dass das Ergebnisbild das Datenformat des Originalbildes A übernimmt. Dies kann besonders beim Bildformat `uint8` und `logical` zu ungewollten Abschneide- und *Rundungseffekten* in der Arithmetik führen.

Übung 4.4 Filterung mit `imfilter`

a. In der Übung sollen Sie die Eigenschaften des Befehls `imfilter` näher kennenlernen. Wenden Sie dazu die Option für den Faltungsbefehls `conv` an, wobei Sie zusätzlich alternativ die Option `full` einsetzen. Das Bild sei die Matrix *A* im Format `uint8` und die Impulsantwort die Matrix *h* im Format `double`.

$$A = \begin{bmatrix} 1 & 2 & 3 \\ 4 & 5 & 6 \\ 7 & 8 & 9 \end{bmatrix} \quad \text{und} \quad h = \begin{bmatrix} 1 & 2 \\ 2 & 1 \end{bmatrix}$$

b. Wiederholen Sie (a) jetzt aber mit der zusätzlichen Option `replicate`. Erklären Sie den Unterschied. Für die Erklärung ist es hilfreich, auch die Faltung mit `conv2` und der Option `full` durchzuführen.

4.2.3 Faltungskern und Filtermaske

In der Bildverarbeitung werden oft nichtrekursive LSI-Systeme mit relativ wenigen Elementen, d. h. eng begrenzten Trägern, eingesetzt. Dabei bietet es sich an, die Impulsantworten $h[n_1, n_2]$, wie in Übung 4.4, als Matrizen anzugeben. Man spricht dann vom *Faltungskern* des Filters.

Die Berechnung des Ergebnisbildes aus dem Eingangsbild und dem Faltungskern veranschaulicht Abb. 4.6. Darin wird der Algorithmus anhand eines Bildpunktes vorgestellt. Die Faltung mit dem Faltungskern ist eine *Nachbarschaftsoperation*. Jeweils nur ein begrenzter Ausschnitt des Eingangsbilds um die Bildpunkte geht in die Berechnung der jeweiligen Bildelemente ein.

Die Filterung mit Faltungskern kann alternativ als *Maskenoperation* gedeutet werden, wobei die *Filtermaske* mit ihren Gewichtsfaktoren über das Originalbild gleitet (Kap. 3). Alle Bildelemente innerhalb der Filtermaske werden mit den Gewichtsfaktoren elementweise multipliziert und die Produkte aufsummiert. Die Summe wird in das Ergebnisbild an die Stelle übertragen, die der aktuellen Lage des Zentrums der Filtermaske beim „Gleiten" entspricht.

Abb. 4.6 veranschaulicht den Zusammenhang und stellt die Berechnung der Filtermaske an einem Zahlenwertbeispiel vor. Die lineare Filterung durch ein FIR-System ist somit nichts anders als die (Kreuz-)*Korrelation* („correlation") des Eingangsbilds mit der Filtermaske.

$$y[n_1, n_2] = x[n_1, n_2] \star\star m[n_1, n_2] = \sum_{k_1=-\infty}^{\infty} \sum_{k_2=-\infty}^{\infty} m[k_1, k_2] \cdot x[n_1 + k_1, n_2 + k_2]$$

Diese Operation wird auch *Pseudofaltung* „$\star$" genannt.

Zur Berechnung der Filtermaske in Matrixform m spiegelt man die Impulsantwort in Matrixform h bzgl. der Zeilen und Spalten. Eine mögliche Befehlszeile in MATLAB dazu ist

```
m = rot90(rot90(h));
```

Sind die Faltungskerne *isotrop*, d. h. richtungsunabhängig wie das Beispiele h in Übung 4.4, sind Faltungskern und Filtermaske identisch.

Übung 4.5 Lineare Filterung, Faltungskern und Filtermaske

Der Befehl `imfilter` unterstützt mit der voreingestellten Option `corr` die Maskenoperation. Gegeben sei das „Eingangsbild" und die Impulsantwort

$$X = \begin{bmatrix} 1 & 3 \\ 5 & 7 \end{bmatrix} \quad \text{und} \quad h = \begin{bmatrix} 1 & 2 \\ 2 & 3 \end{bmatrix}$$

a) Führen Sie zunächst die Filterung mit der Impulsantwort und dem Befehl `imfilter` mit der Option `conv` durch.

b) Wiederholen Sie die Filterung mit der Filtermaske und dem Befehl `imfilter` mit der Option `corr`. Überprüfen Sie das Ergebnis.

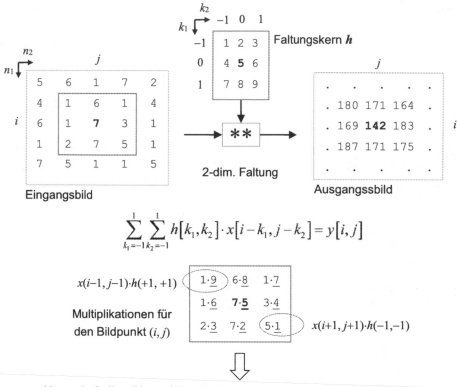

$$\sum_{k_1=-1}^{1}\sum_{k_2=-1}^{1} h\big[k_1,k_2\big]\cdot x\big[i-k_1,\,j-k_2\big]=y\big[i,j\big]$$

$x(i-1,j-1)\cdot h(+1,+1)$

Multiplikationen für
den Bildpunkt (i,j)

$1\cdot\underline{9}$	$6\cdot\underline{8}$	$1\cdot\underline{7}$
$1\cdot 6$	$\mathbf{7\cdot\underline{5}}$	$3\cdot\underline{4}$
$2\cdot\underline{3}$	$7\cdot\underline{2}$	$5\cdot\underline{1}$

$x(i+1,j+1)\cdot h(-1,-1)$

Alternativ 2-dim. (Kreuz-)Korrelation

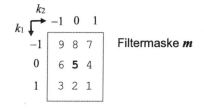

Algorithmus mit Filtermaske

– Maskenelemente mit Eingangsbildelementen unter der Filtermaske (Nachbarschaft) elementweise multiplizieren und Summe der Produkte im Ergebnisbild unter dem Maskenzentrum eintragen.
– Filtermaske über das gesamte Eingangsbild schieben.
– Regeln zur Behandlung der Bildränder beachten.

Abb. 4.6 Lineare Filterung als Nachbarschaftsoperation mit Faltungskern und Filtermaske

Quiz 4.2

Ergänzen Sie die Lücken im Text sinngemäß.

1. Der Befehl `imfilter` führt die Faltung eines Bildes mit ___ oder alternativ die Pseudofaltung mit ___ durch. Die jeweilige Variante wird mit der Option ___ bzw. ___ ausgewählt.
2. Die Systemreaktion kann durch zwei eindimensionale Faltungen berechnet werden, wenn die zweidimensionale Impulsantwort ___ ist.
3. Faltungskern `h` und Filtermaske `m` können durch zweimaliges Anwenden des Befehls ___ ineinander überführt werden.
4. Gilt $h[n_1, n_2] = h[n_1] \cdot h[n_2]$, ist das System ___.
5. Beim Befehl `imfilter` wird mit den Optionen `symmetric`, `replicate` und `circular` ___ eingestellt.
6. Sind Faltungskern und Filtermaske gleich, ist der Faltungskern ___.
7. Eine effiziente Alternative zur linearen Filterung des Bildes mit dem Faltungskern ist ___ des Bildes mit
8. Zur Filtermaske $\boldsymbol{m} = \begin{bmatrix} 1 & 2 \\ 3 & 4 \end{bmatrix}$ gehört der Faltungskern $\boldsymbol{h} = $ ___.
9. Der Befehl `imfilter` rechnet intern im ___-Format.
10. Bezüglich der Ergebnisbildgröße besitzt der Befehl `imfilter` die Optionen ___ und ___.

4.3 Kreuzkorrelation und Vorlagenabgleich

Der Befehl `imfilter` basiert in der Voreinstellung `corr` auf der Berechnung der zweidimensionalen (Kreuz-)Korrelation, die aus der Statistik allgemein als Maß für die „Übereinstimmung" zweier Variablen bekannt ist. Dies legt den Schluss nahe, den Befehl `imfilter` zur *Objekterkennung* zu benutzen. Im Folgenden soll anhand eines Beispiels geprüft werden, ob und wie dies möglich ist.

Wir nehmen dazu das Grauwertbild `muenzen`. Es zeigt sieben Münzen, fünf 2-Euro- und zwei 1-Euro-Stücke. Als Ziel setzen wir uns, die Orte der 2-Euro-Münzen im Bild automatisch zu erkennen. Die Aufgabe losen wir in Form zweier geführter Fallstudie und gehen dabei schrittweise vor. Auch lernen wir weitere nützliche MATLAB-Befehle kennen. (*Anmerkung.* Da sich die Beispiele der Kürze halber auf das Wichtigste beschränken müssen, ergeben sich gute Ansatzpunkte sie nach eigenen Interessen zu variieren bzw. zu vertiefen.)

Übung 4.6 Objekterkennung mit `regionprops`

a) Je nach charakteristischen Eigenschaften der Objekte bieten sich verschiedene Möglichkeiten zu deren Erkennung an. Im Bildbeispiel heben sich die Münzen als helle Kreisscheiben vor dem dunklen Hintergrund ab. Folglich kann im ersten Schritt die Trennung von Münzen und Hintergrund versucht werden. Um die Aufgabe nicht zu einfach zu machen, wird das Bild erst mit normalverteiltem Bildrauschen (`imnoise`, Kap. 5) gestört. Danach findet die Binarisierung mit der Methode von Otsu statt (`imbinarize`, Kap. 3). Abb. 4.7 zeigt das verrauschte Original und das binarisierte Ergebnis in der üblich inversen Darstellung für Bildschirm und Druck: Hintergrund weiß und Vordergrund schwarz. Der verwendete Programmcode lautet:

```
img = imread('muenzen.jpg'); img = rgb2gray(img);
img = imnoise(img,'gaussian',0,.05); % noisy image
FIG1 = figure('Name','bv_lsi_5 : Original','NumberTitle','off');
subplot(1,2,1), imshow(img), title('Original (noisy)')
th = graythresh(img); BW = imbinarize(img,th); % thresholding
subplot(1,2,2), imshow(~BW), title('BW-Image (inverse)')
```

b) Im zweiten Schritt gilt es, die Münzen zu detektieren. Hierfür stellt MATLAB den Befehl `regionprops` bereit, der verschiedene Eigenschaften von Bildregionen erfassen kann. Als Bildregionen werden im binären Fall alle zusammenhängenden Bereiche von Bildelement mit dem Wert eins (`true`) zu einem Objekt zusammengefasst; also hier idealerweise die Münzen. Für diese Objekte kann unter anderem die Größe (normierte Fläche, `Area`) und die Lage des Zentrums (`Centroid`) bestimmt werden. Damit ist es auch möglich, zwischen den größeren 2-Euro- und den kleineren 1-Euro-Münzen zu unterscheiden. Idealer Weise sollten die fünf größten Objekte den fünf 2-Euro-Münzen entsprechen; die in der Größe folgenden zwei Objekte den 1-Euro-Münzen. Die Implementierung in MATLAB könnte so aussehen:

Original (noisy)   BW-Image (inverse)

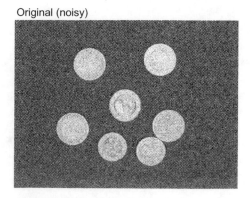
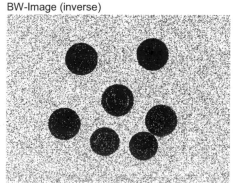

Abb. 4.7   Bildvorlage mit Bildrauschen und nach Binarisierung (`muenzen.jpg`)

```
stats = regionprops(BW,'Area','Centroid');
Areas = cat(1,stats.Area);
Centroids = cat(1,stats.Centroid);
[Areas, I] = sort(Areas,'descend');
Centroids = Centroids(I,:);
```

Der Befehl `regionprops` liefert hier eine Datenstruktur mit den Informationen zur Größe (`Area`) und Lage (`Centroid`) der Objekte. Auf die Information wird jeweils mit dem (Verkettungs-)Befehl `cat` zugegriffen, so dass gewöhnliche Datenarrays entstehen. Schließlich werden die Datenarrays nach fallender Objektgröße sortiert (`sort`).

In der grafischen Ausgabe werden die fünf größten und die beiden folgenden Objekte durch gelbe bzw. rote Kreuze markiert. Wegen des relativ starken Bildrauschens sollte die Objekterkennung (meist) nicht fehlerfrei sein. (Sollten die Markierungen nicht sichtbar sein, können Sie sich zusätzlich zu den Markierungen ein Bild mit nur schwarzem Hintergrund ausgeben lassen.)

```
fprintf('Objects detected # %g\n',length(Areas))
FIG4 = figure('Name','bv_lsi_5 : Detection','NumberTitle','off');
imshow(~BW) % imshow(zeros(size(BW)))
hold on
for k=1:5
    plot(Centroids(k,1),Centroids(k,2),'+y','MarkerSize',20)
end
for k=6:7
    plot(Centroids(k,1),Centroids(k,2),'+r','MarkerSize',20)
end
hold off
```

c) Die Übung können Sie verändern bzw. erweitern. Zum ersten kann die Stärke der Rauschstörung (`imnoise`) durch den Varianzparameter (`.05`) verändert und der Einfluss des Bildrauschen auf die Qualität der Erkennung beobachtet werden. Zum zweiten kann eine zusätzliche Vorverarbeitung durch ein Medianfilter (Kap. 3) oder ein Glättungsfilter (Kap. 5) eingesetzt werden. Wird dadurch das Bildrauschen unterdrückt?

Übung 4.7 Objekterkennung durch Vorlagenabgleich (`imfilter`)

In der vorherigen Übung 4.6 gelingt die Objekterkennung, wegen dem relativ starken Bildrauschen, (meistens) nicht fehlerfrei. Hier kann die Methode der „Korrelation" u. U. abhelfen, indem sie das Bildrauschen „herausmittelt". In der digitalen Signalverarbeitung spricht man in ähnlicher Situation von einem *optimalen Suchfilter* („*matched filter*"). In der Bildverarbeitung ist der Begriff *Vorlagenabgleich* („*template matching*") verbreitet, da der Bildinhalt mit einer Vorlage (Schablone) auf Übereinstimmung verglichen wird. Wir veranschaulichen uns die Zusammenhänge wieder am Bildbeispiel muenzen in Übung 4.6.

a) Vorverarbeitung

Bei der Aufgabe Objekterkennung handelt es sich um eine Ja-Nein-Entscheidung ob das Objekt vorhanden ist oder nicht. Es findet eine Informationsverdichtung statt. Bei dem Bildmotiv muenzen kann die Objekterkennung zunächst wieder durch eine Vorverarbeitung vereinfacht werden, indem Bildhintergrund und Vordergrundobjekte (Münzen) möglichst getrennt werden. Dazu führen wir eine Umwandlung in ein Schwarz-Weiß-Bild wie in Übung 4.6 durch. Auch die Störung durch das Bildrauschen übernehmen wir aus Übung 4.6 (Abb. 4.7). Der vollständige Programmcode ist in Programm 4.1 zu finden. Die einzelnen Teile werden im Weiteren genauer erläutert.

Das Schwarz-Weiß-Bild kann noch verbessert werden, wenn mit einem Medianfilter vereinzelte schwarze oder weiße Bildelemente entfernt werden. Eine Medianfilterung kann unter Umständen jedoch auch negative Folgen nach sich ziehen, wenn Objekte durch sie verschmelzen. Wir verzichten hier der Kürze halber darauf.

b) Prinzip der Kongruenz (Filtermaske)

Im Idealfall ist jede Münze in Abb. 4.7 als Kreisscheibe erkennbar. Gemäß dem Prinzip der Kongruenz (Übereinstimmung) wählen wir als Schablone das Ideal der 2-Euro-Münze, eine Kreisscheibe entsprechender Größe. Hierfür stellt MATLAB den Befehl fspecial zur Verfügung. Mit der Option 'disk' wird ein kreisförmiges Objekt für die Filterung mit imfilter erzeugt. Nach Normierung sind die Maskenelemente innerhalb der Kreisscheibe eins und außerhalb null. Den passenden Radius in Pixel entnehmen wir der ursprünglichen Bildvorlage (imtool).

c) LSI-Filterung (Vorlagenabgleich)

Wir wenden den Befehl imfilter mit der kreisförmigen Filtermaske in der Größe des 2-Euro-Stücks an. Die Filtermaske wird wie in Abb. 4.6 über das Bild geschoben und jeweils die gewichtet Summe der Bildelemente berechnet und an den korrespondierenden Ort ins Ergebnisbild geschrieben. Im Falle des Binärbildes und der binären Filtermaske wird die Zahl der Einsen im Bild unter der Filtermaske gezählt. Idealerweise ist das Ergebnis maximal, wenn sich die Filtermaske genau über der 2-Euro-Münze befindet.

Kommt es zur Teilüberdeckung, ist das Ergebnis entsprechend kleiner. Vor dem Hintergrund ist es null. Die Filterung berechnet somit das gesuchte *Übereinstimmungsmaß* (Kongruenzmaß). Nach Normierung erhalten wir den Maximalwert eins für perfekte Übereinstimmung und den Minimalwert null für den Hintergrund. Bei extremer Rauschstörung, d. h. nur zufällig verteilten Bildelementen null oder eins, ist der Wert 0,5 zu erwarten.

Hinweis. Die rechenaufwendige Filterung am PC kann einige Minuten in Anspruch nehmen. Für eine schnellere Ausführung kann die Größe des Originalbildes und später auch die Filtermaske verkleinert werden (`resize`).

d) Grafische Darstellung des Übereinstimmungsmaßes

Wir wollen nun das Ergebnis grafisch analysieren. Dazu stellen wir die normierte 2-dimensionale „*(Kreuz-)Korrelation*", das Übereinstimmungsmaß aus (c), durch die *Höhenlinien* (Niveaulinien, Isolinien) dar (`contour`). Der Übersichtlichkeit halber wird die Darstellung am Bildschirm an die Orientierung der Bildvorlage angepasst (`axis`). Die Höhenlinien zeigt Abb. 4.8. Für jede 2-Euro-Münze sollte ein Bereich hoher Kreuzkorrelation (Gipfel) an ihrem Ort erkennbar sein. Tatsächlich erkennen wir fünf Orte, an denen sich das Übereinstimmungsmaß den Wert eins annähert, d. h. hier 0,9 übersteigt. Zusätzlich lassen sich zwei weitere, etwas niedrigere Gipfel erkennen.

e) Klassifikator (Schwellenwertentscheidung)

Zur Detektion der Münzen entscheiden wir uns für eine robuste Methode, die die inhärente Information der Aufgabenstellung berücksichtigt. Weil die 1-Euro-Münze der Maske ebenfalls ähnlich ist, erscheint auch für sie ein Bereich relativ hoher Kreuzkorrelation.

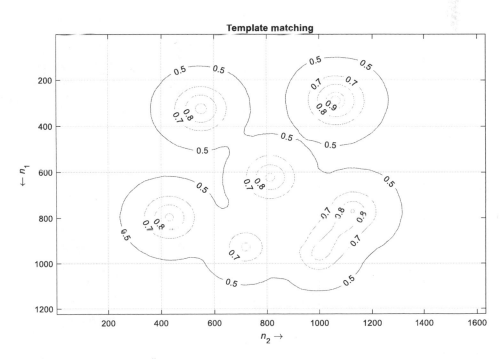

Abb. 4.8 Höhenlinien des Übereinstimmungsmaßes (Kreuzkorrelation)

Jedoch sollte die Kreuzkorrelation wegen der kleineren Fläche entsprechend geringer ausfallen. Um die Objekte zu trennen, führen wir eine Schwellenwertoperation (imbinarize) für die Kreuzkorrelation durch. Mit der Schwellenwertentscheidung wird ein *Klassifikator* entworfen, der den Einschränkungen der Signalentdeckungstheorie unterliegt. Allgemein hängen von der Schwelle die *Sensitivität* (Richtig-Positiv-Rate) und die *Spezifität* (Richtig-Negativ-Rate) des Klassifizierers ab.

Für den letzten Teil der Lösung nehmen wir den Befehl bwconncomp. Er bearbeitet Schwarz-Weiß-Bilder indem er zusammenhängende weiße Bildelemente (eins) als jeweils ein Objekt erfasst. Zu den erfassten Objekten berechnet nun der Befehl regionprops Eigenschaften, wie die Fläche (Area) oder die Lage des Zentrums (Centroid). Die Ergebnisse werden im Datenformat struct zusammengestellt.

Programm 4.1 zeigt den gesamten Programmcode. Am Bildschirm wird für jedes erfasste Objekt der Marker „+" angezeigt. Im Ergebnisbild, Abb. 4.9, sind die Zentren aller fünf 2-Euro-Münzen augenfällig richtig gekennzeichnet. Die fünf Münzen und ihre Orte sind eindeutig detektiert, die Aufgabe ist gelöst.

Der Einsatz der „Korrelation" zur Detektion von Objekten zeichnet sich besonders durch seine Robustheit bei Rauschstörungen aus. Die Detektion sollte auch bei einer höheren Einstellung des Varianzparameters für die Rauschstörung (imnoise) noch gelingen, vgl. Übung 4.6. Der Nachteil der Methode kann im hohen Rechenaufwand und folglich langer Rechenzeit liegen.

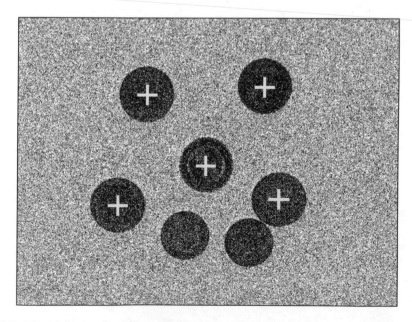

Abb. 4.9 Klassifizierung der 2-Euro-Münzen im verrauschen Bild mit der Kreuzkorrelation als Übereinstimmungsmaß (bv_lsi_5, muenzen.jpg)

Programm 4.1 Programmbeispiel zur Objekterkennung mit Vorlagenabgleich

```
% Object detection using imfilter (template matching)
% bv_lsi_5 * mw * 2018-10-25
img = imread('muenzen.jpg'); img = rgb2gray(img);
img = imnoise(img,'gaussian',0,1);
ReSize = .5; img = imresize(img,ReSize);
FIG1 = figure('Name','bv_lsi_5 : Original','NumberTitle','
off');
  subplot(1,2,1), imshow(img), title('Original (noisy)')
  th = graythresh(img);  BW = imbinarize(img,th);  %
thresholding
  subplot(1,2,2), imshow(~BW), title('BW-Image (inverse)')
  %% generate mask (large coin) for correlation (matched filter)
D = 464; D = D*ReSize;
m = fspecial('disk',round(D/2));
  %% Cross-correlation
C = imfilter(double(BW),m);  C = C/max(max(C));  % cross-
correlation, normal.
FIG2 = figure('Name','bv_lsi_5 : Correlation','NumberTitle'
,'off');
  [~,h] = contour(C,[0 .5 .7 .8 .9 .95]);
    set(h,'ShowText','on','TextStep',get(h,'levelStep'))
    axis ij; grid
    title('Correlation (norm.)')
    xlabel('{\itn}_2   \rightarrow'),  ylabel('\leftarrow   {\
itn}_1')
  %% MATLAB
C95 = imbinarize(C,.9);
CC = bwconncomp(C95); % connected components
% measure properties of image regions
stats = regionprops(CC,'Area','Centroid');
Areas = cat(1,stats.Area);
Centroids = cat(1,stats.Centroid);
fprintf('Objects detected # %g\n',length(Areas))
FIG4 = figure('Name','bv_lsi_5 : Detection','NumberTitle','
off');
  imshow(~BW)
  hold on
  for k=1:length(Areas)
    plot(Centroids(k,1),Centroids(k,2),'+y','MarkerSize',20)
  end
  hold off
```

Quiz 4.3

Ergänzen Sie die Lücken im Text sinngemäß.

1. Die Suche nach Übereinstimmung im Bild mit einer Vorlage nennt man ___.
2. Der Befehl `imfilter` mit der Option `corr` berechnet die ___ zwischen Bild und Filtermaske.
3. Um ___ zu sparen, kann es sinnvoll sein die Bildgröße zu verkleinern.
4. Die Kreuzkorrelation des Bildes mit einer Vorlage kann ___ robuster gegen Störungen machen.
5. Der Wert der Kreuzkorrelation kann als Maß für ___ der Vorlage mit dem lokalen Bildinhalt interpretiert werden.
6. Die Anwendung des Medianfilters kann zu ___ führen.
7. Zusammenhängende Bildkomponenten in Schwarz-Weiß-Bildern können mit dem Befehl ___ bestimmt werden.
8. Bestimmte Eigenschaften von Bildregionen, wie die „Fläche", kann mit dem Befehl ___ berechnet werden.
9. Eine Zusammenstellung von Datenfeldern und ihren Werten erzeugt der Befehl ___.
10. Mit dem Befehl `contour` werden ___ dargestellt.

4.4   Aufgaben

Aufgabe 4.1 Faltung
Gegeben sind das Signal X und die Impulsantwort h in der üblichen Matrixform.

$$X = \begin{bmatrix} 2 & 3 & 4 \\ 5 & 6 & 1 \end{bmatrix} \quad \text{und} \quad h = \begin{bmatrix} 1 & 2 \\ 2 & 3 \end{bmatrix}$$

a) Berechnen Sie das Faltungsprodukt von Hand wie in Abb. 4.4. Geben Sie das Ergebnis in Matrixform an.
b) Die Filterung soll nun als Maskenoperation durchgeführt werden. Bestimmen Sie die Filtermaske und überprüfen Sie Ihr Ergebnis, indem Sie die Filterung als Maskenoperation wie in Abb. 4.6 wiederholen.
c) Überprüfen Sie Ihre Rechnungen auch mit dem Befehl `imfilter`. Worauf ist zu achten?

Aufgabe 4.2 Filterung mit `imfilter`
Gegeben ist die Matrix (alle Angaben in MATLAB®-Syntax)

```
A = [3 9 4 8;
     6 7 3 7;
     7 4 5 6;
     0 4 5 3];
```

und die Maske

```
m = [0 1 0;
     1 1 1;
     0 1 0];
```

Es wird der Befehl

```
C = imfilter(A,m);
```

ausgeführt. Geben Sie die Werte C(1,1) und C(3,2) an.

Aufgabe 4.3 Anwendung von `bwconncomp` und `regionprops`
Gegeben ist die Matrix (alle Angaben in MATLAB-Syntax). Es wird folgendes Script
ausgeführt.

```
A = logical([1 1 0 0
             0 0 0 0
             0 1 1 0
             0 0 1 1]);
C = bwconncomp(A); % connected components
C.Connectivity % a
C.ImageSize % b
C.NumObjects % c
C.PixelIdxList{1} % d
C.PixelIdxList{2} % e
stats = regionprops(C,'Area'); % properties
stats(1).Area % f
stats(2).Area % g
```

Die Befehle mit Bildschirmausgaben sind von (a) bis (g) gekennzeichnet. Durch
einen Fehler wurden beim Abschreiben die Bildschirmausgaben umsortiert und dann
nummeriert von (1) bis (7).

```
(1) ans = 2
(2) ans = 2
(3) ans = 4
(4) ans = 8
(5) ans = 4 4
```

```
(6) ans = 1
        5
(7) ans = 7
       11
       12
       16
```

Ordnen Sie Bildschirmausgaben (1) bis (7) den Befehlen a bis g richtig zu.

4.5   Zusammenfassung

Die bewährte „Filterung" von eindimensionalen Signalen lässt sich auf Bildsignale übertragen. Die Systemtheorie stellt mit dem LSI-System („linear shift-invariant") die Grundlagen bereit: Die Eingangs-Ausgangsgleichung, die Faltung des Eingangssignals mit der Impulsantwort, liefert die funktionale Beschreibung der LSI-Systeme.

Die Besonderheiten der digitalen Bildverarbeitung, die beschnitten Bildsignale mit endlichen Supports und der hohe Rechenzeitbedarf, erfordern spezielle Anpassungen für die Praxis. In der Bildverarbeitung wird deshalb oft die Faltung mit der Impulsantwort (Faltungskern) durch eine Nachbarschaftsoperation, die Korrelation mit der Filtermaske, ausgeführt.

MATLAB unterstützt die Anwendung von LSI-Systemen mit dem Filterbefehl imfilter, der durch einige Optionen auf das konkrete Einsatzziel angepasst werden kann. Dazu gehört die Auswahl zwischen Faltungskern und Filtermaske sowie verschiedenen Bildrandmodifikationen für den Umgang mit Randeffekten.

Das Konzept der Korrelation eignet sich besonders zur Objekterkennung. Beispielsweise können im Bild Münzen unterschiedlicher Größen erkannt werden, indem das Bild mit einer an die Vorlage angepassten Filtermaske korreliert wird (Vorlagenabgleich, „template matching"). Die berechnete Kreuzkorrelationsfunktion ergibt als Übereinstimmungsmaß die Indikatorfunktion für die Münzen. Stimmen Bildausschnitt und Filtermaske weitgehend überein, ist der Wert der Kreuzkorrelationsfunktion entsprechend groß und umgekehrt. Eine zuverlässige, i. Allg. gegen Bildrauschen robuste, Klassifikation der Münzen kann mittels Schwellenwertdetektion durchgeführt werden.

4.6   Lösungen zu den Übungen und den Aufgaben

Zu **Quiz 4.1**

1. die Impulsantwort/ Faltung
2. $N_1 + N_2 - 1$
3. verschiebungsinvariant/ translationsinvariant/ shift-invariant

4. {3, 10, 8}
5. `valid`
6. `same`
7. kommutativ
8. Support/Träger
9. `full`
10. ersten

Zu Quiz 4.2

1. dem Faltungskern, der Filtermaske, `conv`, `corr`
2. separierbar
3. `rot90`
4. separierbar
5. die Bildrandmodifikation/ Randoption („boundary option")
6. isotrop
7. die Kreuzkorrelation/ Pseudofaltung, der Filtermaske
8. $h = \begin{bmatrix} 4 & 3 \\ 2 & 1 \end{bmatrix}$

9. Double-precision-Format
10. `same`, `full`

Zu Quiz 4.3

1. Vorlagenabgleich/ Template Matching
2. Kreuzkorrelation
3. Rechenzeit
4. die Detektion/ Klassifikation
5. Übereinstimmung
6. Objektverschmelzungen
7. `bwconncomp`
8. `regionprops`
9. `struct`
10. Höhenlinien (Isolinien)

Zu **Übung 4.1** Eindimensionale Faltung

a. Faltungsprodukt $y[n] = \{1, 5, 11, 17, 14, 12\}$, Rechenschema in Abb. 4.2.
b. `conv([1 0 2 -1],[1 2 3])`

Zu **Übung 4.2**

a. Faltungsprodukt $X_1 * *X_2 = \begin{bmatrix} 1 & 2 & 2 & 4 \\ 3 & 4 & 12 & 2 \\ 2 & 13 & 4 & 2 \\ 6 & 2 & 3 & 1 \end{bmatrix}$

b. Ergebnismatrix mit $N_1 + M_1 - 1$ Zeilen und $N_2 + M_2 - 1$ Spalten.

Zu **Übung 4.3** Faltung mit dem MATLAB-Befehl `conv2`

Programm 4.2 Faltung mit dem Befehl `conv2`

```
% bv_lsi_1 * mw * 2018-10-25
x1 = [1,2;3,4];
x2 = [1,5;3,4];
fprintf('\n *iv_lsi_1 (1)'),
fprintf('\n full'), conv2(x1,x2) % 'full'
fprintf('\n same'), conv2(x1,x2,'same')
fprintf('\n valid'), conv2(x1,x2,'valid')
x2 = [1 0 0; 0 0 0; 0 0 1]; % new 3x3 signal
fprintf('\n *iv_lsi_1 (2)')
fprintf('\n full 1,2'), conv2(x1,x2) % 'full'
fprintf('\n same 1,2'), conv2(x1,x2,'same')
fprintf('\n valid 1,2'), conv2(x1,x2,'valid')
fprintf('\n full 2,1'), conv2(x2,x1) % 'full'
fprintf('\n same 2,1'), conv2(x2,x1,'same')
fprintf('\n valid 2,1'), conv2(x2,x1,'valid')
```

Kommentierte Bildschirmausgaben

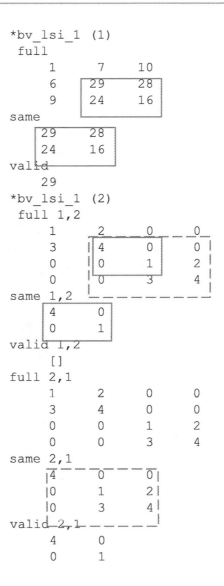

```
*bv_lsi_1 (1)
 full
        1       7      10
        6      29      28
        9      24      16
 same
              29      28
              24      16
 valid
              29
*bv_lsi_1 (2)
 full 1,2
        1       2       0       0
        3       4       0       0
        0       0       1       2
        0       0       3       4
 same 1,2
              4       0
              0       1
 valid 1,2
              []
 full 2,1
        1       2       0       0
        3       4       0       0
        0       0       1       2
        0       0       3       4
 same 2,1
              4       0       0
              0       1       2
              0       3       4
 valid 2,1
              4       0
              0       1
```

Zu *bv_1 (2)

- Der Befehl conv2(x1,x2,'full') ergibt das gleiche Ergebnis wie conv2(x2,x1,'full'). Folglich ist der Befehl kommutativ und liefert das Faltungsprodukt der Größe $(N_{11} + N_{12} - 1) \times (N_{21} + N_{22} - 1)$, im Beispiel 4×4.
- für conv2(x1,x2,'same') und conv2(x2,x1,'same')
- Mit dem Formparameter same wird das Ergebnis zuerst auf die Größe $(N_1 \times N_2)$ des Arguments x1 (2×2) und dann auf x2 (3×3) festgelegt. Aus dem Faltungsprodukt wird zentral ein entsprechender Bereich ausgeschnitten.

- Beim Befehl `conv2` mit dem Formparameter `valid` wird aus dem Faltungsprodukt der Bereich ausgeschnitten, der nicht von Randeffekten betroffen ist. Dabei muss die größere Matrix an erster Stelle stehen, um kein leeres Ergebnis zu produzieren, siehe MATLAB-Hilfe zu `conv2`.

- Die Optionen `same` und `valid` für den Formparameter im Befehl `conv2` liefern jeweils einen bestimmten Ausschnitt aus der Ergebnismatrix, siehe Dokumentation zu MATLAB `conv2`. Je nach Option muss die Reihenfolge der Signale im Funktionsaufruf beachtet werden. Der Befehl `conv2` ist in diesen Fällen nicht kommutativ.

Zu Übung 4.4 `imfilter`

- für `B1 = imfilter(A,h,'conv')`

```
B1 = 18 24 15
     36 42 24
     23 26 9
```

- für `B2 = imfilter(A,h,'conv','replicate')`

```
B2 = 18 24 27
     36 42 45
     45 51 54
```

Bei der Option `replicate` wird die Matrix A für den Faltungsalgorithmus an den Rändern durch Spiegelung nach außen fortgesetzt zu

```
1   1   2   3   3
1   1   2   3   3
4   4   5   6   6
7   7   8   9   9
7   7   8   9   9
```

- für `Bc = conv2(double(A),h,'full')`

```
Bc =  1    4    7    6
      6   18   24   15
     15   36   42   24
     14   23   26    9
```

Zu Übung 4.5 siehe Programm 4.3
Zu Übung 4.7 siehe Programm 4.4
Zu Aufgabe 4.1 Faltung

Maske	3 2
	2 1
Lösung	2 7 10 8
	9 28 30 14
	10 27 20 3

Zu Aufgabe 4.2 Faltung mit `imfilter`

Man beachte bei `imfilter` ist die Option `same` voreingestellt. Der Koeffizient `C(1,1)` entspricht der Situation in der das Zentrum der Maske im Ursprung liegt. Im Falle der 3×3-Maske, liegt diese dann genau über `A(1,1)`. Entsprechend gilt für `C(3,2)`, dass nun die Maske genau über `A(3,2)` liegt.

```
C = 18 23 24 19
    23 29 26 24
    17 27 23 21
    11 13 17 14
```

Zu Aufgabe 4.3 Anwendung von `bwconncomp` und `regionprops`

Richtige Reihenfolge der Anzeige: (a4, b5, c1, d6, c7, f2, g3)
Hinweis. MATLAB-Strukturen (`struct`) bestehen aus einer Sammlung von Datenfeldern (`field`) und ihren Werten (`value`). Mittels „`.`" kann auf die einzelnen Datenfelder zugegriffen werden, z. B. `C.connectivity`. Mit den Zusätzen „`(1)`" und „`(2)`" werden gleiche Strukturen mit verschiedenen Werten unterschieden, z. B. `stats(1).Area` und `stats(2).Area`. Schließlich werden mit den Zusätzen „`{1}`" und „`{2}`" Inhalte von Datenfelder vom Typ `cell` adressiert, z. B. `C.PixelIdxList{1}`.

4.7 Programmbeispiele

Programm 4.3 Faltungskern und Filtermaske

```
% Linear filtering using mask operation
% bv_lsi_3 * mw * 2018-10-25
X = uint8([1 3; 5 7]);
h = [1 2; 2 3]; % impulse response
m = rot90(rot90(h)); % mask
% linear filtering
B1 = imfilter(X,h,'conv')
B2 = imfilter(X,m)
```

Programm 4.4 Objekterkennung durch Kreuzkorrelation (Matched-Filter)

```
% Object detection using regionprops
% bv_lsi_4 * mw * 2018-10-25
img = imread('muenzen.jpg'); img = rgb2gray(img);
img = imnoise(img,'gaussian',0,.05); % noisy image
FIG1 = figure('Name','bv_lsi_4 : Original','NumberTitle','off');
subplot(1,2,1), imshow(img), title('Original')
th = graythresh(img); BW = imbinarize(img,th); % thresholding
subplot(1,2,2), imshow(~BW), title('BW-Image')
%% Properties
stats = regionprops(BW,'Area','Centroid');
Areas = cat(1,stats.Area);
Centroids = cat(1,stats.Centroid);
[Areas, I] = sort(Areas,'descend');
Centroids = Centroids(I,:);
%% Print & plot
fprintf('Objects detected # %g\n',length(Areas))
FIG4 = figure('Name','bv_lsi_4 : Detection','NumberTitle','off');
imshow(~BW) % imshow(zeros(size(BW)))
hold on
for k=1:5
    plot(Centroids(k,1),Centroids(k,2),'+y','MarkerSize',20)
end
for k=6:7
    plot(Centroids(k,1),Centroids(k,2),'+r','MarkerSize',20)
end
hold off
```

Literatur

Gonzalez, R. C., & Woods, R. E. (2018). *Digital image processing* (4. Aufl.). Harlow (UK): Pearson Education.

Goodfellow, I., Bengio, Y., & Courvill, A. (2016). *Deep learning*. London (UK): MIT Press.

Unbehauen, R. (1998). *Systemtheorie 2. Mehrdimensionale, adaptive und nichtlineare Systeme* (7. Aufl.). München: Oldenbourg.

Werner, M. (2017). *Nachrichtentechnik. Eine Einführung für alle Studiengänge* (8. Aufl.). Wiesbaden: Springer Vieweg.

Glättungsfilter, Rauschen und Verzerrungen

5

Inhaltsverzeichnis

Die Originalversion dieses Kapitels wurde revidiert: Das elektronische Zusatzmaterial wurde beigefügt. Ein Erratum ist verfügbar unter https://doi.org/10.1007/978-3-658-22185-0_15

Elektronisches Zusatzmaterial Die elektronische Version dieses Kapitels enthält Zusatzmaterial, das berechtigten Benutzern zur Verfügung steht https://doi.org/10.1007/978-3-658-22185-0_5

Zusammenfassung

Binomialfilter und Gauß-Filter sind typische Mittelungsfilter zum Weichzeichnen und zur Unterdrückung von Bildrauschen. Bei additivem weißen gausschen Bildrauschen (AWGN) werden die Pixel unabhängig gestört, so dass Mittelungsfilter oft gute Ergebnisse erzielen. Im Gegensatz zum additiven Bildrauschen stören Verzerrungen das Bildsignal direkt und systematisch. In wichtigen Anwendungen kann die Verzerrung als Filterung durch ein LSI-Systems modelliert werden, wie beispielsweise die lineare Bewegungsverzerrung. Man spricht von linearen Verzerrungen und gibt zur Beschreibung die Impulsantwort des verzerrenden LSI-Systems an.

Schlüsselwörter

Additives weißes gaußsches Rauschen („additive white Gaussian noise") · Bewegungsverzerrungen („motion blur") · Bildregion („region of interest") · lineare Bildverzerrung („blur") · Binomialfilter („binomial filter") · empirischer Mittelwert („arithmetic mean") · Gauß-Filter („Gaussian filter") · Glättungsfilter („smoothing filter") · Mittelungsfilter („averaging filter") · Mittelungslänge · Pseudozufallszahl („pseudo random number") · Rauschen („noise") · Rauschsignalgenerator („noise generator") · Rechteckfilter („box filter") · SNR („signal-to-noise ratio") · Speckle-Rauschen („speckle noise") · Tiefpassfilter („lowpass filter") · Weichzeichnen („bluring") · Verzerrungsoperator („point spread function")

In der Bildverarbeitung werden häufig LSI-Filter („*linear shift-invariant*") mit relativ einfachen Filtermasken eingesetzt. Ihr Vorteil besteht nicht nur in der geringen Komplexität des Filteralgorithmus, sondern auch in ihrer theoretischen Fundierung, die den gezielten Entwurf und die Interpretation der Ergebnisse erleichtert. Dieses Kapitel stellt beispielhaft einige ausgewählte LSI-Filter und ihren Einsatz gegen Rauschen und Verzerrungen in Bildern vor.

5.1   Glättungsfilter

Stellt man sich die Grauwerte eines Bildes als Gebirge aufgetragen vor, ist es Aufgabe der Glättungsfilter Unebenheiten auszugleichen.

5.1.1   Rechteckfilter

Einfache zweidimensionale *Mittelungsfilter* lassen sich aus dem eindimensionalen Rechteckfilter ableiten, wenn *Separierbarkeit* zugrunde gelegt wird. Wir beginnen deshalb mit dem eindimensionalen *Rechteckfilter* der Länge *N*. Es liefert am Filterausgang den *gleitenden Mittelwert* zum Eingangssignal. Pro Ausgangswert werden jeweils N aufeinanderfolgende Eingangswerte addiert und durch N geteilt. Ist das Eingangssignal konstant, wird so die Konstante ausgegeben.

Durch Mittelung wird das Eingangssignal geglättet, weshalb man auch von einem *Glättungsfilter* spricht. Ebenfalls verwendet wird der Begriff *Tiefpass* (*filter*), was im Zusammenhang mit seinem Frequenzgang in Kap. 10 noch deutlich wird.

Für die praktische Anwendung wird die Impulsantwort benötigt. Mit dem Zeilenvektor der Impulsantwort des eindimensionalen Rechteckfilters der Länge N

$$ {}_1\boldsymbol{r}_N = \frac{1}{N} \cdot \left(\underbrace{1 \cdots 1}_{N \text{ - mal}} \right) $$

gewinnt man durch das *dyadische Produkt*, das heißt Spaltenvektor mal Zeilenvektor, den Faltungskern des *zweidimensionalen Rechteckfilters*.

$$ {}_2\boldsymbol{r}_N = {}_1\boldsymbol{r}_N^T \cdot {}_1\boldsymbol{r}_N $$

Da hier der Faltungskern isotrop ist, stimmt er mit der Filtermaske überein.

Im Beispiel der eindimensionalen Mittelungslänge von drei, ergibt sich der Faltungskern der Dimension 3×3 zu

$$ {}_2\boldsymbol{r}_3 = {}_1\boldsymbol{r}_3^T \cdot {}_1\boldsymbol{r}_3 = \frac{1}{9} \cdot \begin{pmatrix} 1 \\ 1 \\ 1 \end{pmatrix} \cdot \begin{pmatrix} 1 & 1 & 1 \end{pmatrix} = \frac{1}{9} \cdot \begin{pmatrix} 1 & 1 & 1 \\ 1 & 1 & 1 \\ 1 & 1 & 1 \end{pmatrix} . $$

Hier ist auch die *Normbedingung* für Mittelungsfilter erfüllt: Die Impulsantwort (Faltungskern) eines Mittelungsfilters $h[n_1, n_2]$ ist nichtnegativ und die Summe aller Koeffizienten ist gleich eins.

$$ h[n_1, n_2] \geq 0 \quad \forall\, n_1, n_2 \quad \text{und} \quad \sum_{n_1} \sum_{n_2} h[n_1, n_2] = 1 $$

Dies gilt ebenso für die Filtermaske. Damit ist bei der Verarbeitung von Grauwertbildern im `uint8`-Format sichergestellt, dass kein *Überlauf* in der Zahlendarstellung stattfindet.

Man beachte das reelle Zahlenformat der Filterkoeffizienten. MATLAB führt die Berechnung des Filterbefehls `imfilter(I,h,'conv')` im Gleitkommaformat Binary-64 (`double`) durch und passt erst das Ergebnis an den Datentyp des Bildes an (Kap. 4).

5.1.2 Binomialfilter

Um eine gute Unterdrückung des Bildrauschens zu erreichen, sind Filtermasken erforderlich, die hinreichend viele Bildelemente in die Mittelung einschließen. Jedoch können dann Kanten im Bild verwischt und Bilddetails ausgelöscht werden. Man spricht von einer *Weichzeichnung*. Aus diesem Grund ist es wichtig, nach Mittelungsfiltern zu suchen, die einen guten Kompromiss zwischen hoher Rauschsignalunterdrückung und geringer Weichzeichnung liefern. Eine verbreitete Art derartiger Mittelungsfiltern ist das parametrisierbare Binomialfilter.

Eindimensionales Binomialfilter Zur Herleitung der Faltungskerne bzw. Filtermasken der Binomialfilter beginnen wir bei der einfachsten Mittelung, der Mittelung zweier benachbarter Bildelemente.

Die Impulsantwort des einfachsten eindimensionalen Binomialfilters ist

$$b_1[n] = \frac{1}{2} \cdot \{1, 1\}.$$

Soll die Mittelung ausgedehnt werden, wird der Mittelungsoperator nochmals eingesetzt. Und weil es sich um LSI-Systeme handelt, kann das im Prinzip beliebig oft wiederholt werden. So entsteht die Kaskade aus i einfachen Mittelungsfiltern in Abb. 5.1. Der Hintereinanderschaltung der Filter entspricht die Faltung der Impulsantworten.

$$b_i[n] = \underbrace{b_1[n] * \cdots * b_1[n]}_{(i-1)\text{ - mal falten}}$$

Führt man die Faltungen sukzessive aus, so entstehen Impulsantworten, deren Elemente gleich den Elementen des *pascalschen Dreiecks* in Tab. 5.1 sind. Für die praktische

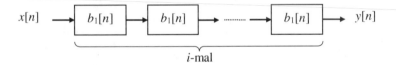

Abb. 5.1 Kaskade aus einfachen Mittelungsfiltern

Tab. 5.1 Dimensionierungsparameter für eindimensionale Binomialfilter i-ter Ordnung

Ordnung	Skalierungsfaktor	Pascalsches Dreieck	Varianz[a]
0	1	1	0
1	2^{-1}	1 1	1/4
2	2^{-2}	1 2 1	1/2
3	2^{-3}	1 3 3 1	3/4
4	2^{-4}	1 4 6 4 1	1
5	2^{-5}	1 5 10 10 5 1	5/4
6	2^{-6}	1 6 15 20 15 6 1	3/2
7	2^{-7}	1 7 21 35 35 21 7 1	7/4
8	2^{-8}	1 8 28 56 70 56 28 8 1	2

[a]In der Spalte wird die empirische Varianz σ^2 der eindimensionalen Impulsantwort angegeben. Die Impulsantwort liefert dazu die „Häufigkeitsverteilung" (Binomialverteilung)

Anwendung sind vor allem die ungeraden Längen von Interesse. Im Beispiel entnehmen wir aus Tab. 5.1 die Impulsantwort des Binomialfilters der Länge 5, d. h. der (Filter-) Ordnung 4. In der Vektorschreibweise resultiert

$$_1\boldsymbol{b}_4 = \frac{1}{16} \cdot \left(1\ 4\ 6\ 4\ 1 \right).$$

Während sich beim Rechteckfilter die Mittelungslänge unmittelbar angeben lässt, weil alle Elemente gleich gewichtet werden, ist es beim Binomialfilter sinnvoller von einer effektiven *Mittelungslänge* zu sprechen, also einem wesentlichen Bereich. Dessen Bestimmung unterstützt die Normal-Approximation der Binomialverteilung (Bronstein et al. 1999). Mit zunehmender Ordnung nähert sich die Binomialverteilung der Normalverteilung (Satz v. Moivre-Laplace), also die Impulsantwort des Binomialfilters einer diskretisierten gaußschen Glockenkurve, deren Breite üblicherweise durch die Standardabweichung σ abgeschätzt wird. Deshalb wird in Tab. 5.1 zusätzlich die Varianz σ^2 angegeben (Jähne 2012, S. 342), um einen Vergleich mit den Gauß-Filtern in Abschn. 5.1.3 zu ermöglich.

Zweidimensionale Binomialfilter Das zweidimensionale Binomialfilter wird separierbar konstruiert. Wegen der dadurch entstehenden Symmetrie gibt es keine Vorzugsrichtung, es ist isotrop. Das zweidimensionale *Binomialfilter* i-ter Ordnung resultiert somit aus dem dyadischen Produkt des Vektors der Impulsantwort des eindimensionalen Binomialfilters i-ter Ordnung. Im Beispiel des Binomialfilters 4. Ordnung ergibt sich aus Tab. 5.1 der Faltungskern

$$_2\boldsymbol{b}_4 = {_1\boldsymbol{b}_4^T} \cdot {_1\boldsymbol{b}_4} = \frac{1}{256} \cdot \begin{pmatrix} 1 & 4 & 6 & 4 & 1 \\ 4 & 16 & 24 & 16 & 4 \\ 6 & 24 & 36 & 24 & 6 \\ 4 & 16 & 24 & 16 & 4 \\ 1 & 4 & 6 & 4 & 1 \end{pmatrix}.$$

Ein MATLAB-Programm zur Berechnung der Filtermaske des Binomialfilters i-ter Ordnung zeigt Programm 5.1. Die Filtermasken sind alle isotrop und normiert.

Programm 5.1 Binomialfilter

```
function [mask,sig2] = binomial_fmask(ord)
% compute filter mask of binomial filter
% function m = binomial_fmask(ord)
% ord : filter order
% mask : filter mask
% sig2 : variance (effective 1-dim. width)
% binomial_fmask * mw * 2018-11-19
b1 = [1,1]; b = b1;
for k=1:ord-1
    b = conv(b,b1);
end
```

```
% filter mask
mask = b'*b; mask = mask/2^(2*ord);
% variance
x = linspace(0,ord,ord+1);
m = sum(x.*b)/2^ord;
sig2 = sum((x.^2).*b)/2^ord - m^2;
return
```

5.1.3 Gauß-Filter

Eine weitere wichtige Familie von parametrisierbaren Glättungsfiltern liefert das Gauß-Filter. Neben der Unterdrückung von Bildrauschen wird es in der Bildbearbeitung häufig als *Weichzeichner* benutzt. Das *Gauß-Filter* leitet sich aus der bivariaten, rotationssymmetrischen gaußschen Glockenkurve in Abb. 5.2 ab.

$$f(x_1, x_2) = \frac{1}{2\pi \cdot \sigma^2} \cdot \exp\left(-\frac{x_1^2 + x_2^2}{2 \cdot \sigma^2}\right)$$

Wegen der Rotationssymmetrie ist das Gauß-Filter separierbar. Demzufolge bietet sich eine Konstruktion über das dyadische Produkt mit der Impulsantwort des eindimensionalen Gauß-Filters an. Dies erfordert zunächst die Diskretisierung der gaußschen Glockenkurve. Die Vorgehensweise entspricht der *impulsinvarianten Transformation* in der eindimensionalen digitalen Signalverarbeitung.

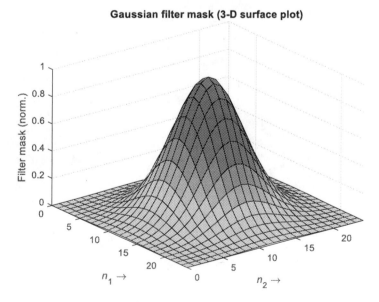

Abb. 5.2 Impulsantwort zum Gauß-Filter (bv_grv_1.m, fspecial('gaussian',21,4))

Die Varianz σ^2 des Gauß-Filters wird so eingestellt, dass sich die gewünschte effektive Mittelungslänge ergibt. Die Größe der Filtermaske sollte so gewählt werden, dass die Maskenelemente am Rand genügend klein sind. In der Literatur werden unterschiedliche, aber im Ergebnis ähnliche Empfehlungen gegeben. Zum Beispiel, dass die Maske den Bereich $\pm 3 \cdot \sqrt{2} \cdot \sigma$ abdeckt, oder dass alle Werte innerhalb der Maske größer oder gleich 1 % des Maximalwerts sind. Nach Tönnies (2005, S. 172) kann die Maskengröße $N \times N$ mit der Formel $N = 2 \cdot \lceil 3 \cdot \sigma \rceil + 1$ abgeschätzt werden (Gauß-Klammer, Aufrundungsfunktion). Dabei ist N stets ungerade, womit sich praktischerweise ein zentrales Maskenelement ergibt.

Für die Filterung mit dem Gauß-Filter stellt MATLAB den Befehl `imgaussfilt` bereit. Er übernimmt beide Aufgaben, die Berechnung der Maske und die Ausführung der Filterung. Demgemäß lang ist die Liste der optionalen Parameter. Für die Maske kann die Standardabweichung σ (`sigma`) und die Maskengröße (`Filtersize`) eingestellt werden. Standardmäßig verwendet MATLAB $\sigma = 0{,}5$ und eine quadratische Maske mit $N = 2 \cdot \lceil 2 \cdot \sigma \rceil + 1$. Die Filterung selbst entspricht dem Befehl `imfilter` in Kap. 4. (Zusätzlich kann über die Option `FilterDomain` auch eine Filterung im Frequenzbereich gewählt werden [Kap. 10].)

Übung 5.1 Gauß-Filtermaske

a) Entwerfen Sie mit dem Befehl `fspecial` ein zweidimensionales Gauß-Filter mit der Maskengröße 5×5 (nach MATLAB Standardvorgabe). Welche Varianz hat die Filtermaske? Welche Eigenschaften der Filtermaske können Sie anhand der Zahlenwerte erkennen?

b) Da die Impulsantwort des Gauß-Filters separierbar ist, stellen Sie die eindimensionale Impulsantwort zur Lösung in a) im Stabdiagramm (`stem`) dar.

c) Vergleichen Sie die Maske des Gauß-Filters mit der des Binomialfilters gleicher Größe.

Übung 5.2 Weichzeichnen mit dem Gauß-Filter
Wenden Sie das Gauß-Filter (`imgaussfilt`) für die Parameterwerte σ gleich 1, 2 und 3 als Weichzeichner auf das Bild `vorderrad` an. Vergleichen Sie die Ergebnisbilder und achten Sie dabei auf die Kanten im Bild. Einen Bildausschnitt vor und nach der Weichzeichnung zeigt Abb. 5.3.

5.1.4 Filterung ausgewählter Bildregionen

In manchen Anwendungen ist es von Interesse nur Bereiche eines Bildes zu filtern. MATLAB unterstützt das mit speziellen Befehlen, wie `roipoly` und `roifilt2`. Dabei wird zuerst die interessierende *Bildregion* (ROI, „region of interest") beispielsweise

Original   Gaussian filter (3)

Abb. 5.3 Weichzeichnen mit einem Gauß-Filter mit $\sigma = 3$ (`bv_grv_2.m`, `vorderrad.jpg`)

durch ein Polygon eingegrenzt, um danach die Filterung selektiv auf die eingegrenzte Bildregion anzuwenden.

```
Rmask = roipoly(I); % mask region of interest
J = roifilt2(fmask,I,Rmask); % filtering region of interest
```

MATLAB besitzt mehrere Befehle zur interaktiven Auswahl einer Bildregion (`imfreehand`, `impoly`, `imrect`, `imellipse`). Speziell mit dem Befehl `imfreehand` lassen sich Bildregionen via Maus-Bewegungen festlegen. Ein Beispiel der Anwendung im Kontext zeigt Programm 5.2.

Programm 5.2 Filterung einer Bildregion mit Freihandmaske (Programmausschnitt)

```
% ROI mask and filtering
hndl_I = imshow(I); % create handle of the image object
roi = imfreehand; % create ROI using mouse key
pos = wait(roi); % wait until ROI creation is finished
Rmask = createMask(roi,hndl_I); % black and white mask for ROI
I = roifilt2(fmask,I,Rmask); % filtering of ROI
```

Übung 5.3 Filtern und Füllen einer Bildregion

a) In der Übung sollen Teile der Schrift im Bild `hsfd` weich gezeichnet werden. Benutzen Sie ein Binomialfilter. Beachten Sie, um bei der gegebenen hohen Bildauflösung eine deutlich erkennbare Wirkung zu erzielen, sollten Sie eine hinreichend große Filtermaske verwenden. Ergänzen Sie Programm 5.2 entsprechend.

b) Wiederholen Sie a) für eine elliptische (kreisförmige) Bildregion.

c) Ein spezieller Befehl zur Interpolation einer Bildregion von ihren Rändern her ist `regionfill`. Wenden Sie den Befehl interaktiv an, um im Bild `hsdf` den Durchbruch zu schließen oder das Logo zu löschen.

Quiz 5.1

Ergänzen Sie die Textlücken sinngemäß.

1. Die Impulsantwort des eindimensionalen Binomialfilters 2. Ordnung ist ___.
2. Zweidimensionale Binomialfilter und Gauß-Filter sind ___ und ___.
3. Zweidimensionale Binomialfilter und Gauß-Filter werden mittels des ___ Produkts konstruiert.
4. Die Maske des zweidimensionalen Binomialfilters i-ter Ordnung berechnet sich aus dem Vektor der eindimensionalen Impulsantwort $_1b_i$ gemäß ___.
5. Die Summe der Maskenelemente eines normierten Mittelungsfilters ergibt ___.
6. Binomialfilter und Gauß-Filter eignen sich zum ___ der Bilddetails.
7. Es werden Binomialfilter mit ___ Ordnung bevorzugt, weil sie den Maximalwert genau im Zentrum der Maske aufweisen.
8. Gauß-Filter werden nach der bekannten ___ konstruiert.
9. Gauß-Filter benutzt man in der Bildbearbeitung häufig zum ___.
10. Gauß-Filter werden durch ___ und ___ parametrisiert.
11. Mittelungsfilter werden auch ___ genannt.
12. Durch die Normbedingung sind bei der Anwendung von Mittelungsfiltern ___ ausgeschlossen.
13. Das Akronym ROI steht für ___.
14. Das ROI-Konzept im MATLAB unterstützt die ___ Bildverarbeitung.
15. Mit dem Befehl ___ kann die Filterung auf Bildregionen eingegrenzt werden.
16. Mit `roifill` lassen sich interaktiv Bildbereiche ___.

5.2 Unterdrückung von Bildrauschen durch Glättungsfilter

In der Bildverarbeitung wird *Rauschen* unter verschiedenen Gesichtspunkten betrachtet. Stellt man die Bilderfassung in den Mittelpunkt, entstehen Bildstörungen durch physikalische Phänomene und technische Unzulänglichkeiten, wie beispielsweise Photonenrauschen, thermisches Rauschen, Ausleserauschen, Verstärkerrauschen, Quantisierungsrauschen oder Rauschen an Inhomogenitäten der Sensoren. Störungen können im Allgemeinen signalunabhängig, aber auch korreliert und beispielsweise multiplikativ mit dem „eigentlichen" Bild verknüpft sein.

5.2.1 Bildrauschen

Bei modernen Digitalkameras und ausreichender Beleuchtung können die genannten
Störungen meist vernachlässigt werden. Im Folgenden soll zunächst der Fall des
additiven Störprozesses in Abb. 5.4 betrachtet werden. Dabei wird häufig ein zweidimensionaler, unkorrelierter und normalverteilter Störprozess dem ungestörten Bild
überlagert. Im Falle des unkorrelierten Störprozesses spricht man von weißem Rauschen
(Kap. 10).

SNR

Zur quantitativen Beurteilung der Störung wird, wie in der Nachrichtentechnik, das
Verhältnis der Leistungen von (Nachrichten/Nutz-)Signal und Störsignal verwendet,
kurz SNR („signal-to-noise ratio") genannt. In der Bildverarbeitung liegt bereits mit
dem Signal, dem Grauwert, physikalisch gesehen eine Leistungsgröße vor, nämlich die
Beleuchtungsstärke in W/m^2. Die Grauwerte sind (idealerweise) proportional zur Stärke
der von den Sensorelementen eingefangenen Strahlung. Daher auch die synonyme Verwendung von Intensität („intensity") und Grauwert („grey level").

In der Bildverarbeitung liegt oft nur ein einzelnes Bild vor, so dass alle Größen aus
einem Bild zu schätzen sind. Mit dem (empirischen) Mittelwert der Intensität, der Grauwerte im Bild,

$$I_0 = \frac{1}{N_1 \cdot N_2} \cdot \sum_{n_1=0}^{N_1-1} \sum_{n_2=0}^{N_2-1} x[n_1, n_2]$$

und der Standardabweichung σ des Rauschens wird das mittlere SNR („average")
definiert

$$SNR_{\mathrm{avg}} = \frac{I_0}{\sigma}.$$

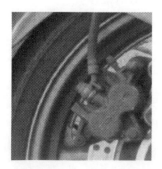
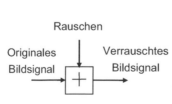
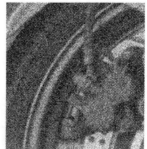

Rauschen

Originales   Verrauschtes
Bildsignal   Bildsignal

Abb. 5.4 Modell der Bildstörung durch additives Rauschen (Bildausschnitt `vorderrad`)

Über die Standardabweichung ist dabei eine passende Modellannahme zu treffen. Alternativ ist auch der Bezug auf den Maximalwert der Intensität verbreitet

$$I_{\text{max}} = \max_{n_1,n_2} (x[n_1, n_2])$$

mit

$$SNR_{\text{max}} = \frac{I_{\text{max}}}{\sigma}.$$

Das SNR kann sich gegebenenfalls auch auf Bildausschnitte beziehen

AWGN

Im Falle eines weißen normalverteilten Störprozesses sind die Elemente unabhängig und $N(0,\sigma^2)$-verteilt. Die mittlere Leistung ist durch die Varianz σ^2 gegeben. In der Bildverarbeitung ist jedoch wegen der Bilddatenformate Vorsicht geboten. Besonders im `uint8`-Format können sich Zahlenbereichsüberschreitungen mit Boden- und Deckeneffekten einstellen, was das AWGN-Modell und die SNR-Rechnung kompromittieren kann.

Das Problem illustriert Abb. 5.5. Darin wird ein einheitlich graues Bild mit dem Grauwert 128 und der Größe 100 × 100 durch den Befehl `imnoise` mit AWGN überlagert. Für zwei Einstellungen der Varianz sind die gestörten Bilder und die Histogramme (`imhist`) der Grauwerte zu sehen. Geschätzt wurden auch die Mittelwerte (`mean2`) und die Standardabweichungen (`std2`) der Grauwerte. (Mit dem Stichprobenumfang von 10.000 Pixel können die Ergebnisse für die beabsichtigten qualitativen Aussagen als zuverlässig angesehen werden.)

In der oberen Bildreihe ist im Histogramm die Form der gaußschen Glockenkurve deutlich zu erkennen. Zugrunde lag die Standardeinstellung der Rauschquelle `imnoise('gaussian',0,.01)`. Die Standardabweichung der Grauwerte (σ) beträgt circa 25,4, so dass bei der Addition des Rauschens störende Zahlenbereichsüberschreitungen kaum vorkommen. Man beachte insbesondere den Zusammenhang zwischen der geschätzten Standardabweichung und dem Varianzparameter des MATLAB-Befehls (`0.01`) für das Bilddatenformat `uint8`. Es gilt $25,4 \approx 255 \cdot \sqrt{0,01} = 25,5 = \sigma$.

Bei vierfacher Varianz der Rauschstörung erhöht sich die Standardabweichung theoretisch um den Faktor zwei. Die Schätzung in der unteren Bildreihe bestätigt dies mit ungefähr 50,6. Es zeigen sich jetzt Boden- und Deckeneffekte. Und es kommt zu vermehrten Zahlenbereichsüberläufen, die in die Grauwerte 0 und 255 münden. Um dies deutlich zu machen, sind im Histogramm die Häufigkeiten an den Rändern hervorgehoben.

In den gestörten Bildern macht sich die Zunahme der Störung als zunehmende „Körnigkeit" bemerkbar.

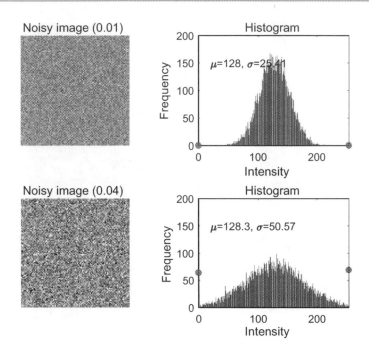

Abb. 5.5 AWGN-gestörte Bilder mit Histogrammen der Grauwerte (Bildgröße 100×100, Bild-datenformat `unit8`, `imnoise` mit Varianz 0,01 bzw. 0,04, `bv_grv_4.m`)

Übung 5.4 Bildrauschen mit AWGN

a) Bestimmen Sie die mittlere Intensität, die Standardabweichung sowie das Histogramm der Grauwerte des Bildes `hsfd`.
b) Addieren Sie zum Bild `hsfd` eine unkorrelierte, normalverteilte Rauschstörung mit dem Befehls `imnoise` bei Standardeinstellung. Für das gestörte Bild bestimmen Sie die mittlere Intensität, die Standardabweichung sowie das Histogramm.
c) Überprüfen Sie die Aussage, dass sich bei Addition zweier unabhängiger Zufalls-variablen die Varianzen addieren.
d) Treten Boden- und Deckeneffekte in b) auf? Wenn ja, schätzen Sie den Prozentanteil.
e) Bestimmen Sie für b) das SNR_{avg}.

Speckle-Rauschen

In der Bildverarbeitung können neben dem AWGN weitere anwendungsspezifische Rauschstörungen auftreten. Ein Beispiel ist das sogenannte *Speckle-Rauschen*. Das englische Wort speckle (Sprenkel) beschreibt den optischen Effekt, dass eigentlich ein-heitlich graue Flächen „fleckig" oder „körnig" erscheinen. Bekannt ist dieser Effekt bei-spielsweise von Radarbildern. Dort geht er auf Wechselwirkungen der zurückgestreuten Radarstrahlen mit der Oberfläche zurück. Es kommt zu quasi-zufälligen Phasenver-schiebungen und entsprechenden Interferenzen. Einzelne Bildpunkte erscheinen somit heller bzw. dunkler als die Umgebungspunkte. Der Effekt ist umso größer, je heller die Umgebung ist. MATLAB bildet diesen Effekt im Befehl `imnoise` durch die Option `speckle` nach. Es liegt ein *multiplikatives* Rauschen zugrunde, wobei gleichverteiltes Rauschen mit dem Bild multipliziert wird. Abb. 5.6 veranschaulicht das Modell. Die Varianz des Rauschens nimmt mit der Helligkeit der Bildregionen ebenfalls zu. Oder anders herum, an den dunklen Stellen des Originals sind weniger Störungen zu sehen. Dies verdeutlicht auch das Rauschsignal in Abb. 5.6 (oben). Es stellt die Differenz zwischen dem verrauschten und dem originalen Bild dar. Weil die Differenzwerte auch negativ sein können, wurde für die Darstellung ein mittlerer Grauwert (128) addiert. Die sichtbar homogenen grauen Flächen entsprechen jeweils Stellen geringer Störung – im Original den dunklen Stellen. Die Stellen starker Störung erscheinen körnig.

Übung 5.5 Speckle-Rauschen
Simulieren Sie das Modell der Bildstörung durch Speckle-Rauschen in Abb. 5.6. Verwenden Sie als Bildvorlage `hsfd.jpg`. Wo kann man den multiplikativen Effekt der Störung besonders gut erkennen?

Salz-und-Pfeffer-Rauschen
Eine weitere wichtige Form des Bildrauschens entsteht durch Impulsstörungen mit Sättigungseffekten bzw. Zahlenüberläufen. Mit anderen Worten, die gestörten Bildpunkte

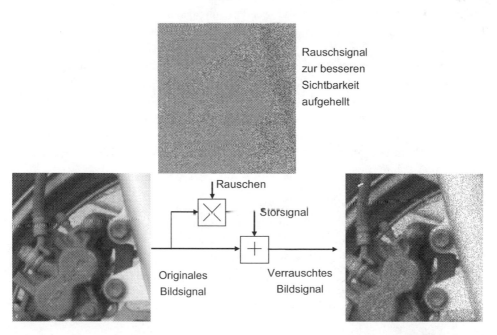

Abb. 5.6 Modell der Bildstörung durch Speckle-Rauschen (Rauschsignal zur besseren Sichtbarkeit aufgehellt, `bv_grv_6.m`, Bildausschnitt `vorderrad`)

erscheinen entweder weiß oder schwarz, wie wenn Salz- und Pfefferkörner zufällig auf
dem Bild lägen. Man spricht deshalb anschaulich auch vom *Salz-und-Pfeffer-Rauschen*.
Als Maß für die Stärke der Störung wird die Prozentzahl der gestörten Bildelemente
angegeben.

Für Gegenmaßnahmen eignen sich die hier vorgestellten Glättungsfilter weniger, da
sie die Energie der Impulsstörungen nicht beseitigen, sondern gemäß ihrer Filtermaske
auf die Nachbarschaft verteilen. Dadurch kann entweder der Effekt gering sein, oder
Bildkonturen werden stark verschmiert. Eine effektive Unterdrückung des Salz-und-
Pfeffer-Rauschens gelingt meist durch Rangordnungsfilter, wie z. B. das Medianfilter
oder das konservierende Glättungsfilter (Kap. 3).

5.2.2 Rauschsignalunterdrückung

Heute besitzen Smartphonekameras eine Bildqualität, die vor wenigen Jahren kaum
vorstellbar war. Trotz dieser offensichtlich „perfekten" Fotos für jedermann, gehört das
Rauschen zum Alltag der Bildverarbeitung. Medizin, Technik und andere Wissenschafts-
zweige wenden unterschiedliche technisch-physikalische Methoden zur Bildgewinnung
an, oft zusätzlich unter erschwerten Bedingungen. Die Unterdrückung von Rauschstörungen ist deshalb eine bleibende Aufgabe in der Bildverarbeitung und Mustererkennung. Anders als in der Fotografie, geht es in der Mustererkennung nicht um den
subjektiven Eindruck des Betrachters, sondern um den Zugang zur Bildinformation.
Beispielsweise in einem Testdurchgang messbar ausgedrückt in der Quote der richtig
erkannten Objekte. Die „beste" Methode der Rauschsignalunterdrückung ist dementsprechend fallspezifisch zu beurteilen. Jedoch haben sich für bestimmte Problemstellungen gewisse Methoden bewährt. Im Falle des Bildrauschens durch AWGN werden
die Grauwerte einer Nachbarschaft durch die Rauschkomponenten zufällig vergrößert
und verkleinert. Ein Zusammenhang zwischen den Bildelementen liegt dabei nicht vor,
so dass durch eine Mittelung ein gegenseitiger *Kompensationseffekt* zu erwarten ist. Dem
Wunsch nach größtmöglicher Mittelung steht unvermeidlich die Gefahr des Verlusts an
wichtigen Detailinformation im Bild gegenüber.

Übung 5.6 Bildrauschen und Rauschsignalunterdrückung

In dieser Übung soll das Gauß-Filter auf ein verrauschtes Bild angewendet werden.
Um alle Einflussfaktoren steuern zu können, gehen Sie von einem idealen Bild aus, und
addieren zunächst Rauschen mit der gewünschten Leistung wie in Übung 5.4 hinzu.

a) Wenden Sie das Gauß-Filter zur Unterdrückung des Rauschens an und stellen Sie
   gestörtes und gefiltertes Bild sowie deren Histogramme gegenüber. Variieren Sie die
   Varianz des Gaußfilters und geben Sie jeweils die Maskengröße an.

b) Überlegen Sie, wie sollten ein (Original-)Bild und das Bildrauschen beschaffen sein, damit das Bildrauschen durch das Gauß-Filter besonders wirksam unterdrückt werden kann? Wie kann möglicherweise der Effekt der Gauß-Filterung auf die Bildqualität gesteigert werden?

Quiz 5.2

Ergänzen Sie sinngemäß die Lücken im Text.

1. Mit zunehmendem SNR stören Rauschsignale die Bilder ___.
2. Das Leistungsverhältnis SNR_{avg} ist auf die mittlere ___ des Bildes bezogen.
3. Je kleiner die Varianz beim Gauß-Filter ist, umso ___ wird das Bildrauschen unterdrückt.
4. Mit der Intensität der Bildpunkte nimmt die Varianz des ___-Rauschens zu.
5. `imnoise` addiert mit der Option `speckle` ___ Rauschen.
6. `fspecial` liefert für Mittelungsfilter normierte ___.
7. Wenn nur wenige Bildelemente betroffen sind, sollten bei Impulsrauschen ___ eingesetzt werden,
8. Die Rauschunterdrückung durch Glättungsfilter beruht auf ___.

5.3 Lineare Verzerrungen

Bei der Aufnahme von Bildern sind verschiedene Effekte möglich, die das Originalbild mehr oder weniger verzerren. Die Modellierung der Effekte ist von großer Bedeutung, da sich daraus gegebenenfalls Methoden zu deren Bekämpfung ableiten lassen. Im Weiteren betrachten wir den einfachen Fall linearer Verzerrungen.

5.3.1 Verzerrungsoperator

Man spricht von *linearen Verzerrungen*, wenn die Verzerrungen durch ein LSI-System modellierbar sind. Das heißt, das verzerrte Bild wird als Produkt aus der Faltung der unverzerrten Vorlage mit dem *Verzerrungsoperator* PSF („point spread function") gedeutet. Abb. 5.7 veranschaulicht das Konzept der PSF als *Impulsantwort* eines LSI-Systems.

Es kommt zum Verwischen des Bildpunktes auf einen gewissen Bildbereich, wie er typisch für eine Bewegung der Objekte in der Originalszene oder der Kamera bei der Aufnahme ist. Man spricht anschaulich von einem „*Wischer*".

Die linearen Verzerrungen werden nach Qidwai und Chen (2010) meist anhand von vier Effekten klassifiziert:

Abbildung eines Bildpunktes
durch das System mit PSF

Abb. 5.7 Modell der Bildaufnahmeverzerrung durch ein LSI-System mit „point spread function"
(PSF) als Impulsantwort

- *Lineare Bewegungsverzerrung* („linear motion blur") eines Objektes mit Länge der
  Bewegung L und dem Richtungswinkel θ.

$$h[n_1, n_2] = \frac{1}{L} \cdot \begin{cases} 1 \text{ für } \sqrt{n_1^2 + n_2^2} \leq \frac{L}{2} \text{ und } \frac{n_1}{n_2} = -\tan(\theta) \\ 0 \text{ sonst} \end{cases}$$

Ein Beispiel für die lineare Bewegungsverzerrung zeigt Abb. 5.8. Es wurde mit
folgenden den Programmzeilen erstellt:

```
maskMB = fspecial('motion',30,45); % point spread function
ImB = imfilter(I,maskMB,'replicate'); % blurred image
```

- *Gleichförmige Verzerrung* der Umgebung durch Fokussierung auf einen Punkt
  („uniform out-of focus blur")

$$h[n_1, n_2] = \frac{1}{\pi \cdot R^2} \cdot \begin{cases} 1 \text{ für } \sqrt{n_1^2 + n_2^2} \leq R \\ 0 \text{ sonst} \end{cases}.$$

- *Verzerrung* durch *atmosphärische Turbulenzen* („atmospheric turbulence blur")

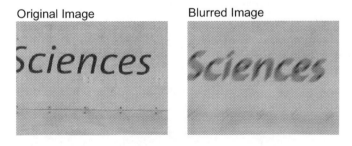

Abb. 5.8 Modellierung der lineare Bewegungsverzerrung durch ein LSI-System (Bildausschnitt
`hsfd.jpg`)

$$h[n_1, n_2] = C \cdot \exp\left(-\frac{n_1^2 + n_2^2}{2 \cdot \sigma^2}\right).$$

- *Verzerrung durch Streuung* („scatter blur") an Grenzschichten, wie z. B. bei Röntgen- und Ultraschallaufnahmen,

$$h[n_1, n_2] = \frac{C}{\left[\beta^2 + n_1^2 + n_2^2\right]^{\frac{3}{2}}}.$$

Die vier Beispiel zeigen, dass die Verzerrungen eng mit den physikalischen Randbedingungen der jeweiligen Anwendungsfelder verknüpft sind. Mit der Rückführung der Verzerrungen auf spezielle LSI-Systeme können nicht nur die Effekte an Bildbeispielen studiert sondern auch gezielt nach Abhilfen gesucht werden. Unter Umständen kann die Verzerrung sogar durch speziell angepasste LSI-Systeme, sogenannte *Entzerrer*, wieder aufgehoben werden. Grundlagen und Anwendungen der Entzerrung werden in Kap. 10 noch genauer vorgestellt.

5.3.2 MATLAB-Befehl fspecial

MATLAB stellt mit dem Befehl `fspecial` ein Werkzeug zum Entwurf spezieller Filter zur Verfügung. Der Befehl liefert unter anderem Filtermasken, die im Zusammenhang mit den Glättungsfiltern und den linearen Bildverzerrungen stehen.

- Rechteckiges Mittelungsfilter („averaging filter")
  `fspecial('average',size)`
- Radialsymmetrisches Mittelungsfilter („circular average filter")
  `fspecial('disk',radius)`
- Radialsymmetrisches Gauß-Filter („circular gaussian filter")
  `fspecial('gaussian',size,sigma)`
- Spezielles Filter zum Modellieren linearer Bewegungsunschärfen („linear motion blur")
  `fspecial('motion',len,theta)`
- Weitere Optionen gehören nicht zur Familie der Glättungsfilter und werden darum erst in Kap. 6 und 7 behandelt.

Übung 5.7 MATLAB Funktion `fspecial` und Bewegungsverzerrungen
Untersuchen Sie die Filtermaske zur Modellierung linearer Bewegungsverzerrungen.

a) Überlegen Sie, wie die Filtermaske für die Länge 30 (Pixel) und den Winkel 45° aussehen könnte?

b) Erzeugen Sie die Filtermaske aus a) mit dem Befehl `fspecial` und überprüfen Sie Ihre Überlegungen.

c) Überlegen Sie, wie Sie in einem unbekannten Bildbeispiel die lineare Bewegungsverzerrung mittels MATLAB schätzen könnten.

d) Führen Sie die Bewegungsverzerrung am Bild `hsfd` durch, siehe Abb. 5.8. Setzen Sie Ihre Überlegungen aus c) in MATLAB praktisch um.

Quiz 5.3

Ergänzen Sie die Textlücken sinngemäß.

1. Lineare Bewegungsverzerrungen lassen sich durch ___ -Filter modellieren.
2. Die PSF ist gleich ___ des verzerrenden Systems.
3. Filtermasken zur Bildverzerrung durch Verschiebung von Bildinhalten liefert der Befehl `fspecial` mit der Option ___ .
4. „Wischer" in Bildern werden in der Bildverarbeitung als ___ klassifiziert.
5. Im Befehl `fspecial('motion',30,45);` steht der Wert 30 für ___ und 45 für ___ der Bewegung der Kamera.
6. Das Werkzeug `imtool` unterstützt die Schätzung von linearen Bewegungsverzerrungen durch die interaktive Messung ___ in Pixel.
7. Bei gleichförmiger Verzerrung gleicht die Maske der PSF im Wesentlichen ___ .
8. Das Akronym PSF steht für ___ .

5.4   Aufgaben

Aufgabe 5.1 Rauschen und Verzerrungen

Erklären Sie den Unterschied zwischen den Störungen des Bildes durch Rauschen und durch lineare Verzerrungen.

Aufgabe 5.2 Rauschen

Skizzieren Sie die Blockdiagramme für die Modelle der Störung für AWGN und für Speckle-Rauschen.

5.5   Zusammenfassung

Setzt man für die zweidimensionalen LSI-Systeme die Separierbarkeit voraus, lassen sich die in der eindimensionalen Signalverarbeitung bewährten linearen translationsinvarianten Filter auch auf Bilder anwenden. Eine wichtiges Einsatzgebiet ist die Glättung, die gewichtete Mittelung der Intensitäten benachbarter Bildelemente zur

Reduktion des (Bild-)Rauschens. Zum Einsatz kommen das Binomial- und das Gauß-Filter. Sie zeichnen sich durch ihre Parametrisierbarkeit aus und können auf den gewünschten Glättungseffekt hin zugeschnitten werden. Wichtige Parameter sind die effektive Mittelungslänge und die Maskengröße.

Mit dem Glätten der Bilder geht jedoch ein unerwünschtes Weichzeichnen, Verschmieren der Kanten, einher. Das Bild verliert an Schärfe, so dass in der Regel ein Kompromiss zwischen Reduktion des Rauschens und Erhalt der Bildschärfe eingegangen werden muss. Anders in der Fotografie, dort kann das Weichzeichnen, z. B. mit dem Gauß-Filter, auch erwünscht sein.

Die Filterung muss nicht über das gesamte Bild erfolgen. Oft ist es besser einzelne Bildregionen adaptiv zu filtern. Bildverarbeitungswerkzeuge, wie MATLAB, unterstützen dies mit spezielle Befehlen, die sich selektiv auf besonders interessierende Bildregionen (ROI) anwenden lassen. Durch selektives Weichzeichnen können Bildbereiche, wie Gesichter oder Nummernschilder, unkenntlich gemacht werden.

Glättungsfilter sind nicht für jede Art von Bildrauschen gleich gut geeignet. Ist das Rauschen stationär, unkorreliert und mittelwertfrei, wie beim AWGN, kann vorteilhaft vom Kompensationseffekt der Filterung gebraucht gemacht werden. Ist das Bildrauschen nicht stationär, wie beim Speckle-Rauschen, bietet sich die ROI-Technik für die Filterung an. Bei der Bekämpfung von Impulsrauschen (Salz-und-Pfeffer-Rauschen) liefern die nichtlinearen Rangordnungsfilter gute Ergebnisse.

Bei der Bildaufnahme auftretende störende Veränderungen lassen sich oft durch LSI-Systeme modellieren, wie beispielsweise die bekannten Wischer bei Aufnahmen mit einer Handkamera. Durch die Modellierung der Verzerrungen als LSI-Systeme mit angepassten Impulsantworten („point spread function") ergibt sich die Möglichkeit gezielt nach Abhilfen (Entzerrung) zu suchen.

5.6   Lösungen zu den Übungen und den Aufgaben

Zu **Quiz 5.1**

1. $0{,}25 \cdot \{1, 2, 1\}$
2. separierbar, isotop
3. dyadischen
4. $_2\boldsymbol{b}_i = {_1}\boldsymbol{b}_i^T \cdot {_1}\boldsymbol{b}_i$
5. 1
6. Weichzeichnen
7. gerader
8. (gaußschen) Glockenkurve
9. Weichzeichnen/Glätten
10. Maskengröße, Varianz/Standardabweichung
11. Glättungsfilter

12. Überläufe
13. region of interest
14. adaptive
15. `roifilt2`
16. (von außen) füllen/ interpolieren

Zu **Quiz 5.2**

1. weniger
2. Intensität (Grauwert)
3. weniger
4. Speckle
5. signalabhängiges/multiplikatives
6. (Filter-)Masken (7) ein Rangordnungsfilter/ Medianfilter/ konservierendes Glättungs-filter
7. dem Mittellungseffekt (Kompensation durch Mittelung)

Zu **Quiz 5.3**

1. LSI
2. der Impulsantwort
3. `motion`
4. (lineare) Bewegungsverzerrung
5. die Länge (in Pixel), den Winkel (in °)
6. des Abstandes (von Bildpunkten)
7. einem Kreis
8. „point spread function"

Zu **Übung 5.1**, siehe Programm 5.3
   Maskengröße, $N = 5$, $\sigma = 1$; Die Maske ist normiert und hat die Zahlenwerte

```
256*mask = 0.7601 3.4064 5.6162 3.4064 0.7601
           3.4064 15.2664 25.1700 15.2664 3.4064
           5.6162 25.1700 41.4983 25.1700 5.6162
           3.4064 15.2664 25.1700 15.2664 3.4064
           0.7601 3.4064 5.6162 3.4064 0.7601
```

Im Vergleich zum Binomialfilter wölbt sich die Maske des Gauß-Filters im Zentrum stärker auf und fällt zu den Rändern hin schneller ab. Man könnte sagen, das Gauß-Filter ist kompakter.

Zu **Übung 5.2**, siehe Programm 5.4

Zu **Übung 5.3**, siehe Programm 5.2, interaktiv

Zu **Übung 5.4**, siehe Programm 5.6

a) Mittelwerte 111,8 bzw. 112,1; (b) Varianzen 57,3 bzw. 62,1

b) Die Addition der Varianzen der originalen Bildvorlage und der Rausch-störung liefert für die resultierende Standardabweichung den Wert $\sqrt{25,41^2 + \left(255 \cdot \sqrt{0,01}\right)^2} = 62,72$. Er korrespondiert gut mit der geschätzten Standardabweichung des gestörten Bildes von 62,12.

c) In der originalen Bildvorlage treten 18 (schwarz) und 0 (weiß) Randelemente im Histogramm auf. Nach der Rauschstörung sind circa 271.300 (schwarz) und 17.210 (weiß). Bei der Bildgröße von 3000×4000 beträgt der Prozentanteil ungefähr 288.592/12·$10^6 \approx$ 2,4 %.

d) $SNR_{avg} = 111,8/25,5 \approx 4,4$ ($SNR_{max} = 243/25,5 \approx 9,5$)

Zu Übung 5.5, siehe Programm 5.7

Der multiplikative Effekt kann im Bildbeispiel besonders deutlich in der schwarzen Schrift erkannt werden. Dort sind so gut wie keine Störungen erkennbar.

Zu Übung 5.6

a) siehe Programm 5.5

b) Das Bildrauschen sollte mittelwertfrei und unkorreliert sein, damit sich ein Kompensationseffekt einstellen kann. Das (Original-)Bild sollte bereichsweise homogen sein, damit große Filtermasken benutzt werden können ohne die Bild-details weich zu zeichnen. Gegebenenfalls kann auch eine adaptive Filterung für ROI bedacht werden.

Zu Übung 5.7, siehe Programm 5.8

Zu Aufgabe 5.1

Rauschen: Additive zufällige Signalkomponente; Verzerrung: Signalveränderung, lineare Verzerrung wird durch ein LSI-System modelliert und durch die PSF charakterisiert.

Zu Aufgabe 5.2

Siehe Abb. 5.4 und Abb. 5.6.

5.7 Programmbeispiele

Programm 5.3 Maske des Gauß-Filters

```
% Gaussian filter plots
% bv_grv_1 * mw * 2018-11-19
%% 2-dim. Gaussian filter
mSize = 5; % = 2*ceil(2*sigma) + 1; % mask size (square)
sigma = floor((mSize-1)/2)/2; % standard deviation
```

```
mask = fspecial('gaussian',mSize,sigma); % gaussian filter mask
%% Graphics
FIG1 = figure('Name','bv_grv_1 : norm. Gaussian filter mask',...
    'NumberTitle','off');
    MAX = max(max(mask)); % normalized gaussian filter mask for
graphics
    n = 0:mSize-1;
    surf(n,n,mask/MAX); axis ij; colormap cool
    axis([0 mSize-1 0 mSize-1 0 1]);
    xlabel('{\itn}_2 \rightarrow'), ylabel('{\itn}_1 \rightarrow')
    zlabel('Filter mask (norm.)')
    title(['Gaussian filter mask (3-D surface plot),({\itN}=',...
        num2str(mSize),'; \sigma=',num2str(sigma),')'])
FIG2 = figure('Name','bv_grv_1 : norm. Gaussian filter mask',...
    'NumberTitle','off');
    [C,h] = contour(n,n,mask/MAX,[.001 .01 .05 .1 .2 .4 .6 .8 .9]);
    axis ij; grid
    set(h,'ShowText','on','TextStep',get(h,'LevelStep')*2),    colormap
cool
    xlabel('{\itn}_2 \rightarrow'), ylabel('\leftarrow {\itn}_1')
    title(['Contour plot of gaussian filter mask (norm.),({\itN}=',...
        num2str(mSize),'; \sigma=',num2str(sigma),')'])
% 1-dimensional Gaussian filter
h = mask(round(mSize/2),:)/MAX;
FIG3 = figure('Name','bv_grv_1 : norm. Gaussian function',...
    'NumberTitle','off');
    stem(n,h,'filled'), grid
    xlabel('{\itn} \rightarrow'), ylabel('{\ith}[{\itn}] \rightarrow')
    title('1-dim. Gaussian filter (section)')
```

Programm 5.4 Weichzeichnen mit dem Gauß-Filter

```
% 2-dim. Gaussian filter
% bv_grv_2 * mw * 2018-11-19
I = imread('vorderrad.jpg');
if ndims(I)==3; I=rgb2gray(I); end
FIG     =     figure('Name','bv_grv_2     :     Gaussian     filtering
','NumberTitle','off');
subplot(2,2,1), imshow(I), title('Original')
%% Gaussian filter
sigma = [1,2,3]; % standard deviation
for k=1:3
    J = imgaussfilt(I,sigma(k)); % filtering
    subplot(2,2,1+k), imshow(J),
    title(['Gaussian filter (',num2str(sigma(k)),')'])
end
```

Programm 5.5 AWGN Bildrauschen

```
% AWGN plots
% bv_grv_4.m * mw * 2018-11-19
I = uint8(repmat(128,100,100)); % grey
figure
plots(I,.01,[2,2,1])
plots(I,.04,[2,2,3])
% subfunction
function plots(I,sig2,pp)
% Noisy image
J = imnoise(I,'Gaussian',0,sig2);
subplot(pp(1),pp(2),pp(3)),     imshow(J),     title(['Noisy     image
(',num2str(sig2),')'])
% Histogram
[counts,x] = imhist(J);
STR = ['\mu=',num2str(mean2(J),4),', \sigma=',num2str(std2(J),4)];
subplot(pp(1),pp(2),pp(3)+1), bar(x,counts,.4), grid;
axis([0 255 0 200]);
xlabel('Intensity \rightarrow'), ylabel('Frequency \rightarrow')
title('Histogram')
text(20,170,STR)
hold on
plot(x(1),counts(1),'.','MarkerSize',20)
plot(x(end),counts(end),'.','MarkerSize',20)
hold off
end
```

Programm 5.6 AWGN Bildrauschen

```
% AWGN plots
% bv_grv_5.m * mw * 2018-11-19
I = imread('hsfd.jpg');
if ndims(I)==3; I=rgb2gray(I); end
figure
plots(I, 0,[2,2,1]);
plots(I,.01,[2,2,3]);
% subfunction
function J = plots(I,sig2,pp)
% Noisy image
J = imnoise(I,'Gaussian',0,sig2);
subplot(pp(1),pp(2),pp(3)),     imshow(J),     title(['Noisy     image
(',num2str(sig2),')'])
% Histogram
```

```
[counts,x] = imhist(J);
STR = ['\mu=',num2str(mean2(J),4),', \sigma=',num2str(std2(J),4)];
MAXC = max(counts);
subplot(pp(1),pp(2),pp(3)+1), bar(x,counts,.4), grid;
axis([0 255 0 MAXC]);
xlabel('Intensity \rightarrow'), ylabel('Frequency \rightarrow')
text(20,.9*MAXC,STR)
hold on
plot(x(1),counts(1),'.','MarkerSize',20)
plot(x(end),counts(end),'.','MarkerSize',20)
hold off
% relativ number of white (255) and black (0) elements
[N1,N2] = size(I);
cBW = (counts(1)+counts(end))/(N1*N2)
end
```

Programm 5.7 Speckle-Rauschen

```
% Noisy image - speckle noise
% bv_grv_6 * mw * 2018-11-19
I = imread('vorderrad.jpg'); % image
I = imread('hsfd.jpg'); % image
if ndims(I)==3; I=rgb2gray(I); end
I0 = mean2(I); % mean intensity
Is = imnoise(I,'speckle',0.04);
Js = double(Is) - double(I);
FIG = figure('Name','bv_grv_6 : Speckle noise ','NumberTitle','off');
subplot(1,2,1), imshow(I), title('Original image')
subplot(1,2,2), imshow(Is), title('Noisy image (speckle)')
FIG = figure('Name','bv_grv_6 : Speckle noise (additive)','NumberTitle
','off');
subplot(1,2,1), imshow(uint8(Js+128)), title('Speckle noise (+128)')
```

Programm 5.8 Verzerrungen

```
% Motion blur
% bv_grv_8 * mw * 2018-11-19
I = imread('hsfd.jpg'); I = rgb2gray(I);
if ndims(I)==3; I=rgb2gray(I); end
maskMB = fspecial('motion',40,60); % point spread function
ImB = imfilter(I,maskMB,'replicate'); % blurring
FIG    =    figure('Name','im_gfrv_mb    :    Linear    motion
blur','NumberTitle','off');
subplot(1,2,1), imshow(I), title('Original image')
subplot(1,2,2), imshow(ImB), title('Blurred image')
```

Literatur

Bronstein, I. N., Semendjajew, K. A., Musiol, G., & Mühlig, H. (1999). *Taschenbuch der Mathematik* (4. Aufl.). Frankfurt a. M.: Harri Deutsch.

Jähne, B. (2012). *Digitale Bildverarbeitung und Bildgewinnung* (7. Aufl.). Berlin: Springer Vieweg.

Qidwai, U., & Chen, C. H. (2010). *Digital image processing. An algorithmic approach with MATLAB*. Boca Raton: CRC Press.

Tönnies, K. D. (2005). *Grundlagen der Bildverarbeitung*. München: Pearson Studium.

Kanten und Konturen

6

Inhaltsverzeichnis

Die Originalversion dieses Kapitels wurde revidiert: Das elektronische Zusatzmaterial wurde beigefügt. Ein Erratum ist verfügbar unter https://doi.org/10.1007/978-3-658-22185-0_15

Elektronisches Zusatzmaterial Die elektronische Version dieses Kapitels enthält Zusatzmaterial, das berechtigten Benutzern zur Verfügung steht
https://doi.org/10.1007/978-3-658-22185-0_6

Zusammenfassung

Kanten begrenzen Objekte und spielen deshalb in der Objekterkennung eine zentrale Rolle. Es werden verschiedene Methoden vorgestellt, Kantenbilder zu gewinnen. Die parametrisierbare Canny-Methode generiert zu den Bildern in mehreren Schritten die Kantenbilder. Eine Alternative ist die Wasserscheidentransformation. Sie liefert geschlossene Konturen und kann a priori Wissen verarbeiten und verbundene Objekte trennen. Sie wird vor allem zur Segmentierung von Objekten eingesetzt.

Schlüsselwörter

Abstandsmaß („distance measure") · Canny-Methode · Differenzenfilter („derivative filter") · Gauß-Filter („gaussian filter") · Gradient („gradient") · Hysterese („hysteresis") · Kante („edge") · Kantenbild („edge image") · Kantenfilter („edge filter") · Kantenrichtung („edge orientation") · Kantenstärke („edge strength") · Kompassoperator („compass operator") · Kontur („contour") · MATLAB · Prewitt-Operator · Richtungsbild („edge direction image") · Robert-Operator · Schwellenwertentscheidung („thresholding") · Segmentierung („segmentation") · Sobel-Operator · Wasserscheidentransformation („watershed transform")

Eine wichtige Aufgabe in der Bildverarbeitung und Mustererkennung ist die Detektion von *Kanten*, also von großen Intensitätsänderungen auf kleinem Raum entlang einer ausgeprägten Richtung. Kanten bilden *Konturen*, die die Objekte begrenzen, und sind somit unverzichtbar zur Objekterkennung.

Die Überlegungen zur Kantendetektion orientieren sich zunächst an der geometrischen Vorstellung von Niveaulinien (Isolinien), ähnlich den Höhenlinien in den Wanderkarten. Die steile Felsenkante im Gelände entspricht im Bild der plötzliche Übergang von hellen und dunklen Regionen.

Zur praktischen Umsetzung der Kantendetektion bei digitalen Bilder werden einfache und gegen Bildrauschen robuste Operatoren benötigt. In diesem Kapitel werden verschiedene Beispiele, wie der Sobel-Operator, untersucht. Es wird die parametrisierbare Canny-Methode vorgestellt und ihr Leistungsvermögen anhand eines Beispiels aufgezeigt. Abschließend bietet die Wasserscheidentransformation zur Segmentierung von Objekten einen alternativen Ansatz.

6.1   Skalarfelder und Differenzialoperatoren

Von Kanten bzw. Konturen in einem Bild zu sprechen deutet bereits auf die Analogie zu unserer dreidimensionalen physikalischen Welt hin. Es ist deshalb naheliegend, die Aufgabe der Kantendetektion zunächst mit den in der Physik oft angewendeten mathematischen Begriffen zu beginnen.

6.1.1   Gradient

Viele Verfahren der Kantenerkennung fußen auf der Vektoranalysis. Zum Einstieg in die mathematischen Überlegungen betrachten wir das digitale Grauwertbild als Diskretisierung eines differenzierbaren *ebenen Skalarfelds*, also einer kontinuierlichen Verteilung der Grauwerte (Intensität) über der kontinuierlichen Bildebene – ähnlich der Höhe in einem Gelände.

Jedem Punkt P in der (x,y)-Ebene wird ein Skalar zugeordnet, mit x, y, U

$$U = U(P) = U(x,y).$$

Die Änderung des Skalarfeldes $U(\overrightarrow{p})$ in einem Punkt P mit dem Ortsvektor $\overrightarrow{p}$ in Richtung des Vektors $\overrightarrow{r}$ ist durch den Grenzwert des Differenzialquotienten gegeben, siehe Abb. 6.1. Man spricht von der *Richtungsableitung*

$$\frac{\partial U}{\partial \overrightarrow{r}} = \lim_{\varepsilon \to 0} \frac{U\left(\overrightarrow{p} + \varepsilon \cdot \overrightarrow{r}\right) - U\left(\overrightarrow{p}\right)}{\varepsilon}.$$

Die Richtungsableitung wird in kartesischen Koordinaten als Ableitung bezüglich der beiden Koordinatenrichtungen, den Einheitsvektoren, ausgedrückt

$$d\overrightarrow{r} = dx \cdot \overrightarrow{e}_x + dy \cdot \overrightarrow{e}_y.$$

Fasst man die partiellen Ableitungen 1. Ordnung eines Skalarfeldes in den Koordinatenrichtungen als Vektor auf, so entsteht der *Gradient*

$$\mathrm{grad}(U) = \frac{\partial U}{\partial x} \cdot \overrightarrow{e}_x + \frac{\partial U}{\partial y} \cdot \overrightarrow{e}_y = \begin{pmatrix} \frac{\partial U}{\partial x} \\ \frac{\partial U}{\partial y} \end{pmatrix}.$$

Der Gradient eines Skalarfeldes steht senkrecht zu den Niveaulinien des Feldes. Dies zeigt man mit dem Differenzial des Skalarfeldes, dem *totalen Differenzial*

$$dU = \mathrm{grad}(U) \odot d\overrightarrow{r} = \begin{pmatrix} \frac{\partial U}{\partial x} \\ \frac{\partial U}{\partial y} \end{pmatrix} \odot \begin{pmatrix} dx \\ dy \end{pmatrix} = \frac{\partial U}{\partial x} \cdot dx + \frac{\partial U}{\partial y} \cdot dy.$$

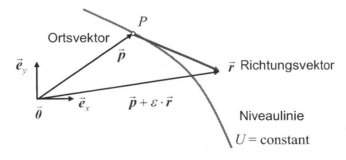

Abb. 6.1   Richtungsableitung des Skalarfeldes U im Punkt P

Das totale Differenzial ist das Skalarprodukt (⊙) aus dem Gradienten und dem Richtungsvektor. Liegt, wie in Abb. 6.2, der Richtungsvektor d $\vec{r}$ in einem Punkt P kollinear zur Tangente der Niveaulinie, d. h. U gleich konstant, dann ist dU gleich null. Folglich muss der Gradient senkrecht zur Niveaulinie im Punkt P stehen, damit obiges Skalarprodukt ebenfalls null ergibt.

Der Gradient besitzt die folgenden vier Eigenschaften:

- Der Gradient ist in Richtung wachsender Funktionswerte von U orientiert, siehe Normalenvektor.
- Der Betrag des Gradienten stimmt mit dem Betrag der Richtungsableitung der Funktion U in Normalenrichtung überein.

$$|\text{grad}(U)| = \left| \frac{\partial U}{\partial \vec{n}} \right|$$

- Der Absolutbetrag des Gradienten ist in den Punkten am größten, in deren Umgebung die Dichte der Niveaulinien (Feldliniendichte) am größten ist.
- Der Gradient verschwindet, wenn sich in dem betrachteten Feldpunkt ein Maximum oder Minimum von U befindet. Dort entartet die Niveaulinie zu einem Punkt.

Der Betrag des Gradienten liefert ein Maß für die „Steilheit" des Feldes und wird als *Kantenstärke* interpretiert.

$$|\text{grad}(U)| = \sqrt{\left(\frac{\partial U}{\partial x} \right)^2 + \left(\frac{\partial U}{\partial y} \right)^2}$$

In der Bildverarbeitung wird, um die Komplexität der Algorithmen zu verringern, die Berechnung der Kantenstärke oft durch die Betragssumme approximiert.

$$|\text{grad}(U)| \approx \left| \frac{\partial U}{\partial x} \right| + \left| \frac{\partial U}{\partial y} \right|$$

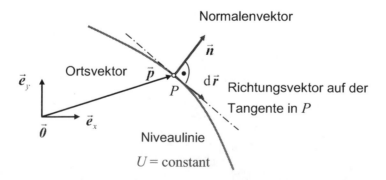

Abb. 6.2 Gradient und Normalenvektor eines Skalarfeldes U im Punkt P

6.1.2   Digitaler Differenzierer

Mit dem Gradienten der Vektoranalysis kann der Begriff der Kante konkretisiert werden. Jedoch lässt er sich nicht auf ortsdiskrete Bilder anwenden, so dass im Folgenden eine problemangemessene Operationalisierung mit den Mitteln der digitalen Signalverarbeitung noch zu leisten ist.

Das einfachste System zum „Differenzieren" digitaler Bilder ergibt sich aus der Definition der Differentiation als Grenzwert des Differenzialquotienten. Für die ortsdiskreten Bilder resultiert je Ortsdimension die Näherung mit dem *Differenzenquotienten*

$$x'(n \cdot T_A) \approx \frac{x(n \cdot T_A) - x([n-1] \cdot T_A)}{T_A}.$$

Darin ist T_A der räumliche Abstand zwischen den Stützstellen der Funktion, das Abtastintervall. In der Bildverarbeitung wird der Abstand als normierter Abstand zwischen zwei Bildelementen meist eins gesetzt (Sollen anhand der Bilder Entfernungen bestimmt werden, so muss das Abtastintervall entsprechend als Länge in Metern interpretierbar sein, was unter anderem wegen eventuellen perspektivischen Verzerrungen bei der Bildaufnahme nicht immer einfach möglich ist).

Die Impulsantwort des einfachsten differenzierenden Systems für diskontinuierliche Signale ist damit die *Rückwärtsdifferenz*

$$h_{RD}[n] = \{1, -1\}.$$

Alternativ kann das Problem der ortsdiskreten Differentiation auch im Frequenzbereich angegangen werden (Werner 2008). Mit dem Differentiationssatz der Fourier-Transformation für kontinuierliche Signale gilt

$$\frac{d}{dt}x(t) \quad \leftrightarrow \quad j\omega \cdot X(j\omega)$$

Damit ist der *Frequenzgang* des idealen Differenzierers für kontinuierliche Signale bestimmt.

$$H_D(j\omega) = j\omega$$

Aus dem Zusammenhang zwischen den Fourier-Transformierten (orts-)kontinuierlicher Signale und ihren Abtastfolgen erschließt sich: das entsprechende (orts)diskrete System ergibt sich aus dem Simulationstheorem (Unbehauen 2002) zu

$$H_D\left(e^{j\Omega}\right) = j\Omega \quad \text{für} \quad |\Omega| < \pi.$$

Die normierte Kreisfrequenz Ω wird in der Bildverarbeitung auch normierte Ortskreisfrequenz genannt (Kap. 9) (Das Simulationstheorem setzt idealerweise bandbegrenzte Signale voraus. Der Frequenzgang diskreter Systeme ist eine in 2π periodische Funktion).

In der digitalen Signalverarbeitung wird die Differentiation von Signalen unter dem Stichwort zeitdiskreter Differenzierer („discrete-time differentiator") bzw. digitaler Differenzierer ausführlich behandelt. Auch in der numerischen Mathematik ist die Differentiation ein wichtiges Thema. In der Bildverarbeitung werden einfache Algorithmen bevorzugt, die vor allem eine geringe Komplexität aufweisen und robust gegen Bildrauschen sind. Bei Impulsstörungen sind gegebenenfalls zuerst Rangordnungsfilter, wie das Medianfilter einzusetzen (Kap. 3 und 5).

Die Betragsgänge des idealen Differenzieres und des Rückwärtsdifferenzierers zeigen in Abb. 6.3, dass Frequenzanteile im Signal bei Kreisfrequenzen größer eins verstärkt werden (Aufgabe 6.1). Weil bei typischen Bildsignalen das Spektrum bei höheren Frequenzen einen relativ kleinen Leistungsanteil besitzt überwiegt dort i. d. R. das Bildrauschen, insbesondere im Fall des weißen Rauschens. Demzufolge kann das SNR (Kap. 5) durch die Differentiation stark abnehmen. Um die Qualität des Ergebnisses nicht zu gefährden, werden digitale Differenzierer eingesetzt, die die Spektralanteile bei höheren Frequenzen unterdrücken, also zusätzlich den Charakter eines Bandpasses aufweisen. Das einfachste Beispiel für die Impulsantwort eines glättenden digitalen Differenzierers ist die *symmetrische Differenz*

$$h_{\mathrm{SD}}[n] = \{1, 0, -1\}.$$

Der zugehörige Betragsgang zeigt Bandpassverhalten in Abb. 6.3. Insbesondere werden Frequenzkomponenten größer $\pi/2$ zunehmend gedämpft.

Im Weiteren wird für die digitalen Differenzierer die in der Bildverarbeitung übliche Bezeichnung *Differenzenfilter* verwenden. Die nächsten beiden Abschnitte stellen wichtige Beispiele vor.

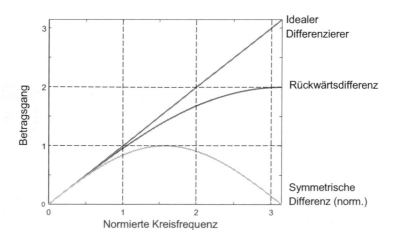

Abb. 6.3 Betragsgänge einfacher digitaler Differenzierer

6.2 Kantenfilter und Kantenbilder

In der Bildverarbeitung haben sich relativ einfache Differenzenfilter durchgesetzt, welche um eine glättende Komponente erweitert werden. Man spricht auch von einem *Kantenfilter*. Ein weitverbreitetes Kantenfilter ist der *Sobel-Operator* mit der Filtermaske

$$m_{S,1} = \begin{bmatrix} 1 & 2 & 1 \\ 0 & 0 & 0 \\ -1 & -2 & -1 \end{bmatrix},$$

wie sie auch im Befehl `fspecial` als Sobel-Maske definiert ist. Es handelt es sich um ein einfaches, glättendes Kantenfilter mit der symmetrischen Differenz entlang der Spaltenrichtung n_1. Es werden folglich die Kanten hervorgehoben, die horizontal in Zeilenrichtung verlaufen. Zur Unterdrückung von Rauschen wird jeweils über drei Spalten gemittelt, wobei die mittlere Spalte betont wird. Wegen der glättenden Wirkung wird auch von einem *regularisierten Kantenfilter* gesprochen.

Für die Ableitung entlang der Zeilen wird der Sobel-Operator transponiert. Es werden dann die Kanten hervorgehoben, die vertikal in Spaltenrichtung verlaufen.

$$m_{S,2} = m_{S,1}^T = \begin{bmatrix} 1 & 0 & -1 \\ 2 & 0 & -2 \\ 1 & 0 & -1 \end{bmatrix}$$

Der Sobel-Operator erfüllt die Normbedingungen für Kantenfilter (Jähne 2012):

- Verschiebungsfreiheit durch antisymmetrische Filtermaske. Bei ungerader Größe der Filtermaske ist das zentrale Element null.
- Unterdrückung des Mittelwerts. Die Summe der Filterkoeffizienten ist gleich null.

Für die Kantendetektion im Sinne einer Ja-nein-Entscheidung, d. h. ob ein Bildpunkt ein Kantenelement ist oder nicht, bietet es sich an, durch eine Schwellenwertentscheidung das Ergebnis der Kantenfilterung als Schwarz-Weiß-Bild, als *Kantenbild*, darzustellen.

Man beachte, dass die Kanten in den Kantenbildern erst durch die Wahrnehmung des menschlichen Betrachters entstehen. Die maschinelle Klassifikation von Kanten ist eine schwierige Aufgabe und wird in Kap. 7 beispielhaft vorgestellt. Für die grafische Darstellung wird i. d. R. die typische *Digitaldruckdarstellung* verwendet, mit schwarz für die Kantenelemente und weiß sonst.

In der Übung sollen die Eigenschaften des Sobel-Operators zunächst an einem einfachen Testbild mit horizontalen, vertikalen und gekrümmten Kanten untersucht werden (Abb. 6.4).

(Abb. 6.4 zeigt ein Kreuz neben einem Halbmond und erinnert somit an das Emblem der Internationalen Föderation der Rotkreuz- und Rothalbmond-Gesellschaften (International Federation of Red Cross and Red Crescent Societies, IFRC). Die IFRC geht auf Henry Dunant (1828–1910) zurück, der mit vier weiteren Bürgern 1853 die Genfer Gemeinnützige Gesellschaft gründete. Heute koordiniert die IFRC die Arbeit des

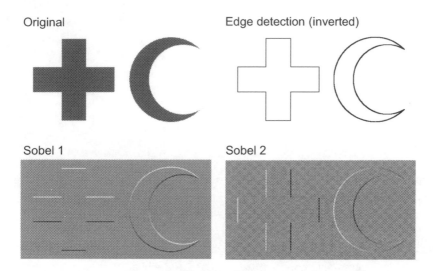

Abb. 6.4 Kantenbilder mit dem Sobel-Operator (`bv_kk_2.m`, `crcr.png`)

Internationalen Komitees vom Roten Kreuz (IKRK), der Internationalen Föderation der Rotkreuz- und Rothalbmond-Gesellschaften (Föderation) sowie von derzeit 189 anerkannten nationalen Rotkreuz- und Rothalbmond-Gesellschaften, die sich alle den gemeinsamen humanitären Zielen verpflichtet haben. Weitere offizielle Symbole sind der Rote Löwe mit roter Sonne, der Rote Kristall und der Rote Davidstern).

Übung 6.1 Sobel-Operator und seine Anwendung mit `imfilter`

Verwenden Sie das Grauwertbild `rcrc.png` in Abb. 6.4 (Original).

a) Verschaffen Sie sich mit dem Werkzeug `imtool` einen schnellen Überblick über die Eigenschaften des Testbildes.
b) Welchen maximalen Wertebereich kann im Allgemeinen ein Ergebnisbild im Double-Format bei Anwendung des Sobel-Operators annehmen, wenn das Originalbild im Format `uint8` vorliegt?
c) Wenden Sie den Sobel-Operator $m_{S,1}$ auf das Testbild an und stellen Sie das Ergebnis grafisch dar. Welche Kanten werden entdeckt, welche nicht?
   – *Hinweise:* Durch den Befehl `imfilter` findet eine Anpassung des Ergebnisbildes auf das Datenformat des Eingangsbildes statt. Führen Sie deshalb vor der Filterung eine Umwandlung in das Double-Format durch. Welcher Minimal- bzw. Maximalwert ergibt sich nun im Ergebnisbild?
   – Bei der grafischen Darstellung mit dem Befehl `imshow` benutzen Sie eine geeignete Skalierung der angezeigten Grauwerte.

– Beachten Sie auch die Verzerrung am Bildschirm bzw. beim Druck. Um die
  Qualität der Kantendetektion augenfällig zu überprüfen, zoomen sie deshalb in
  interessante Bildausschnitte.

d) Wiederholen Sie (c) mit dem Sobel-Operator $m_{S,2}$.

e) Der Sobel-Operator soll zur Kantendetektion eingesetzt werden. Bestimmen Sie die
  Kantenstärke mit dem Sobel-Operator. Benutzen Sie für die Berechnung der Kantenstärke die Vereinfachung für den Wurzelausdruck. Wandeln Sie nun das Ergebnisbild
  für die Kantenstärke in ein Kantenbild („gradient image") um.

Übung 6.2 Kantenstärke und Kantendetektion mit dem Sobel-Operator

In dieser Übung sollen Sie die Kantenstärke benutzen, um die Kanten bzw. Konturen
im Bild `hsfd` sichtbar zu machen. Dabei soll insbesondere der Einfluss einer Rauschstörung deutlich werden.

a) Schreiben Sie eine MATLAB-Funktion (`function`) zur Bestimmung eines Kanten-
  bildes wie in Übung 6.1. Stellen Sie das Kantenbild es in Digitaldruckdarstellung dar.
  Ein mögliches Ergebnis zeigt Abb. 6.5 (vgl. Kap. 3).

b) Der Einsatz eines Differenzenfilters zur Vorbereitung der Kantendetektion führt meist
  zu einer relativen Zunahme des Rauschens nach der Filterung. Zu dessen Unterdrückung können Tiefpassfilter eingesetzt werden, wie das Gauß-Filter (Kap. 5).

Abb. 6.5 Kantenbild (`bv_kk_2.m`, `hsfd.jpg`)

– Addieren Sie zunächst zum Bild `hsfd` eine normalverteilte Rauschstörung
  (AWGN) mit $SNR_{avg} = 5$ (Kap. 5) und wiederholen Sie die Kantendetektion wie in
  (a) für das gestörte Testbild.
c) Wenden Sie nun zusätzlich ein Gauß-Filter an. Wie verändern sich die Ergebnisse bei
  der binären Darstellung der Kantenelemente? Kann durch Variieren des Gauß-Filters
  oder der Schwelle für die Kantendetektion die Qualität der Detektion der Kantenelemente verbessert werden?

An dieser Stelle sei darauf hingewiesen, dass die automatische Konturdetektion mit
den Kantenbildern erst beginnt. So wie der menschliche Betrachter in den Bildern
Kreise oder Buchstaben erkennt, muss auch bei der maschinellen Bildverarbeitung
erst durch Algorithmen der Mustererkennung der Zusammenhang zwischen einzelnen Kantenelementen und der *Kontur* hergestellt werden. Dabei können sich „kleiner
Unterbrechungen" in den Kantenbildern aufgrund von Rauschen negativ auf den
Erkennungserfolg auswirken.

6.3   Kompassoperatoren

Im letzten Kapitel wurden der Sobel-Operator eingesetzt, nur um Kantenbilder zu
erzeugen – dabei können Kantenfilter mehr Information liefern.

6.3.1   Kantenorientierung

Der Gradient liefert die Richtungsableitungen entlang der Einheitsvektoren, also
in Zeilen- und Spaltenrichtung. Aus den beiden Richtungsableitungen wird die
Orientierung der Kante bestimmt.

$$\Phi = \arctan\left(\frac{\partial U / \partial y}{\partial U / \partial x}\right)$$

Der Sobel-Operator ahmt die Richtungsableitungen in Spalten- und Zeilenrichtung nach, so
dass eine Berechnung der Orientierungen der Kanten analog zu oben unternommen werden
kann. In der praktischen Anwendung sind die Werte jedoch oft zu ungenau, wegen der
einfachen numerischen Berechnungen und des dabei verstärkten Rauschens. Aus diesem
Grund werden Operatoren verwendet, die die Richtungsableitung direkt aus den Bildern
schätzen. Üblich ist es, die Richtungen der Haupt- und Nebendiagonalen zu bestimmen.
   Das einfachste Maskenpaar für die Richtungsableitungen in den Diagonalen ist der
Robert-Operator („Robert's gradient")

$$\boldsymbol{m}_{R,1} = \begin{bmatrix} -1 & 0 \\ 0 & 1 \end{bmatrix}, \quad \boldsymbol{m}_{R,2} = \begin{bmatrix} 0 & -1 \\ 1 & 0 \end{bmatrix}$$

Vergrößert man die Filtermaske auf die Dimension 3×3, lässt sich das Kantenfilter regularisieren. Der *Prewitt-Operator* der Dimension 3×3 geht zunächst von Richtungsableitungen bzgl. der Spalten (n_1) aus. Die Filtermaske ist im Befehl `fspecial` programmiert

$$m_{P,1} = \begin{bmatrix} 1 & 1 & 1 \\ 0 & 0 & 0 \\ -1 & -1 & -1 \end{bmatrix}.$$

Die Ableitungen in den diagonalen Richtungen fußen auf dem Prewitt-Operator und ergeben sich aus der jeweiligen Drehung der Filtermasken um $45°$ im Uhrzeigersinn.

$$m_{P,2} = \begin{bmatrix} 0 & 1 & 1 \\ -1 & 0 & 1 \\ -1 & -1 & 0 \end{bmatrix}, \quad m_{P,3} = \begin{bmatrix} -1 & 0 & 1 \\ -1 & 0 & 1 \\ -1 & 0 & 1 \end{bmatrix}, \quad m_{P,4} = \begin{bmatrix} -1 & -1 & 0 \\ -1 & 0 & 1 \\ 0 & 1 & 1 \end{bmatrix}$$

Operatoren für die Richtungsinformation, wie der Prewitt-Operator, werden *Kompassoperatoren* genannt. Die Namensgebung der Richtungen lehnt sich an die Windrose auf den Landkarten an. Für das Bildformat in Matrixform wird in Abb. 6.6 die n_1-Richtung als Süden (S) und die n_2-Richtung als Osten (O) definiert. Daraus folgen die Richtungszuweisungen für die Prewitt-Masken 1 bis 4 von Nord (N), Nordost (NO), Ost (O) und Südost (SO). Die anderen Richtungen ergeben sich jeweils durch Richtungsumkehr, also der Multiplikation mit 1.

In der Literatur werden weiterer Kompassoperatoren, z. B. der *Kirsch-Operator*, angegeben. Auf deren Darstellung wird hier jedoch der Kürze halber verzichtet.

6.3.2 Kantenstärke und Kantenrichtung

Kantenstärke und Kantenrichtung sind im Skalarfeld durch den Gradienten gegeben. Bei den digitalen Bildern ist man auf Schätzwerte angewiesen. Häufig werden

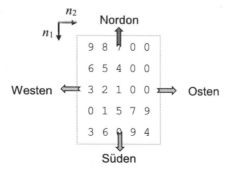

Abb. 6.6 Richtungsdefinitionen der Kompassoperatoren in Bildmatrizen

Kompassoperatoren eingesetzt und die *Kantenstärke* an einem Bildpunkt als das Maximum der Beträge der Richtungsbilder an diesem Bildpunkt definiert. Mit den üblichen acht Richtungsableitungen erhält man acht *Richtungsbilder* D_k und daraus für die Kantenstärke in einem Bildpunkt

$$KS[n_1, n_2] = \max_{k=1,\ldots,8} (|D_k[n_1, n_2]|).$$

Als *Kantenrichtung,* Richtung der Normalen, wird die Richtung der Richtungsableitung definiert, welche das Betragsmaximum beiträgt.

$$\Phi_K[n_1, n_2] = \frac{\pi}{4} \cdot (m - 1) \quad \text{mit} \quad |D_m[n_1, n_2]| \geq |D_k[n_1, n_2]| \quad \text{für } k = 1, 2, \ldots, 8$$

Man beachte die jeweilige Orientierung der Filtermaske für $k=1$ und die Richtung der Drehungen. Im Beispiel des Prewitt-Operators erhält man für $k=1$ die Richtung Nord. Darüber hinaus beachte man auch mögliche Symmetrien der Operatoren, so dass Beträge der Richtungsbilder paarweise gleich sind. Das reduziert zunächst den Rechenaufwand, erfordert aber zusätzlich eine Vorzeichenbetrachtung, um die volle Richtungsauflösung zu erhalten.

Übung 6.3 Sobel-Operator als Kompassoperator

a) Erweitern Sie den Sobel-Operator zu einem Kompassoperator. Schreiben Sie ein MATLAB-Programm für die Filtermasken für die vier Hauptrichtungen und die vier Diagonalen.
b) Wenden Sie den Sobel-Operator als Kompassoperator auf das Bild `crcr` (Abb. 6.4) und bestimmen Sie die Ergebnisse für die vier Hauptrichtungen und für die vier Diagonalen. Stellen Sie die acht Richtungsbilder am Bildschirm (`subplot`) gemeinsam dar.

Quiz 6.1

Ergänzen sie die Textlücken sinngemäß.

1. Der Betrag des Gradienten ist dort am größten, wo die Dichte ___ am größten ist.
2. Die Impulsantwort der symmetrischen Differenz ist ___.
3. Der Frequenzgang des idealen digitalen Differenzierers ist ___.
4. Regularisierte Kantenfilter werden bevorzugt, weil sie zusätzlich einen ___ Effekt haben.
5. In Kantenbilder in Druckdarstellung werden i. d. R. Kantenpunkte ___ und der Hintergrund ___ dargestellt.
6. Das Betragsmaximum der Richtungsbilder liefert ___.

7. Kompassoperatoren liefern zu den Bildpunkten ___ und ___ der Kanten.
8. Die Kantendetektion ist anfällig gegen ___.
9. Kompassoperatoren liefern ___.
10. Der Sobel-Operator für horizontale Kanten ist $m = $ ___.

6.4   Canny-Methode

Von den Methoden zur Kantendetektion ist die *Canny-Methode* besonders hervorzuheben, weil sie sowohl theoretisch fundiert als auch empirisch bewährt ist. Von J. F.
Canny (1986) entwickelt, orientiert sie sich an der Theorie der signalangepassten Filter,
auch Matched-Filter genannt. Den Ausgangspunkt der Überlegungen bildet das Modell
des AWGN-gestörten Bildes mit prototypischen Kanten. Canny stellte die Frage: Wie
müsste ein lineares System aussehen, das an seinem Ausgang ein „bestmöglichst"
geeignetes (Indikator-)Signal für die Kantendetektion liefert?

6.4.1   Simple Edge Operator

Canny führte drei Kriterien für die gelungene Kantendetektion in verrauschten Bildern
ein:

- *Niedrige Fehlerrate:* Um Fehlentscheidungen zu vermeiden, soll im Falle einer Kante
  das Verhältnis der Leistungen des Nutzsignalanteils und des Störsignalanteils (SNR)
  im Indikatorsignal möglichst groß werden.
- *Hohe Lokalisierung:* Der Abstand zwischen dem Ort der Kante im Originalbild und
  dem Ort entsprechend dem Indikatorsignal soll möglichst klein sein.
- *Eindeutigkeit:* Zu einem Kantenelement in Eingangsbild soll im Indikatorsignal nur
  ein Element angezeigt werden.

Weil eine allgemeine analytische Lösung nicht möglich ist, entwickelte Canny anhand
analytischer und numerischer Beispiele schließlich eine mehrstufige Methode, die sich
aufwandsgünstig und robust auf praktische Problemstellungen adaptieren lässt. Sie wird
deshalb auch „*simple edge operator*" genannt. Die Umsetzung der Canny-Methode lässt
einen gewissen Spielraum und kann sich zwischen Softwareprodukten unterscheiden.
Die MATLAB-Implementierung wird in der Dokumentation von The MathWorks (2011)
folgendermaßen charakterisiert:

```
The Canny method finds edges by looking for local maxima of
the gradient of I [Image]. The gradient is calculated using
the derivative of a Gaussian filter. The method uses two
thresholds, to detect strong and weak edges, and includes the
weak edges in the output only if they are connected to strong
```

```
edges. This method is therefore less likely than the others
to be fooled by noise, and more likely to detect true weak
edges.
```

Im Folgenden werden die vier Schritte der Canny-Methode genauer vorgestellt.

6.4.2   Gradientenschätzung mit glättendem Differenzenfilter

Im ersten Schritt wird der Gradient bestimmt. Um das störende Rauschen zu unterdrücken, wird die Richtungsableitung mit einer Glättung verbunden. Typischerweise wird ein Gauß-Filter mit der Impulsantwort

$$h(x,y) = \frac{1}{\sqrt{2\pi}\cdot\sigma} \cdot \exp\left(-\frac{x^2+y^2}{2\cdot\sigma^2}\right)$$

zugrunde gelegt und die Richtungsableitung mit der Filterimpulsantwort kombiniert. Die Richtungsableitung in x-Richtung ist

$$\frac{\partial}{\partial x}h(x,y) = \frac{-x}{\sqrt{2\pi}\cdot\sigma^3} \cdot \exp\left(-\frac{x^2+y^2}{2\cdot\sigma^2}\right).$$

Bei geeigneter Wahl der Varianz σ^2 kann nun durch (Orts-)Diskretisierung eine Filtermaske zur Schätzung des Gradienten bestimmt werden. Abb. 6.7 links zeigt die ortsdiskrete Impulsantwort für das Ableitungsfilter in x-Richtung ($y=0$). Die daraus resultierende Masken des *glättenden Differenzenfilters* in n_1–Richtung ist rechts davon zu sehen. Im Beispiel befindet sich der Mittelpunkt der Maske bei $(n_1, n_2) = (8, 8)$. Und die Varianz des Gauß-Filters beträgt vier. Die Varianz des gaußschen Glättungsfilters stellt einen kritischen Parameter für die Qualität des Gesamtergebnisses dar. Das Filter

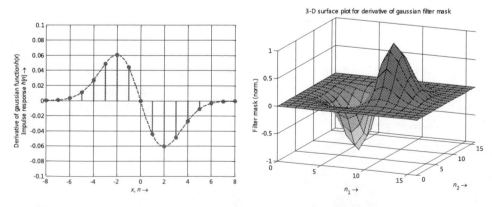

Abb. 6.7 Ableitung der gaußschen Glockenkurve (links) und 3D-Darstellung der Maske des glättenden Differenzierers in x-Richtung (n_1-Richtung) (rechts)

in Abb. 6.7 wird auch *Canny-Filter* genannt. Je nach Problemstellung, können alternativ auch andere Glättungsfilter und Differenzenfilter verwendet werden. Glättung und Differenzbildung können außerdem getrennt durchgeführt werden.

Der Einfachheit halber bleiben wir bei der weiteren Herleitung bei der Schreibweise (x, y) auch für den Fall der diskreten Koordinaten (n_1, n_2) für die Bildpunkte. Als Ergebnis der Filterung mit den beiden glättenden Differenzenfiltern erhält man zu jedem Bildpunkt (x, y) ein Wertpaar $g_x(x, y)$ und $g_y(x, y)$ für die Ableitung in x- bzw. y-Richtung. Daraus lassen sich zu jedem Bildelement im Eingangsbild Schätzwerte für die Gradienten nach Betrag („magnitude")

$$M(x,y) = \sqrt{g_x^2 + g_y^2}$$

und Richtungswinkel („angle") angeben

$$\alpha(x,y) = \tan^{-1}\left(\frac{g_y}{g_x}\right).$$

6.4.3 Kantenausdünnung

Im zweiten Schritt wird das Problem der Kantenverbreiterung durch die Glättung berücksichtigt. Ein spezielles Verfahren zum Ausdünnen möglicher Kantenpunkte wird eingesetzt.

Das Prinzip erläutert Abb. 6.8 am Beispiel eines Bildausschnittes der Dimension 3×3. Zum Bildausschnitt in Abb. 6.8 links existieren bzgl. des Bildelements P5 in der Mitte genau vier fundamentale Kantenrichtungen in Abb. 6.8 rechts.

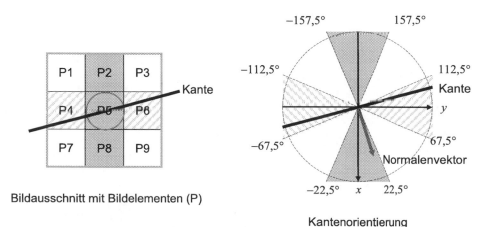

Abb. 6.8 Richtungsbestimmung (rechts) und resultierende Gruppe von Bildelementen zur Kantenausdünnung (links)

Durch den Richtungswinkel $\alpha(x, y)$ in P5 erhält man den Schätzwert für die Richtung des Normalenvektors („gradient vector") und senkrecht dazu den geschätzten Kantenverlauf. In Abb. 6.8 ist der geschätzte Winkel des Normalenvektors circa $20°$ und die geschätzte Kante verläuft somit horizontal. P2, P5 und P8 sind potenzielle Elemente der horizontal verlaufenden Kante. Da nur einer der drei Bildelemente gegebenenfalls der Kante zugeordnet werden soll, ist zu prüfen ob P5 als Kantenpunkt in Frage kommt oder bereits ausgesondert werden kann.

Zur *Kantenausdünnung* wird der geschätzte Betrag des Gradienten $M(x, y)$ zu P5 mit den Werten der Konkurrenten P2 und P8 verglichen. Ist der Betrag des Gradienten zu P5 kleiner als für die beiden Konkurrenten, wird P5 als Kantenpunkt zurückgewiesen. Als Indikator wird die neu definierte Hilfsfunktion an der Stelle P5 zu null gesetzt; ansonsten der Betragswert übernommen.

$$g_N(x, y) = \begin{cases} M(x, y) & \text{wenn Konkurrenz - Bedingung erfüllt} \\ 0 & \text{sonst „Zurückweisung"} \end{cases}$$

Im Idealfall entsteht mit der Hilfsfunktion ein „ausgedünntes" Bild, welches nur die geschätzten lokalen Maxima der Beträge des Gradienten und ansonsten null für die Zurückweisung „kein Kantenpunkt" enthält.

6.4.4   Schwellenwertoperation mit Hysterese

Im dritten Schritt wird auf die Hilfsfunktion $g_N(x,y)$ eine Schwellenwertoperation mit Hysterese durchgeführt. Die im zweiten Schritt gewonnenen lokalen Maxima, die von null verschiedenen Werte der Hilfsfunktion $g_N(x, y)$, können zu Kantenelementen gehören oder auch nicht. Da je größer die Werte, umso wahrscheinlicher das Vorhandensein eines Kantenelements ist, bietet sich eine Schwellenwertentscheidung an. Setzt man dabei die Schwelle hoch, ist die Wahrscheinlichkeit relativ groß tatsächliche Kantenelemente zurückzuweisen (falsch negativ); setzt man die Schwelle niedrig, ist die Wahrscheinlichkeit relativ groß scheinbare Kantenelemente zu akzeptieren (falsch positiv). Bei diesem Entscheidungs-Dilemma setzt die Idee der *Hysterese* an. Es werden zwei Schwellen vorgegeben, eine hohe Schwelle T_H („high threshold") und eine niedrigere Schwelle T_L („low threshold"). Damit werden zunächst zwei weitere Hilfsfunktionen erzeugt:

$$g_H(x, y) = \begin{cases} g_N(x, y) & \text{für } g_N(x, y) \geq T_H \\ 0 & \text{sonst} \end{cases}$$

und

$$g_L(x, y) = \begin{cases} g_N(x, y) - g_H(x, y) & \text{für } g_N(x, y) \geq T_L \\ 0 & \text{sonst} \end{cases} .$$

Man beachte wegen der Differenz ist die Hilfsfunktion zur niedrigeren Schwelle überall dort null, wo die Hilfsfunktion zur höheren Schwelle ungleich null ist. Die beiden Hilfsfunktionen definieren also miteinander drei disjunkte Mengen von Bildelementen: Bildelemente mit „höherer" bzw. „niedriger" Wahrscheinlichkeit ein Kantenelement zu sein, und Bildelemente, die bereits als Kantenelemente ausgeschlossen sind.

6.4.5 Klassifikation der Kantenpunkte durch Verbindungsanalyse

Im vierten und letzten Schritt wird nun die abschließende Detektion der Kantenpunkte anhand der beiden Hilfsfunktionen vorgenommen.

- Alle Bildelemente mit $g_H(x,y) > 0$ werden als Kantenelemente detektiert.
- Danach werden in der unmittelbaren Nachbarschaft der detektierten Kantenelemente alle „verbundenen" Bildelemente mit $g_L(x,y) > 0$ ebenfalls als Kantenelemente entschieden. Durch die Verbindung mit den „wahrscheinlichen" Kantenelementen wird die Zuverlässigkeit der Entscheidung verbessert. Dies geschieht solange, bis alle Bildelemente entschieden sind.

▶ Die *Canny-Methode* in vier Schritten:

- Rauschunterdrückung durch ein Glättungsfilter und Schätzung des Gradienten für jedes Bildelement nach Betrag und Winkel;
- Kantenausdünnung durch Unterdrückung von „falschen" lokalen Maxima;
- Klassifizierung der Bildelemente unter Anwendung von zwei Hysterese-Schwellenwerten in „sichere", „unsichere" und „ausgeschlossene" Kantenpunkte und
- abschließende Klassifizierung der „unsicheren" Kantenpunkte mittels Verbindungsanalyse auf der Basis der Hypothese von zusammenhängenden Kantenpunkten.

6.5 Kantenbilder mit MATLAB

Die MATLAB-Werkzeugsammlung `Image Processing Toolbox` bietet zur Erzeugung von Kantenbildern optional sieben parametrisierbare Methoden an, die im Befehl `edge` zusammengefasst sind:

- Sobel-Methode (`sobel`) (Standardeinstellung)
- Prewitt-Methode (`prewitt`)
- Roberts-Methode (`roberts`)
- Laplacian-of-Gaussian-Methode (`log`)

- Zero-Crossing-Methode (`zerocross`)
- Canny-Methode (`canny`)
- Schnelle Approximation der Canny-Methode (`approxcanny`)

Die Laplacian-of-Gaussian-Methode und die Zero-crossing-Methode werden in Kap. 7 vorgestellt.

Ein Bildbeispiel zur Gegenüberstellung der Sobel- und der Canny-Methode ist Abb. 6.9 zusehen. Als Parameter treten eine Schwelle bei der Sobel-Methode und zwei Schwellen bei der Canny-Methode auf. Die Canny-Methode verfügt zusätzlich noch über den Parameter der Standardabweichung des Gauß-Filters. Im Beispiel wurden keine Vorgaben gemacht (Standardeinstellungen). In der folgenden Übung sollen die Canny-Methode genauer untersucht werden.

Übung 6.4 Canny-Methode mit dem Befehl `edge`

In der Übung sollen die Canny-Methode anhand eines Bildbeispiels erprobt werden. Dabei kann zunächst auf die Vorgabe der Parameter verzichtet werden. Als Testbeispiel verwenden Sie das Bild `vorderrad`. Weil die Darstellung am Monitor nicht notwendigerweise die Resultate getreu wiedergibt, vergrößern Sie Ergebnisbilder gegebenenfalls. Und zum „Drucken" invertieren Sie bitte die Bilder (Digitaldruckdarstellung), um große schwarze Flächen zu vermeiden.

a) Wenden Sie den Befehl `edge` mit den Optionen `canny` auf das Bild an.
b) Stören Sie nun das Original mit gaußschem Rauschen mit $SNR_{avg} = 10$ (Übung 6.3, Kap. 5). Welchen Einfluss hat das Bildrauschen auf die Kantendetektion?
c) Variieren Sie die Parameter der Canny-Methode in (b) so, dass die Detektion der Kantenpunkte robuster gegen die Störung wird. Lässt sich durch Anpassung der Parameter eine Verbesserung im Kantenbild erzielen?

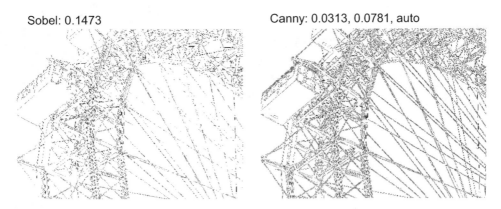

Abb. 6.9 Kantenbild mit Sobel- und Canny-Methode (`bv_kk_5.m`, `prater.jpg`)

Für eine abschließende Beurteilung des Verfahrens bedenken Sie, dass Augenschein-lichkeit kein hinreichendes Kriterium liefert, wenn es beispielsweise um die Validierung komplexer Algorithmen für eine automatische Mustererkennung geht.

Quiz 6.2

Ergänzen sie die Lücken im Text sinngemäß.

1. Die Canny-Methode kombiniert ___ Überlegungen mit praktischen Erfahrungen.
2. Die Canny-Methode besteht aus ___ Schritten.
3. Die Canny-Methode ist bei Bildrauschen der Sobel-Methode überlegen, da sie ___ verwendet.
4. Bei Anwendung der Canny-Methode können ___ und ___ in einem Ver-arbeitungsschritt kombiniert werden.
5. Die Kantendetektion der Canny-Methode beruht auf ___.
6. J. F. Canny hat seiner Methode als Ziel eine niedrige ___, eine hohe ___ und die ___ zugrunde gelegt.
7. Bei der Canny-Methode folgt auf den Schritt glättendes Differenzenfilter der Schritt ___.
8. Die Canny-Methode klassifiziert die Bildelemente zunächst in drei ___-Kate-gorien.
9. Der Befehl ___ bietet sechs Methoden zur Kantenbilderstellung an.
10. Die Canny-Methode ist in MATLAB mit den Optionen ___ und ___ para-metrisierbar.
11. Die Canny-Methode führt als letzten Schritt ___ durch.
12. Der Befehl `edge` bietet für die Option `canny` einen Parameter an, mit denen die Kantenbilderstellung gegen ___ gehärtet werden kann.

6.6 Wasserscheidentransformation

Einen alternativen Zugang zur *Segmentierung* von Bildern bietet die *Wasserscheiden-transformation* (WST, „watershed transform"). Sie wurde von S. Beucher und C. Lantuéjoul (1979) eingeführt. Ihr Vorteil besteht darin, dass sie geschlossene Konturen liefert und dass a priori Wissen der Problemstellung unterstützend eingebracht werden kann.

Die Anwendungen der WST unterscheiden sich durch die problemspezifisch ein-gesetzten, morphologischen Methoden (z. B. Solomon und Breckon 2011). Weil morphologische Operatoren erst in Kap. 8 eingeführt werden, soll im Weiteren nur die grundlegende Idee vorgestellt und an einem Beispiel demonstriert werden.

Die WST beruht ebenfalls auf topographischen Vorstellungen. Zu Beginn, in Abschn. 6.1, wurde das Skalarfeld zum Grauwertbild anschaulich als „Gebirge"

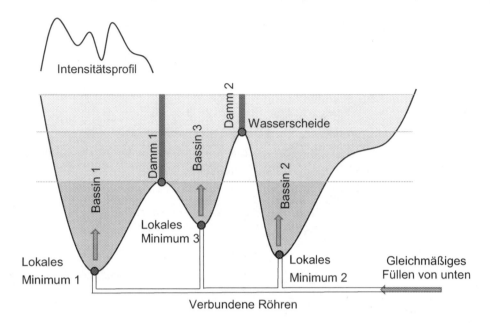

Abb. 6.10 Wasserscheidentransformation mit Wassereinlauf von unten und nach oben und mit Dämmen an den Wasserscheiden

eingeführt. Darin erheben sich die (hellen) Objekte als Berge über die Ebene des (dunklen) Hintergrunds. Beim WST wird das Gebirge auf den Kopf gestellt. Die Objekte entsprechen tiefen Senken während der Hintergrund die abschließende Decke bildet. Abb. 6.10 veranschaulicht den Ansatz als Schnitt durch das gestürzte Gebirge. Die WST führt nun ein gleichmäßiges Fluten („flooding") ein. In Abb. 6.10 seien alle lokalen Minima (Objekte) durch Röhren verbunden, so dass das gestürzte Gebirge gleichmäßig von unten mit Wasser gefüllt werden kann. Es beginnt zuerst das Auffangbecken („catchment basin") Bassin 1, dann 2 und schließlich 3 mit dem Füllen. Mit steigendem Wasserspiegel wird schließlich die Wasserscheide („watershed line") zwischen Bassin 1 und 3 erreicht.

Dort wo Wasser aus den beiden Bassins zusammenfließen würde, wird der Damm 1 errichtet, so dass es zu keinem Wasseraustausch zwischen den beiden Bassins kommt.

Ebenso wird an der Wasserscheide zwischen Bassin 2 und 3 verfahren. Erreicht der Wasserspiegel abschließend die Decke, liefert die Draufsicht die gewünschten Informationen. Jede Wasserfläche, jedes Bassin, ist eindeutig einem Objekt zugeordnet. Und die Dammkronen (Wasserscheiden) liefern deren Grenzen.

Die Umsetzung der WST in MATLAB demonstrieren wir am Beispiel des Bildes muenzen. Es sollen die Münzen (Objekte) als (Bild-)Segmente gefunden und die begrenzenden Ränder als Konturen angegeben werden. Als Besonderheit tritt das Verschmelzen von zwei Objekten auf. Eine Schwierigkeit, die typisch durch die WST gelöst wird.

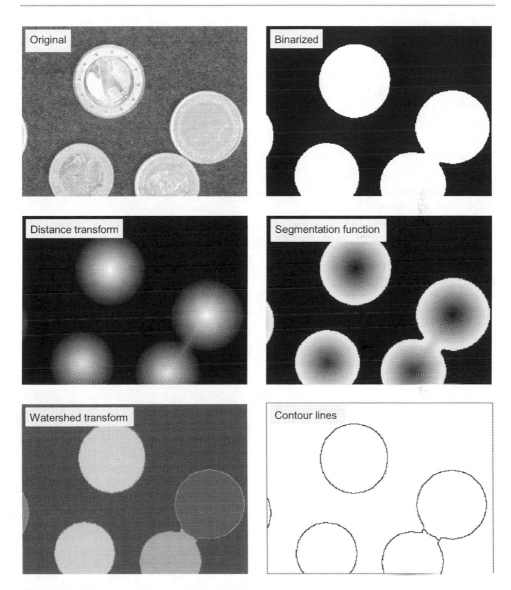

Abb. 6.11 Programmschritte zur Wasserscheidentransformation (`muenzen.jpg`)

Anhand von **Programm 6.1** besprechen wir den Lösungsweg, der schrittweise in Abb. 6.11 nachverfolgt werden kann.

Ausgehend vom Original (Abb. 6.11) wird zuerst eine geeignete *Segmentierungs-funktion* („segmentation function") bestimmt. In Beispielen, wie den sieben Münzen, hat sich die Kombination aus Binarisierung und Abstandsmaß bewährt. Durch die Binarisierung (`binarize`) werden Objekte (Münzen) und Hintergrund getrennt (Abb. 6.11). Es ist darauf zu achten, dass aufgrund des Bildrauschens nur die Objekte als solche erfasst werden. Andernfalls kommt es zur *Übersegmentierung* („over segmentation"), die das Ergebnis unbrauchbar machen kann. Um das zu vermeiden, setzen wir vor der Binarisierung ein stark glättendes Gauß-Filter (`imgaussfilt`) ein. Durch die Filterung kommt es jedoch zum Verschmelzen zweier Objekte (In praktischen Anwendungen können Objekte auch übereinanderliegen und die Verschmelzungen sind ein unvermeidliches Problem).

Mittels eines *Abstandsmaßes* (Distanzfunktion) transformieren wir nun das binäre Bild in ein quasi kontinuierliches Bild, das unseren Vorstellungen eines „Gebirges" genügt. Zum Einsatz kommt für jedes Bildelement der Objekte (innen) der kürzeste „euklidische" Abstand zum Hintergrund (außen). Hierfür stellt MATLAB den Befehl `bwdist` („distance transform") mit der Option `Euclidean` bereit. Er berechnet für alle Elemente den jeweils kürzesten „euklidischen" Abstand zu einem Element mit Wert `true`. Damit der Befehl hier verwendet werden kann, invertieren wir zuvor das Schwarz-Weiß-Bild (`imcomplement`, `~`). Als Ergebnis der Distanztransformation liefert MATLAB eine Matrix im Datenformat `single`. In Abb. 6.11 zeigt sie den Hintergrund schwarz (für den Abstand null) und für die Objekte vom Zentrum nach außen abfallende Intensität (abnehmenden Abstand) - den gewünschten „Bergkegeln" in Draufsicht nicht unähnlich.

Zur Segmentierungsfunktion fehlt nur noch die Invertierung (`-`). Damit der Hintergrund sicher als ein Segment dargestellt wird, weisen wir den Hintergrundelementen den minimalen Wert (`-inf`) zu. Schließlich kann eine „rauhe" Segmentierungsfunktion zur Übersegmentierung führen. Deshalb glätten wir sie ebenfalls mit einem Gauß-Filter (`imgaussfilt`).

Nach dieser Vorbereitung können wir die WST mit dem Befehl `watershed` durchführen. MATLAB erzeugt eine Indikatormatrix („label matrix") die für jedes (Bild-)Element die Nummer des jeweiligen Segments enthält. Der Wert null entspricht der Grenze zwischen Segmenten, den Dämmen also in Abb. 6.10. Das Ergebnis der WST veranschaulicht das Farbbild in Abb. 6.11. Zur besseren Erkennbarkeit wurden den Segmenten zufällig Farben zugeordnet. In starker Bildvergrößerung sind auch die Konturlinien distinkt erkennbar.

Abschließend wird noch das Kantenbild erzeugt. In Abb. 6.11 sind die Konturlinien wie angekündigt geschlossen. Auch konnten die beiden verschmolzenen Objekte, wie gewünscht, durch eine Konturlinie getrennt werden.

Bei Bedarf können aus der Indikatormatrix weitere Merkmale mit dem Befehl `regionprops` gewonnen werden.

Programm 6.1 Wasserscheidentransformation

```
% watershed transform
% bv_kk_1 * mw * 2018-11-19
%% Test image
I = imread('muenzen.jpg'); % load image
if ndims(I)==3; I=rgb2gray(I); end
I = imresize(I,.2);
FIG1 = figure('Name','bv_kk_1: Original','NumberTitle','off');
imshow(I), title('Original')
%% Pre-processing
I = imgaussfilt(I,2); % smoothing filter
BW = imbinarize(I); % binarizing
FIG2 = figure('Name','bv_kk_1: BW','NumberTitle','off');
imshow(BW), title('Black-and-white image')
%% Euclidean distance transform
BWi = imcomplement(BW); % inverse BW image
D = bwdist(BWi); % segmentation function (distance transform,
Euclidean)
FIG3 = figure('Name','bv_kk_1: D','NumberTitle','off');
imshow(D), title('segmentation function')
D = -D; % upside down (minima for WST)
D(BWi) = -inf; % background (minima for WST)
D = imgaussfilt(I,.5); % Gaussian filter
FIG4 = figure('Name','bv_kk_1: D filtered','NumberTitle','off');
imshow(D), title('segmentation function, filtered and inverted')
%% Watershed
L = watershed(D); % watershed transform
ws = label2rgb(L,'jet',[.5 .5 .5],'shuffle');
FIG5 = figure('Name','im_kk_1: Segments','NumberTitle','off');
imshow(ws), title('segments')
%% Contour lines
C = true(size(L)); C(L==0)=false; % contour lines
FIG6 = figure('Name','im_kk_1: Contour lines','NumberTitle','off');
imshow(C), title('contour lines')
stats = regionprops(L,'Area','Centroid'); % properties
```

Übung 6.5 Wasserscheidentransformation

a) In der Übung sollen Sie den Effekt der Übersegmentierung kennenlernen. Dazu führen Sie das Beispiel in

Programm 6.1 ohne die beiden Glättungsfilter durch. Was ist nach der WST zu beobachten? Worauf ist die Beobachtung zurückzuführen? Gegen Sie die Zwischenschritte der Berechnung von hinten nach vorn durch.

b) Führen Sie das Beispiel mit den Glättungsfiltern durch. Variieren Sie die Filterparameter. Wie empfindlich ist das WST-Ergebnis bzgl. Änderungen der Parameter?

Die Übung 6.5 macht deutlich, wie die Übersegmentierung die Ergebnisse der WST unbrauchbar machen kann. Für die praktische Anwendung ist es deshalb wichtig Vorabinformationen nutzbringend in den Algorithmus einbringen zu können. Dies geschieht durch Markierungen („marker") (z. B., Gonzalez und Woods 2018; Solomon und Breckon 2011). Dabei werden durch (morphologische) Vorverarbeitung bzw. interaktiv Markierungen in die Vordergrund- und die Hintergrundsegmente eingebracht. Und nur von diesen Markierungen aus wird das „Füllen" zugelassen. Demzufolge ergibt sich zu jeder Markierung genau ein Segment und weitere Segmente treten nicht auf. Die markergesteuerte WST wird in Kap. 8 genauer vorgestellt.

Quiz 6.3

Ergänzen Sie die Textlücken sinngemäß.

1. Das Akronym WST steht für ___.
2. Die WST liefert ___ Konturlinien.
3. Ein typisches Problem des WST ist ___.
4. Die WST wird auf ___ angewendet.
5. Zur Vermeidung/Reduktion der Übersegmentierung kann die Segmentierungsfunktion ___ werden.
6. Der Befehl ___ führt eine Distanztransformation durch.

6.7   Aufgaben

Aufgabe 6.1 Frequenzgänge eindimensionaler Differenzenfilter

a) Bestimmen Sie analytisch die Frequenzgänge der beiden eindimensionalen Differenzenfilter, der Rückwärtsdifferenz $h_{RD}[n]$ und der symmetrischen Differenz $h_{SD}[n]$. Bestimmen Sie die Betragsgänge.
   – *Hinweis.* Fourier-Transformation von Folgen (Kap. 10). Verwenden Sie die Sinusfunktion. Normieren Sie die Betragsgänge so, dass sie dem des idealen Differenzierers entsprechen.
b) In welchem Bereich kann man von differenzierendem Verhalten sprechen, wenn eine Abweichung bis zu 10 % von der Kennlinie des idealen Differenzierers zugelassen wird?
   – *Hinweis.* Potenzreihenentwicklung.

Aufgabe 6.2 Sobel-Operator

Wenden Sie den Sobel-Operator $m_{S,1}$ auf die Matrix

$$X = \begin{bmatrix} 239 & 237 & 216 & 235 \\ 202 & 211 & 221 & 246 \\ 9 & 35 & 18 & 20 \\ 43 & 8 & 23 & 21 \end{bmatrix}$$

an und berechnen Sie das Element $Y(3,2)$ im Ergebnis.

Aufgabe 6.3 Prewitt- und Sobel-Operator

Die Sobel-Filtermasken können aus zwei Prewitt-Filtermasken erzeugt werden. Zeigen Sie den Zusammenhang analytisch an einem Beispiel auf.

6.8   Zusammenfassung

Für Menschen ist es selbstverständlich Kanten und Konturen zu sehen, für die Bildverarbeitung ist die Kantendetektion ein schwieriges Problem. Zunächst gilt es den Begriff der Kante in einem Bild fassbar zu machen, zu operationalisieren. Eine Kante ist dort, wo sich die Grauwerte auf kleinem Raum in einer ausgeprägten Richtung ändern. Weiter helfen hier die mathematischen Vorstellungen der Vektoranalysis, die analytische Definition des Gradienten in einem Skalarfeld. Ähnlich Höhenlinien in Landkarten, liefert der Gradient Information über die Stärke und die Richtung der Änderung.

Bei der Übertragung des Gradienten auf digitale Bildern stellen sich die typischen Probleme der Digitalisierung. In der Bildverarbeitung kommt es auf die algorithmische Einfachheit und die Robustheit gegen Rauschen besonders an. Als praktikable Lösungen erweisen sich relative einfache Filtermasken für regularisierte Kantenfilter und glättende Differenzenfilter. Häufig benutzte werden der Sobel-Operator bzw. die Kombination aus glättendem Gauß-Filter und Differenzenfilter. Durch Rotation der Filtermasken in der Bildebene entstehen Kompassoperatoren mit denen Kantenstärke und Kantenrichtung in jedem Pixel quantitativ bestimmt werden können.

Mit den Schätzwerten für die Kantenstärke und die Kantenrichtung in jedem Bildpunkt sind die Grundlagen für die Kantendetektion gelegt. Über eine Schwellenwertentscheidung der Kantenstärke können Kantenpunkte geschätzt werden; es entstehen die typischen Kantenbilder als Schwarz-Weiß-Bilder.

Die allein auf der Schwellenwertentscheidung fußende Kantendetektion vernachlässigt jedoch eine wesentliche Eigenschaft der Kanten - den Verbund der Kantenelemente, z. B. als Kontur eines Bildobjektes. Hier setzen spezielle Verfahren ein, wie die Canny-Methode. Die Canny-Methode besteht aus vier Schritten: der Rauschunterdrückung und Gradientenschätzung, der Kantenausdünnung, der Klassifizierung von Bildelementen durch eine Schwellenwertoperation mit Hysterese und schließlich der Klassifizierung von Kantenpunkten anhand einer Verbindungsanalyse. Die Canny-Methode ist parametrisierbar und lässt sich auf die konkrete Aufgabenstellung (Bildmaterial, Bildrauschen etc.) anpassen.

Einen alternativen Ansatz bietet die Wasserscheidentransformation. Sie führt eine Segmentierung der Bilder durch, wobei die Segmente durch geschlossene Konturen begrenzt werden. Durch a priori Wissen in Form von Markierungen der Segmente wird sie robust gegen den Effekt der Übersegmentierung.

6.9　Programmbeispiele

Programm 6.2 Kantendetektion mit dem Sobel-Operator

```
% Sobel operator
% bv_kk_2 * mw * 2018-11-19
%% Sobel operator masks
m1 = [1 2 1;
      0 0 0;
     -1 -2 -1];
%% Test image
I = imread('crcr.png');
if ndims(I)==3; I=rgb2gray(I); end
FIG1 = figure('Name','bv_kk_2 - Original','NumberTitle','off');
```

```
imshow(I), title('Original')
%% Image processing S1
J1 = imfilter(double(I),m1,'replicate');
FIG2 = figure('Name','bv_kk_2 - SO 1','NumberTitle','off');
imshow(J1,[]), title('Sobel 1')
%% Image processing S2
J2 = imfilter(double(I),m1','replicate');
FIG3 = figure('Name','bv_kk_2 - SO 2','NumberTitle','off');
imshow(J2,[]), title('Sobel 2')
%% Edge detection
J3 = abs(J1)+abs(J2);
J3 = imbinarize(J3/max(max(J3)));
FIG4 = figure('Name','bv_kk_2 - Edges','NumberTitle','off');
imshow(~J3,[]), title('Edge detection')
```

Programm 6.3 Sobel-Operator und Gradient

```
% Sobel operator and gradient magnitude
% bv_kk_3 * mw * 2018-11-19
%% Test image
I = imread('hsfd.jpg');
if ndims(I)==3; I=rgb2gray(I); end
FIG1 = figure('Name','bv_kk_3','NumberTitle','off');
imshow(I), title('Original')
% sigma = (mean2(I)/5)/255;
% I = imnoise(I,'gaussian',0,sigma^2);
% I = imgaussfilt(I,1);
%% Image of edges using sobel operator and gradient
[BW,U,level]  =  edge_sobel(I);  %  edge  pixel  detection  with
thresholding
FIG2 = figure('Name','bv_kk_3: sobel operator','NumberTitle','off');
imshow(imcomplement(U),[]), title('Gradient magnitude (abs)')
FIG3 = figure('Name','bv_kk_3: edge detection','NumberTitle','off');
imshow(~BW), title(['Edge detection, level = ',num2str(level)])
```

Programm 6.4 Kantendetektion mit dem Sobel-Operator

```
function [BW,U,level] = edge_sobel(I)
% function [BW,U,level] = edge_sobel(I)
% Detection of edge pixels using sobel operator and thresholding
% of gradient magnitude approximation
% I : image
% BW : black-and-white image with detected edge pixels (true)
```

```
% U : gradient
% level : threshold
% edge_sobel * mw * 2018-11-19
%% Sobel operator mask
mSO = fspecial('sobel');
%% Image processing - double precision
J1 = imfilter(double(I),mSO,'replicate'); % S1 filtering
J2 = imfilter(double(I),mSO','replicate'); % S2 filtering
U = abs(J1)+abs(J2); % gradient magnitude, square root approximation
%% Edge pixel detection
U = U/max(max(U)); % normalize gradient magnitude
level = graythresh(U); % threshold
BW = imbinarize(U,level); % black-and-white image with thresholding
end
```

Programm 6.5 Sobel-Operator als Kompassoperator

```
% Compass operator with sobel-operator mask
% bv_kk_4 * mw * 2018-11-19
%% Test image
I = imread('crcr.png');
if ndims(I)==3; I=rgb2gray(I); end
FIG = figure('Name','Compass: sobel operator','NumberTitle','off');
subplot(3,3,1), imshow(I), title('Test image')
%% Sobel operator
m = fspecial('sobel'); % north
%% Image processing
B = zeros(size(I));
DIR = {'N' 'NO' 'O' 'SO' 'S' 'SW' 'W' 'NW'};
D = cell(8,1); % hold images
for k = 1:8
    TXT = strcat('Sobel-',DIR(k));
    D{k} = imfilter(double(I),m); % filtering
    subplot(3,3,k+1), imshow(D{k},4*[-255,255]), title(TXT)
    % Turn mask clockwise
    m11 = m(1,1);
    m(1,1) = m(2,1); m(2,1) = m(3,1); m(3,1) = m(3,2);
    m(3,2) = m(3,3); m(3,3) = m(2,3);
    m(2,3) = m(1,3); m(1,3) = m(1,2);
    m(1,2) = m11;
end
```

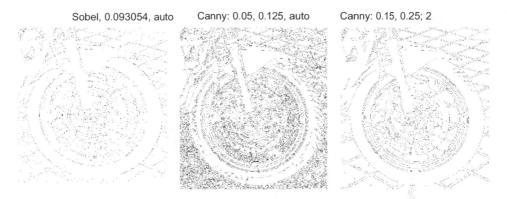

Abb. 6.12 Kantendetektion mit der Sobel- und Canny-Methode für Bild mit Rauschen (bv_kk_5.m, vorderrad.jpg)

Programm 6.6 Canny-Methode

```
% Edge detection with noise
% Comparison of Sobel and Canny method
% bv_kk_5 * mw * 2018-11-19
%% Test image
I = imread('Vorderrad.jpg');
if ndims(I)==3; I=rgb2gray(I); end
sigma = (mean2(I)/10)/255; % STD of noise
I = imnoise(I,'gaussian',0,sigma^2); % add noise (AWGN)
FIG1 = figure('Name','Edge detection','NumberTitle','off');
    imshow(I), title('Noisy image')
[BWS,threshS] = edge(I,'sobel');
FIG2 = figure('Name','Edge detection','NumberTitle','off');
    imshow(~BWS), title(['Sobel, ',num2str(threshS),', auto'])
[BWC,threshC] = edge(I,'canny'); % default parameter set
FIG3 = figure('Name','Edge detection','NumberTitle','off');
    imshow(~BWC)
    title(['Canny: ',num2str(threshC(1)),', ',…
    num2str(threshC(2)),', auto'])
sigma = 2; % increase robustness
[BWCC,threshCC] = edge(I,'canny',[3*threshC(1),2*threshC(2)], sigma);
FIG4 = figure('Name','Edge detection','NumberTitle','off');
    imshow(~BWC),
    title(['Canny: ',num2str(threshCC(1)),', ',…
        num2str(threshCC(2)),'; ',num2str(sigma)])
```

Siehe Abb. 6.12

6.10   Lösungen zu den Übungen und Aufgaben

Zu **Quiz 6.1**

1. der Feldlinien
2. {1,0,-1}
3. $j\Omega$
4. glättenden (rauschunterdrückenden)
5. schwarz, weiß
6. die Kantenstärke
7. die Stärke, die Richtung
8. Bildrauschen
9. Richtungsbilder
10. `[1,2,1;  0,0,0;  -1,-2,-1]`

Zu **Quiz 6.2**

1. signaltheoretische
2. vier
3. ein Glättungsfilter
4. Glättung, Differenzbildung
5. Wahrscheinlichkeitsaussagen
6. Fehlerrate, Lokalisierung, Eindeutigkeit
7. Kantenausdünnung
8. Verlässlichkeits-Kategorien
9. `edge`
10. `threshold`, `sigma`
11. eine Verbindungsanalyse
12. Bildrauschen

Zu **Quiz 6.3**

1. Wasserscheidentransformation („watershed transform")
2. geschlossene
3. die Übersegmentierung
4. die Segmentierungsfunktion
5. geglättet
6. `bwdist`

Zu **Übung 6.1** siehe Programm 6.2
Zu **Übung 6.2** siehe Programm 6.3 und Programm 6.4
Zu **Übung 6.3** siehe Programm 6.5

Zu **Übung 6.4** siehe Programm 6.6

Zu **Übung 6.5** siehe Programm 6.1

Aufgabe 6.1 Eindimensionale digitale Differenzierer

a) Frequenzgänge ($|\Omega| \leq \pi$)

$$H_{\text{RD}}\left(e^{j\Omega}\right) = 1 - e^{-j\Omega} = e^{-j\frac{\Omega}{2}} \cdot \left(e^{j\frac{\Omega}{2}} - e^{-j\frac{\Omega}{2}}\right) = e^{-j\frac{\Omega}{2}} \cdot 2j \cdot \sin\left(\frac{\Omega}{2}\right)$$

$$H_{\text{SD}}\left(e^{j\Omega}\right) = 1 - e^{-j2\Omega} = e^{-j\Omega} \cdot \left(e^{j\Omega} - e^{-j\Omega}\right) = e^{-j\Omega} \cdot 2j \cdot \sin\left(\Omega\right)$$

– Aus den Frequenzgängen folgt für die normierten Betragsgänge

$$\left|H_{\text{RD}}\left(e^{j\Omega}\right)\right| = 2 \cdot \sin\left(\frac{\Omega}{2}\right) \quad \text{bzw.} \quad \left|H_{\text{SD,norm}}\left(e^{j\Omega}\right)\right| = \sin\left(\Omega\right)$$

b) Die Potenzreihenentwicklung der Betragsgänge (Sinusfunktion) in (b) ergibt (Bronstein et al. 1999)

$$\left|H_{\text{RD}}\left(e^{j\Omega}\right)\right| = 2 \cdot \sin\left(\frac{\Omega}{2}\right) = \Omega \cdot \left(1 - \frac{\Omega^2}{2^2 \cdot 3!} + \frac{\Omega^4}{2^4 \cdot 5!} - \cdots\right)$$

$$\left|H_{\text{SD,norm}}\left(e^{j\Omega}\right)\right| = \sin\left(\Omega\right) = \Omega \cdot \left(1 - \frac{\Omega^2}{3!} + \frac{\Omega^4}{5!} - \cdots\right)$$

– Soll die Abweichung vom idealen Betragsgang kleiner 10 % sein ergeben sich die Grenzen für die normierte Kreisfrequenz von circa 1,5 und 0,8 für die Rückwärtsdifferenz bzw. symmetrische Differenz. Das glättende Verhalten der symmetrischen Differenz wird erkauft durch Einschränkung des Frequenzbandes mit differenzierendem Verhalten.

Aufgabe 6.2

$Y(3,2) = 763$

Siehe auch MATLAB `Y = imfilter(X,m)` mit X im Double-Format und

```
Y =  -615 -845 -899 -713
      662  832  813  628
      521  763  824  648
       53   97   91   58
```

Aufgabe 6.3

Die Addition bzw. Subtraktion zweier Prewitt-Masken liefert eine Sobel-Maske, z. B. $m_{\text{S},1} = m_{\text{P},4} - m_{\text{P},2}$.

Literatur

Bronstein, I. N., Semendjajew, K. A., Musiol, G., & Mühlig, H. (1999). *Taschenbuch der Mathematik* (4. Aufl.). Frankfurt a. M.: Harri Deutsch.

Beucher, S., & Lantuéjoul, C. (1979). Workshop on image processing, real-time edge and motion detection. http://cmm.ensmp.fr/~beucher/publi/watershed.pdf. Zugegriffen: 5. Okt. 2017.

Canny, J. F. (1986). A computational approach to edge detection. *IEEE Transaction on Pattern Analysis and Machine Intelligence, 8*(6), 670–698.

Gonzalez, R. C., & Woods, R. E. (2018). *Digital image processing* (4. Aufl.). Harlow: Pearson Education.

Jähne, B. (2012). *Digitale Bildverarbeitung und Bildgewinnung* (7. Aufl.). Berlin: Springer.

Solomon, C., & Breckon, T. (2011). *Fundamentals of digital image processing. A practical approach with examples in MATLAB*. Oxford: Wiley-Blackwell.

The MathWorks Inc. (2011). *Image processing toolbox^{TM} user's guide*. R2011b. Natick, MA.

Unbehauen, R. (2002). *Systemtheorie 1. Allgmeine Grundlagen, Signale und lineare Systeme im Zeit- und Frequenzbereich* (8. Aufl.). München: Oldenbourg.

Werner, M. (2008). *Signale und Systeme. Lehr und Arbeitsbuch mit MATLAB®-Übungen und Lösungen* (3. Aufl.). Wiesbaden: Vieweg + Teubner.

Kantenschärfen und Hough-Methode

7

Inhaltsverzeichnis

Die Originalversion dieses Kapitels wurde revidiert: Das elektronische Zusatzmaterial wurde beigefügt. Ein Erratum ist verfügbar unter https://doi.org/10.1007/978-3-658-22185-0_15

Elektronisches Zusatzmaterial Die elektronische Version dieses Kapitels enthält Zusatzmaterial, das berechtigten Benutzern zur Verfügung steht
https://doi.org/10.1007/978-3-658-22185-0_7

Zusammenfassung

Mit dem Laplace- und dem LoG-Filter werden Kanten in Bildern „geschärft". Eine vereinfachte Version des Verfahrens ist die Unschärfemaskierung. Kanten werden mit der Zero-crossing-Methode und der Hough-Methode detektiert. Basierend auf der Hough-Transformation wird die explizite Entdeckung und Klassifizierung von linien- und kreisförmigen Kanten erläutert und am praktischen Beispiel demonstriert.

Schlüsselbegriffe

Abstimmungsverfahren („voting") · Differenzenfilter („difference filter") · Gradient („gradient") · Hough-Transformation („Hough transform") · Kante („edge") · Kantenbild („edge image") · Kantenfilter („edge filter") · Kantenschärfen („edge sharpening") · Laplace-Filter („Laplace filter") · LoG-Filter („Laplacian of Gaussian filter") · MATLAB · Sobel-Operator („Sobel operator") · Unschärfemaskierung („unsharp masking") · Zero-crossing-Methode („zero-crossing method").

Mit dem Gradienten aus der Vektoranalysis kann in Bildern der Begriff „Kante" operationalisiert werden (Kap. 6). Die pragmatische Umsetzung auf ortsdiskrete Bilder führt zu algorithmisch einfachen ortsdiskreten Kantenfiltern, wie den Sobel-Operator (Kap. 6). Sie liefern bei nicht zu starkem Bildrauschen brauchbare Schätzwerte für die Kantenpunkte. Daran wird im Folgenden angeknüpft. Ziel ist es, im Bild die Kanten deutlicher hervortreten zu lassen. Man spricht vom Kantenschärfen. Daraus lässt sich auch eine Methode zur Kantendetektion ableiten, die Zero-crossing-Methode. Danach wird eine neue Methode zur Kantendetektion vorgestellt, die sich eines analytisch-geo-metrischen Ansatzes, der Hough-Transformation, bedient. Sie ist in der Bildverarbeitung als Hough-Methode bekannt und führt eine Kantendetektion im engeren Sinne durch.

7.1   Kantenschärfen

Bei der Bildaufnahme und –verarbeitung können durch unterschiedliche Phänomene Unschärfen („blur") entstehen. Zum Hervorheben von Kanten werden oft Laplace-Filter direkt oder verwandte Verfahren eingesetzt.

7.1.1   Laplace-Filter

Gehen wir davon aus, dass sich zwei aneinandergrenzende Bildobjekte durch ihre Intensitätsniveaus unterscheiden, so entsteht ein lokal eng begrenzter Übergang der Grauwerte, eine Kante. Die Situation veranschaulicht die eindimensionale kontinuier-liche Funktion für die Intensität in Abb. 7.1. Die „Kante" kann durch Überhöhung

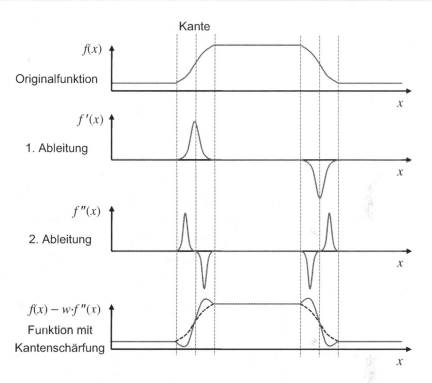

Abb. 7.1 Kantenschärfen durch Erhöhung des Grenzkontrasts mittels der 2. Ableitung (schematische Darstellung)

geschärft werden. Die Methode ist vergleichbar mit der Informationsverarbeitung in der Netzhaut mittels antagonistisch organisierter rezeptiver Felder, dem Simultankontrast (Birbaumer und Schmidt 2010).

Die Erhöhung des Grenzkontrasts leistet das gewichtete Subtrahieren der 2. Ableitung des Signals. Eine hierzu aus der Mathematik bekannte Methode für Skalarfelder ist der *Laplace-Operator*. Er liefert mit den partiellen 2. Ableitungen eines Skalarfeldes wieder ein Skalarfeld.

$$\nabla^2 f(x,y) = \frac{\partial^2}{\partial x^2} f(x,y) + \frac{\partial^2}{\partial y^2} f(x,y)$$

Zur Anwendung auf ortsdiskrete Bilder eignet sich die Differenz 2. Ordnung, die man durch zweimaliges Anwenden der Rückwärtsdifferenz (Kap. 6) erhält.

$$h_\text{L}[n] = h_\text{RD}[n] * h_\text{RD}[n] = \{1, -1\} * \{1, -1\} = \{1, -2, 1\}$$

In Spalten- und Zeilenrichtung angewendet, resultiert der Faltungskern (Kap. 4) des einfachen *Laplace-Filters*

$$h_\text{L} = \begin{bmatrix} 0 & 1 & 0 \\ 1 & -4 & 1 \\ 0 & 1 & 0 \end{bmatrix}.$$

Der Faltungskern ist isotrop, und somit gleich der Filtermaske. Des Weiteren besitzt er die gerade Symmetrie in den Ableitungsrichtungen und die Summe der Maskenelemente ist gleich null. Die Filtermaske ist somit normiert. Letzteres bedeutet, dass in Bildbereichen mit homogenem Grauwert das Laplace-Filter wunschgemäß den Wert null liefert.

In der Bildverarbeitung werden verschiedene Varianten des Laplace-Filters mit normierten Filtermasken eingesetzt.

$$m_{\mathrm{L},4} = \begin{bmatrix} 0 & 1 & 0 \\ 1 & -4 & 1 \\ 0 & 1 & 0 \end{bmatrix}, \quad m_{\mathrm{L},8} = \begin{bmatrix} 1 & 1 & 1 \\ 1 & -8 & 1 \\ 1 & 1 & 1 \end{bmatrix}, \quad m_{\mathrm{L},12} = \begin{bmatrix} 1 & 2 & 1 \\ 2 & -12 & 2 \\ 1 & 2 & 1 \end{bmatrix}$$

Die Maske $m_{\mathrm{L},8}$ stellt eine Erweiterung der einfachen Laplace-Maske dar. Zu den Ableitungen in Zeilen- und Spaltenrichtung berücksichtigt sie auch die Ableitung in den Diagonalen. Addiert man nämlich zur Laplace-Maske $m_{\mathrm{L},4}$ die um 45° rotierte Kopie, siehe Abb. 7.2, so erhält man die Laplace-Maske $m_{\mathrm{L},8}$.

MATLAB stellt mit dem Befehl `fspecial` und der Option `laplacian` einen parametrisierbaren Typ des Laplace-Filters bereit.

$$m_{\mathrm{L},\alpha} = \frac{1}{1+\alpha} \cdot \begin{bmatrix} \alpha & 1-\alpha & \alpha \\ 1-\alpha & -4 & 1-\alpha \\ \alpha & 1-\alpha & \alpha \end{bmatrix} \quad \text{für} \quad 0 \le \alpha \le 1$$

Für $\alpha = 0$ resultiert das einfache Laplace-Filter $m_{\mathrm{L},4}$ und für $\alpha = 1/2$ das Laplace-Filter $m_{\mathrm{L},8}/3$.

7.1.2 Kantenschärfen mit dem Laplace-Filter

Die praktische Ausführung des *Kantenschärfens* fasst das Blockdiagramm in Abb. 7.3 zusammen. Das Originalbild I wird im oberen Signalzweig mit dem Laplace-Filter h_{L} gefaltet und das Ergebnis mit dem Gewicht w multipliziert. Das Gewicht w bestimmt den Grad der Schärfung. Dann wird das gewichtete Faltungsergebnis vom Original subtrahiert.

$$\hat{I} = I - w \cdot (I * * h_{\mathrm{L}}) \quad \text{für } w > 0$$

Man beachte, wegen der zweifachen Ableitung ist die Methode besonders anfällig gegen Bildrauschen.

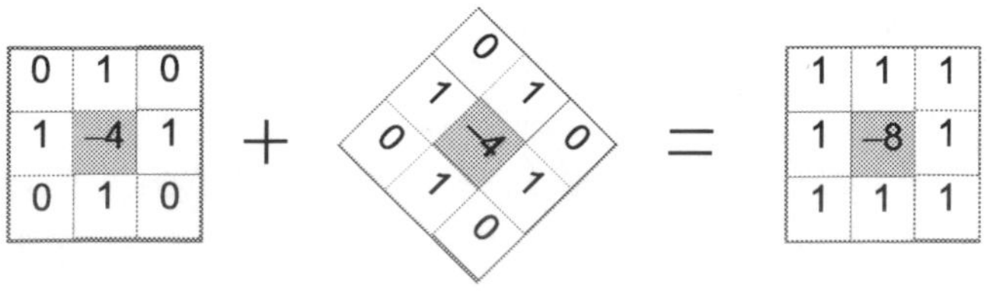

Abb. 7.2 Konstruktion der Laplace-Maske $m_{\mathrm{L},8}$

Abb. 7.3 Blockdiagramm
zum Kantenschärfen mit dem
Laplace-Filter

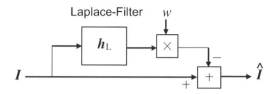

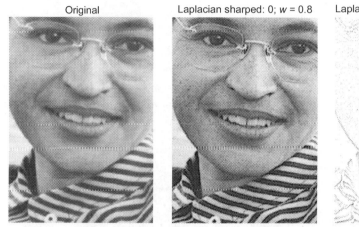

Abb. 7.4 Kantenschärfen ($w = 0{,}8$) mit Laplace-Filter ($\alpha - 0$) (bv_kh_1.m, Parks.jpg)

Im Beispiel wird die Laplace-Maske $m_{L,4}$ auf das Bild Parks.jpg (Kap. 2) angewendet (Parks 28.3.2014). Die Programmierung in MATLAB ist Programm 7.3 zu entnehmen.

Einen Bildausschnitt am Ausgang des Laplace-Filters zeigt Abb. 7.4 rechts. Darin wird die Wirkung des Laplace-Filters deutlich: Die Bildkanten werden durch helle bzw. dunkle Ränder eingefasst. Das Resultat der Schärfung zeigt das Bild in der Mitte, wobei es mit dem Original links zu vergleichen ist.

Der Effekt des Kantenschärfens hängt vom Bildmaterial ab und unterliegt der subjektiven Bewertung des Betrachters. Oft wird eine vereinfachte Umsetzung im Format uint8 eingesetzt (Programm 7.3).

Übung 7.1 Kantenschärfen mit dem Laplace-Filter in vereinfachter Form
In dieser Übung sollen Sie die Laplace-Maske $m_{L,8}$ auf das Bild Parks anwenden und eine Kantenschärfung in vereinfachter Form durchführen (Programm 7.3).

a) Entwerfen Sie mit dem MATLAB-Befehl fspecial das Laplace-Filter $m_{L,8}$.
b) Laden Sie das Bild Parks und wenden Sie das Laplace-Filter auf das Bild im uint8-Format an. Stellen Sie das Ergebnis grafisch dar.
c) Führen Sie zur die Kantenschärfung eine einfachen Subtraktion ($w = 1$) wie in Abb. 7.3 durch (imsubtract). Stellen Sie das Ergebnis grafisch dar.

7.1.3   Kantenschärfen mit dem LoG-Filter

Die zweifache Differenzbildung (Ableitung) durch das Laplace-Filter kann zur ungewünschten Verstärkung des Bildrauschens führen. Aus diesem Grund wird eine Kombination mit einem Glättungsfilter empfohlen, häufig einen Gauß-Filter. Wie bei der Canny-Methode (Kap. 6) ist es auch hier aufwandsgünstiger die Faltung des Bildes mit der Maske des Glättungsfilters und des Laplace-Filters in einem „Rutsch" vorzunehmen. Die Kombination aus Laplace- und Gauß-Filter wird kurz *LoG-Filter* („Laplacian-of-Gaussian filter") genannt. MATLAB berechnet die Maske des LoG-Filters im Befehl `fspecial`. Ein Beispiel ist in Abb. 7.5 zu sehen. Links wird die Maske in 3D-Darstellung gezeigt und rechts der zentrale Schnitt durch die Maske.

Übung 7.2 Kantenschärfen mit dem LoG-Filter
In der Übung soll die Anwendung des LoG-Filters demonstriert und die Ergebnisse mit Übung 7.1 verglichen werden.

a) Wiederholen Sie Übung 7.1 mit einem LoG-Filter (`fspecial`). Beginnen Sie beispielsweise mit den Vorbesetzungen für die Maskengröße und Standardabweichung des Gauß-Filters.
   Hinweis. Sie können die Maskengröße auch wie in Kap. 5 von der Standardabweichung des Gauß-Filters ableiten. Eine Anwendung des LoG-Filters demonstriert Programm 7.4 und exemplarische Ergebnisse finden Sie in Abb. 7.6.
b) Wiederholen Sie (a) mit verschiedenen Parametereinstellungen. Welchen generellen Einfluss haben die Parameter `sigma` und `w` auf das Ergebnis?

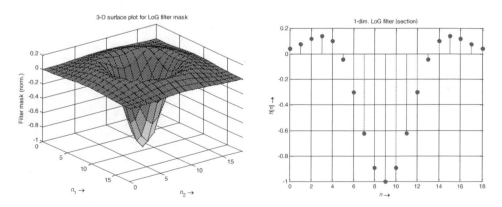

Abb. 7.5 LoG-Filtermaske und zentraler Schnitt (`im_kdh_3`, `sigma = 3`)

Original   LoG – sharped; 1; 0.5   LoG filter output (inverted); 0.5

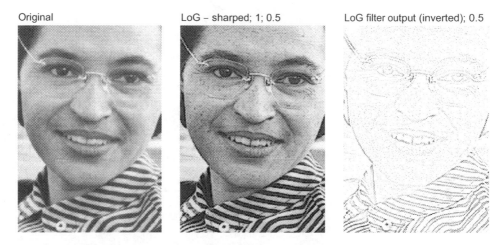

Abb. 7.6 Kantenschärfen mit der LoG-Filtermaske (`bv_kh_2.m`, `Parks.jpg`)

7.1.4 Unschärfemaskierung

Eine Kantenschärfung kann häufig auch durch einen einfachen Effekt erzielt werden, die Linearkombination aus Originalbild und einem durch lineare Filterung mit dem normalisierten Faltungskern h daraus hergeleiteten Bild.

$$\hat{I} = (1 + \alpha) \cdot I - \alpha \cdot (I * * h_{\mathrm{G}}) \quad \text{für } \alpha > 0$$

Es kann prinzipiell jedes Glättungsfilter verwendet werden. Man spricht von der *Unschärfemaskierung* (USM, „unsharp masking"),um auszudrücken, dass durch die Verarbeitung die Bildunschärfe verdeckt (maskiert) wird. Das Blockschaltbild in Abb. 7.7 fasst den USM-Algorithmus nochmals zusammen. (Man beachte allgemein, bei der quantisierten Arithmetik in der Bildverarbeitung kann die Implementierung des Algorithmus, d. h. Anzahl und Reihenfolge der arithmetischen Operationen, für die Qualität des Ergebnisses eine Rolle spielen.) Das Gewicht α übt je nach Bildvorlage einen starken Einfluss auf das Ergebnis aus, sodass verschiedene Einstellungen geprüft werden sollten.

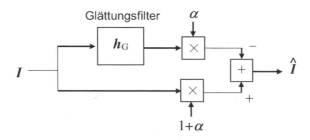

Abb. 7.7 Unschärfemaskierung

Mit einem geeigneten Glättungsfilter kann die USM unter Umständen robuster gegen Rauschen ausgelegt werden als die Kantenschärfung mit dem Laplace-Filter. Schließlich wird die USM oft durch eine nichtlineare Nachverarbeitung ergänzt. Dabei werden nur Kanten geschärft für die ein gewisser Schwellenwert für den (lokalen) Kontrast überschritten wird. MATLAB stellt mit dem Befehl `imsharpen` eine parametrisierbare USM bereit. Es kommt ein Gauß-Filter zum Einsatz.

Übung 7.3 Unschärfemaskierung
Wenden Sie die USM mit der MATLAB-Funktion `imsharpen` auf das Bild `Parks` an, Welche Parameter hat die Funktion und welchen Einfluss haben Sie auf das Ergebnis?

7.2   Zero-crossing-Methode

Der Verlauf der zweiten Ableitung in Abb. 7.1 zeigt einen charakteristischen Nulldurchgang an jeder Flanke der Originalfunktion. Dies legt nahe, eine Kantendetektion auf der Grundlage der Nulldurchgänge der zweiten Ableitung vorzunehmen. Die Methode ist als *Zero-crossing-Methode* (Nulldurchgangsmethode) bekannt. Wegen der zweiten Ableitung ist sie zwar anfälliger gegen Rauschen als die Kantenfilter, die nur die erste Ableitung benutzen, sie besitzt aber zumindest den theoretischen Vorteil, dass für typische Bildsegmente die Kanten als geschlossene Kurven resultieren. Letzteres gilt streng genommen allerdings nicht mehr für die diskrete Realisierung.

Übung 7.4 Kantenbild mit der Zero-crossing-Methode
MATLAB hält mit dem Befehl `edge` auch die Zero-crossing-Methode bereit. Dem Befehl werden das Originalbild und eine Filtermaske für die zweifache Ableitung übergeben. Optional kann eine Schwelle für die Detektion der Kantenelemente definiert werden. Wird keine Schwelle vorgegeben, berechnet MATLAB selbst eine. Abb. 7.8 zeigt rechts einen Ausschnitt aus einem Kantenbild nach einer bekannten Bildergeschichte von G. R. Hergé (1998, S. 31). Das Beispiel zeigt das Ergebnis für die Anwendung einer LoG-Maske mit relativ stark glättender Komponente.

Quiz 7.1

Ergänzen sie die Lücken im Text sinngemäß.
1. Laplace-Filter werden zum ___ verwendet.
2. Bei Laplace-Filtern ist die Summe der Maskenelemente stets ___.
3. Beim Laplace-Filter sind Faltungskern und Filtermaske ___.
4. Die Maske des Laplace-Filters besitzt genau ein ___ Element im ___.
5. Die Maske zur einfachsten Form des Laplace-Filters liefert der Befehl ___(`'laplacian'`,0).
6. Die Maske des einfachen Laplace-Filters ist $\boldsymbol{m}_L = $___.

Original
Zero-crossing method

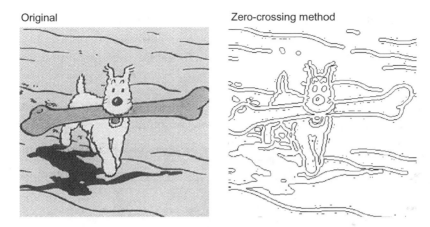

Abb. 7.8 Zero-crossing-Methode (`bv_kh_5.m`, `Tim_Struppi.jpg`)

7. Bei verrauschten Bildern ist das ___-Filter dem Laplace-Filter vorzuziehen.
8. Der Nulldurchgang der 2. Ableitung einer stetigen Funktion an ihren Flanken liefert die Grundlage für die ___-Methode.
9. Das Akronym USM steht für ___.
10. Bei der USM-Methode wird eine ___ des Bildes verwendet.
11. Der Befehl ___ führt eine USM durch.
12. Die Zero-crossing-Methode liefert tendenziell ___ Kurven für die Kanten.
13. Die Zero-crossing-Methode kann mit dem Befehl ___ durchgeführt werden.
14. Das Kantenschärfen beruht auf dem aus der Wahrnehmungspsychologie des Sehens bekannten Prinzip der Erhöhung ___.

7.3 Hough-Methode

Die bisher vorgestellten Verfahren zur „Kantendetektion" sind anfällig gegen Störungen im Bild und produzieren oft bruchstückhafte Kurven als Schätzungen für Kanten. Hier setzt die Methode der Kantenverbindung mit der *Hough Transformation* an. Diesen Ansatz zur Entdeckung von Kanten, genauer allgemein parametrisierbarer Formen, stellte Paul V. C. Hough 1962 vor. Unter parametrisierbaren Formen versteht man Ortskurven, die sich durch Angabe von Parametern beschreiben lassen, wie Geraden, Kreise und Ellipsen.

7.3.1 Standard-Hough-Transformation

Für die Detektion von Linien kommt die *Standard-Hough-Transformation* (SHT) zum Einsatz. Sie stützt sich auf die allgemeine Geradengleichung in der *(x,y)*-Ebene. Für die weiteren Überlegungen legen wir den Ursprung des Koordinatensystems in die linke obere Ecke der Bilder, siehe Abb. 7.9, (Kap. 4), (z. B., Gonzalez und Woods 2018).

Praktischerweise wird die Geradengleichung in der Hesseschen *Normalform* eingesetzt. Fällt man in Abb. 7.9 das Lot vom Ursprung auf die Gerade, erhält man den Abstand ρ der Geraden vom Ursprung und den Winkel θ zwischen der *x*-Achse und dem Lot. Mit ρ und θ ist die Normalform der Geradengleichung gegeben (Bronstein et al. 1999)

$$x \cdot \cos(\theta) + y \cdot \sin(\theta) = \rho \quad \text{mit} \quad \rho > 0 \text{ und } 0 \leq \theta < 2\pi.$$

Jeder Punkt auf einer Geraden, und nur solche, genügen der Normalform zu dem speziellen Wertepaar aus Abstand und Winkel. Die Gerade wird somit eindeutig im *Hough-Raum* (ρ,θ)charakterisiert. Folglich können potenzielle Kantenpunkte, kurz PKP genannt, auf „ihre Gerade" getestet werden.

Dazu werden jeweils die Koordinaten der PKP (x_i,y_i) als feste Parameter in die Normalengleichung eingesetzt und der Abstand ρ wird als Funktion des Winkels θ aufgefasst. So entsteht zu jedem PKP ein Graph im Hough-Raum mit

$$\rho(\theta) = x_i \cdot \cos(\theta) + y_i \cdot \sin(\theta) \quad \text{mit} \quad |\rho| \leq \rho_{\text{max}} \text{ und } -\frac{\pi}{2} \leq \theta < \frac{\pi}{2}$$

Der Graph beschreibt alle möglichen Geraden durch den PKP (x_i,y_i).

Im Vergleich zur eingangs zitierten Hesseschen Normalengleichung haben sich oben die Wertebereiche für ρ und θ geändert. Der „Abstand" ρ kann jetzt auch negativ sein und ist betragsmäßig auf die Bilddiagonale begrenzt. Der Variationsbereich des Winkels θ ist nur noch halb so groß. Die Umformung wird aus praktischen Gründen durchgeführt und ist äquivalent zur Normalform, wie noch gezeigt wird (Aufgabe 7.2). Geometrisch bedeutet ein negativer „Abstand" nur, dass die Gerade die *x*-Achse für *x* <0 schneidet.

Die bisherigen Überlegungen können am einfachsten an einer SHT eines einfachen Testbilds nachvollzogen werden. Dazu markieren wir im Testbild auf einer gedachten

Abb. 7.9 Parametrisierung einer Geraden in der *(x,y)*-Ebene in der Normalform mit Abstand ρ und Winkel θ

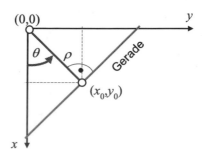

Geraden mehrere Bildelemente als PKP. Alle anderen Bildelemente werden als Hintergrund betrachtet und spielen keine Rolle. Mit dem MATLAB-Befehl `hough` wird die SHT berechnet, siehe Programm 7.1. Er liefert alle nötigen Informationen, um den Hough-Raum graphisch darzustellen, wie später noch erklärt wird. Abb. 7.10 zeigt das Testbild mit PKP auf der Geraden im Abstand ρ gleich 30 Pixel und Winkel θ gleich 60°. Das Ergebnis der STH ist daneben im Hough-Raum zu sehen. Wir erhalten ein ganzes Bündel von Kurven. Für jeden der 19 PKP wird eine Kurve im Hough-Raum berechnet. Das heißt, für die im Intervall $[-90°, 90°[$ vorgegebenen Stützstellen des Winkels werden jeweils die „Abstände" berechnet und eingetragen. Weil im Testbeispiel alle PKP auf einer Geraden liegen, gibt es genau eine Kombination von „Abstand" und Winkel, in der sich alle 19 Kurven schneiden.

Für den Schnittpunkt werden die Werte 29.5 (X) und 30 (Y) angezeigt. Der „Abstand" (Y) ist gleich dem eingestellten Wert von 30 Pixel. Der Winkel (X) harmoniert mit der Vorgabe, wenn man Berücksichtigt, dass im Vergleich zu Abb. 7.9 in der MATLAB-Dokumentation zum Befehl `hough` die x- und y-Achsen vertauscht sind und der Winkel im Uhrzeigersinn orientiert ist, also hier umgerechnet werden muss, $90° - 29,5° \approx 60°$. Die Gerade in Abb. 7.10 besitzt im (x,y)-Koordinatensystem den Steigungswinkel $-30°$. Die gesuchte Geraden ist somit korrekt detektiert.

Der Zusammenhang zwischen den Parametern im Koordinatensystem in Abb. 7.9 und den Programmparametern in MATLAB in Abb. 7.10 ist etwas unübersichtlich. Wir betrachten deshalb ein weiteres Beispiel und geben im Programm 7.1 mit -30 und -60 negative Werte für „Abstand" und Winkel vor.

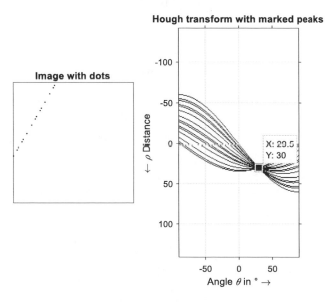

Abb. 7.10 Testbild mit „Gerade" $(30,60)$ und Hough-Raum (`bv_kh_6.m`)

In Abb. 7.11 resultieren 22 PKP, deren Kurven im Hough-Raum sich wieder in genau einem Punkt mit den Werten −30 (X) und 30 (Y) schneiden. Die Gerade selbst besitzt im *(x,y)*-Koordinatensystem den Steigungswinkel 30°.

Der Zusammenhang der Parameter erschließt sich aus den Zahlenwertbeispielen in Tab. 7.1 und kann in der folgenden Übung nochmal nachvollzogen werden.

Übung 7.5 Testbeispiel zur Standard-Hough-Transformation
Ändern Sie Programm 7.1 so, dass beide Geraden in einem Testbild vereint werden. Überprüfen Sie die Ergebnisse anhand Tab. 7.1.

Hinweis. Werden nicht alle Schnittpunkte im Hough-Raum markiert, überprüfen Sie die Einstellungen des Befehls `houghpeaks`.

Die beiden Beispiele in Übung 7.5 zeigen Geraden unterschiedlicher Längen im Bild. Damit verbunden ist ein systematischer Fehler, das *Bias* für die Entdeckung der Geraden. Je länger die Gerade im Bild, umso mehr PKP können auf ihr liegen. Umso höher ist die Wahrscheinlichkeit, dass sich viele Kurven schneiden. Um den Bias zu kompensieren, kann die maximal mögliche Länge der Geraden im Bild in Form eines Gewichtsfaktors berücksichtigt werden. Kurven zu Geraden mit kürzeren Längen erhalten ein entsprechend größeres Gewicht (Burger und Burge 2015).

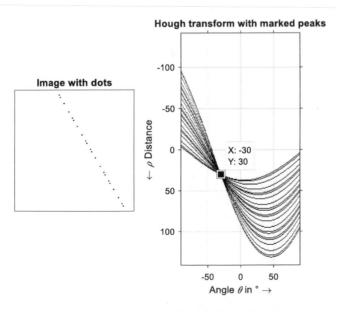

Abb. 7.11 Testbild mit „Gerade" (-30,-60) und Hough-Raum (bv_kh_6.m)

Tab. 7.1 Zusammenhang zwischen den Parametern ρ und θ des Koordinatensystems in Abb. 7.9 und den Programmparametern `rho` und `theta` in MATLAB

„Abstand" in Pixel und Winkel in °		Kommentar
Abb. 7.9: (ρ, θ)	MATLAB: (X, Y) bzw. (theta, rho)	(x,y)-Koordinatensystem, Abb. 7.9 Schnittpunkte: mit x-Achse bei $x_0 = \rho /\cos(\theta)$ und mit y-Achse bei $y_0 = \rho /\sin(\theta)$
$(30, 60)$	$(30, 30)$	Gerade mit Steigung $-30°$; Schnittpunkte: $x_0 > 0$ und $y_0 > 0$
$(30, -60)$	$(-30, -30)$	Gerade mit Steigung $+30°$; Schnittpunkte: $x_0 > 0$ und $y_0 < 0$
$(-30, 60)$	Keine Lösung	Gerade mit Steigung $-30°$; Schnittpunkte: $x_0 < 0$ und $y_0 < 0$ Gerade nicht im Bild (1. Quadranten)
$(-30, -60)$	$(-30, 30)$	Gerade mit Steigung $30°$; Schnittpunkte: $x_0 < 0$ und $y_0 > 0$

Programm 7.1 Testbeispiel zur Standard-Hough-Transformation

```
% Standard Hough transform
% bv_kh_6 * mw * 2018-10-13
%% Test image
theta = 60; % angle in degree
rho = 30; % distance in pixel
I = zeros(100,100);
a = cos(theta*(pi/180)); b = sin(theta*(pi/180));
for x=1:100
    for y=1:100
        r = a*(x-1) + b*(y-1);
        if abs(rho-r)<.1
            I(x,y) = 1;
        end
    end
end
%% Hough transform
[H,T,R] = hough(I,'Theta',-90:.5:89.5,'RhoResolution',1);
P = houghpeaks(H,3);
%% Graphics
FIG = figure('Name','Hough transform','NumberTitle','off');
    subplot(1,2,1), imshow(~I); title('Image with dots');
    subplot(1,2,2),    imshow(~imadjust(mat2gray(H)),'XData',T,'YData
',R);
    grid; xlabel('{Angle \it\theta} in ° \rightarrow')
    ylabel('\leftarrow {\it\rho} Distance');
```

```
axis on, axis normal;
hold on
plot(T(P(:,2)),R(P(:,1)),'s','color','red','LineWidth',2,…
    'MarkerFaceColor','b','MarkerSize',10);
title('Hough transform with marked peaks');
```

Liegen Kantenpunkte auf einer Geraden, so existiert ein gemeinsamer Lösungs-
parametersatz für die Normalengleichung. Für das Auffinden von Geraden sind die
Schittpunkte der Kurven im Hough-Raum relevant.

7.3.2 Hough-Methode für die Detektion von Geraden

Die Beispiele im letzten Abschnitt motivieren eine robuste digitale Implementierung zur
Kantendetektion. Zunächst werden binäre Kantenbilder erzeugt, beispielsweise mit der
Sobel- oder der Canny-Methode. Also Bilder mit Schätzungen für Kantenpunkte und
Hintergrund. Die Transformation der geschätzten Kantenpunkte in den Hough-Raum
liefert dann Kurven deren Schnittpunkte auf Geraden im Kantenbild hinweisen. Je mehr
Kurven sich in einem Punkt schneiden, umso mehr der geschätzten Kantenpunkte lassen
sich der Lösungsgeraden zuordnen. Und umso vertrauenswürdiger ist die Entscheidung.
Man spricht deshalb von einem *Abstimmungsverfahren*. Die wahrscheinlichsten Geraden
werden benutzt, um im Kantenbild die Kantenpunkte bzw. Kantenbruchstücke zu ver-
binden. Dies geschieht in einem *Schwellenwertverfahren* solange, wie die zu über-
brückenden Abstände (Lücken) nicht zu groß sind.

Die praktische Umsetzung der Hough-Transformation und das Abstimmungsverfahren konkretisiert das folgende MATLAB-Beispiel. Den Ausgangspunkt bildet ein
binäres Bild BW mit geschätzten Kantenpunkten, die als logisch wahr (true, 1) codiert
sind. Der Befehl hough liefert dann das Abstimmungsergebnis in der *Akkumulationsmatrix* H sowie die Repräsentanten des Winkels θ im Vektor T und die Repräsentanten
des „Abstandes" ρ im Vektor R.

```
[H,T,R] = hough(BW,'Theta',-90:0.5:89.5,…
    'RhoResolution',0.5);
```

In der Anwendung hat sich eine nicht zu kleine Schrittweite für die Diskretisierung
des Hough-Raumes als robust bewährt. Die Parametrisierung im Befehlsaufruf, den
Optionen Theta und RhoResolution, bestimmen die Intervalleinteilung im Hough-
Raum und somit die Repräsentanten T_k und R_l in den Vektoren T und R. Damit sind auch
die Längen der Vektoren, N_R bzw. N_T, festgelegt.

Zu Beginn des Abstimmungsverfahrens wird die Akkumulationsmatrix H mit N_R
Zeilen und N_T Spalten als Nullmatrix initialisiert. Darauf werden zu jedem geschätzten

Kantenpunkt im Bild BW für die diskreten Winkel T_k von $-90°$ bis $89,5°$ die möglichen diskreten Abstände R_l bestimmt und gegebenenfalls das jeweils zugehörige Element der Akkumulationsmatrix $H_{k,l}$ inkrementiert. So entsteht schließlich in der Akkumulationsmatrix das Ergebnis des Abstimmungsverfahrens. Abstimmungsergebnis und Repräsentanten, die Stützstellen im Hough-Raum, werden zur Weiterverarbeitung ins aufrufende Programm zurückgegeben.

Die Auswertung des Abstimmungsverfahrens unterstützt der Befehl

```
P = houghpeaks(H,3);
```

Er liefert die Indizes der, hier im Beispiel drei, größten Elemente in H, also die Parametersätze (ρ_i, θ_i) der drei „wahrscheinlichsten" Geraden im Kantenbild.

Die *Klassifikation* der Kanten erfolgt abschließend unter der Beachtung zweier Schwellen. Erstens, die maximal zulässige Lücke an Bildelementen zwischen PKP „auf einer geraden Kante", die durch den Algorithmus gefüllt werden darf (FillGap). Und zweitens, die minimal zulässige Länge an Bildelementen einer detektierten Kante (MinLength). Für das Eingangsbild I und den Ergebnissen der SHT T, R und P liefert der Befehl

```
line = houghlines(BW,T,R,P,'FillGap',50,'MinLength',100);
```

eine Datenstruktur die Anfangs- und Endpunkte, sowie Winkel und Abstände der detektierten Kanten beinhaltet. Damit liegen alle Informationen vor, um beispielsweise die detektierten Kanten als Geradenstücke in das Eingangsbild einzutragen.

▶ Die *SHT-Methode* zur Detektion von geraden Kanten beinhaltet drei Schritte:

- Zum Eingangsbild wird ein binäres Bild mit vorläufig geschätzten Kantenpunkten erzeugt (z. B. mit dem Sobel-Operator oder der Canny-Methode unter Einschluss einer Schwellenwertoperation, edge).
- Zu den potenziellen Kantenpunkten und ihren möglichen Geraden werden die Parametersätze im diskreten Hough-Raum berechnet und das Abstimmungsverfahren mit der Akkumulationsmatrix durchgeführt (hough). Die am häufigsten gewerteten Geraden werden ausgewählt (houghpeaks).
- Schließlich werden aus den möglichen Kantenpunkten und den gewerteten Geraden die geraden Kantenstücke detektiert (houghlines). Eingesetzt wird ein Schwellenwertverfahrens mit Vorgaben für die Mindestlänge der Kantenstücke und der maximal zulässigen Länge möglicher Unterbrechungen. Die SHT-Methode liefert jeweils Anfangs- und Endpunkte, sowie Abstand und Winkel der Geradenstücke vom Ursprung.

Übung 7.6 Anwendung der SHT-Methoden zur Detektion von geraden Kanten
Während der menschliche Betrachter in Bildern anhand weniger Punkte spontan Muster erkennen kann, ist dies für das maschinelle Sehen nur in bestimmten Fällen und mit erhöhtem Aufwand möglich. In dieser Übung erfahren Sie anhand eines typischen Beispiels wie die SHT-Methode eingesetzt werden kann. Dazu sollen Sie das Beispiel in Abb. 7.12 mit MATLAB nachvollziehen.

Beachten Sie dabei, dass die Ergebnisse der SHT-Methode im Beispiel stark von den Parametereinstellungen abhängen. Schreiben Sie deshalb zunächst ein komplettes Programm mit Parameterwerte nach Gutdünken. Danach passen Sie die Parametereinstellungen so an, dass Sie ein Ergebnis ähnlich Abb. 7.12 erhalten.

a) Verwenden Sie die Bildvorlage `hsfd1.jpg` und erzeugen Sie ein Kantenbild.
b) Führen Sie die SHT mit dem Befehle `hough` durch. Finden Sie eine Einstellung für die Diskretisierung des Hough-Raums.
c) Finden Sie drei dominante Geraden mit dem Befehl `houghpeaks`, vgl. Abb. 7.12.
d) Zum Auffinden der geraden Kantenstücke benutzen Sie den Befehl `houghlines`.
e) Überlagern Sie die detektierten Kantenstücke dem Originalbild.

Abb. 7.12 und Übung 7.6 zeigen die typischen Fähigkeiten der SHT auf, die aus ihrem methodischen Aufbau resultieren, geradenstücke zu Schätzen und dazu auch Lücken zwischen Kantenpunkten zu überbrücken. Die einfache SHT-Methode führt eine Kantendetektion im engeren Sinne durch und liefert gute Ergebnisse, wenn nicht zu viele Bilddetails stören und die Zahl der Linien relativ klein ist. Sie ist empfindlich bezüglich der Parametereinstellungen, so dass für ihre Anwendung eine klar umrissene Aufgabenstellung mit Vorwissen hilfreich ist.

Abb. 7.12 Beispiel zur Kantendetektion mittels Hough-Transformation mit drei geraden Linien (Winkel θ nach MATLAB) (`bv_kh_7.m`, `hsfd1.jpg`)

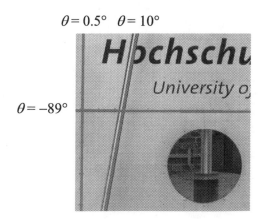

7.3.3 Hough-Transformation für Kreise

Die Hough-Methode für Geraden lässt sich auf weitere parametrisierbare Kurven erweitern. Allerdings nimmt mit jedem zusätzlichen Parameter der Aufwand zu.

Ein *Kreis* ist die Ortskurve aller Punkte *(x, y)*, die von einem Punkt, dem Mittelpunkt (x_0, y_0), gleich weit entfernt sind.

$$(x - x_0)^2 + (y - y_0)^2 = r^2$$

Der Kreis ist mit seinen Mittelpunktskoordinaten (x_0, y_0) und dem *Radius r* eindeutig bestimmt. Ähnlich wie bei der SHT kann ausgehend von den PKP nach Kreisen gesucht werden. Man spricht dann von der CHT („circular Hough transform")mit dem dreidimensionalen *Hough-Raum* (x_0, y_0, r). Statt aufwendig alle möglichen Parameterkombinationen für alle PKP durchzusuchen, kann die Suche etwas vereinfacht werden (z. B., Burger und Burge 2015).

MATLAB bietet zur CHT den Befehl `imfindcircles` an und stellt zwei Methoden zur Auswahl: die Phase-coding-Methode (vorbesetzt) und die Two-stage-Methode. Die Methoden werden in der MATLAB-Dokumentation (The MathWorks, Inc. [2011]) kurz skizziert und mit Literaturhinweisen versehen. Der kürze Halber wird hier auf weitere Erklärungen verzichtet und die Anwendung der CHT in MATLAB in einer Übung ausführlich vorgestellt.

Übung 7.7 Anwendung der CHT-Methode zur Detektion von Münzen
Zu Test verwenden Sie das Bild `muenzen` mit fünf Zweieuro- und zwei Eineuromünzen (Kap. 4). Lesen Sie sich die Aufgabenstellung zunächst ganz durch. Ein mögliche Umsetzung der Übung finden Sie in Programm 7.2 mit den Ergebnissen in Abb. 7.13.

a) Der Einfachheit halber reduzieren Sie die Bildgröße mit `imresize` auf die Hälfte.
b) Im ersten Schritt bestimmen Sie die Pixel-Größe der Münzen mit dem Werkzeug `imtool`.
c) Im zweiten Schritt wandeln Sie das Bild in ein Kantenbild um. Dazu setzen Sie die Canny-Methode mit dem Befehl `edge` ein.
d) Im dritten Schritt wenden Sie den Befehl `imfindcircles` für die CHT auf das Kantenbild für die Zweieuromünzen an. Kontrollieren Sie die gefundenen Münzen anhand der geschätzten Radien. Justieren Sie die Parameter so, dass nur die Zweieuromünzen erfasst werden.
e) Stellen Sie die gefundenen Kreise mit dem Befehl `viscircles` im Kantenbild dar, siehe Abb. 7.13.

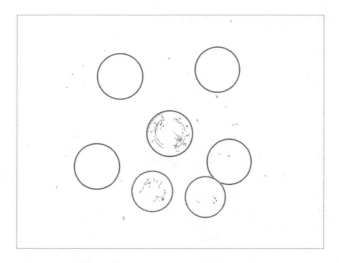

Abb. 7.13 Detektion von Kreisen mit der CHT-Methode (bv_kh_8.m, muenzen.jpg)

Programm 7.2 Hough-Transformation zur Entdeckung von Kreisen (CHT)

```
% Circular Hough transform
% bv_kh_8 * mw * 2018-10-15
%% Test image
I = imread('muenzen.jpg');
I = imresize(I,.5);
if ndims(I)==3; I=rgb2gray(I); end
thresh = [.2 .5]; sigma = .5;
[BW,thresh] = edge(I,'canny',thresh, sigma); % edge image
FIG1 = figure('Name','Edge image','NumberTitle','off');
      imshow(~BW),
      titleC = strcat('Canny: ',num2str(thresh(1)),',',...
          num2str(thresh(2)),',',num2str(sigma));
%% Circular Hough transform
title(strcat(titleC,' - imfindcircles'));
D1 = 230; RR1 = round(D1*[.48 .52]); % radius range
[C1,R1,M1] = imfindcircles(BW,RR1,'Sensitivity',.95,...
    'ObjectPolarity','bright');
viscircles(C1,R1,'EdgeColor','b');
D2 = 208; RR2= round(D2*[.48 .52]); % radius range
[C2,R2,M2] = imfindcircles(BW,RR2,'Sensitivity',.95,...
    'ObjectPolarity','bright');
viscircles(C2,R2,'EdgeColor','r');
```

Übung 7.8 Anwendung der CHT-Methode zur Detektion von Münzen
In dieser Übung sollen Sie die CHT-Methode an einem etwas schwierigeren Beispiel wiederholen. Das Bild `muenzena` zeigt Münzen in unterschiedlichen Größen, die zum Teil übereinanderliegen. Können alle Münzen detektiert werden?
Hinweis. Die CHT-Methode mit dem Befehl `imfindcircles` ist empfindlich bezüglich der Bildvorlage und der Parametereinstellungen. Variieren Sie gegebenenfalls die Parametereinstellungen bis Sie eine passende Darstellung erhalten.

Quiz 7.2

Füllen sie die Textlücken sinngemäß.
1. Die SHT wird zur Erkennung von ___ verwendet.
2. Die SHT-Methode verwendet ___, um ___ der Detektion zu verbessern.
3. Das Akronym SHT steht für ___.
4. Die SHT-Methode schließt ___ zwischen den potentiellen Kantenpunkten.
5. Die SHT-Methode verwendet zwei ___.
6. Der Hough-Raum der SHT wird durch die beiden Variablen ___ und ___ aufgespannt.
7. Bei der SHT-Methode handelt es sich um eine ___.
8. Je mehr Kurven sich im Hough-Raum in einem Punkt ___ umso ___ ist die zugeordnete Kante.
9. Die SHT-Methode wird in ___ Schritten durchgeführt.
10. MATLAB bietet für die SHT drei sich ergänzende Befehle in der Reihenfolge ___, ___ und ___ an.
11. Ein Punkt im Hough-Raum repräsentiert im Bild eine Geraden in ___
12. Im Befehl `[H,T,R] =hough(I,'Theta',90:89,'RhoResolut ion',1)` steht die Programmvariable `H` für ___.
13. Das Akronym CHT steht für ___.
14. Der Hough-Raum für Kreise besteht aus ___ Dimensionen.
15. Der Befehl `imfindcircles` benötigt mindestens zwei Eingaben, nämlich ___ und ___.
16. Die Ergebnisse der SHT bzw. CHT hängen starkt von den Bildern und ___ ab.

7.4 Aufgaben

Aufgabe 7.1 USM
Zeigen Sie ohne lange Rechnung, dass die USM, Abb. 7.7, auf eine ähnliche Wirkung wie die Kantenschärfung mit der Laplace-Filter-Methode zurückgeführt werden kann.
Hinweis. Siehe Glättungsfilter, Tiefpass und Hochpass.

Aufgabe 7.2 Normalform

Veranschaulichen Sie sich die Beispiele zur SHT. Skizzieren Sie die vier Geraden in Tab. 7.1 im Koordinatensystem nach Abb. 7.9.

7.5   Zusammenfassung

Dieser Studienbrief knüpft an die grundlegende Eigenschaft der Ableitung von Funktionen an. Die erste Ableitung spiegelt die Steigung und die zweite die Krümmung eines Signals wider. In den Grauwertbildern können die Steigung, d. h. die Änderung der Intensität in einer Nachbarschaft mit Kanten in Verbindung gebracht werden. Die Krümmung ist zu Beginn eines Anstiegs stets positiv und zum Ende negativ. Im Falle eines Abfalls genau umgekehrt. Dieser eindeutige Zusammenhang begründet in der Bildverarbeitung die Möglichkeit zur Kantenschärfung. Subtrahiert man das Ausgangssignal des Laplace-Filters, die diskrete Approximation der 2. Ableitung, vom Originalbild, so wird die Intensität zu Beginn des Anstieges abgesenkt und zum Ende erhöht. Im Übergang entsteht eine überhöhte Intensitätsdifferenz, die subjektiv oft als schärfere Kante wahrgenommen wird. Um Bildrauschen nicht übermäßig zu verstärken, wird eine Kombination aus glättendem Gauß-Filter und differenzierendem Laplace-Filter, das LoG-Filter, eingesetzt. Damit lassen sich u. U. Unschärfen bei Bilderaufnahmen nachträglich maskieren. Methoden die auf diesen Prinzipien beruhen werden auch Unschärfemaskierung (USM) genannt.

Den zweiten Schwerpunkt des Kapitels bildet die Hough-Transformation zur Kantendetektion. Sie führt eine Detektion im engeren Sinne durch. Es werden Kanten als parametrisierbare geometrische Formen klassifiziert. Im einfachsten Fall werden Geradenstücken durch die Parameter Anfang, Ende, Abstand und Winkel bestimmt. Die SHT-Methode geht in drei Schritten vor. Im ersten wird ein Kantenbild erzeugt, das potenzielle Kantenpunkte enthält. Im zweiten werden durch die potenziellen Kantenpunkte Geraden gelegt und durch das Abstimmungsverfahren bewertet. Im dritten Schritt werden die bewerteten Geraden anhand einer Schwellenwertentscheidung ausgewählt bzw. zurückgewiesen. Anhand von weiteren Schwellenwertentscheidungen bzgl. der Mindestlänge und der maximalen breite von Lücken werden schließlich Geradenstücke als Kanten detektiert und parametrisiert.

Die Hough-Transformation kann allgemein auf parametrisierbare Kurven erweitert werden. Mit jedem Parameter steigt jedoch die Komplexität des Algorithmus. Die Bestimmung von Kreisen, die CHT-Methode, wird von MATLAB unterstützt.

7.6   Lösungen zu den Aufgaben

Zu **Quiz 7.1**

1. Kantenschärfen
2. null
3. identisch (isotrop)
4. negatives, Zentrum
5. `fspecial`
6. `[0 1 0; 1 −4 1; 0 1 0]`
7. LoG
8. Zero-crossing-Methode
9. Unschärfemaskierung
10. Wichzeichnen
11. `imsharpen`
12. geschlossene
13. `edge`
14. des Grenzkontrasts

Zu **Quiz 7.2**

1. Geraden
2. ein Abstimmverfahren, die Zuverlässigkeit
3. Standard Hough-Transformation
4. Lücken
5. Schwellen
6. „Abstand" *(ρ)*, Winkel *(θ)*
7. Detektion
8. schneiden, wahrscheinlicher
9. drei
10. `hough`, `houghpeaks`, `houghlines`
11. der (Hesseschen) Normalform
12. die Akkumulationsmatrix
13. „circular Hough transform" (zirkuläre Hough-Tranformation)
14. drei
15. Bild, Radius
16. den (Programm-)Parametern/Einstellungen

Zu **Aufgabe 7.1** Unschärfemaskierung (USM) vs. Laplace-Filter

Aus der USM folgt mit dem Glättungsfilter als Tiefpass, dass eine Filterung mit einem Hochpass vorliegt.

$$\hat{\mathbf{I}} = (1+\alpha)\cdot\mathbf{I}-\alpha\cdot\mathbf{I}**\mathbf{h}_{\mathrm{TP}} = \mathbf{I}+\alpha\cdot\mathbf{I}**\underbrace{(1-\mathbf{h}_{\mathrm{TP}})}_{\text{Hochpass }\mathbf{h}_{\mathrm{HP}}} = \mathbf{I}+\alpha\cdot\mathbf{I}**\mathbf{h}_{\mathrm{HP}} = \mathbf{I}**(1+\alpha\cdot\mathbf{h}_{\mathrm{HP}})$$

Das heißt, die höherfrequenten Anteile im Eingangsbild, die die Kanten bedingen, werden relativ verstärkt.

Das Laplace-Filter basiert auf der 2. Ableitung, im Frequenzbereich der Bewertung des Spektrums $\sim\Omega^2$, siehe Differentiationssatz der Fourier-Transformation. Folglich ist das Laplace-Filter im weiteren Sinne ein Hochpassfilter. Laplace-Filter und USM beruhen auf dem grundsätzlich gleichen Effekt.

Zu Aufgabe 7.2.

Siehe Abb. 7.14.

Zu Übung 7.8.

Siehe Programm 7.9 und Abb. 7.15 für ein Lösungsbeispiel. Die Ergebnisse der CHT hängen im Beispiel stark von der Einstellung der Parameter ab, insbesondere den (Such-) Bereich für den Kreisradius.

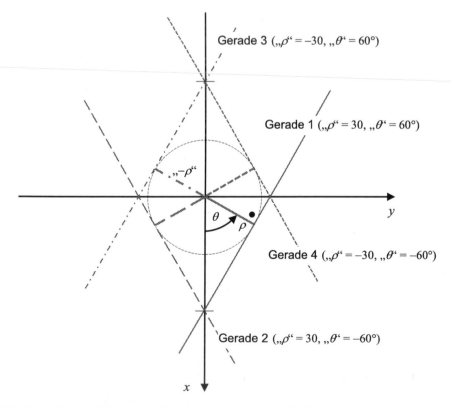

Abb. 7.14 Parametersätze und Geraden („Abstände" und Winkel nach Tab. 7.1) im (x,y)-Koordinatensystem zur hesseschen Normalform

Canny:0.2,0.5,0.8 - imfindcircles

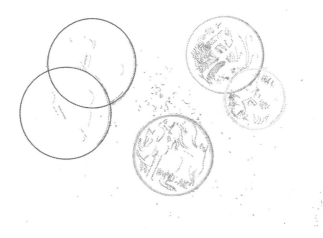

Abb. 7.15 Detektion von Kreisen mit der CHT (`bv_kh_81.m`, `muenzena.jpg`)

7.7   Programmbeispiele

Programm 7.3 Kantenschärfen mit dem Laplace-Filter im `uint8`-Format

```
% Sharpening with Laplace filter
% bv_kh_1 * mw * 2018-10-11
I = imread('Parks.jpg');
if ndims(I)==3; I=rgb2gray(I); end
FIG = figure('Name','mL Original','NumberTitle','off');
  imshow(I), title('Original')
%% Laplace operator and sharpening - uint8 format
alpha = 0;
mL = fspecial('laplacian',alpha); % Laplace operator
JL = imfilter(I,mL); % Laplace filtering
w = .8; J = imsubtract(I,w*JL); % sharpening
FIG = figure('Name','LF sharped image','NumberTitle','off');
  imshow(J), title(['LF sharped; ',num2str(alpha),'; ',num2str(w)])
FIG = figure('Name','LF output','NumberTitle','off');
  imshow(imcomplement(JL)),          title(['LF          output(inverted);
',num2str(alpha)])
```

Programm 7.4 Kantenschärfen mit dem LoG-Filter

```
% Laplacian of Gaussian filter - sharpening
% bv_kh_2 * mw * 2018-10-11
I = imread('Rosaparks.jpg'); I = rgb2gray(I);
FIG1 = figure('Name','LoG - Original','NumberTitle','off');
  imshow(I), title('Original')
%% Laplacian of Gaussian filter operator
sigma = .5; N = 2*fix(3*sigma)+1;
mLoG = fspecial('log',[N N],sigma); % LoG operator
JLoG = imfilter(I,mLoG,'replicate'); % filtering (uint8)
w = 1; J = imsubtract(I,w*JLoG); % sharpening (uint8)
FIG2 = figure('Name','LoG - sharped','NumberTitle','off');
  imshow(J), title(['LoG - sharped; ',num2str(w)])
FIG3 = figure('Name','LoG filter output','NumberTitle','off');
  imshow(imcomplement(JLoG))
  title(['LoG filter output (inverted); ',num2str(w)])
```

Programm 7.5 LoG-Filter

```
% LoG filter mask
% bv_kh_3 * mw * 2018-10-11
%% 2-dim. LoG filter
sigma = 3; N = 2*ceil(3*sigma)+1;
mask = fspecial('log',[N N],sigma); % LoG operator
%% Graphics
FIG1 = figure('Name','bv_kh_3 : norm. LoG filter mask',…
    'NumberTitle','off');
    MAX = max(max(abs(mask))); % normalized Gaussian filter mask for
graphics
    n = 0:N-1;
    surf(n,n,mask/MAX); axis ij; colormap cool
    axis([0 N-1 0 N-1 -1 .2]);
    xlabel('{\itn}_2 \rightarrow'), ylabel('{\itn}_1 \rightarrow')
    zlabel('Filter mask (norm.)')
    title('3-D surface plot for LoG filter mask')
FIG2 = figure('Name','bv_kh_3 : norm. LoG filter mask',…
    'NumberTitle','off');
    [C,h] = contour(n,n,mask/MAX,…
        [-.8 -.6 -.4 -.2 -.1 0 .01 .05 .1 .15 .2]);
    axis equal, axis ij; grid
    set(h,'ShowText','on','TextStep',get(h,'LevelStep')*2),   colormap
cool
    xlabel('{\itn}_2 \rightarrow'), ylabel('\leftarrow {\itn}_1')
```

```
    title('Contour plot of LoG filter mask (norm.)')
% 1-dimensional
h = mask(round(N/2),:)/MAX;
FIG3 = figure('Name','bv_kh_3 : norm. LoG function',…
    'NumberTitle','off');
    stem(n,h,'filled'), grid
    axis([0 N-1 -1 .2]);
    xlabel('{\itn} \rightarrow'), ylabel('{\ith}[{\itn}] \rightarrow')
    title('1-dim. LoG filter (section)')
```

Programm 7.6 USM-Methode

```
% Unsharp mask
% bv_kh_4 * mw * 2018-10-11
I = imread('Parks.jpg');
if ndims(I)==3; I=rgb2gray(I); end
%% USM
R = 1; A = .8; Th = 0; % default 1; .8; 0
Js  =  imsharpen(I,'Radius',R,'Amount',A,'Threshold',Th);   %   sharpen
image
%% Graphics
FIG = figure('Name','USM','NumberTitle','off');
  subplot(1,2,1),imshow(I), title('Original')
  subplot(1,2,2),imshow(Js),  title(['Imsharpen;  ',num2str(R),',  ',…
num2str(A),', ',num2str(Th)])
```

Programm 7.7 Zero-crossing-Methode

```
% Zero-crossing method
% bv_kh_5 * mw * 2018-10-11
I = imread('Tim_Struppi.jpg');
if ndims(I)==3; I=rgb2gray(I); end
% LoG operator and edge detection
sigma = 2; N = 2*ceil(3*sigma)+1;
mLoG = fspecial('log',[N N],sigma); % LoG operator
% edge detection
[I0X,thzc] = edge(I,'zerocross',mLoG);
%% Graphics
FIG = figure('Name','Zero crossing','NumberTitle','off');
imshow(I), title('Original')
FIG = figure('Name','Zero crossing','NumberTitle','off');
  imshow(~I0X)
  title(['Zero-crossing method; ',num2str(thzc),'; ',num2str(sigma)])
```

Programm 7.8 Kantendetektion mit der SHT-Methode

```
% Standard Hough transform
% bv_kh_7 * mw * 2018-10-15
%% Test image
I = imread('hsfd1.jpg');
if ndims(I)==3; I=rgb2gray(I); end
[BW,thresh] = edge(I,'canny',[.1,.5],.5); % edge image
FIG = figure('Name','Edge image','NumberTitle','off');
    imshow(~BW), title(['Canny, ',num2str(thresh)])
%% Standard Hough transform
[H,T,R] = hough(BW,'Theta',-90:.5:89.5,'RhoResolution',1); % SHT
P = houghpeaks(H,3,'Threshold',.4*max(max(H)));  % Find peaks in SHT
matrix
FIG = figure('Name','SHT','NumberTitle','off');
    subplot(1,2,1), imshow(I); title('Hough test');
    subplot(1,2,2), imshow(mat2gray(H),'XData',T,'YData',R); grid;
    xlabel('{\it\theta} in ° \rightarrow'),
    ylabel('\leftarrow {\it\rho}');
    axis on, axis normal; hold on
    plot(T(P(:,2)),R(P(:,1)),'s','color','red');
    title('Standard Hough transform with peaks marked');
%% Detect line segments
[N1,N2] = size(BW); NL = min(N1,N2);
lines = houghlines(BW,T,R,P,…
    'FillGap',.2*NL,'MinLength',.05*NL);
% Display detected lines
FIG = figure('Name','SHT detected lines','NumberTitle','off');
    subplot(1,2,1), imshow(~BW)
    subplot(1,2,2), imshow(I), hold on
for k = 1:length(lines)
    xy = [lines(k).point1; lines(k).point2];
    plot(xy(:,1),xy(:,2),'LineWidth',3,'Color','red');
end
% Display results on screen
[M,N] = size(I);
fprintf('\nSHT\n')
fprintf('Image size (x,y) %4i x %4i\n',N,M)
for k = 1:length(lines)
    fprintf('\nStart (pixel) : %4i, %4i\n',lines(k).point1)
    fprintf('End (pixel) : %4i, %4i\n',lines(k).point2)
    fprintf('Theta (grad) : %6.1f\n',lines(k).theta)
    fprintf('Rho (pixel) : %6.1f\n',lines(k).rho)
end
```

Programm 7.9 CHT-Methode

```
% Circular Hough transform
% bv_kh_81 * mw * 2018-10-16
%% Test image
I = imread('muenzena.jpg');
I = imresize(I,.5);
if ndims(I)==3; I=rgb2gray(I); end
thresh = [.2 .5]; sigma = .8;
[BW,thresh] = edge(I,'canny',thresh, sigma); % edge image
FIG1 = figure('Name','Edge image','NumberTitle','off');
    imshow(~BW),
    titleC = strcat('Canny: ',num2str(thresh(1)),',',…
        num2str(thresh(2)),',',num2str(sigma));
%% Circular Hough transform
title(strcat(titleC,' - imfindcircles'));
D1 = 570; RR1 = round(D1^[.42 .54]); % radius range
[C1,R1,M1] = imfindcircles(BW,RR1,'Sensitivity',.98,…
    'ObjectPolarity','bright');
viscircles(C1,R1,'EdgeColor','b');
D2 = 500; RR2 = round(D2*[.46 .54]); % radius range
[C2,R2,M2] = imfindcircles(BW,RR2,'Sensitivity',.98,…
    'ObjectPolarity','bright');
viscircles(C2,R2,'EdgeColor','r');
D3 = 470; RR3 = round(D3*[.46 .54]); % radius range
[C3,R3,M3] = imfindcircles(BW,RR3,'Sensitivity',.98,…
    'ObjectPolarity','bright');
viscircles(C3,R3,'EdgeColor','g');
D4 = 370; RR4 = round(D4*[.46 .54]); % radius range
[C4,R4,M4] = imfindcircles(BW,RR4,'Sensitivity',.98,…
    'ObjectPolarity','bright');
viscircles(C4,R4,'EdgeColor','y');
```

Literatur

Birbaumer, N., & Schmidt, R. F. (2010). *Biologische Psychologie* (7. Aufl.). Heidelberg: Springer Medizin.

Bronstein, I. N., Semendjajew, K. A., Musiol, G., & Mühlig, H. (1999). *Taschenbuch der Mathematik* (4. Aufl.). Frankfurt a. M.: Harri Deutsch.

Burger, W., & Burge, M. J. (2015). *Digital image processing. An algorithmic introduction using Java* (2. Aufl.). London: Springer.

Gonzalez, R. C., & Woods, R. E. (2018). *Digital image processing* (4. Aufl.). Harlow (UK): Pearson Education.

Hergé, G. R. (1998). Die Krabbe mit den goldenen Scheren. *Tim und Struppi*, Carlsen Comics,
    Neuausgabe, Bd. 8. Hamburg: Carlsen.
Parks (28.3.2014). Verfügbar unter http://de.wikipedia.org/wiki/Rosa_Parks
The MathWorks, Inc. (2011). *Image processing toolbox^{TM} user's guide. R2011b*. Natick, MA.

Morphologische Transformationen

8

Inhaltsverzeichnis

Die Originalversion dieses Kapitels wurde revidiert: Die fehlerhaften Gleichungen auf S. 218 und S. 220 wurden korrigiert. Außerdem wurde elektronisches Zusatzmaterial beigefügt. Ein Erratum ist verfügbar unter https://doi.org/10.1007/978-3-658-22185-0_15

Elektronisches Zusatzmaterial Die elektronische Version dieses Kapitels enthält Zusatzmaterial, das berechtigten Benutzern zur Verfügung steht
https://doi.org/10.1007/978-3-658-22185-0_8

© Springer Fachmedien Wiesbaden GmbH, ein Teil von Springer Nature 2021, korrigierte Publikation 2021
M. Werner, *Digitale Bildverarbeitung,* https://doi.org/10.1007/978-3-658-22185-0_8

Zusammenfassung

Die morphologischen Filter ändern die Gestalt von Bildobjekten. Die elementaren Transformationen Erosion und Dilatation lassen Bildobjekte schrumpfen bzw. wachsen. Elementare Operationen können zu komplexen Transformationen zusammengefügt werden. Es können Objekte geöffnet, geschlossen, gefüllt, verdickt und verdünnt werden. Das Skelettieren reduziert Bildobjekte auf ihre Struktur und führt zu einer Informationsverdichtung. Schließlich unterstützt die Hit-or-Miss-Transformation die Objekterkennung. Und bei der markergesteuerten Wasserscheidentransformation reduzieren morphologische Transformationen das Problem der Übersegmentierung.

Schlüsselbegriffe

Ausdünnen („thinning") · Dilatation („dilation") · Don't-care-Elemente · Erosion („erosion") · Füllen („hole filling") · Hit-or-Miss-Transformation · Marker-Bild („marker image") · Maskierungsbild („mask image") · MATLAB · Mittelachsentransformation („medial axis transform") · morphologisches Filter („morphological filter") · Nachbarschaft („neighbourhood" · „adjacency") · Öffnen („opening") · Rekonstruieren („reconstruction") · Schließen („closing") · Skelettierung („skeletonization") · Strukturelement („structure element") · Translation („translation") · Verdicken („thickening") · Wasserscheidentransformation („watershed transform") · Zylinderhut-Transformation („top hat transform")

Im Wort *Morphologie* finden sich das altgriechische Wort morphé für Gestalt oder Form und lógos für Lehre. Allgemein bezeichnet man damit das Studium der Gestalt (Form). Die Verwendung des Begriffs in der Biologie wird auf Johann Wolfgang von Goethe (1749–1832) und Karl Friedrich Burdach (1776–1847) zurückgeführt. In der Mathematik wurde der Begriff in den 1960er Jahren durch die Franzosen G. F. P. M. Matheron (1930–2000) und J. P. F. Serra (*1940) zur Behandlung geometrischer Strukturen eingeführt. Der Begriff fand Eingang in die damals aufkommende digitale Bildverarbeitung. Typische morphologische Operationen sind die Erosion, die Dilatation, das Öffnen („opening") und das Schließen („closing") von Bildobjekten. Zunächst nur auf Schwarz-Weiß-Bilder angewendet, gibt es heute entsprechende Verfahren für Grauwertbilder bzw. Farbkomponentenbilder. Insgesamt 27 morphologische Operationen stellen Gonzalez und Woods (2018, Tab. 9.1) zusammen. MATLAB unterstützt mit dem Befehl `bwmorph`

18 morphologische Operationen auf Schwarz-Weiß-Bildern. Einige häufig verwendete morphologische Operationen lernen wir in diesem Kapitel kennen.

8.1 Schrumpfen und Wachsen

Typische Anwendungen morphologischer Operationen auf Bildern, auch *morphologische Filter* oder Transformationen genannt, finden sich bei binären Dokumenten, z. B. im Digitaldruck. Dort teilt man die Rasterbilder in *Vordergrund-Pixel* und *Hintergrund-Pixel* ein mit den Wertigkeiten „true" (1) bzw. „false" (0).

Dazu üblich ist die schwarze Darstellung des Vordergrunds, wie hier die schwarze Schrift auf weißem Papier in der Digitaldrucktechnik. Falls nicht anders erwähnt folgen wir im Weiteren dieser Konvention.

8.1.1 Logische Operationen

Die Charakterisierung der Bildobjekte in zwei Klassen mit den Wertigkeiten der Bildelemente „true" bzw. „false" ermöglicht die Anwendung der bekannten logischen Operatoren auf die Bilder. Die Anwendung der *logischen Operatoren Nicht* (not, ~), *Und* (and, &) und *Oder* (or, |) auf die Pixel liefert das Komplement, den Durchschnitt bzw. die Vereinigung von Objekten. Sie ändern somit deren Gestalt. Selbstredend können auch zusammengesetzte logische Ausdrücke wie *Nicht-oder* (xor) („exclusive-OR") etc. gebildet werden.

8.1.2 Strukturelemente und Punktmengen

Im dritten Kapitel wurden Rangoperatoren eingeführt, die Bildpunkte und dünne Linien verschwinden lassen und Objekte abrunden können. Rangoperatoren, wie z. B. der Median, stellen eine Klasse von nichtlinearen Operatoren dar und werden als „Nachbarschaftsoperator" durch die Angabe der Maske und der Abbildungsvorschrift definiert. Daran knüpfen wir nun an.

Stellt man sich die Bildelemente eines Rasterbildes als kleine Quadrate vor, so kann ein Bildelement vier Nachbarn über die Seiten und vier über die Ecken besitzen. Daraus ergeben sich die *4er-Nachbarschaft* bzw. die *8er-Nachbarschaft* in Abb. 8.1.

Abb. 8.1 4er- und 8er-Nachbarschaft bzgl. des Elements im Zentrum

Grundsätzlich können Nachbarschaften durch Angabe eines *Strukturelements* definiert werden. Je nach Anwendung werden spezifische Festlegungen getroffen. MATLAB unterstützt die Definition der Nachbarschaft durch das Strukturelement `strel` mit den Optionen `disk` (Scheibe), `diamond` (Raute), `rectangle` (Rechteck), `arbitrary` (elementweise Vorgabe), `line` (Linie) und einige mehr.

Die Algorithmen der morphologischen Filter werden in der Bildverarbeitung kompakt durch Operationen auf zweidimensionalen (flachen) *Punktmengen* beschrieben. Die Punktmenge zu einem Objekt wird aus den Koordinaten der Bildpunkte des Objekts gebildet. Wir betrachten dazu das Beispiel in Abb. 8.2 links. Die Punktmenge Q wird durch die sieben Elemente

$$Q = \{(0,0), (0,1), (0,2), (1,1), (1,2), (2,1), (2,2)\}$$

definiert und umgekehrt. Zwischen den Punktmengen und den Bildobjekten liegen bijektive Abbildungen vor. Man spricht von einem *Isomorphismus* bei dem alle logischen Rechenoperationen der Punktmengen als morphologische Operationen an den Objekten und umgekehrt gedeutet werden können. Im Weiteren werden die Begriffe ausgetauscht, je nachdem, ob an die Rechenoperationen oder die Bildobjekte gedacht wird. Durch eine Abbildung kann die Gestalt der Punktmenge geändert werden. Abb. 8.2 zeigt zwei bekannte geometrische Abbildungen, die *Spiegelung* am Ursprung (0,0) mit

$$\hat{Q} = \{a|a = -q \; \forall \; q \in Q\} =$$
$$= \{(0,0), (0,-1), (0,-2), (-1,-1), (-1,-2), (-2,-1), (-2,-2)\}$$

und die *Translation* mit der Verschiebung $z = (4,-1)$

$$(Q)_z = \{b|b = q + z \; \forall \; q \in Q\} =$$
$$= \{(4,-1), (4,0), (4,1), (5,0), (5,1), (6,0), (6,1)\}.$$

Punktmengen, Strukturelemente sowie Spiegelung und Verschiebung von Punktmengen liefern uns das Werkzeug an die Hand, um wichtige morphologische Operationen der Bildverarbeitung einzuführen, wie im Folgenden die Erosion und die Dilatation.

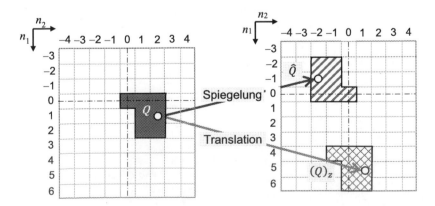

Abb. 8.2 Spiegelung und Translation von Punktmengen

8.1.3 Erosion

Wir illustrieren die Wirkung der Erosion in Abb. 8.3. Links ist ein (Vordergrund-)Objekt dargestellt. Die Grafik ist der Verständlichkeit halber mit einem Rechteckgitter ergänzt und dessen Elemente indiziert. Die zugehörige Punktmenge X ist abzulesen mit

$$X = \{(1,1), (1,3), (2,1) \ldots, (2,4), (3,1), \ldots, (3,5), (4,1), \ldots, (4,4), (5,1), (5,2), (5,3)\}.$$

Das Objekt soll mit dem kreuzförmigen Strukturelement Q erodiert werden. Es repräsentiert die 4er-Nachbarschaft mit zentralem Element („origin"). Auch das Strukturelement ist zur Verdeutlichung in ein Rechteckgitter eingepasst, mit dem Nullpunkt in der Mitte. Somit ergibt sich die Punktmenge des Strukturelements

$$Q = \{(-1,0), (0,-1), (0,0), (1,0), (0,1)\}.$$

Als morphologische Abbildung definieren wir nun die *Erosion* der Punktmenge X. Das heißt, wir bilden aus X eine neue Punktmenge indem wir sukzessive alle Punkte in X betrachten und dabei folgende Regel anwenden: Gehören in einem Punkt $z \in X$ alle Nachbarn ebenfalls zu X, dann und nur dann wird der Punkt in die Ergebnismenge aufgenommen. Das Strukturelement definiert dabei die Nachbarschaft.

Die Vorgehensweise lässt sich anschaulich in Abb. 8.3 nachvollziehen. Bei der Erosion wird das Strukturelement Q sukzessive über alle Punkte z der Bildebene gelegt und geprüft, ob das Strukturelement vollständig im Objekt X enthalten ist. Es resultiert die Punktmenge Y rechts im Bild mit den Elementen

$$Y = \{(2,3), (3,2), (3,3)(3,4), (4,2), (4,3)\}.$$

Die mathematische Formulierung für die Erosion „$\ominus$" ist

$$Y = X \ominus Q = \{y | (Q)_y \subseteq X\}.$$

Äquivalent kann die Erosion auch mit dem Komplement von X, dem Hintergrund X^C, definiert werden.

$$Y = X \ominus Q = \{y | (Q)_y \cap X^C = \emptyset\}.$$

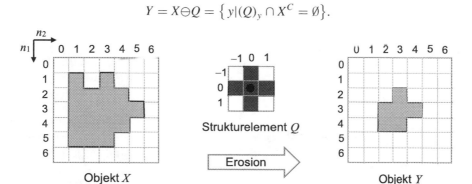

Abb. 8.3 Schrumpfen des Objekts X durch Erosion mit dem Strukturelement Q

Betrachtet man nochmals das Strukturelement und seine Wirkung in Abb. 8.3 wird deutlich, dass alle Randpunkte von X, d. h. alle Punkte die über mindestens eine Seite an ein Hintergrundelement grenzen, entfernt werden. Durch Erosion schrumpfen die Objekte.

Die Anwendung der Erosion auf eine praktische Problemstellungen veranschaulicht Abb. 8.4. Dort ist ein Zitat aus einem Postkartenmotiv des Zentrums für Fernstudien Österreich (2013) durch horizontale und vertikale Linien gestört. Durch Erosion mit einem linienförmigen Strukturelement in senkrechter Orientierung (90°) und einem in waagrechter Orientierung (0°) lassen sich die störenden Linien („Kratzer") fast gänzlich beseitigen.

Weil die Erosion nur Randelemente von den Objekten entfernt (Abb. 8.3) bietet sich die Erosion als Vorbereitung zur Kantendetektion an. Bildet man die XOR-Verknüpfung („logical eXclusive-OR") des Bildes X vor und nach der Erosion mit einem geeigneten Strukturelement Q

$$X - (X \ominus Q),$$

werden genau die Unterschiede, also die Ränder in Abb. 8.5, sichtbar. Man spricht von einem morphologischen *Kantenbild*. Die folgende Übung stellt das Beispiel genauer vor.

Übung 8.1 Erosion

a) Führen Sie für das Bild `logo2w` die Erosion mit dem Befehl `imerode` durch. Verwenden Sie als Nachbarschaft das rautenförmige Strukturelement (`diamond`) mit Abstand 1, 2 und 3, siehe Befehl `strel`. Lassen Sie sich auch das Strukturelement am Bildschirm anzeigen (`image`, `imagesc`).
Hinweis. Beachten Sie einerseits die logische Darstellung der Vordergrund-Objekte mit „true" (1) für die morphologischen Operationen und andererseits die Darstellung der Objekte zur Bildschirmausgabe als schwarz (0) vor weißem (1) Hintergrund.
b) Überprüfen Sie obige Vorschrift zur Berechnung von morphologischen Kantenbildern am Bildbeispiel `logo2w` mit MATLAB.

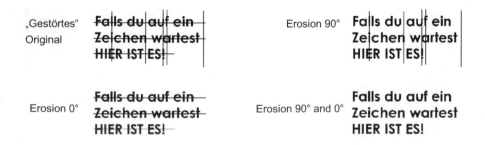

Abb. 8.4 Löschen von schmalen Linien durch Erosion (`bv_mf_2.m`, `text2.png`)

Original
Kantenbild

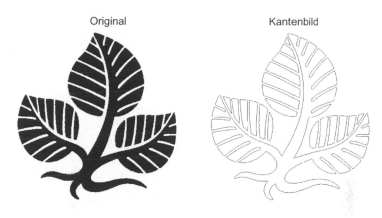

Abb. 8.5 Morphologisches Kantenbild (`bv_mf_1.m`, `logo2w.tif`)

c) Wiederholen Sie (b) mit dem Befehl `bwperim` („perimeter pixels").

Übung 8.2 Löschen von Linien durch Erosion
Wiederholen sie das Löschen von Linien in Abb. 8.4 entsprechend am Beispiel des
Bildes `text3`. Welche typischen Beschädigungen von Bildern lassen sich mit diesem
Verfahren verbessern?

8.1.4 Dilatation

Das Gegenstück zum Schrumpfen der Objekte ist ihr Wachsen. Dazu drehen wir die
Erosion quasi um. Statt Elemente aus X zu entfernen, werden Elemente aus dem Hintergrund aufgenommen. Wir definieren die Abbildung der *Dilatation* „$\oplus$"

$$Y = X \oplus Q = \left\{ y \mid \left(\hat{Q} \right)_y \cap X \neq \emptyset \right\}.$$

Die Definition beinhaltet zunächst die Spiegelung des Strukturelements am Ursprung
und anschließend die Translation mit z über die gesamte Ebene. Kommt es dabei zu
mindestens einem Schnittpunkt mit X, werden die Koordinaten der Verschiebung als
Punkt in die Ergebnispunktmenge Y eingetragen. Äquivalent dazu ist auch

$$Y = X \oplus Q = \left\{ y \mid \left(\hat{Q} \right)_y \cap X \subseteq X \right\}.$$

Wir verdeutlichen die Idee in Abb. 8.6. Die Punktmenge X und das Strukturelement Q
übernehmen wir aus dem vorhergehenden Beispiel. Der erste Schritt, die Spiegelung
von Q, entfällt, weil das Strukturelement spiegelsymmetrisch ist. (Was in der Bildverarbeitung häufig vorkommt.) Verschieben wir beispielsweise das Strukturelement in die

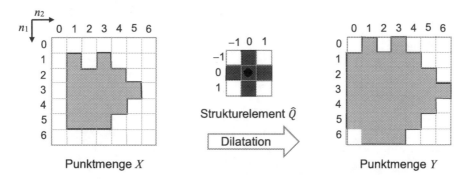

Abb. 8.6 Wachsen des Objekts X durch Dilatation mit dem Strukturelement Q (Spiegelung $\hat{Q}$)

Ecke links oben auf den Punkt (0,0), so ergibt sich keine Überlappung; anders im Punkt (0,1). Damit ist der Punkt (0,1) Element der Ergebnispunktmenge Y. Entsprechendes gilt für alle anderen Positionen. Mit dem vorgegebenen kreuzförmigen Strukturelement wächst das Objekt über die Seiten, aber nicht über die Ecken.

Wie Schrumpfen und Wachsen gegensätzlich sind, sind auch Erosion und Dilatation gegensätzliche Operationen. Dies ist jedoch mathematisch streng genommen nicht der Fall. Erosion und Dilatation sind nicht invers zueinander; heben sich also nicht gegenseitig auf. Der sequenzielle Einsatz kann jedoch durchaus praktisch sinnvoll sein.

Allgemein gezeigt werden kann die *Dualität* der Operatoren (Gonzalez und Woods 2018). Statt das Vordergrundobjekt zu erodieren, kann äquivalent der Hintergrund mit dem gespiegelten Strukturelement dilatiert und das Komplement des Ergebnisses genommen werden.

In Erweiterung können Erosion und Dilatation so modifiziert werden, dass nicht mehr alles oder nichts gefordert wird, sondern nur dann eine Erosion stattfindet, wenn mindestens p Bildelemente der Nachbarschaft zum Hintergrund gehören bzw. bei der Dilatation mindestens p Elemente der Nachbarschaft zum Vordergrund.

Übung 8.3 Dilatation
In dieser Übung sollen Sie ein Objekt wachsen lassen. Führen Sie für das Bild `logo2w` die Dilatation mit dem Befehl `imdilate` durch. Verwenden Sie das rautenförmige Strukturelement (`diamond`) mit den Größen (Abstand) 1, 2 und 3.

8.1.5 Erosion und Dilatation von Grauwertbildern

Auch für *Grauwertbilder* kann die Erosion und die Dilatation definiert werden. Die Befehle `imerode` und `imdilate` verarbeiten ebenfalls Grauwertbilder. Im Grenzfall eines „flachen" Strukturelements, d. h. die Nachbarschaftselemente werden mit dem Befehl `strel` erzeugt und sind vom Type `logical`, entsprechen die Operationen dem Minimum- bzw. Maximumfilter in Kap. 3 (Gonzalez und Woods 2018).

„Nichtflache" Strukturelemente werden mit dem Befehl `offsetstrel` generiert. Die Nachbarschaftselemente sind vom Typ `double` und repräsentieren einen „Offset". Das heißt, es gilt für alle Bildelemente (i, j) die Vorschrift für die Dilatation

$$(X \oplus Q)(i,j) = \max_{(l,m) \in Q} (X(i+l, j+m) + Q(l,m))$$

und Erosion

$$(X \ominus Q)(i,j) = \min_{(l,m) \in Q} (X(i+l, j+m) - Q(l,m)).$$

Anders als bei den Rangordnungsfiltern in Kap. 3 (Abb. 3.5) werden die Grauwerte des Originalbildes durch den „Offset" des Strukturelements Q vor der Anwendung des Maximum- bzw. Minimumfilters verändert. Mit obiger Definition gilt die *Dualität* von Dilatation und Erosion auch für die Grauwertoperationen (Gonzalez und Woods 2018).

Ein Beispiel zeigt Abb. 8.7, vgl. Kap. 3 (Abb. 3.6). Die Berechnungen wurden mit den folgenden Befehlen durchgeführt. Als letztes wird der *morphologische Gradient*, $(I \oplus Q)$-$(I \ominus Q)$, zur Betonung der Kontur berechnet.

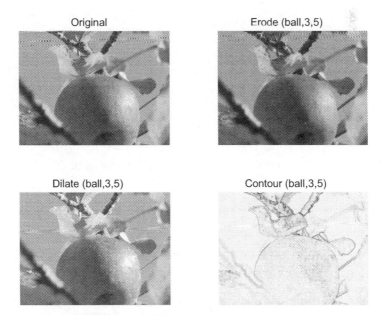

Abb. 8.7 Erosion und Dilatation sowie Berechnung der Konturen (morphologischer Gradient) für Grauwertbilder mit nichtflachem Strukturelement (`bv_mf_3.m`, `apfel_fd.jpg`)

```
R = 3; H = 5; % radius and maximum offset height
Q = offsetstrel('ball',R,H); % nonflat structure element
Ie = imshow(imerode(I,Q)) % erosion
Id = imshow(imdilate(I,Q)) % dilation
J = imsubtract(Id,Ie); % contour (morphological gradient)
```

Das eigentliche Strukturelement `Q.Offset` ergibt sich als eine 7×7-Matrix mit radialer Struktur (`ball`). Der Maximalwert (H) liegt im Zentrum und beträgt circa fünf. Die Werte fallen nach außen hin ab. (Alle Werte in der folgenden Auflistung gerundet).

`Q.Offset =`						
1.25	1.87	2.50	3.12	2.50	1.87	1.25
1.87	2.50	3.12	3.75	3.12	2.50	1.87
2.50	3.12	3.75	4.37	3.75	3.12	2.50
3.12	3.75	4.37	5.00	4.37	3.75	3.12
2.50	3.12	3.75	4.37	3.75	3.12	2.50
1.87	2.50	3.12	3.75	3.12	2.50	1.87
1.25	1.87	2.50	3.12	2.50	1.87	1.25

Das Beispiel (Abb. 8.7) veranschaulicht die Dilatation und die Erosion für Grauwertbilder, auch wenn hier die Auswahl der „besten" Parameter offenbleibt. Bedeutung gewinnen Dilatation und Erosion vor allem als Teile komplexerer Algorithmen, wie beispielsweise als Bestandteil der Zylinderhut-Transformation („top-hat transform") zur Kompensation ungleichmäßiger Beleuchtung vor der Schwellenwertsegmentierung in Kap. 3.

Quiz 8.1 Ergänzen sie die Textlücken sinngemäß.

1. Bildelemente der Vordergrundobjekte haben den Wert logisch ___ und die der Hintergrundobjekte logisch ___. In der Digitaldrucktechnik werden sie ___ bzw. ___ angezeigt.
2. Die morphologische Operation $\oplus$ lässt Objekte ___. Sie heißt ___.
3. Die morphologische Operation $\ominus$ lässt Objekte ___. Sie heißt ___.
4. Der Befehl `strel` liefert ein ___.
5. Die Operation $X-(X \ominus Q)$ wird zur Berechnung von morphologischen ___ eingesetzt.
6. Bei der Dilatation wird das Strukturelement zuerst ___.
7. Morphologische Kantenbilder liefert der MATLAB-Befehl ___.
8. Bei der 8er-Nachbarschaft werden auch Verbindungen über ___ möglich.
9. Mit der Erosion lassen sich störende ___ aus Bildern entfernen.
10. Erosion und Dilatation lassen sich auch für ___ definieren.

8.2 Mehrschrittige Operationen

Die elementaren logischen Operatoren bilden zusammen mit der Erosion und der Dilatation die Basisoperationen morphologischer Filter. Durch ihre Verknüpfung werden mehrschrittige Algorithmen definiert.

8.2.1 Öffnen und Schließen

Besondere Effekte lassen sich erzielen, setzt man Erosion und Dilatation nacheinander ein. Man spricht vom morphologischen *Öffnen* („opening") „$\circ$"

$$X \circ Q = (X \ominus Q) \oplus Q$$

bzw. dem morphologischen *Schließen* („closing") „$\bullet$"

$$X \bullet Q = (X \oplus Q) \ominus Q.$$

Einige mögliche Effekte zeigt Abb. 8.8. Oben links ist das Eingangsbild zu sehen. Es ist speziell konstruiert, um die Wirkungen der Operationen deutlich zu machen (nach Gonzalez und Woods 2018, Abb. 9.10). Man beachte darin die schlitzartige Öffnung links, den schmalen Steg in der Mitte und die beiden stabförmigen Fortsetzungen rechts. Zusätzlich sind fünf Durchbrüche unterschiedlicher Form und Größe vorhanden.

Zunächst werden die Erosion bzw. die Dilatation durchgeführt. Hierbei ist die Form und Größe des Strukturelements wichtig. Das Beispiel verwendet einen Kreis, dessen

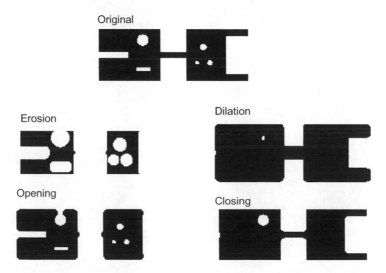

Abb. 8.8 Öffnen und Schließen (`bv_mf_4.m`, `oc_test.png`). (Nach Gonzalez und Woods 2018, Fig. 9.10)

Durchmesser die Breite des Steges etwas übersteigt. Dadurch wird bei der Erosion der Steg gelöscht. Die beiden Fortsetzungen werden ebenfalls entfernt. Zum linken kreisförmigen Durchbruch wird eine Öffnung geschaffen. Anders die Dilatation, sie füllt den Schlitz. Und bis auf den großen Kreis links, sind alle Durchbrüche verschwunden.

Die anschließende Dilatation bzw. Erosion kehrt das Schrumpfen bzw. das Wachsen um. Beim Öffnen können einmal eliminierte Merkmale, wie der Steg, nicht wiederhergestellt werden. Der aufgebrochene Kreis bleibt offen. Man beachte besonders, dass die Einschlüsse sowie der schmale Schlitz augenscheinlich restauriert werden.

Beim Schließen bleiben Steg und Fortsätze erhalten. Dafür wird der schmale Schlitz geschlossen. Der bei der Dilatation verbleibende Durchbruch wird restauriert, die kleineren Durchbrüche bleiben geschlossen. Abb. 8.8 illustriert die Wirkung anhand eines speziellen Bildbeispiels und Strukturelements. Für den praktischen Einsatz ist wichtig, Form und Größe des Strukturelements passend nach Bildvorlage und gewünschten Effekten zu wählen.

MATLAB fasst die beiden Schritte Erosion und Dilatation in den Befehlen `imopen` und `imclose` in entsprechender Reihenfolge zusammen.

Übung 8.4 Öffnen und Schließen
Erproben Sie das Öffnen und Schließen am Beispiel des Bildes `logo2w`. Ein mögliches Ergebnis stellt Abb. 8.9 vor. Sie können Form und Größe des Strukturelements variieren und einen Blick auf mögliche Effekte werfen.

Abb. 8.9 Öffnen und Schließen (`bv_mf_4`, `logo2w.tif`)

8.2.2 Zylinderhut-Transformation

Die *Zylinderhut-Transformation* („top-hat transform") kann auf Schwarz-Weiß- und Grauwertbilder angewendet werden. Sie baut auf der Dilation und der Erosion auf und ist definiert als die Differenz des Originals mit seiner Öffnung

$$Y = X - X \circ Q = X - (X \ominus Q) \oplus Q.$$

Der Name Zylinderhut-Transformation erinnert an den Kaninchen-aus-dem-Hut-Zauber. Bei der Zylinderhut-Transformation werden zunächst alle Bildobjekte kleiner als das Strukturelement Q durch die Erosion beseitigt – verschwinden im Zauberhut. Die anschließende Dilatation restauriert die übriggebliebenen Objekte. Danach werden diese im Originalbild abgezogen, so dass die vorher beseitigten kleinen Objekte übrigbleiben – scheinbar wie von Zauberhand aus dem Hut gezogen werden. Abb. 8.10 illustriert mit kleinen und großen „Eiern" (Programm 8.1) den „Zauber" in einzelnen Schritten.

Ein weiteres Beispiel findet sich in Kap. 3, wo die Zylinderhut-Transformation als Zwischenschritt zur „Löschung" des ungleichmäßig beleuchteten Hintergrunds eingesetzt wird.

Die Schritte der Zylinderhut-Transformation fasst MATLAB im Befehl `imtophat` zusammen.

In Abb. 8.10 werden helle Objekte extrahiert. Man spricht deshalb auch von der „white top-hat transform". Weil die verwendeten morphologischen Operationen Erosion und Dilatation sowie Öffnen und Schließen zueinander dual sind, besitzt die „top-hat

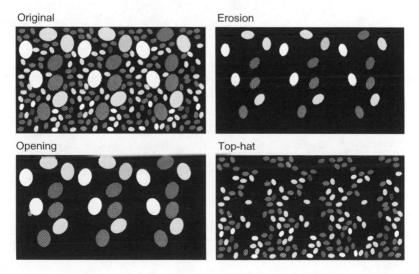

Abb. 8.10 Zylinderhut-Transformation zur Selektion kleiner Objekte (`bv_mf_5.m`, `eggs.png`)

transform" einen dualen Partner, die „*bottom-hat transform*"(imbothat) auch „black top-hat transform" genannt. Die formale Beschreibung ist

$$Y = X \bullet Q - X = (X \oplus Q) \ominus Q - X.$$

Programm 8.1 Zylinderhut-Transformation

```
% Opening and top-hat transform for grey-scale images
% bv_mf_5 * mw * 2018-10-25
I = imread('eggs.png');
if ndims(I)==3; I = rgb2gray(I); end
I = imadjust(I); % increase contrast
figure('Name','bv_mf_31 : Opening','NumberTitle','off');
subplot(2,2,1), imshow(I), title('Original')
Q = strel('disk',16);
Ie = imerode(I,Q); % erosion
Io = imdilate(Ie,Q); % dilate, opening
subplot(2,2,2), imshow(Ie), title('Erosion')
subplot(2,2,3), imshow(Io), title('Opening')
It = imtophat(I,Q); % top-hat transform
subplot(2,2,4), imshow(It), title('Top-hat')
```

Übung 8.5 Zylinderhut-Transformation

a) Zur Kontrolle des Ergebnisses in Abb. 8.10 ersetzen Sie in Programm 8.1 den Befehl imtophat durch die Differenz entsprechend der Definition der Zylinderhut-Transformation.

b) Führen Sie die Zylinderhut-Transformation für dunkle Objekte vor hellem Hintergrund durch. Gehen Sie ähnlich wie in Programm 8.1 vor. Wandeln Sie zuerst des Testbild in Abb. 8.10 mit imcomplement um. Zur Kontrolle ersetzen Sie den Befehl imbothat durch die Differenz entsprechend der Definition.

8.2.3 Füllen

Oft ist in Bildern wünschenswert, dass Objekte bzw. Regionen keine Hintergrund-Elemente einschließen. Hier hilft das morphologische *Füllen* („hole filling"). Der Algorithmus setzt ein geschlossenes Objekt X („true") und die Kenntnis eines Hintergrund-Elements („false") im Füllbereich voraus. Letzteres wird invertiert und als Startelement benutzt. Fortgesetzte Dilatation füllt das Objekt. Um dabei ein „Auslaufen" zu verhindern, wird nach jedem Schritt eine Beschneidung auf den ursprünglichen Hintergrund X^C vorgenommen. Der Kern des Algorithmus ist eine iterative Dilatation mit *Restriktion*

$$I_{k+1} = (I_k \oplus Q) \cap X^C.$$

Die *Rekursion* wird solange durchgeführt, bis sich keine Änderung mehr zeigt, d. h. I_{k+1} gleich I_k ist.

Übung 8.6 Füllen

In dieser Übung sollen sie zuerst den Algorithmus für die Rekursion selbst in MATLAB umsetzen und danach den Befehl `imfill` kennenlernen. Als Testbild verwenden Sie `text`. Suchen Sie sich einen Buchstaben aus, der gefüllt werden soll (`imtool`), s. Abb. 8.11.

a) Schreiben Sie ein Programm mit Rekursion für das Füllen des von Ihnen ausgewählten Buchstabens.
   Beachten Sie dabei, dass in der Definition für Binärbildern alle Pixel der Vordergrundelemente den Wert „truc" haben. Zum Hintergrund gehören alle Bildelemente mit dem Wert „false". Die Iteration wird mit nur cinem Pixel gleich „true" im Füllbereich gestartet.
b) Ersetzen Sie Ihre Funktionen in (a) durch den Befehl `imfill` und machen Sie sich auch mit der Option `holes` vertraut.

8.2.4 Rekonstruieren von Objekten

Die morphologische *Rekonstruktion* findet in der Bildverarbeitung vielfältige Anwendung. Grundlage ist die Idee eines selektiven und restriktiven Wachstums unter Verwendung von Bildinformationen – im folgenden Beispiel die originale Bildvorlage. Im Beispiel soll eine Zerlegung des Textes erfolgen, indem nur bestimmte Zeichen rekonstruiert werden. (Also im Ergebnis alle nicht rekonstruierten Zeichen gelöscht sind.) Das Verfahren fußt auf die folgenden sechs Schritte. Für den eigentlichen iterativen Algorithmus werden drei Vorgaben benötigt.

1. *Vorverarbeitung.* Zunächst kann unter Umständen eine Vorverarbeitung wünschenswert sein. Textvorlagen zeichnen sich manchmal durch eine schlechte Qualität aus, z. B. gebrochene Linien, sodass die Zeichen in Pixelgruppen zerfallen. Diese sollten vorab verbunden werden, beispielsweise durch eine Dilatation.

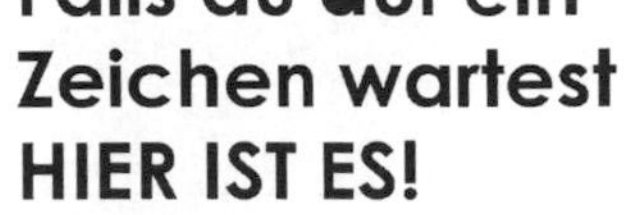

Abb. 8.11 Füllen (`bv_mf_6.m`, `text.png`)

Falls du auf ein Zeichen wartest HIER IST ES!

2. *Selektion.* Den Ausgangspunkt der Rekonstruktion bildet ein initiales *Marker-Bild* („marker image") I_0 mit den „Saatkörnern" („seed"), die bei der eigentlichen Rekonstruktion durch Dilatation „wachsen" können.

3. *Nachbarschaft.* Für das Wachsen durch Dilatation wird ein Strukturelement Q_C benötigt, das die Konnektivität, die Verbundenheit der Bildelemente untereinander, widerspiegelt. Hierfür typische Strukturelemente sind die 4er- und 8er-Nachbarschaft in Abb. 8.1.

4. *Restriktion.* Das *Maskierungs-Bild* („mask image") Q_R repräsentiert die Information über das Rekonstruktionsergebnis. Es muss gelten $I_0 \subseteq Q_R$ (I_0 ist Teilmenge von Q_R).

5. *Rekursion.* Mit den obigen drei Vorgaben (Selektion, Nachbarschaft u. Restriktion) kann die Rekonstruktion als iterativer Algorithmus durchgeführt werden.

$$I_{k+1} = (I_k \oplus Q_C) \cap Q_R$$

6. Die Iteration stoppt, wenn sich keine Änderung mehr einstellt, d. h. $I_{k+1} = I_k$. Durch die Restriktion auf Q_R ergibt sich stets auch ein *Fixpunkt* der als Lösung ausgegeben wird.

Zur Demonstration der morphologischen Rekonstruktion wählen wir die Rekonstruktion von Zeichen in einem Text. Der Einfachheit halber wählen wir alle Zeichen mit langem senkrechten (Feder-)Strich. Im ersten Schritt erzeugen wir das Marker-Bild, indem wir im Text durch Erosion alle unerwünschten Zeichen löschen. Dazu dient ein vertikales Strukturelement mit geeigneter Länge. Das Ergebnis ist in Abb. 8.12 oben rechts zu sehen.

Im zweiten Schritt wenden wir die Rekonstruktion an. Dabei begrenzen wir das Wachstum durch die originale Bildvorlage (Maskierungs-Bild). Mit anderen Worten, es wird kein Bildelement in den Vordergrund gestellt, dass nicht bereits Teil eines Zeichens im Original ist. Damit gelingt eine vollständige Rekonstruktion der gesuchten Zeichen in Abb. 8.12 unten rechts. Im Ergebnis sind alle anderen Zeichen gelöscht.

Zum Vergleich ist das Ergebnis nur der Dilatation des Marker-Bildes ebenfalls in Abb. 8.12 unten links zu sehen. Wir erkennen im Wesentlichen jeweils die Form des Strukturelements. Eine Rekonstruktion der Zeichen findet hier nicht statt.

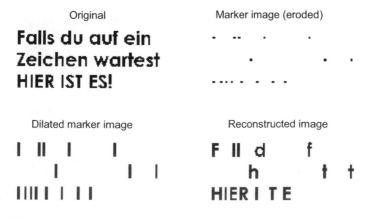

Abb. 8.12 Rekonstruktion (`bv_mf_7`, `text.png`)

Übung 8.7 Buchstaben auswählen

In der Übung sollen Sie die Zeichenrekonstruktion Schritt für Schritt nachvollziehen. Für die morphologische Rekonstruktion hält MATLAB den Befehl `imreconstruct` bereit.

8.2.5 Automatisches Füllen

Die Rekonstruktion kann so modifiziert werden, dass alle Vordergrundobjekte automatisch und effizient gefüllt werden. Ein manueller Eingriff, wie in Übung 8.6, wird überflüssig.

Eine geometrische Überlegung führt zum Algorithmus. Wenn alle Vordergrundobjekte gefüllt sind, existiert im Bild ein einziges verbundenes Hintergrundobjekt, das die Vordergrundobjekte vom Rand her einschließt. Das Füllen aller Vordergrundobjekte ist somit äquivalent zur Bestimmung des einen Hintergrundobjektes.

Letzteres kann entsprechend der Rekonstruktion im letzten Abschnitt geschehen. Als „Saatkörner" dienen die Randelemente des zu bearbeitenden Bildes X, soweit sie nicht zum Vordergrund gehören. (Alternativ kann das Bild zunächst um einen umlaufenden Rand erweitert werden.) Für das initiale Marker-Bild I_0 folgt

$$I_0 = \begin{cases} 1 - X(z) & \text{für } z \text{ ein Bildrandpunkt} \\ 0 & \text{sonst} \end{cases}.$$

Abb. 8.13 zeigt das Vorgehen mit dem Bild X („original") aus zwei Vordergrundobjekten mit Wertigkeit „true" und schwarz abgebildet. Sie enthalten jeweils einen Durchbruch („hole"). Das initiale Marker-Bild I_0 ist darunter abgebildet. Dort tritt der Bildrand in den Vordergrund („true"). Ausgenommen sind alle Bildelemente am Rand, die zu den Vordergrundobjekten gehören.

Nun folgt das Wachsen des Hintergrundobjekts durch Dilatation. Im Beispiel mit einem quadratischen Strukturelement Q_C der Größe 3×3. Dadurch wächst der Rand nach Innen. Es können gegebenenfalls Randelemente in die Vordergrundobjekte hineinwachsen, was nachträglich durch Restriktion korrigiert wird. Es wird die Schnittmenge mit dem Maskierungs-Bild $Q_R = X^C$, dem Komplement des originalen Bildes, gebildet.

$$I_{k+1} = (I_k \oplus Q_C) \cap Q_R$$

Somit wirken die Ränder der Vordergrundobjekte wie Dämme, die das Wachsen des Hintergrundes in die Vordergrundobjekte verhindern, und folglich indirekt das Füllen der Vordergrundobjekte bewirken. In Abb. 8.13 sieht man, wie sich nach dem ersten Iterationsschritt das Hintergrundobjekt in den Zwischenraum zwischen den beiden Vordergrundobjekten schiebt. Dieser Effekt wird iterativ fortgesetzt, bis sich keine Änderung mehr ergibt. Das gesuchte Bild mit den gefüllten Vordergrundobjekten ist dann das Komplement des Ergebnisses der letzten Iteration. Abb. 8.14 zeigt die

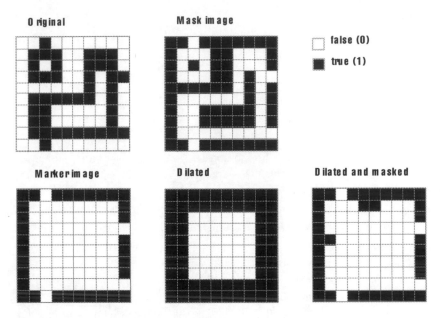

Abb. 8.13 Automatisches Füllen – Vorbesetzung des Maskierungs-Bildes und 1. Iteration beginnend mit dem Marker-Bild (bv_mf_8)

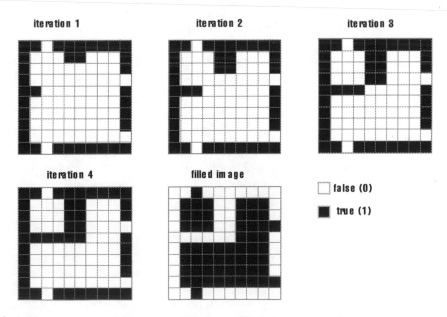

Abb. 8.14 Automatisches Füllen – Iterationen und Ergebnis (bv_mf_8)

Zwischenergebnisse und das Bild mit den gefüllten Vordergrundobjekten schwarz dargestellt.

Das MATLAB-Programm findet sich im Programm 8.2, worin sich nochmals alle Schritte nachvollziehen lassen.

Programm 8.2 Automatisches Füllen

```
% Automatic filling
% bv_mf_8 * mw * 2018-10-25
figure('Name','bv_mf_8 : Automatic filling','NumberTitle','off');
%% Test pattern image
X = logical([0 0 1 0 0 0 0 0 0 0;
   0 1 1 1 0 0 1 1 1 0;
   0 1 0 1 0 0 1 1 1 0;
   0 1 1 1 0 0 1 0 1 1;
   0 0 0 0 0 0 1 0 1 0;
   0 1 1 1 1 1 1 0 1 0;
   0 1 1 0 0 0 0 0 1 0;
   0 1 1 0 0 0 0 0 1 0;
   0 1 1 1 1 1 1 1 1 1;
   0 0 1 0 0 0 0 0 0 0]);
subplot(2,3,1), imshow(~X), title('Original')
%% Filling
QR = ~X; % Mask image (complement)
subplot(2,3,2), imshow(~QR), title('Mask image QR')
MI = false(size(X)); % Marker image
MI(1,1:end) = ~X(1,1:end); MI(end,1:end) = ~X(end,1:end);
MI(1:end,1) = ~X(1:end,1); MI(1:end,end) = ~X(1:end,end);
subplot(2,3,4), imshow(~MI), title('Marker image')
% Dilation
QC = strel('square',3);
X = imdilate(MI,QC);
subplot(2,3,5), imshow(~X), title('Dilated')
X = X & QR;
subplot(2,3,6), imshow(~X), title('Dilated and masked')
%% Iteration
figure('Name','bv_mf_8 : Automatic filling','NumberTitle','off');
subplot(2,3,1), imshow(~MI), title('Marker image')
QC = strel('square',3);
X0 = MI; % initialization
for m = 1:5
 X = imdilate(X0,QC) & QR; % dilation and pruning
 if X==X0, break, end
 X0 = X;
```

Abb. 8.15 Automatisches
Füllen (`bv_mf_8b`, `text.
png`)

**Falls du auf ein
Zeichen wartest
HIER IST ES!**

```
subplot(2,3,1+m), imshow(~X)
title(['Iteration', num2str(m)])
end
subplot(2,3,6), imshow(~X), title('filled image')
```

Übung 8.8 Automatisches Füllen

In der Übung sollen Sie das automatische füllen auf die Buchstaben eines Textes anwenden. Nehmen Sie dazu die Bildvorlage `text`. Zu erwarten ist, dass alle Groß- und Kleinbuchstaben mit Einschlüssen gefüllt werden (Abb. 8.15).

Für die Iterationen gehen Sie wie in Programm 8.2 vor. Testen Sie Ihr Ergebnis mit dem Befehl `imfill`.

Hinweis. Beachten Sie für den Algorithmus die Wertigkeit der Vordergrundobjekte (Buchstaben) und die möglicherweise verzerrende Darstellung bei der Bildschirmanzeige. Das Marker-Bild sollte einen schwarzen Rand der Pixelstärke eins zeigen. Gegebenenfalls sollten sie für die augenfällige Kontrolle den Rand vergrößern.

Quiz 8.2 Ergänzen sie die Textlücken sinngemäß.

1. Die Definition der des morphologischen Öffnens ist ___ (Formel).
2. Der Effekt des Öffnens hängt sowohl von der Bildvorlage als auch von dem ___ ab.
3. Das morphologische Schließen ist definiert durch ___ (Formel).
4. Beim Schließen wird erst ___ und dann ___.
5. Die Zylinderhut-Transformation kann ___ Objekte selektieren.
6. Die Zylinderhut-Transformation bildet die ___ aus dem Originalbild und seiner Öffnung.
7. Der Befehl `imbothat` realisiert die ___ und ist dual zum Befehl ___.
8. Die Top-hat-Transformation ist definiert durch ___ (Formel).
9. Das Füllen setzt die Kenntnis eines ___ im Füllbereich voraus.
10. Der Füllalgorithmus lässt sich als ___ Dilatation mit ___ beschreiben.
11. Zum Füllen von Regionen und Löchern dient der Befehl ___.
12. Die Rekursionsformel der Rekonstruktion von Bildobjekten ist ___ (Formel).
13. Der Algorithmus der Rekonstruktion startet die Rekursion mit dem ___.
14. Der Algorithmus der Rekonstruktion benötigt drei Vorgaben: ___, ___ und ___.
15. Die Parameter `marker`, `mask` und `conn` werden für den Befehl ___ benötigt.

8.3 Ausdünnen, Verdicken und Skelettieren

8.3.1 Hit-or-Miss-Transformation

Die Lage eines ausgewählten Objektes wird mit der *Hit-or-Miss-Transformation* bestimmt. Das Vorgehen stellt Abb. 8.16 vor. Im Originalbild oben links sind beispielhaft drei rechteckige Objekte O_1, O_2 und O_3 zu sehen. Sie bilden den Vordergrund mit der (Element-)Wertigkeit „true" (1). Exemplarisch soll die Lage des Objektes O_2 bestimmt werden. Dabei wird vorausgesetzt, dass alle Objekte gefüllt und getrennt sind, d. h. keine Hintergrund-Elemente einschließen und jeweils durch Hintergrund-Elemente eingefasst werden. (Falls nicht, kann eine Vorverarbeitung, z. B. durch automatisches Füllen, notwendig werden.)

Im ersten Schritt wird das Originalbild erodiert, wobei das gesuchte Objekt O_2 als Strukturelement Q_1 dient. Das Ergebnis zeigt rechts, wie erwartet, dass für das gesuchte Objekt genau ein Vordergrund-Element im Zentrum resultiert. Die Erosion anderer Objekte, die das gesuchte Objekt beinhalten, hier O_3, führt ebenfalls auf Vordergrund-Elemente. Die *Hit-Bedingung* erfasst die Orte an denen sich das Objekt befinden kann.

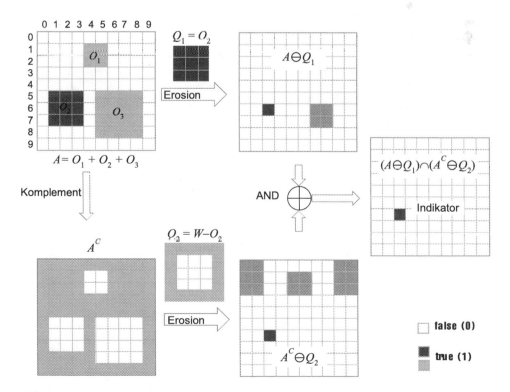

Abb. 8.16 Hit-or-Miss-Transformation (`bv_mf_9`)

Im zweiten Schritt wird das Komplement des Originalbildes verwendet. Der Vordergrund ist nun X^C. Jetzt wird eine Erosion mit dem Strukturelement Q_2 durchgeführt, das genau die Einrahmung des gesuchten Objektes umfasst (W-O_2). Das gesuchte Objekt wird also eindeutig erweitert. Die Erosion mit Q_2 liefert für das gesuchte Objekt das gleiche Vordergrund-Element wie oben. Die größeren Objekte ergeben jetzt keinen Beitrag mehr. Die *Miss-Bedingung* erfasst die Orte, an denen sich das Objekt nicht befinden kann mit Ausnahme des Ortes des Objektes selbst. (Die Elemente in den beiden oberen Ecken ergeben sich nach Fortsetzung des Hintergrundes über den gezeichneten Ausschnitt hinaus, da der Hintergrund beliebig ausgedehnt gedacht werden kann).

Nur für das gesuchte Objekt sind beide Bedingungen erfüllt, so dass die Und-Verknüpfung der Ergebnisse aus Schritt eins und zwei das gesuchte Indikator-Element liefert. Die Und-Verknüpfung der beiden Erosionsbilder führt auf die eindeutige Zuordnung im (transformierten) Bild rechts in Abb. 8.16. Genau ein Bildelement mit dem Wert „true" zeigt das Zentrum des gesuchten Objektes.

Allgemein wird die *Hit-or-Miss-Transformation* des Bildes X durch die Operationen

$$X \circledast Q = (X \ominus Q_1) \cap (X^c \ominus Q_2) \quad \text{mit } Q = (Q_1, Q_2)$$

definiert. Bei der Anwendung beachte man die notwendigen Voraussetzungen.

Übung 8.9 Hit-or-Miss-Operation
In dieser Übung sollen sie zuerst die Hit-or-Miss-Transformation selbst in MATLAB umsetzen und danach den Befehl `bwhitmiss` kennenlernen. Dazu vollziehen Sie Hit-or-Miss-Transformation in Abb. 8.16 nach.

a) Schreiben Sie ein Programm für die Hit-or-Miss-Transformation, mit dem Sie im Testbild das Objekt O_2 entdecken. Gehen Sie dabei schrittweise wie in Abb. 8.16 vor.
b) Ersetzen Sie Ihre Funktionen in (a) durch den Befehl `bwhitmiss` und überzeugen Sie sich von der Austauschbarkeit.

Die Hit-or-Miss-Transformation setzt voraus, dass die Objekte und Strukturelemente vollständig übereinstimmen. Sind die Bilder gestört, kann bereits ein einziges falsches Bildelement zu einem Fehler führen. Aus diesem Grund werden in den Anwendungen die Bedingungen der Hit-or-Miss-Transformation oft abgeschwächt. Für die Erosionen wir keine vollständige Übereinstimmung gefordert. Gewisse Elemente der Nachbarschaft werden nicht ausgewertet – sind irrelevant für das Ergebnis. Man spricht von den *Don't-care-Elementen*. Das folgende Beispiel erläutert Zusammenhänge und Sprechweisen.

Im Beispiel sollen alle rechten oberen Ecken in den Buchstaben eines Textes erkannt werden. Als Bedingung definieren wir dazu das Pixelmuster in Abb. 8.17 links, das unsere Vorstellung über eine rechte obere Ecke eines Objekts widerspiegelt. Der Befehl `bwhitmiss` benötigt hierzu die Vorgabe einer Matrix (`interval`) mit den Elementen „1" für das Objekt (Vordergrund) bzw. „-1" für den Hintergrund.

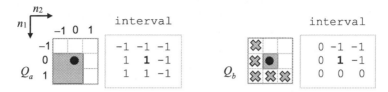

Abb. 8.17 Don't-care-Elemente (0) in der Matrix `interval` für den Befehl `bwhitmiss`

Nun lockern wir die Vorschrift und führen Don't-care-Elemente ein. Für ein rechtes oberes Eck (im Zentrum) soll es nun genügen, wenn die Bildelemente darüber, schräg darüber und rechts daneben Hintergrundelemente sind. Die anderen Elemente sollen ohne Einfluss auf die Auswahl sein. Die Situation stellt sich in Abb. 8.17 rechts dar. Die Dont'care-Elemente sind durch Kreuze markiert. Der Befehl `bwhitmiss` interpretiert die Vorgabe „0" als Don't-care-Element. Ein Beispiel folgt im nächsten Abschnitt.

8.3.2 Ausdünnen

Mit Ausdünnen und Verdicken bezeichnet man morphologischen Transformationen, die die Breite der Linien verkleinern bzw. vergrößern.

Unter dem morphologischen *Ausdünnen* („thinning") von Objekten versteht man das Abtragen von Kantenelementen bis sich keine Bildänderung mehr einstellt. Das heißt, die Operation Ausdünnen ist eine kontrahierende Abbildung die iterativ in einen Fixpunkt konvergiert. Es werden in der Regel Strukturelemente verwendet, die die typischen Eigenschaften einer Kante repräsentieren. In Abb. 8.18 sind das die (Kanten-)Strukturelemente für eine Linie Q_1 und ein Eck Q_2. Diese weisen die Orientierungen zum Objekt hin nach

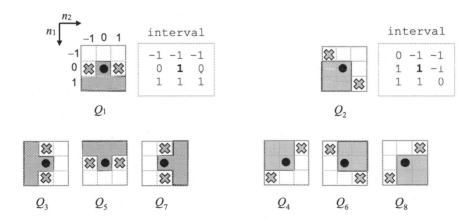

Abb. 8.18 Strukturelemente für Ausdünnen und Verdicken

unten bzw. links unten auf. Statt der binären Elemente liegt hier eine pseudoternäre Darstellung in den Strukturelementen vor. Wie in den früheren Beispielen repräsentieren die unterlegten Elemente die Vordergrund-Elemente mit dem logischen Wert „true" (1).

Die weißen Elemente stehen weiter für Hintergrund-Elemente mit dem logischen Wert „false" (-1). Und neu eingeführt werden die mit einem Kreuz markierten Elemente „don't care" (0). Durch drehen von Q_1 und Q_2 um jeweils Vielfache von $90°$ werden daraus alle möglichen Orientierungen realisiert. Insgesamt ergeben sich die acht Strukturelemente Q_1 bis Q_8.

Das *Ausdünnen* („thinning") „$\otimes$" basiert auf das Auffinden und Entfernen der Randelemente. Für ersteres werden Hit-or-Miss-Transformationen bzgl. der verschiedenen Randelemente in Abb. 8.18 vorgenommen. Die gefundenen Randelemente werden aus dem Bild gelöscht.

$$X \otimes Q = X - (X \circledast Q) = X \cap (X \circledast Q)^C \quad \text{mit} \quad Q = (Q_1, \ldots, Q_8)$$

Ist das letzte Strukturelemente abgearbeitet beginnt das Ausdünnen wieder von vorne mit dem ersten, dem zweiten usw., solange bis keine Veränderung mehr auftritt. Es entsteht ein nicht weiter reduzierbares Gerüst.

Übung 8.10 Ausdünnen
Den Effekt des Ausdünnens und Verdickens kann an einem Textbeispiel gut demonstriert werden. Tatsächlich spielt der Algorithmus des Ausdünnens in der weit verbreiteten Texterkennung (OCR, „optical character recognition") eine wichtige Rolle.

a) Führen Sie die Hit-or-miss-Operationen mit den acht Strukturelementen aus Abb. 8.18 durch. Als Beispiel legen sie das Bild `text` zugrunde. Stellen Sie das Ergebnis nach einem Iterationsschritt grafisch dar. Ein Beispiel ist in Abb. 8.19 („Thinning 1") zu sehen.
b) Führen Sie die Ausdünnung durch. Wiederholen Sie (a) aber jetzt mit Iterationen bis zur Konvergenz. Stellen Sie das Resultat grafisch dar. Ein Beispiel ist in Abb. 8.19 („Thinning 12") zu sehen.
c) Führen Sie nun die Ausdünnung mit dem Befahl `bwmorph` durch. Vergleichen Sie das Ergebnis mit (b). Wodurch könnten die Unterschiede zustande kommen?

8.3.3   Verdicken

Das morphologische *Verdicken* („thickening") eines Objektes geschieht „gegensätzlich" zum Verdünnen. Statt Randelemente des Objektes zu finden, werden nun Randelemente des Hintergrundes identifiziert und dem Objekt zugeschlagen. In der Praxis wird das Verdicken durch Ausdünnen des Hintergrunds vorgenommen

$$A \odot Q = (A^C \otimes Q)^C,$$

Original

Thinning 1

Falls du a

**Zeichen **

HIED ICT E

Falls du a

**Zeichen **

HIED ICT E

Thinning 12

bwmorph

Falls du c

Zeichen \

ᑎ�| ᑕᗡ | ᑕ丅 ᗡ

Falls du c

Zeichen \

ᑎ| ᑕᗡ | ᑕ丅 ᗡ

Abb. 8.19 Effekt des Ausdünnens (Ausschnitte) (bv_mf_10, text.png)

so dass sich die Bildverarbeitung auf die Implementierung des Algorithmus des Verdünnens beschränken kann.

Übung 8.11 Verdicken

a) Verwenden Sie wieder das Bildbeispiel text. Wenden Sie jetzt aber die Verdickung an wie oben beschrieben. Gehen Sie vom Original aus und führen Sie fünf Iterationen durch. Stellen Sie das Ergebnis im Bild dar. Ein Beispiel zeigt Abb. 8.20.
b) Wiederholen Sie (a) mit dem Befehl bwmorph.

8.3.4 Skelettieren

Das Skelettieren ähnelt dem Ausdünnen. Es werden indes zusätzliche Forderungen gestellt. Unter einem *Skelett* wir eine Repräsentation verstanden, die die geometrischen und topologischen Eigenschaften der Form beschreibt. Im Idealfall kann aus dem Skelett die Form vollständig rekonstruiert werden. Dann stellt das Skelett eine verlustfreie Informationsverdichtung, eine verlustfreie Codierung, dar.

Es existieren verschiedene Definitionen für das Skelett, wobei sie im reellen Bildraum ähnliche Ergebnisse liefern. Am bekanntesten sind die beiden anschaulichen Beispiele, die Steppenfeuer-Transformation („prairiefire transform", „grassfire transform")

Abb. 8.20 Beispiele für
das Verdicken (`bv_mf_11`,
`text.png`)

Falls du a
Zeichen \
~~HIER IST E~~

und die Mittelachsentransformation („medial axis transform"). Abb. 8.21 veranschaulicht die Idee des Skeletts. Bei der *Steppenfeuer-Transformation* stellt man sich die Form als ein Stück trockenes Grasland vor, das von allen Ecken her gleichzeitig angezündet wird. Dann breitet sich das Feuer über das Grasland mit gleichförmiger Geschwindigkeit aus. Dort wo die Feuerfronten aufeinandertreffen und folglich mangels Brennstoff ausgehen, entstehen die Skelett-Linien, englisch „quench line" genannt.

Der *Mittelachsentransformation* liegt ebenfalls eine anschauliche Vorstellungen zugrunde, siehe Abb. 8.21 in der Mitte. Eine Form wird mathematisch mittels „maximaler Kreisscheiben" vollständig überdeckt (Gonzalez und Woods 2018). Erste Bedingung ist, dass die Kreisscheiben in der Form vollständig enthalten sind und keine andere Kreisscheibe mit größerem Radius in der Form gefunden werden kann, die die Kreisscheibe enthält. Zweite Bedingung ist, dass die Kreisscheibe den Rand der Form an mindestens zwei Punkten berührt. Die Mittelpunkte der Kreisscheiben bilden zusammen das Skelett der Form. Es kann gezeigt werden, dass die Form aus dem Skelett rekonstruiert werden kann (Gonzalez und Woods 2018, S. 663).

Auf die diskreten Bilder können allerdings nicht mehr alle Eigenschaften des reellen Bildraumes übertragen werden. Deshalb kommen in der digitalen Bildverarbeitung unterschiedliche Skelettierungsalgorithmen zum Einsatz und die Resultate unterscheiden

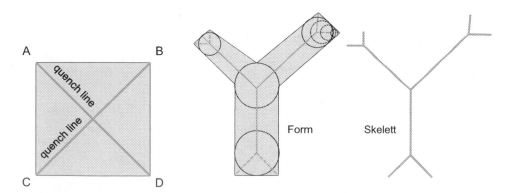

Abb. 8.21 Zu Steppenfeuer-Transformation (links) und Mittelachsentransformation mit Skelett (rechts)

sich mehr oder weniger. Allgemein können an das *Skelettieren* eines (Vordergrund-) Objektes sechs Anforderungen gestellt werden:

- *Homotopie.* Die Topologie des Skeletts stimmt mit der des Objektes überein. Das heißt alle Objektteile, Pixel des Skeletts, sind miteinander verbunden;
- *Maximal dünn.* Die Linien des Skeletts sollen nur ein Pixel dünn sein;
- *Mittigkeit.* Die Linien des Skeletts sollen in der Mitte des Objektes verlaufen;
- *Rotationsinvarianz.* Das Skelett soll mit dem Objekt mitrotieren (bei diskreten Bildern nur näherungsweise möglich);
- *Robustheit. Die Methode soll unempfindlich* gegen Bildrauschen sein;
- Geringe *Komplexität* des Algorithmus.

Das Skelettieren von Binärbildern wird durch die MATLAB `Image Processing Toolbox` mit der Funktion `bwmorph ('skel',Inf)` unterstützt. (Bei dem Befehl `bwmorph` handelt es sich um eine Sammlung von morphologische Operationen für Binärbildern, wobei verschiedene Operationen gewählt werden können.) In der praktischen Anwendung können im Skelett störende Sporen („spur") entstehen, die gegebenenfalls durch Nachverarbeitung, dem Stutzen („pruning"), bekämpft werde können. Ein Beispiel für die Skelettierung zeigt Abb. 8.22. Dort ist ein größerer Sporn eingekreist.

Übung 8.12 Skelettierung

a) Wenden sie die Skelettierung mit dem Befehl `bwmorph` auf das Bild `text` an.
b) Vergleichen Sie das Ergebnis mit dem Resultat für die Ausdünnung in Übung 8.10.
c) Verschaffen Sie sich einen weiteren Eindruck über typische Ergebnisse der Skelettierung bei der Zeichenerkennung, indem Sie sie die Bildbeispiele `abc` verwenden.

Abb. 8.22 Skelett
(`bwmorph`, `logo2w.tif`)

8.4   Markergesteuerte Wasserscheidentransformation

Die *Wasserscheidentransformation* („watershed transform", WST) dient zur
Segmentierung von Bildern und damit der Objekterkennung (Abschn. 6.5). Sie kann
bei Übersegmentierung unbrauchbare Ergebnisse liefern. Als Gegenmaßnahme werden
Marker eingesetzt, die Anzahl und Lage der Segmente vorgeben. Die Marker werden
i. d. R. mit morphologischen Transformationen bestimmt. Deshalb soll das Beispiel einer
markergesteuerten WST dieses Kapitel abschließen. Dazu folgen wir dem MATLAB-
Demobeispiel `WatershedSegmentationExample.m` (Solomon und Breckon
2011, Example 10.7). Das Beispiel macht uns darüber hinaus mit einigen nützlichen
Methoden bzw. Befehlen bekannt. Wir präsentieren das Beispiel als Fallstudie und geben
die benötigten Informationen peu à peu an. Das Beispiel der markergesteuerten WST
besteht aus sechs Schritten:

- Vorbereitung der Bildvorlage;
- Berechnung des Betrags des Gradienten;
- Berechnung der Marker für die Vordergrundobjekte;
- Berechnung der Marker für die Hintergrundobjekte;
- markergesteuerte WST
- und grafische Darstellung des Ergebnisses.

Bildvorlage
Im ersten Schritt lesen wir das Bild `zitronen.jpg` ein, schneiden es der Einfachheit halber mittig auf die Größe 800×1200 Pixel zu und wandeln es in ein Grauwertbild um, siehe Abb. 8.23 (Original). Die Zitronen sind die Objekte, die durch die WST
segmentiert werden sollen. (Beachten Sie links das Etikett auf einer der Zitronen und
rechts die übereinanderliegenden Zitronen.)

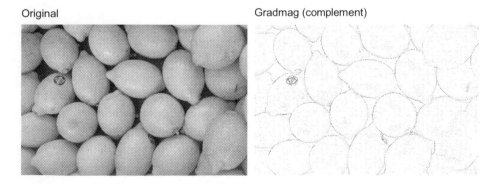

Original   Gradmag (complement)

Abb. 8.23 Bildvorlage und Betrag des Gradienten (invertiert) (`bv_mf_13.m`, `zitronen.
jpg`)

Betrag des Gradienten

Im zweiten Schritt berechnen wir den Betrag des Gradienten („gradient magnitude") (Abschn. 6.1.1) und stellen das (grauwert-)invertierte Ergebnis als Kantenbild in Abb. 8.23 rechts dar. Der MATLAB-Code für die Schritte eins und zwei findet sich in Programm 8.3.

Programm 8.3 Markengesteuerte WST (1+2)

```
%% Step-1 Test image
I = imread('zitronen.jpg');
I = imcrop(I,[700,700,2400,1600]); I=rgb2gray(I);
figure('Name','bv_mf_13 : WST (1+2)','NumberTitle','off');
subplot(1,2,1), imshow(I), title('Original')
%% Step-2 Gradient magnitude
hy = fspecial('sobel'); hx = rot90(hy);
Iy = imfilter(double(I),hy,'replicate');
Ix = imfilter(double(I),hx,'replicate');
gradmag = sqrt(Ix.^2+Iy.^2);
subplot(1,2,2), imshow(imcomplcment(gradmag),[])
title('Gradmag (complement)')
```

Obwohl die Zitronen im Kantenbild (Abb. 8.23) mit dem Auge gut zu erkennen sind, liefcrt die WST auf der Basis des Betrags des Gradienten unbrauchbare Ergebnisse. Die „fleckigen" Zitronenschalen führen zur Übersegmentierung. Sie gilt es im Weiteren durch Markierung der Bildsegmente zu verhindern. Dazu werden in den beiden folgenden Schritten Vordergrund- bzw. Hintergrundmarker bestimmt.

Vordergrundmarker

Im dritten Schritt soll für jede Zitrone ein (Vordergrund-)Marker gefunden werden. Dafür ist es günstig, die Objekte zunächst von den Flecken zu „reinigen". Beispielsweise können durch Öffnen und Schließen kleine „Auswüchse" bzw. „Einschlüsse" entfernt werden (Abb. 8.8). Praktisch wachsen jedoch dabei die Objekte zusammen, so dass die aufwendigere Methode des Rekonstruierens (Abschn. 8.2.4) zum Einsatz kommt. Den verwendeten Algorithmus beschreibt Programm 8.4. Darin werden die morphologischen Operationen auf Grauwertbilder angewandt (Abschn. 8.1.5). Beim Öffnen mit Rekonstruktion („opening-by-reconstruction ")ist das Original die restringierende Maske.

Als initialer Marker dient das erodierte Original. Es werden im Wesentlichen die hellen Flecken in den Vordergrundobjekten entfernt.

Nachfolgend wird das Ergebnis dem Schließen mit Rekonstruktion („closing-by-reconstruction") unterworfen, das die dunklen Flecken unterdrückt. Zuerst wird das Ergebnis dilatiert, was der Erosion für den Hintergrund entspricht. Dann wird wieder

Opening by reconstruction (Iobr)   Opening-closing by reconstruction (Iobrcbr)

Abb. 8.24 Öffnen und Öffnen-und-Schließen mit Rekonstruktion (`bv_mf_13.m, zitronen.jpg`)

die Rekonstruktion eingesetzt, jetzt aber mit invertiertem Marker und invertierter Maske. Durch Öffnen und Schließen mit Restriktion werden die Regionen homogener in den Intensitätswerten. Die Flecken auf den Zitronen werden geglättet, wie Abb. 8.24 zeigt. Die Unterdrückung der Flecken ist insbesondere gut am Etikett zu erkennen. Am Ende erscheint auch das auffällige Etikett als gleichmäßig graue Region.

Die erreichte Glättung der Grauwerte der Objekte machen wir uns nun zur Bestimmung der Vordergrundmarker zunutze. Die Unterdrückung von kleinen Flecken innerhalb der Objekte (Zitronen) ermöglicht den wirksamen Einsatz des binären Befehls `imregionalmax`. Er bestimmt die lokalen Intensitätsmaxima und setzt die entsprechenden Bildelemente zu „true" (1). Alle anderen Bildelemente werden zu „false" (0) gesetzt.

Programm 8.4 Markengesteuerte WST (3, Teil 1)

```
%% Step-3 Foreground marker opening-closing by reconstruction
figure('Name','bv_mf_13 : WST (3obrcbr)','NumberTitle','off');
se = strel('disk',30);
Ie = imerode(I,se);
Iobr = imreconstruct(Ie,I); % opening-by-reconstruction
subplot(1,2,1),imshow(Iobr)
title('Opening by reconstruction (Iobr)')
Iobrd = imdilate(Iobr,se);
Iobrcbr = imreconstruct(imcomplement(Iobrd),imcomplement(Iobr));
Iobrcbr = imcomplement(Iobrcbr);
subplot(1,2,2),imshow(Iobrcbr)
title('Opening-closing by reconstruction (Iobrcbr)')
```

Folglich erwarten wir für jedes Objekt genau eine ausgeprägte Region mit dem Wert „true" als Indikator. Die Berechnung der Vordergrundmarker erfolgt in Programm 8.5. Das Resultat zeigt Abb. 8.25 oben links. Der Anschaulichkeit halber werden rechts das Original und die Vordergrundmarker überlagert dargestellt. Die Vordergrundmarker repräsentieren sichtlich jeweils ihr Objekt. (Objekte ohne Marker können in der späteren WST nicht mehr segmentiert werden.)

Die Vordergrundmarker erscheinen jedoch ausgefranst und gehen zum Teil nahe an die Objektgrenzen, was zu Schwierigkeiten bei der Segmentierung führen kann. Es ist deshalb angebracht, ihre Ränder zu glätten und sie etwas zu schrumpfen. Dies leistet die Kombination von Schließen und Erosion. Zuletzt werden in Abb. 8.25 vielleicht nicht sichtbare kleine „Marker-Pixelklümpchen" mit dem Befehl `bwareaopen` entfernt. Die endgültigen Vordergrundmarker zeigt Abb. 8.25 unten.

Hintergrundmarker

Der vierte Schritt dient den Hintergrundmarkern und geht vom vorverarbeiteten Bild aus, dem Bild ohne die kleinen Flecken in Abb. 8.24 rechts. Der Hintergrund betrifft

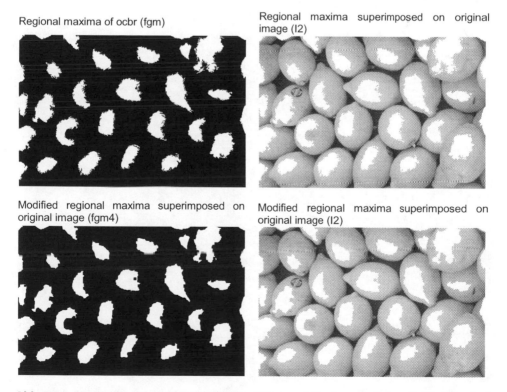

Regional maxima of ocbr (fgm)

Regional maxima superimposed on original image (I2)

Modified regional maxima superimposed on original image (fgm4)

Modified regional maxima superimposed on original image (I2)

Abb. 8.25 Vordergrundmarker für die Objekte (links) und überlagert mit dem Original (rechts) (bv_mf_13.m, zitronen.jpg)

Thresholded opening-closing by reconstruction (bw)   Watershed ridge lines (bgm)

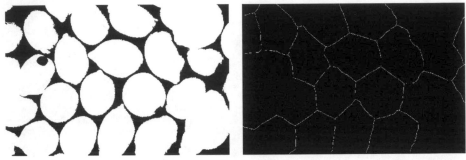

Abb. 8.26 Bildhintergrund   (schwarz)   durch   Binarisierung   links   und   nachfolgende „Skelettierung" des Hintergrunds rechts (bv_mf_13.m, zitronen.jpg)

die dunklen Regionen im Bild. Sie können durch Binarisierung von den Vordergrund-objekten getrennt werden, siehe Abb. 8.26 links.

Programm 8.5 Markergesteuerte WST (3, Teil 2)

```
% gain foreground markers
fgm = imregionalmax(Iobrcbr); % binary image
figure('Name','bv_mf_13 : WST (3fgm)','NumberTitle','off');
subplot(2,2,1), imshow(fgm)
title('Regional maxima of ocbr (fgm)')
I2 = I; I2(fgm)=255; subplot(2,2,2), imshow(I2) % nice picture
title('Regional maxima superimposed on original image (I2)')
% improve foreground markers
se2 = strel(ones(6,6));
fgm2 = imclose(fgm,se2); % clean edges
fgm3 = imerode(fgm2,se2); % shrink
fgm4 = bwareaopen(fgm3,20); % remove small blobs
subplot(2,2,3), imshow(fgm4)
title('Regional maxima of ocbr (fgm4)')
I3 = I; I3(fgm4)=255; subplot(2,2,4), imshow(I3) % nice picture
title('Modified  regional  maxima  superimposed  on  original  image
(fgm4)')
```

Die schwarzen Hintergrundpixel sind jedoch als Marker für die WST problematisch, wenn sie nahe an den Objektgrenzen liegen. Zur Abhilfe bedienen wir uns der Idee der „Einflusszonen"zu *Skelettierung* des Hintergrundes („skeleton by influence zones", SKIZ). Die Einflusszonen der Objekte messen wir mittels der euklidischen Distanz (Gonzales und Woods 2018) der Pixel vom jeweils nächsten Element mit dem Wert „true" (1).

Je weiter ein Hintergrundpixel von den Vordergrundelementen entfernt ist, umso größer der Abstand, umso kleiner der Einfluss. Die Grenzlinien der Einflusszonen werden mit einer WST aus Abb. 8.26 links bestimmt. Die gefundenen Grenzlinien (Wasserscheiden) zeigt Abb. 8.26 rechts. Jede „Zelle" entspricht einer Einflusszone. Das Programm für den vierte Schritt findet sich in Programm 8.6.

Die Pixel der Grenzlinien liefern die Hintergrundmarker für die Segmentierung durch die markergesteuerte WST im fünften Schritt.

Programm 8.6 Markergesteuerte WST (4)

```
%% Step-4 Background marker
figure('Name','bv_mf_13 : WST (4)','NumberTitle','off');
bw = imbinarize(Iobrcbr);
subplot(1,2,1), imshow(bw)
title('Thresholded opening-closing by reconstruction (bw)')
D = bwdist(bw); % distance transform
DL = watershed(D); % wst
bgm = DL == 0; % wst ridge lines
subplot(1,2,2),imshow(bgm), title('Watershed ridge lines (bgm)')
```

Markergesteuerte WST Mit den Vorder- und Hintergrundmarkern steht dem fünften Schritt, der markergesteuerten WST, nichts mehr im Wege. Die WST wird auf die Kanteninformation, den Betrag des Gradienten in Abb. 8.23, angewendet. Hohe Werte weisen auf Kanten, also Objektgrenzen hin. Doch zunächst bringen wir die Marker in die Kanteninformation mit dem Befehl imimposemin ein (Programm 8.7). Der Befehl führt in die Bildmatrix an den Stellen der Marker-Pixel lokale Minima ($-\text{Inf}$) ein. Sie bilden die Ausgangspunkte für das „Fluten" der Segmente in der WST (Abschn. 6.5).

Abschließend werden die Ergebnisse grafisch dargestellt (Programm 8.8). Den Anfang machen die Marker und die mit der WST gefundenen Objektgrenzen in Abb. 8.27. Sie sind dem Originalbild überlagert, so dass die Vordergrundmarker (Abb. 8.25) als helle Regionen in den Objekten (Zitronen) deutlich wiederzuerkennen sind.

Programm 8.7 Markergesteuerte WST (5)

```
%% Step-5 Marker-controlled watershed segmentation
gradmag2 = imimposemin(gradmag,bgm|fgm4);
L = watershed(gradmag2);
```

Die Hintergrundmarker (Skelett, Abb. 8.26) sind als feine weiße Linien abgebildet und verlaufen meist zwischen den Objekten. Die Segmentgrenzen der WST schließlich zeigen sich als geschlossene kräftigere weiße Kurven, die die Objekte mehr oder weniger umfassen.

Markers and object boundaries superimposed on original image (I4)

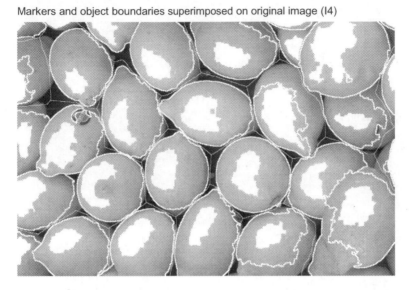

Abb. 8.27 Ergebnisdarstellung WST (bv_mf_13.m, zitronen.jpg)

Eine alternative Darstellung liefert die Farbcodierung der Segmente in Abb. 8.28.
Darin sind gelungene Segmentierungen (Zitronen) und Problembereiche (Teile oder
Verschmelzungen) deutlich zu erkennen. Den Abschluss in Programm 8.8 macht die
transparente Überlagerung von Original und farbcodierten Segmenten. (Hier nicht dargestellt.)

Das komplexe Beispiel für die Anwendung morphologischer Transformationen
und der markergesteuerten WST zur Segmentierung illustriert einige Lösungsansätze
der Bildverarbeitung und ihre Umsetzung mit der MATLAB Image Processing
Toolbox. Bei der Beurteilung der Ergebnisse bzw. Probleme beachte man, dass
hier keine Optimierung der Parameter, wie die Größe der Strukturelemente, vorgenommen wurde. Für einen produktiven Einsatz des Beispiels scheint eine optimierte
Standardisierung der Lösung auf ein eng zugeschnittenes Anwendungsszenario sinnvoll.

Programm 8.8 Markergesteuerte WST (6)

```
%% Step-6 Visualization
figure('Name','bv_mf_13 : WST (6.1)','NumberTitle','off');
I4 = I; I4(imdilate(L==0,ones(3,3))|bgm|fgm4) = 255; imshow(I4)
title('Markers and object boundaries superimposed on original image
(I4)')
figure('Name','bv_mf_13 : WST (6.2)','NumberTitle','off');
Lrgb = label2rgb(L, 'jet', 'w', 'shuffle'); imshow(Lrgb)
title('Colored watershed label matrix (Lrgb)')
```

Colored watershed label matrix (Lrgb)

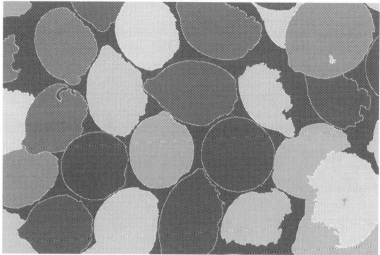

Abb. 8.28 Segmente der markergesteuerten Wasserscheidentransformation in Farbcodierung
(bv-mf_13.m, zitronen.jpg)

```
figure('Name','bv_mf_13 : WST (6.3)','NumberTitle','off');
imshow(I)
hold on
himage = imshow(Lrgb); himage.AlphaData = 0.3;
title('Lrgb superimposed transparently on original image')
hold off
```

Quiz 8.3 Ergänzen sie die Textlücken sinngemäß.

1. Bei der Hit-or-Miss-Transformation werden ___ Strukturelemente benötigt.
2. Die Bestimmung der Lage eines ausgewählten Objekts durch ein Indikatorpixel
   wird mit der ___ bewerkstelligt.
3. Don't-care-Elemente findet man in den ___.
4. Das wiederholte Abtragen von Randelementen bis sich keine Änderung mehr einstellt, nennt man ___.
5. Eine Sammlung von morphologischen Operationen für binäre Bilder stellt
   MATLAB mit dem Befehl ___ bereit.
6. Die Skelettierung spielt eine wichtige Rolle in der ___.
7. An die Skelettierung können ___ Anforderungen gestellt werden. (Zahlenwert)
8. Drei Anforderungen an die Skelettierung sind ___, ___ und ___.
9. Das Akronym WST steht für ___.

10. Als Maßnahme gegen Übersegmentierung werden bei der WST ___ und ___ eingesetzt.

11. Durch die ___ werden Anzahl und Lage der Segmente festgelegt.

12. Durch die ___ werden die Segmentgrenzen beeinflusst.

8.5   Aufgaben

Aufgabe 8.1 Strukturelemente

a) Beim Anwenden der Strukturelemente Q_1 bis Q_8 in Abb. 8.18 zum Ausdünnen auf jeweils das Original X (MATLAB-Syntax, Bildschirmausgabe)

```
1 0 0 0 0 0
1 1 1 1 0 0
1 1 1 1 0 0
0 1 1 1 1 1
0 1 1 0 0 0
0 1 0 0 0 0
```

haben sich die Ergebnisse A, B und C ergeben (von links nach rechts). Ordnen Sie die Ergebnisse den acht Strukturelementen richtig zu.

000000	100000	100000
111000	111100	111100
111100	111100	011100
011111	011111	011111
011000	010000	011000
010000	010000	010000

b) Bei welchen der acht Strukturelemente in (a) stellt sich keine Änderung ein?

8.6   Zusammenfassung

Morphologische Filter werden eingesetzt, um die Form (Gestalt) von Bildobjekten gezielt zu verändern. Typische Anwendungen finden sie auf binären Bildern, wo sie als logische Operationen auf Punktmengen definiert sind. Mit der Fundierung als logische Mengenoperationen werden komplexe Algorithmen möglich, die in der Bildverarbeitung bedeutsame Anwendungen gefunden haben. Wichtige Beispiele sind die Erosion und die Dilatation von Objekten als „Basisoperationen". Darauf bauen das Öffnen und das Schließen sowie das Ausdünnen und das Verdicken von Objekten auf. Beispiele eher speziellerer Funktionen sind die Rekonstruktion und das Ausfüllen von Formen. Mit der

Hit-or-Miss-Transformation werden Objekte erkannt. Schließlich ist die Skelettierung eine spezielle morphologische Transformation, die die Objekte auf ihre „Struktur" reduziert und zur Informationsverdichtung und Objekterkennung eingesetzt werden kann.

Die Grundbausteine Erosion und Dilatation sind auf Grauwertbilder erweiterbar. Damit stehen auch für Grauwertbilder komplexe morphologische Transformationen definieren, wie beispielsweise die Zylinderhut-Transformation zur Trennung von großen und kleinen Objekten oder die markergesteuerte Wasserscheidentransformation zur Segementierung von Objekten.

8.7 Lösungen zu den Aufgaben

Zu **Quiz 8.1**

1. „true"/1
2. (1), „false"/0
3. (0), schwarz, weiß
4. wachsen, Dilatation
5. schrumpfen, Erosion
6. ein Strukturelement
7. Kantenbildern
8. gespiegelt
9. `bwperim`
10. die Ecken/ Diagonalen
11. „Kratzer"
12. Grauwertbilder

Zu **Quiz 8.2**

1. $X \circ Q = (X \ominus Q) \oplus Q$
2. dem Strukturelement
3. $X \bullet Q = (X \oplus Q) \ominus Q$
4. dilatiert, erodiert
5. kleine
6. die Differenz
7. die Bottom-hat-Transformation („black top-hat transform"), `imtophat`
8. $X - X \circ Q$
9. Hintergrundelements
10. iterative (wiederholte), Restriktion
11. `imfill`
12. $I_{k+1} = (I_k \oplus Q_C) \cap Q_R$
13. dem Marker-Bild

14. Marker-Bild, Strukturelement, Maskierungs-Bild
15. `imfill`
16. `imreconstruct`

Zu **Quiz 8.3**

1. zwei
2. der Hit-or-Miss-Transformation
3. Strukturelementen
4. Ausdünnen
5. `bwmorph`
6. der Texterkennung
7. sechs
8. Homotopie, maximal dünn, Mittigkeit, Rotationsinvarianz, Robustheit (gegen Rauschen), geringe Komplexität (3 aus 6)
9. Wasserscheidentransformation/ „watershed transform"
10. Vordergrundmarker, Hintergrundmarker
11. Vordergrundmarker
12. Hintergrundmarker.

Zu **Aufgabe 8.1**

a) Q_2, Q_4, Q_6 oder Q_7, siehe Tab. 8.1
b) Q_3, Q_5 und Q_8, siehe Tab. 8.1

8.8   Programmbeispiele

Programm 8.9 Erosion, Dilatation und morphologischer Gradient

```
% Erosion, dilation and contour detection
% bv_mf_1 * mw * 2018-11-01
I = imread('logo2w.tif');
%% Erosion
FIG1=figure('Name','bv_mf_1 : Erosion','NumberTitle','off');
subplot(2,2,1), imshow(~I), title('original')
for k=1:3
 Q = strel('diamond',k);
 subplot(2,2,1+k), imshow(~imerode(I,Q))
 title(['Erosion, diamond ',num2str(k)])
end
% display last structuring element
```

Tab. 8.1 Ergebnisse der Anwendung der Strukturelemente Q_1 bis Q_8 zum Ausdünnen

Original	Zu Q_1	Zu Q_2
1 0 0 0 0 0	**0** 0 0 0 0 0	**0** 0 0 0 0 0
1 1 1 1 0 0	1 1 **0** 1 0 0	1 1 1 **0** 0 0
1 1 1 1 0 0	1 1 1 1 0 0	1 1 1 1 0 0
0 1 1 1 1 1	0 1 1 1 1 1	0 1 1 1 1 1
0 1 1 0 0 0	0 1 1 0 0 0	0 1 1 0 0 0
0 1 0 0 0 0	0 1 0 0 0 0	0 1 0 0 0 0

Zu Q_3	Zu Q_4	Zu Q_5
1 0 0 0 0 0	1 0 0 0 0 0	1 0 0 0 0 0
1 1 1 1 0 0	1 1 1 1 0 0	1 1 1 1 0 0
1 1 1 1 0 0	1 1 1 1 0 0	1 1 1 1 0 0
0 1 1 1 1 1	0 1 1 1 1 1	0 1 1 1 1 1
0 1 1 0 0 0	0 1 **0** 0 0 0	0 1 1 0 0 0
0 1 0 0 0 0	0 1 0 0 0 0	0 1 0 0 0 0

Zu Q_6	Zu Q_7	Zu Q_8
1 0 0 0 0 0	1 0 0 0 0 0	1 0 0 0 0 0
1 1 1 1 0 0	1 1 1 1 0 0	1 1 1 1 0 0
0 1 1 1 0 0	**0** 1 1 1 0 0	1 1 1 1 0 0
0 1 1 1 1 1	0 1 1 1 1 1	0 1 1 1 1 1
0 1 1 0 0 0	0 1 1 0 0 0	0 1 1 0 0 0
0 1 0 0 0 0	0 1 0 0 0 0	0 1 0 0 0 0

```
% FIG2=figure('Name','bv_mf_1 : Structuring
element','NumberTitle','off');
% imagesc(~Q.Neighborhood), colormap(FIG2,gray)
%% Dilation
FIG3=figure('Name','bv_mf_1 : Dilation','NumberTitle','off');
subplot(2,2,1), imshow(~I), title('original')
for k=1:3
 Q = strel('diamond',k);
 subplot(2,2,1+k), imshow(~imdilate(I,Q))
 title(['Dilation, diamond ',num2str(k)])
end
%% Contour detection
Q = strel('diamond',1);
FIG4=figure('Name','bv_mf_1   :   Contour   detection','NumberTitle','
off');
subplot(2,2,1), imshow(~I), title('original')
subplot(2,2,2), imshow(~xor(I,imerode(I,Q))), title('contour')
subplot(2,2,4), imshow(~bwperim(I)), title('contour (bwperim)')
```

Programm 8.10 Entfernen von „Kratzern"

```
% Erase lines
% bv_mf_2 * mw * 2018-11-01
I=imread('text2.png'); I=rgb2gray(I); I=~imbinarize(I);
figure('Name','im_mf_2 : Erase lines','NumberTitle','off');
subplot(2,2,1), imshow(~I), title('"Original"')
st = strel('line',7,90);
bwe9 = imerode(I,st); % erosion
bwe9 = imdilate(bwe9,st); % dilation
subplot(2,2,2), imshow(~bwe9), title('Erosion 90°')
st = strel('line',7,0);
bwe0 = imerode(I,st); % erosion
bwe0 = imdilate(bwe0,st); % dilation
subplot(2,2,3), imshow(~bwe0), title('Erosion 0°')
bwe0 = imerode(bwe9,st); % erosion
bwe0 = imdilate(bwe0,st); % dilation
subplot(2,2,4), imshow(~bwe0), title('Erosion 90° and 0°')
```

Programm 8.11 Erosion, Dilatation und morphologischer Gradient für Grauwertbilder

```
% Erosion, dilation and contour detection for grey-scale image
% bv_mf_3 * mw * 2018-11-01
I = imread('apfel_fd.jpg');
if ndims(I)==3; I = rgb2gray(I); end
I = I(round(end*.2):round(end*.6),round(end*.2):round(end*.6));
FIG1=figure('Name','bv_mf_3 : Erosion','NumberTitle','off');
subplot(2,2,1), imshow(I), title('Original')
%% Structure element (nonflat)
R = 3; H = 5; % radius and maximum offset height
Q = offsetstrel('ball',R,H); % nonflat structure element
% Q = strel('disk',12); % flat structure element (logical)
%% Transformations
subplot(2,2,2), imshow(imerode(I,Q)) % erosion
title(['Erode (ball,',num2str(R),',',num2str(H),')'])
subplot(2,2,3), imshow(imdilate(I,Q)) % dilation
title(['Dilate (ball,',num2str(R),',',num2str(H),')'])
%% Contour (morphological gradient)
J = imsubtract(imdilate(I,Q),imerode(I,Q));% contour
subplot(2,2,4), imshow(imcomplement(J))
title(['Contour (ball,',num2str(R),',',num2str(H),')'])
```

Programm 8.12 Öffnen und Schließen, Top-hat- und Bottom-hat-Transformation

```
% Opening and closing
% bv_mf_4 * mw * 2018-11-01
%% Opening and closing combined
I = ~imread('oc_test.png');
figure('Name','bv_mf_4 : Opening and closing','NumberTitle','off');
subplot(2,3,1), imshow(~I), title('Original')
st = strel('disk',19); % oc_test
bwe = imerode(I,st); % erosion
subplot(2,3,2), imshow(~bwe), title('Erosion')
bwd = imdilate(I,st); % dilation
subplot(2,3,3), imshow(~bwd), title('Dilation')
subplot(2,3,5), imshow(~imdilate(bwe,st)), title('Opening')
subplot(2,3,6), imshow(~imerode(bwd,st)), title('Closing')
%% MATLAB functions
st = strel('disk',19,0); % oc-test
figure('Name','bv_mf_4 : Opening and closing','NumberTitle','off');
subplot(2,3,1), imshow(~I), title('Original')
subplot(2,3,2), imshow(~imopen(I,st)), title('Opening (imopen)')
subplot(2,3,3), imshow(~imclose(I,st)), title('Closing (imclose)')
subplot(2,3,4), imshow(~imtophat(I,st)), title('Tophat')
subplot(2,3,5), imshow(~imbothat(I,st)), title('Bothat')
subplot(2,3,6), imshow(~(imtophat(I,st)|imbothat(I,st)))
title('Tophat or bothat')
```

Programm 8.13 Füllen

```
% Hole filling
% bv_mf_6 * mw * 2018-11-01
I=imread('text.png'); I=rgb2gray(I); I = imbinarize(I);
figure('Name','im_mf_6 : Hole Filling','NumberTitle','off');
subplot(1,2,1), title('original'), imshow(I)% foreground 'false'
%% Hole Filling
I = ~I; % set foreground true
X0 = false(size(I));
X0(140,480) = true; % set initial background element 'true'
st = strel('square',3);
for m=1:100
 X = imdilate(X0,st); % dilation
 X = X & (~I); % pruning with background
 if X0==X, break, end
 X0 = X;
```

```
end
J = X | I; % logical or
subplot(1,2,2), title('filled'), imshow(~J) % foreground 'true'
%% MATLAB function for filling
J = imfill(I,'hole'); % find and fill all holes automatically
figure('Name','im_mf_6 : Hole Filling','NumberTitle','off');
subplot(1,2,1), imshow(~I), title('original')
subplot(1,2,2), imshow(~J), title('filled')
```

Programm 8.14 Rekonstruktion von Objekten

```
% Reconstruction
% bv_mf_7 * mw * 2018-11-01
%% Test image
I=imread('text.png'); I=rgb2gray(I);
Q2 = ~imbinarize(I); % mask image
% Q2 = imclose(Q2,ones(3)); % preparation
se = strel('line',60,90); % vertical line (structure element)
I0 = imerode(Q2,se); % marker image (initial image for iteration)
figure('Name','ibv_mf_7 : Reconstruction','NumberTitle','off');
subplot(2,2,1), imshow(~Q2), title('original')
subplot(2,2,2), imshow(~I0), title('marker image (eroded)')
subplot(2,2,3),  imshow(~imdilate(I0,se)),  title('dilated    marker
image')
Q1 = strel('square',3);
% for m = 1:100 % reconstruction
% I = imdilate(I0,Q1);
% I = I & Q2;
% if I==I0, break, end
% I0 = I;
% end
I = imreconstruct(I0,Q2); % reconstruction built-in function
subplot(2,2,4), imshow(~I), title('reconstructed image')
```

Programm 8.15 Hit-or-miss-Transformation

```
% Hit-or-miss transform
% bv_mf_9 * mw * 2018-11-01
I = zeros(10,10);
I(2:3,5:6) = ones(2,2);
I(6:8,2:4) = ones(3,3);
I(6:9,6:9) = ones(4,4);
```

```
I = logical(I);
figure('Name','bv_mf_9 : Hit-or-Miss transform','NumberTitle','off');
subplot(2,3,1), imshow(~I), title('Original')
Q1 = strel(ones(3,3));
eB1 = imerode(I,Q1); % erosion
subplot(2,3,2), imshow(~eB1), title('Erosion with Q1')
subplot(2,3,4), imshow(I), title('~X')
B2 = ones(5,5); B2(2:4,2:4)=zeros(3,3);
Q2 = strel(B2);
eB2 = imerode(~I,Q2); % erosion
subplot(2,3,5), imshow(~eB2), title('eErosion with Q2')
I2 = eB1 & eB2;
subplot(2,3,3), imshow(~I2), title('hHit-or-miss')
%% Matlab
% subplot(2,3,6), imshow(~bwhitmiss(I,Q1,Q2)), title('bwhitmiss')
```

Programm 8.16 Ausdünnen

```
% Thinning
% bv_mf_10 * mw * 2018-11-01
%% test image
I=imread('text.png'); I=rgb2gray(I); I=~imbinarize(I);
% I = imread('logo2w.tif');
figure('Name','bv_mf_10  :  Thining  and  thickening','NumberTitle','
off');
subplot(2,2,1), imshow(~I), title('Original')
%% Generate masks
Q = zeros(3,3,8);
Q(:,:,1) = [-1 -1 -1; 0 1 0; 1 1 1];
Q(:,:,2) = [ 0 -1 -1; 1 1 -1; 1 1 0];
Q(:,:,3) = rot90(Q(:,:,1),3);
Q(:,:,4) = rot90(Q(:,:,2),3);
Q(:,:,5) = rot90(Q(:,:,1),2);
Q(:,:,6) = rot90(Q(:,:,2),2);
Q(:,:,7) = rot90(Q(:,:,1));
Q(:,:,8) = rot90(Q(:,:,2));
%% Thinning
bwStart = I;
for m = 1:20
 bw = bwStart;
 for k=1:8
  bw = bw & ~bwhitmiss(bw,Q(:,:,k));
 end
 if m == 1
```

```
 subplot(2,2,2), imshow(~bw), title(['Thinning ',num2str(m)])
end
if bw == bwStart break, end
bwStart = bw;
end
subplot(2,2,3), imshow(~bw), title(['Thinning ',num2str(m)])
%% MATLAB
subplot(2,2,4), imshow(~bwmorph(I,'thin',Inf)), title('thin')
```

Literatur

Gonzalez, R. C., & Woods, R. E. (2018). *Digital image processing* (4. Aufl.). Harlow: Pearson
    Education.
Solomon, C., & Breckon, T. (2011). *Fundamentals of digital image processing. A practical
    approach with examples in matlab.* Oxford: Wiley-Blackwell.
Zentrum für Fernstudien Österreich. (2013). Johannes-Kepler-Universität, Linz, FernUniversität,
    Hagen.

Inhaltsverzeichnis

Die Originalversion dieses Kapitels wurde revidiert: Das elektronische Zusatzmaterial wurde beigefügt. Ein Erratum ist verfügbar unter https://doi.org/10.1007/978-3-658-22185-0_15

Elektronisches Zusatzmaterial Die elektronische Version dieses Kapitels enthält Zusatzmaterial, das berechtigten Benutzern zur Verfügung steht
https://doi.org/10.1007/978-3-658-22185-0_9

© Springer Fachmedien Wiesbaden GmbH, ein Teil von Springer Nature 2021, korrigierte Publikation 2021
M. Werner, *Digitale Bildverarbeitung,* https://doi.org/10.1007/978-3-658-22185-0_9

Zusammenfassung

Die zweidimensionale diskrete Fourier-Transformationen (2-D-DFT) ist eine Erweiterung der bekannten eindimensionalen DFT. Sie ist eine separierbare, bijektive, orthogonale und lineare (Block-)Operation. Die 2-D-DFT macht die bewährten Methoden der digitalen Signalverarbeitung im Frequenzbereich auch für die Bildverarbeitung verfügbar. Darüber hinaus ermöglicht sie auch spezielle Lösungen für die Bildverarbeitung.

Schlüsselwörter

Abtasttheorem („sampling theorem") · Aliasing · Bartlett-Fenster („Bartlett window") · Diskrete Fourier-Transformation („discrete Fourier transform") · effektive Frequenz („effective frequency") · elliptisches Fenster („elliptic window") · Fensterfunktion („window function") · Fourier-Transformation („Fourier transform") · Gauss-Fenster („gaussian window") · harmonische Analyse („harmonic analysis") · Leistungsspektrum („power spectrum") · MATLAB · Moiré-Muster („moiré pattern") · optischer Frequenzgang („optical frequency response") · Point-Spread-Funktion („point spread function") · Rechteck-Fenster („rectangular window") · Rotation („rotation) · Schnelle Fourier-Transformation („fast Fourier transform") · spektrale Überfaltung („aliasing") · si-Interpolation („sinc interpolation") · Spektrum („spectrum") · Super-Gauss-Fenster („super gaussian window") · Translation („translation") · Unterabtastung („sub-sampling") · Wellenfeld („wave field") · zyklische Faltung („cyclic convolution")

Mit der Fourier-Transformation wird ein neuer Zugang zu den digitalen Bildern beschritten. Den Ausgangspunkt bilden die aus der eindimensionalen Signalverarbeitung bekannten Begriffe und Methoden der harmonischen Analyse. In diesem Kapitel wird zunächst an das Abtasttheorem sowie die diskrete Fourier-Transformation (DFT) erinnert. Danach werden die bekannten Begriffe und Methoden auf die digitalen Bilder übertragen. Die zweidimensionale diskrete Fourier-Transformation (2-D-DFT) wird als Kombination von zeilen- und spaltenweiser DFT eingeführt. Durch die zweite Dimension entstehen neue Phänomene, wie beispielsweise die Moiré-Muster bei der Bilderzeugung. Abschließend wird auf die Fensterung der Bilder vor der 2-D-DFT eingegangen. Einige Anwendungsbeispiele werden im nächsten Kapitel präsentiert.

Darüber hinaus bildet die Fourier-Transformation die Grundlage bzw. steht in enger Verbindung zu einigen fortschrittlichen Verfahren der Bildverarbeitung, wie die homomorphe Filterung zur Bekämpfung multiplikativer Störungen, die Fourier-Deskriptoren zur Beschreibung von Konturen, die diskrete Wavelet-Transformation zur Signaldekomposition und die Radon-Transformation für bildgebende Verfahren der Medizintechnik (z. B., Gonzalez und Woods 2018).

9.1 Eindimensionale Fourier-Transformation

Zunächst knüpfen wir an der bekannten Fourier-Transformation für eindimensionale Signale und ihrer Anwendung zur harmonischen Analyse auf diskrete Folgen an (Werner 2017). Dabei gehen wir kurz auf das Abtasttheorem und die zyklische Faltung ein.

9.1.1 Harmonische Analyse und lineare Filterung

Unter der *harmonischen Analyse* wird i. d. R die Zerlegung eines periodischen Signals mit der Periode T in seine *Harmonischen* verstanden. Das heißt, in Sinus- und Kosinusfunktionen mit Frequenzen gleich den ganzzahligen Vielfachen der Grundfrequenz $f_0 = 1/T$. Die Frequenzen geben die Häufigkeit wider, mit der die jeweiligen harmonischen Schwingungen pro Periode im Signal auftreten.

   Weil für die harmonische Analyse nur eine Periode des Signals bekannt sein muss und jedes Signal bzw. jeder Signalausschnitt endlicher Länge periodisch fortgesetzt werden kann, ist die harmonische Analyse in der Praxis vielfach anwendbar. Dies trifft auch für die digitalen Bilder zu.

   Eine wichtige Rolle spielt die harmonische Analyse im Zusammenhang mit der Signalverarbeitung durch lineare zeitinvariante Filter, den *LTI-Systemen* („linear timeinvariant", Kap. 4). Zwei bekannte Anwendungen sind die Tiefpass- und Hochpassfilter. Wie die Namen auf den Punkt bringen, passieren beim Tiefpass die Harmonischen mit niedrigen Frequenzen das Filter. Harmonische mit höheren Frequenzen werden unterdrückt, und damit die schnellen Änderungen im Signalverlauf. So erklärt sich die typisch glättende Wirkung des Tiefpasses auf das Signal. Entsprechend Umgekehrtes gilt für den Hochpass.

9.1.2 Harmonische Analyse für eindimensionale Signale

Unter dem Begriff harmonische Analyse werden die vier Methoden der Signalverarbeitung in Tab. 9.1 zusammengefasst. Je nach Art des Signals liefern sie eine Frequenzbereichsdarstellung, das allgemeine *Fourier-Spektrum* bzw. spezielle Ausprägungen davon, die Fourier-Reihe und die diskrete Fourier-Transformation.

   In der eindimensionalen Signalverarbeitung werden oft Zeitsignale betrachtet und als kontinuierliche Variable wird die Zeit t verwendet. Dementsprechend wird im Fourier-Spektrum die Frequenzvariable f eingeführt, sodass die physikalischen Dimensionen $[t]$ = s und $[f]$ = Hz zugrunde liegen. Der Einfachheit halber werden häufig in den Formeln auch normierte, dimensionslose Größen verwendet.

   Die Fourier-Transformation liefert das theoretische Fundament zur Spektralanalyse von Signalen. Den Algorithmus für die digitale Verarbeitung am Rechner stellt die

Tab. 9.1 Die vier Formen der Harmonische Analyse für eindimensionale Signale

Kontinuierliches Signal	Diskretes Signal
Fourier-Transformation Signal $x(t)$ aperiodisch $x(t) = \frac{1}{2\pi} \cdot \int\limits_{-\infty}^{+\infty} X(\mathrm{j}\omega) \cdot \mathrm{e}^{\mathrm{j}\omega t}\mathrm{d}\omega$ mit allgemeinem Fourier-Spektrum $X(\mathrm{j}\omega) = \int\limits_{-\infty}^{+\infty} x(t) \cdot \mathrm{e}^{-\mathrm{j}\omega t}\mathrm{d}t$	*Fourier-Transformation für Folgen* Signal $x[n]$ aperiodisch $x[n] = \frac{1}{2\pi} \cdot \int\limits_{-\pi}^{\pi} X\!\left(\mathrm{e}^{\mathrm{j}\Omega}\right) \cdot \mathrm{e}^{\mathrm{j}\Omega \cdot n}\mathrm{d}\Omega$ mit in 2π periodischem Fourier-Spektrum $X\!\left(\mathrm{e}^{\mathrm{j}\Omega}\right) = \sum\limits_{n=-\infty}^{+\infty} x[n] \cdot \mathrm{e}^{-\mathrm{j}\Omega n}$
Fourier-Reihe Signal $x(t)$ mit der Periode T_0 und der Grund-kreisfrequenz $\omega_0 = 2\pi/T_0$ $x(t) = \sum\limits_{k=-\infty}^{+\infty} c_k \cdot \mathrm{e}^{\mathrm{j}k\omega_0 t}$ mit dem Linienspektrum $c_k = \frac{1}{T_0} \cdot \int\limits_{t_0}^{t_0+T_0} x(t) \cdot \mathrm{e}^{-\mathrm{j}k\omega_0 t}\mathrm{d}t$	*Diskrete Fourier-Transformation* Signal $x[n]$ mit der Periode N IDFT $x[n] = \frac{1}{N} \cdot \sum\limits_{k=0}^{N-1} X[k] \cdot \mathrm{e}^{\mathrm{j}\frac{2\pi}{N}k \cdot n}$ mit dem DFT-Spektrum $X[k]$ mit der Periode N DFT $X[k] = \sum\limits_{n=0}^{N-1} x[n] \cdot \mathrm{e}^{-\mathrm{j}\frac{2\pi}{N}k \cdot n}$

diskrete Fourier-Transformation (DFT) bereit. Die (eindimensionale) DFT zeichnet sich durch die folgenden acht Eigenschaften aus:

- Das Signal $x[n]$ und das DFT-Spektrum $X[k]$ sind periodisch mit der Periode N. Weil Folgen endlicher Länge stets periodisch fortgesetzt werden können bzw. stets durch eine Periode vollständig beschrieben werden, ist dies keine Einschränkung in der Praxis. Im Gegenteil, interessieren dynamische Veränderungen, ist die DFT von Signalabschnitten aussagekräftiger, s. Spektrogramm.
- Das DFT-Spektrum ist allgemein komplexwertig. Ist das Signal reellwertig, sind der Betrag und die Phase des DFT-Spektrums gerade bzw. ungerade.
- Die DFT ist eine lineare orthogonale Blocktransformation und somit energie-erhaltend. Es gilt die *parsevalsche Gleichung*

$$\sum_{n=0}^{N-1} |x[n]|^2 = \frac{1}{N} \cdot \sum_{k=0}^{N-1} |X[k]|^2.$$

- Aus dem Betrag des DFT-Spektrums wird das *DFT-Leistungsspektrum* berechnet.

$$P_{\mathrm{dB}}[k] = 20 \cdot \log_{10}\left(|X[k]|\right) \text{ dB}$$

Man beachte im Allgemeinen den Unterschied zwischen Leistungsspektrum und *Energiespektrum*. In der Physik werden Energie und Leistung durch die Dimensionen Watt (W) und Ws deutlich unterschieden. In der digitalen Signalverarbeitung besitzt jeder Signalblock für die DFT seine Energie, die *Blockenergie*, siehe parsevalsche

Gleichung. Teilt man die Blockenergie durch die DFT-Länge, resultiert die mittlere Leistung im Block pro Signalelement. Geht man bei der DFT implizit von der periodischen Wiederholung des Blockes aus, resultiert allgemein die Signalleistung. In der digitalen Signalverarbeitung unterscheiden sich die (Block-)Energie und die Leistung nur um den Zahlenfaktor der Blocklänge.

Stellt man das DFT-Leistungsspektrum, wie üblich bezogen auf seinen Maximalwert dar, hebt sich der Faktor weg, weshalb die Begriffe Energiespektrum und Leistungsspektrum in der Praxis oft scheinbar synonym verwendet werden.

- Die DFT stellt den Bezug zur *normierten Kreisfrequenz* („normalized radian frequency") Ω an diskreten Stellen her.

$$\Omega_k = \frac{2\pi}{N} \cdot k \quad \text{für } k = 0, 1, \ldots, N - 1$$

Liegt eine Folge endlicher Länge vor, und wird die gesamte Folge durch die DFT-Länge erfasst, so liefert die DFT einer Abtastung des Spektrums an den Frequenzstützstellen (Abb. 9.1).

$$X[k] = X\left(e^{j\frac{2\pi}{N}k}\right) \quad \text{für } k = 0, 1, \ldots, N - 1$$

- Entsteht die Folge $x[n]$ durch Abtastung eines zeitkontinuierlichen Signals mit dem Abtastintervall T_A – oder kann so gedacht werden – ist die *(Frequenz-)Auflösung* der DFT, der Abstand der Spektrallinien der harmonischen Analyse,

$$\Delta f = \frac{1}{N \cdot T_\mathrm{A}}$$

- Betrachtet man DFT-Spektren, so wird ihre Interpretation durch das *Leckphänomen* („leakage phenomenon") erschwert. Das heißt, ein Signalanteil, dessen Periode

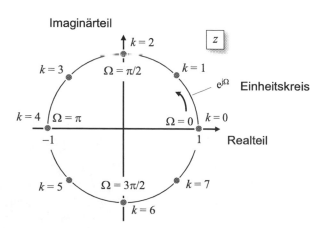

Abb. 9.1 Zur Abtastung des Spektrums auf dem Einheitskreises der komplexen z-Ebene durch die DFT der Länge $N = 8$

nicht als ganzzahliges Vielfaches in der DFT-Länge enthalten ist, kann viele DFT-Koeffizienten beeinflussen.

- Zur effizienten Berechnung der DFT wird die *schnelle Fourier-Transformation* („fast Fourier transform", FFT) eingesetzt. Für die FFT gibt es je nach Signal und eingesetzter Hard- und Software verschiedene Varianten. Die meist genutzte und effizienteste Variante ist die *Radix-2-FFT*. Sie setzt als DFT-Länge eine Zweier-potenz-Zahl voraus. Die FFT berechnet die DFT-Koeffizienten. MATLAB besitzt zur DFT die Befehle `fft` and `fft2` (zweidimensional), die zur jeweiligen Blocklänge den effizientesten FFT-Algorithmus auswählen.

9.1.3 Abtasttheorem für eindimensionale Signale

Bei der Digitalisierung von analogen Signalen stellt sich die (Kosten-)Frage, wie viele Abtastwerte pro Zeit zu nehmen sind, damit die Abtastfolge den Änderungen des zeit-kontinuierlichen Signals ausreichend folgen kann? Das *Abtasttheorem* gibt die Antwort. Es stellt den Bezug her zwischen der Schnelligkeit der Änderungen im Signal und dem erforderlichen Aufwand bei der Diskretisierung. Das Einhalten des Abtasttheorems garantiert für strikt bandbegrenzte Signale, dass bei der (idealen) Abtastung keine Information verloren geht.

Eine Funktion $x(t)$, deren Spektrum für $|f| \geq f_g$ null ist, wird durch die Abtastwerte $x[n] = x(t = n \cdot T_A)$ vollständig beschrieben, wenn das Abtastintervall T_A so gewählt wird, dass

$$T_A = \frac{1}{f_A} \leq \frac{1}{2 \cdot f_g}.$$

In diesem Fall kann die Funktion durch die si-Interpolation des idealen Tiefpasses vollständig aus den Abtastwerten rekonstruiert werden.

$$x(t) = \sum_{n=-\infty}^{+\infty} x(n \cdot T_A) \cdot \mathrm{si}(\pi \cdot f_A \cdot [t - n \cdot T_A])$$

Wird das Abtasttheorem eingehalten, ergibt sich der bijektive Zusammenhang für die Fourier-Spektren des zeitdiskreten und des zeitkontinuierlichen Signals

$$X\left(e^{j\Omega}\right) = \frac{1}{T_A} \cdot X(j\omega)\Big|_{\omega \cdot T_A = \Omega} \quad \text{für } \Omega \in [-\pi, +\pi] \quad \text{und } T_A \leq \frac{1}{2 \cdot f_g}.$$

Man beachte im Abtasttheorem die Definition der Grenzfrequenz f_g, ab der keine Frequenzkomponente im Signal mehr vorhanden ist. Mit anderen Worten, das Abtast-theorem wird eingehalten, wenn die Abtastfrequenz größer als das Zweifache der maximalen Frequenz (f_{max}) in den Signalkomponenten ist. In vielen Anwendungen muss ein pragmatisches Vorgehen gewählt werden. Die Abtastfrequenz hat so groß zu

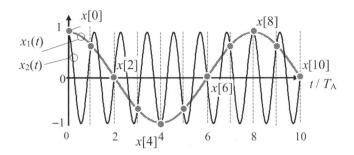

Abb. 9.2 Mehrdeutigkeit bei der Abtastung zweier Kosinussignale $x_1(t)$ und $x_2(t)$ mit den Frequenzen $f_1 = 1$ kHz bzw. $f_2 = 7$ kHz bei der Abtastfrequenz $f_A = 8$ kHz

sein, dass spektrale Überfaltungsfehler (Aliasing) toleriert werden können. Der bijektive Zusammenhang der Spektren gilt dann nur näherungsweise.

Wird das Abtasttheorem nicht eingehalten, entstehen Mehrdeutigkeiten, und Fehlinterpretationen sind möglich. Das einfache Beispiel in Abb. 9.2 illustriert das Problem. Dort werden zwei Kosinussignale mit den Frequenzen 1 und 7 kHz betrachtet. Nimmt man eine Abtastung mit der Abtastfrequenz von 8 kHz vor, erhält man für beide Signale die gleiche Abtastfolge. Ein eindeutiger Rückschluss auf das Originalsignal ist nicht mehr möglich.

In vielen praktischen Fällen fallen Signalkomponenten mit Frequenzen größer der halben Abtastfrequenz nach der Abtastung mit den entsprechenden Signalkomponenten kleiner der halben Abtastfrequenz zusammen. Man spricht von der *spektralen Überfaltung*, englisch *„aliasing"* genannt. Als Gegenmaßnahme kann vor der Abtastung eine ausreichende Bandbegrenzung durch ein *Anti-Aliasing-Filter* (Tiefpass) vorgenommen werden.

Setzt man nach der zeitlichen Abtastung die DFT für Folgen endlicher Länge N ein, so erhält man im Idealfall Abtastwerte des Fourier-Spektrums der Folge. Damit ist eine eindeutige Zuordnung der DFT-Koeffizienten zu den Spektralkomponenten möglich (Abb. 9.1).

$$X[k] = X\left(e^{j\Omega}\right)\Big|_{\Omega = \frac{2\pi}{N} \cdot k}$$

Den Zusammenhang zwischen den DFT-Indizes k und der Frequenz f veranschaulicht Abb. 9.3. Im Beispiel liegen genau zwei Perioden N_0 des Kosinussignals im DFT-Fenster der Länge $N = 2 \cdot N_0$. Deshalb ergeben sich die beiden von null verschiedenen DFT-Koeffizienten genau bei $k = 2$ und $N - 2$.

Die Zuordnung zwischen den Indizes k und der normierten Kreisfrequenz Ω_k erfolgt gemäß Abb. 9.1. Und bei Abtastung mit der Abtastfrequenz f_A gilt zwischen der normierten Kreisfrequenz Ω und der „natürlichen" Frequenz f

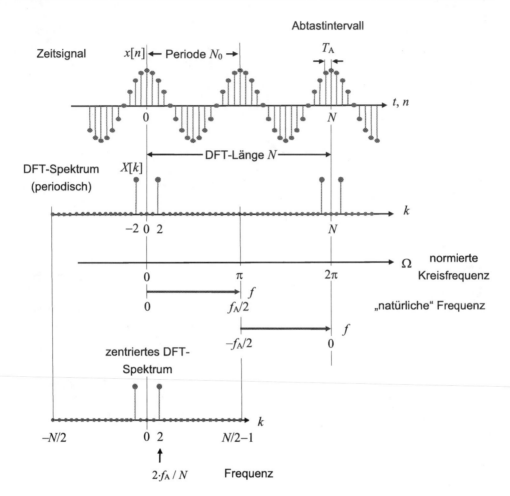

Abb. 9.3 Periodisches DFT-Spektrum und Frequenzzuordnungen

$$f \in \left[0, f_A / 2\right] \rightarrow \Omega \in [0, \pi].$$

Die normierten Kreisfrequenzen zwischen $]\pi, 2\pi]$ korrespondieren zum Frequenz-intervall $]-f_A/2, 0]$. Wegen letzterem ist es üblich, die DFT-Spektren zu zentrieren, wie in Abb. 9.3 unten zu sehen ist. MATLAB stellt dazu die Befehle `fftshift` und `ifftshift` bereit. In Grafiken wird meist nur die *Grundperiode* angegeben.

9.1.4 Zyklische Faltung

Eine herausragende Eigenschaft der Fourier-Transformation ist der Faltungssatz: Faltet man zwei Signale im Zeitbereich, erhält man im Frequenzbereich das Produkt der

Spektren. Letztlich beruht darauf das Konzept der selektiven Filter. Ist eines der beiden Spektren, z. B. der Frequenzgang des Tiefpassfilters, ab einer bestimmten Frequenz annähernd null, sind im Produkt alle entsprechenden Frequenzkomponenten ebenfalls annähernd null.

Lässt sich der Faltungssatz auch auf die DFT-Spektren übertragen? Zunächst wissen wir, dass die Faltung zweier Folgen der Länge N_1 bzw. N_2 eine Folge der Länge $N_1 + N_2 - 1$ ergibt. Das Produkt aus zwei DFT-Spektren setzt jedoch die gleiche Blocklänge voraus und die IDFT (Inverse) produziert eine Folge mit eben dieser Länge. Soll die DFT das Faltungsergebnis liefern ist eine entsprechende Transformationslänge notwendig. Dies kann durch Auffüllen der Signale mit Nullen („zero padding") vor der DFT geschehen.

Ein alternativer Ansatz resultiert, wenn man zwei Folgen gleicher Periode M postuliert, deren DFT-Spektren multipliziert werden. Die Rücktransformation des Produktes liefert wieder eine Folge mit Periode M. Der korrespondierende Algorithmus im Zeitbereich wird *zyklische Faltung* genannt

$$\tilde{x}_1[n] \overset{M}{*} \tilde{x}_2[n] = \sum_{m=0}^{M-1} \tilde{x}_1[m] \cdot \tilde{x}_2[n-m].$$

Für die DFT-Spektren der Länge M gilt

$$\tilde{x}_1[n] \overset{M}{*} \tilde{x}_2[n] \quad \leftrightarrow \quad \tilde{X}_1[k] \cdot \tilde{X}_2[k].$$

Die Tilde ~ betont, dass es sich um periodische Folgen handelt. Der Einfachheit halber wird im Weiteren auf die Tilde verzichtet. Ob eine periodische Betrachtung notwendig ist, kann dem jeweiligen Zusammenhang entnommen werden.

Wir betrachten ein überschaubares Beispiel mit zwei Folgen der Länge 8

$$x_1[n] = \{1, 2, 3, 4, 5, 6, 7, 8\} \quad \text{und} \quad x_2[n] = \{1, 1, 1, 1, -1, -1, -1, -1\},$$

und führen eine zyklische Faltung durch. Die beiden Folgen werden zunächst periodisch fortgesetzt mit Periode $M = 8$. Dann werden die Signale wie in der Rechentafel in Kap. 4 gefaltet – jedoch jeweils nur über eine Periode ausgewertet. Die Rechenoperationen zur zyklischen Faltung veranschaulicht die Rechentafel in Abb. 9.4. Betrachtet man die vertikale „Bandstruktur" in der Mitte, so erkennt man, dass von Schritt zu Schritt, d. h. von oben nach unten, jeweils das rechte Folgenelement im nächsten Schritt links wieder eingeschoben wird. In der Digitaltechnik spricht man in so einem Fall von einem zyklischen Schieben, das mit einem Schieberegister realisiert werden kann. Daher auch der Name zyklische Faltung. Im Beispiel resultiert die Folge (Grundperiode)

$$x_1[n] \overset{8}{*} x_2[n] = y[n] = \{8, 0, -8, -16, -8, 0, 8, 16\}.$$

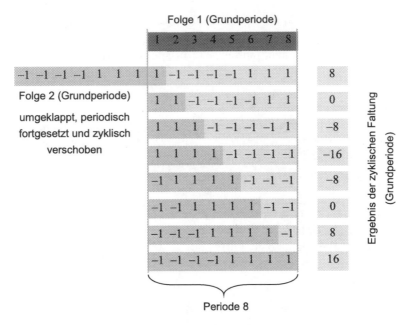

Abb. 9.4 Rechentafel für die eindimensionale zyklische Faltung

Übung 9.1 Faltung

a) Kontrollieren Sie das Ergebnis der zyklischen Faltung mit der DFT. Benutzen Sie dazu die MATLAB-Befehle zur eindimensionalen diskreten Fourier-Transformation `fft` und ihrer Inversen `ifft`.
b) Führen Sie die aperiodische Faltung der Folgen einmal mit dem MATLAB-Befehl für die Faltung `conv` und nach entsprechendem Auffüllen mit Nullen mittels der DFT durch.

Quiz 9.1

Ergänzen sie die Textlücken sinngemäß.
1. Die DFT ist die Fourier-Transformation für ___ .
2. Das DFT-Spektrum reeller Signale ist i. d. R. ___ .
3. Die Frequenz der 3. Harmonischen eines Signals mit der Periode 1 ms ist ___ .
4. Die DFT ist ___ - und ___ -erhaltend.
5. Bei einem Signal mit der Grenzfrequenz von 10 kHz sollte die Abtastfrequenz mindestens ___ gewählt werden.
6. Durch die Digitalisierung von Signalen geht keine Information verloren, wenn man das ___ einhält.

7. Wenn das Maximum des Betrags im Leistungsspektrum mit 0 dB angegeben wird, so entspricht –20 dB einem dazu um den Faktor ___ kleineren Wert.

8. Den Effekt der Signalverzerrung aufgrund der Verletzung des Abtasttheorems nennt man ___.

9. Das Produkt der DFT-Spektren entspricht im Zeitbereichder ___ der Folgen.

10. Der DFT-Koeffizient $X[0]$ eines reellen Signals ist stets ___.

11. Die Übertragung des Konzepts der Faltung auf periodische Signale resultiert in der ___ Faltung.

12. Die zyklische Faltung von $\{1, 2, 3\}$ und $\{4, 0, 2\}$ ist ___.

9.2 Zweidimensionale diskrete Fourier-Transformation

Die eindimensionale Fourier-Transformation wird separierbar in zwei Dimensionen fortgesetzt. Somit werden auch die allgemeinen Eigenschaften der Fourier-Transformation übertragen. Weil hier die Bildverarbeitung im Mittelpunkt steht, beschränken wir uns auf den zweidimensionalen diskreten Fall, die *2-D-DFT*. Darüber hinaus sprechen wir von der *Ortsfrequenz*, um auf die zugrunde liegenden diskreten normierten Ortsvariablen hinzuweisen. Die normierte Frequenzvariable deutet dann im Sinne von Häufigkeit auf periodische Inhalte im Bild hin, wie im Beispiel einer Straße das regelmäßige Muster des Zebrastreifens.

9.2.1 2-D-DFT für Bildsignale

Wir betrachten ein zweidimensionales Bildsignal $g[n_1, n_2]$ der Größe $N_1 \times N_2$ und definieren das Spektrum der 2-D-DFT

$$G[k_1, k_2] = \frac{1}{\sqrt{N_1 \cdot N_2}} \cdot \sum_{n_2=0}^{N_2-1} \sum_{n_1=0}^{N_1-1} g[n_1, n_2] \cdot w_{N_1}^{k_1 \cdot n_1} \cdot w_{N_2}^{k_2 \cdot n_2} \quad \text{mit } w_{N_i} = e^{-j \cdot \frac{2\pi}{N_i}}.$$

Die Rücktransformation liefert wieder das Bildsignal.

$$g[n_1, n_2] = \frac{1}{\sqrt{N_1 \cdot N_2}} \cdot \sum_{k_2=0}^{N_2-1} \sum_{k_1=0}^{N_1-1} G[k_1, k_2] \cdot w_{N_1}^{-k_1 \cdot n_1} \cdot w_{N_2}^{-k_2 \cdot n_2} \quad \text{mit } w_{N_i} = e^{-j \cdot \frac{2\pi}{N_i}}$$

Die 2-D-DFT ist bijektiv. Es geht keine Bildinformation verloren. Somit kann das Spektrum ebenfalls auf spezifische Muster (Fourier-Diskriptoren) zur Objekterkennung und Klassifizierung untersucht bzw. genutzt werden (z. B., Gonzalez und Woods 2018).

Im Zusammenhang mit der harmonischen Analyse spricht man auch von der Analyse- bzw. der Synthesegleichung. In der Literatur werden manchmal die Vorfaktoren auch in die Gleichung der Rücktransformation zusammengezogen. Im Weiteren sprechen wir kurz vom Spektrum, wenn wir Spektrum der 2-D-DFT meinen. Ebenso sprechen wir kurz von Koeffizienten statt Koeffizienten der 2-D-DFT.

Für die Bildverarbeitung sind neben den genannten Eigenschaften der ein-dimensionalen Transformation fünf weitere Punkte wichtig:

- Die 2-D-DFT ist eine separierbare lineare (Block-)Transformation. Sie kann äqui-valent erst zeilen- und dann spaltenweise oder umgekehrt berechnet werden.
- Das Spektrum ist im allgemeinen komplex. Aus einem Bild entstehen zwei reelle „Bilder", eines für den Real- und eines für den Imaginärteil. Meist werden jedoch der Betrag und die Phase des Spektrums dargestellt. Weil der Betrag über mehrere Größenordnungen variieren kann, wird zu seiner grafischen Darstellung oft das *Leistungsspektrum* im logarithmischen Maß (dB) verwendet, wie es u. a. aus der Informationstechnik bekannt ist,

$$P_{\mathrm{dB}}[k_1, k_2] = 10 \cdot \log_{10}\left(|X[k_1, k_2]|^2\right) \text{ dB}.$$

  Die Definition des Leistungsspektrums als Betragsquadrat der DFT-Koeffizienten folgt Gonzalez und Woods (2018 S. 249). Jedoch können die (Bild-)Intensitäten als Leistungsgrößen angesehen (Kap. 5) und folglich kann auf das Quadrat verzichtet werden, siehe z. B. Burger und Burge (2016 S. 477).
- In der Bildverarbeitung häufig anzutreffen ist eine modifizierte Form der *logarithmischen Transformation* für die grafische Darstellung des Betrags („magnitude")

$$M_{\mathrm{log}}[k_1, k_2] = c \cdot \log\left(1 + |X[k_1, k_2]|\right).$$

  Ihre Wirkung entspricht in etwa der Grauwertspreizung durch die Gammakorrektur mit $\gamma < 1$ in Kap. 2. Sie lässt folglich in Grafiken die kleinen Betragswerte deutlicher hervortreten.
- Der Koeffizient $G[0,0]$ liefert die *Helligkeit*, den *Gleichanteil* oder linearen Mittel-wert, des Bildsignals.

$$G[0, 0] = \frac{1}{\sqrt{N_1 \cdot N_2}} \cdot \sum_{n_2=0}^{N_2-1} \sum_{n_1=0}^{N_1-1} g[n_1, n_2]$$

  Der Koeffizient im Ursprung $G[0,0]$ ist damit stets reell und stellt bei Grauwertbildern oft den weitaus betragsmäßig größten Koeffizienten. Er wird deshalb bei grafischen Darstellungen des Spektrums häufig ausgeblendet.
- Das Spektrum wird meist in *zentrierter Form* angegeben. Zunächst liefert die 2-D-DFT (`fft2`) die Zuordnung in Abb. 9.5 links. Der Gleichanteil liegt in der oberen linken Ecke, die Koeffizienten zu den hohen Frequenzen im Zentrum. Wie für ein-dimensionale Spektren (Abb. 9.3) wird häufig in der Praxis die zentrierte Dar-stellung bevorzugt. MATLAB unterstützt den Wechsel zur zentrierten Darstellungen

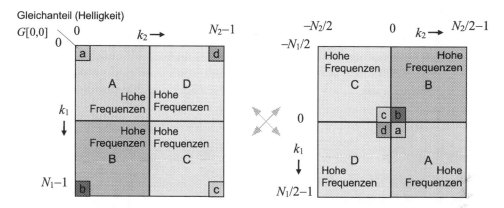

Abb. 9.5 Zur Darstellung des Spektrums der 2-D-DFT, rechts zentriert mit N_1 und N_2 gerade

und zurück durch die Befehle `fftshift` bzw. `ifftshift`. Dann ergibt sich die Zuordnung in Abb. 9.5 rechts. Die Koeffizienten zu den niedrigen Frequenzen liegen nun im Zentrum und die zu den hohen in den äußeren Ecken.

9.2.2 Beispiele zur 2-D-DFT

Die harmonische Analyse deckt periodische Anteile im Signal auf. Wir betrachten dazu ein spezielles Schwarz-Weiß-Bild der Größe 32×32 mit abwechselnd vertikalen Streifen der Breite von vier Bildelementen in Abb. 9.6. Das Streifenmuster wird einer 2-D-DFT unterworfen und das Leistungsspektrum am Bildschirm in zentrierter Form dargestellt.

Je größer der Betrag eines Koeffizienten ist, umso heller seine Darstellung. Da die meisten Koeffizienten betragsmäßig relativ klein sind, würde ein überwiegend

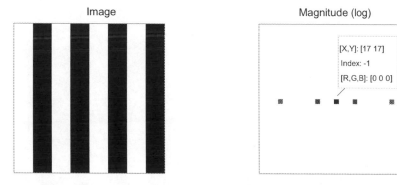

Abb. 9.6 Streifenmuster und (invertierte) logarithmische Betragsdarstellung der 2-D-DFT-Koeffizienten (`bv_2dft_1.m`, Rahmen nachträglich hinzugefügt)

schwarzes Bild entstehen. Um dies zu vermeiden, wurde die Darstellung in Abb. 9.6 rechts invertiert. Es sind fünf dominante Koeffizienten als schwarze Punkte auf einer horizontalen Linie zu erkennen. Der Koeffizient im Zentrum steht für den Gleichanteil.

Zur Interpretation des Resultats beginnen wir zunächst beim übersichtlicheren eindimensionalen Fall. Diesen gewinnen wir, indem wir nur eine Zeile des Bildes betrachten. Dann erhalten wir das Signal im Stabdiagramm in Abb. 9.7 oben, eine periodische Rechteckimpulsfolge mit abwechselnd vier Elementen mit eins (weiß) und vier Elementen mit null (schwarz). Die Periode beträgt acht.

Wenden wir jetzt die DFT an, so ist zu erwarten: Erstens, die Folge hat einen Gleichanteil. Also verschwindet der DFT-Koeffizienten bei k gleich null nicht. Zweitens, beträgt die Periode genau ein Viertel der DFT-Länge. Damit sind dominante DFT-Koeffizienten für die Harmonischen bei k gleich vier (1. Harmonische) und ganzzahlig Vielfachen, also acht und zwölf, zu erwarten. (Man beachte die DFT-Länge von nur 32.)

Drittens ist z. B. aus (Bronstein et al. 1999 S. 1016) bekannt, dass die Fourier-Reihe des Rechteckimpulszuges keine Harmonischen zu den geradzahligen Vielfachen der Grundfrequenz aufweist. Der DFT-Koeffizient bei k gleich acht sollte etwa null sein. Das Ergebnis der DFT zeigt Abb. 9.7 unten als Leistungsspektrum in der für die Bildverarbeitung typischen logarithmischen Darstellung. Alle Erwartungen werden bestätigt.

Nun zurück zum horizontalen periodischen Streifenmuster in Abb. 9.6. Wegen der Separierbarkeit der 2-D-DFT dürfen wir die Ergebnisse aus der eindimensionalen Betrachtung auf den zweidimensionalen Fall übertragen. In Abb. 9.6

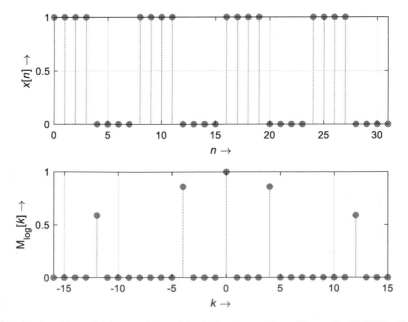

Abb. 9.7 Rechteckimpulsfolge und logarithmische Betragsdarstellung der DFT-Koeffizienten (bv_2dft_1.m)

erhalten wir zum horizontalen Streifenmuster ein ebenfalls horizontales Muster der Koeffizienten, das, wie Abb. 9.7, fünf dominante Koeffizienten zeigt.

Übung 9.2 2-D-DFT eines Streifenmusters

a) Wiederholen Sie das Beispiel in Abb. 9.6 bei gleicher Streifenbreite aber mit der Bildgröße 64 × 64. Wie verändert sich das Spektrum? Welche Koeffizienten dominieren nun?
Hinweis. Die MATLAB Feldindizes lassen sich am Bildschirm mit dem MATLAB `Data Cursor` anzeigen.
b) Transformieren Sie Ihr Testbild aus a) in ein horizontales Streifenmuster (`imrotate`) und wiederholen Sie die 2-D-DFT wie oben. Was ändert sich, und warum?
c) Bilden Sie aus den beiden Streifenmustern ein Gitter und wiederholen Sie die 2-D-DFT wie oben. Vergleichen Sie das Ergebnisse mit a) und b).

9.2.3 Phase und Betrag des Spektrums der 2-D-DFT

Das Spektrum ist eine im allgemeinen komplexwertige Folge. Um der Bedeutung der Betrags- und der *Phaseninformation* nachzuspüren, betrachten wir ein reales Bildbeispiel. Zunächst transformieren wir das Bild mit der 2-D-DFT und stellen das Spektrum

$$I[k_1, k_2] = |I[k_1, k_2]| \cdot \exp(j \cdot b[k_1, k_2]),$$

das heißt die Phase $b[k_1, k_2]$ und das (logarithmische) Betragsspektrum $M[k_1, k_2]$ in zentrierter Form in Abb. 9.8 dar. Die Phase und das Betragsspektrum lassen zunächst keine Strukturen erkennen, außer dass sich die Leistung mehr auf die Frequenzkomponenten um null in der Bildmitte herum konzentriert und nach außen hin abnimmt. (Das „Kreuz" entlang der Frequenzachsen beruht auf einem systematischen Effekt. Wir gehen später bei der Fensterung auf ihn ein. MATLAB unterstützt die Berechnung des Betrags und der Phase mit den Befehlen `abs` bzw. `angle` und `atan2` [4-Quadranten-Arcustangensfunktion].)

Bei genauerem Hinsehen, deutet sich im Betragsspektrum ein Streifenmuster an, das wir in Vergrößerung des Zentrums in Abb. 9.9 überprüfen. Darin sind zwei dominante Betragselemente markiert, und ihre (Matrix-)Indizes am Rand notiert. Das Element [251, 251] korrespondiert zum Frequenzursprung, da die Größe des Originals 500 × 500 beträgt und ein zentrierte Darstellung vorliegt. Das zweite Element [268, 261] liegt auf einem senkrechten Streifen im Abstand von 17 Matrixelementen. Er ist Teil eines speziellen periodischen Musters senkrechter Streifen, die eine horizontale periodische Struktur im Originalbild mit der Periode von ungefähr 17 anzeigen. Das Rätsel löst die Bildvorlage in Abb. 9.10 (links) auf. Es zeigt einen „Schnappschuss" des Fuldaer Stadtschlosses mit einem Gitterzaun im Vordergrund. Wir zählen genau 17 senkrechte Gitterstäbe.

Phase (norm.)   Magnitude (log)

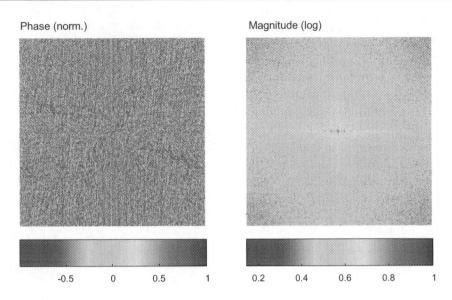

-0.5   0   0.5   1   0.2   0.4   0.6   0.8   1

Abb. 9.8 2-D-DFT-Spektrum (`bv_2dft_3.m`, `Schloss.png`)

Abb. 9.9 Betragsspektrum   Magnitude (log)
vergrößert (`bv_2dft_3.m`,
`Schloss.png`)

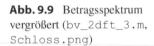

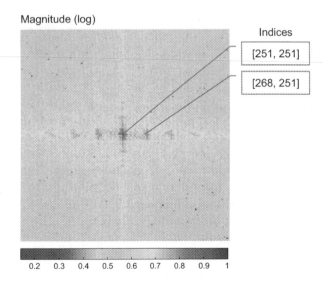

Indices

[251, 251]

[268, 251]

0.2   0.3   0.4   0.5   0.6   0.7   0.8   0.9   1

Um die Bedeutung der Phaseninformation einzuschätzen schließen wir noch einen kurzen Versuch an. Wir entfernen die Betragsinformation im Spektrum, indem wir den Betrag gleich einer Konstanten setzen, $|I[k_1,k_2]|=1$. Das Spektrum mit konstantem Betrag transformieren wir zurück in den Ortsbereich (Abb. 9.10 rechts). Gegebenenfalls nach Grauwertspreizung (Kap. 2, `imadjust`) und Vergrößerung des Bildes wird sichtbar, die Phase enthält wesentliche Teile der Bildinformation – insbesondere die Kanteninformationen.

Image

Image from phase

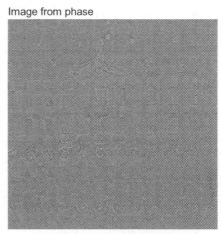

Abb. 9.10 Original und Rekonstruktion aus der Phaseninformation (Ausschnitt vergrößert) (bv_2dft_3.m, Schloss.png)

9.2.4 Spektrum der 2-D-DFT für verschobene und rotierte Bilder

Bei Bildaufnahmen kommt es häufig zu der Situation, dass interessierende Objekte bzgl. gewisser Bezugspunkte eine Translation und/oder Rotation aufweisen. Um die Auswirkungen einer Translation auf das Spektrum abzuschätzen, betrachten wir die Definition der 2-D-DFT und nehmen am Bildsignal eine *Translation* vor. Eine kurze Zwischenrechnung mit Substitution der Variablen zeigt den bekannten Zusammenhang des Verschiebungssatzes der Fourier-Transformation.

$$g[n_1 - m_1, n_2 - m_2] \quad \leftrightarrow \quad G[k_1, k_2] \cdot w_{N_1}^{k_1 \cdot m_1} \cdot w_{N_2}^{k_2 \cdot m_2}$$

Eine Translation des Bildsignals ändert den Betrag des Spektrums nicht. Es resultiert eine Phasenverschiebung im Spektrum durch die komplexen Faktoren.

Entsprechendes folgt für die Translation im Spektrum, siehe Modulationssatz der Fourier-Transformation

$$g[n_1, n_2] \cdot w_{N_1}^{-k_1 \cdot m_1} \cdot w_{N_2}^{-k_2 \cdot m_2} \quad \leftrightarrow \quad G[k_1 - l_1, k_2 - l_2]$$

Das Bildsignal erfährt eine Phasenverschiebung. Ein reelles Bildsignal wird im allgemeinen komplex.

Von besonderem Interesse ist eine *Rotation* des Bildsignals. Für die zweidimensionale Fourier-Transformation kontinuierlicher Funktionen kann gezeigt werden, dass eine Rotation im Ortsbereich zu einer ebensolchen im Spektrum führt (Gonzalez und Woods 2018). Im Falle der 2-D-DFT eines abgetasteten Bildsignals ergeben sich bei der

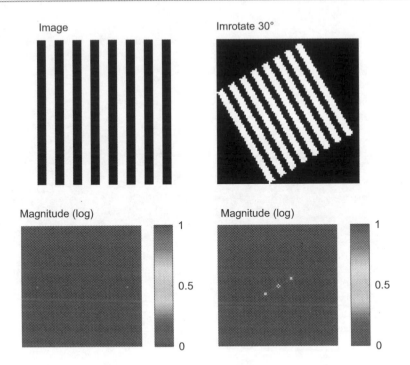

Abb. 9.11   Bild mit Streifenmuster vor und nach Rotation (`bv_2dft_4.m`)

Drehung spezielle Unterschiede durch die Diskretisierung der Ortsvariablen und dem üblichen rechteckförmigen Zuschnitt der Bilder. In der Regel bleibt die Rotation jedoch gut erkennbar, wie das Beispiel des um 90° gedrehten Streifenmusters in Übung 9.2 und die folgende Übung zeigen.

Übung 9.3 Rotation
Erzeugen Sie ein Streifenmuster der Größe 64 × 64 wie in Übung 9.2 (ähnlich Abb. 9.6). Rotieren Sie das Bild mit `imrotate` um 60° und führen Sie danach die 2-D-DFT durch. Stellen Sie das rotierte Bild und sein logarithmisches Betragsspektrum grafisch dar. Kann der Rotationswinkel dem Betragsspektrum augenfällig entnommen werden?

Hinweis. Ein Beispiel zeigt Abb. 9.11. Zur farblichen Abstufung des Betragsspektrums siehe Programm 9.5 mit den Befehlen `colormap` und `colarbar`.

9.3   Spektrum abgetasteter Bilder

Beim Fotografieren einer Szene fertigt die digitale Kamera eine Datenmatrix an, die mehr oder weniger die Szene beschreibt. Neben den gewollten bzw. ungewollten Einflüssen durch den Fotographen, z. B. Motiv, Blickrichtung, Entfernung etc., haben physikalisch-technische Größen und Effekte erheblichen Einfluss auf das digitale Bild.

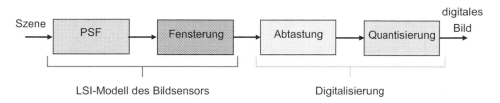

Abb. 9.12 Modell der Bildaufnahme

9.3.1 Bilderzeugung

Gehen wir zunächst von kontinuierlichen, unendlich ausgedehnten Szenen aus, so ist der erste Schritt zur Digitalisierung die Bilderzeugung auf dem Bildsensor. Bei einer idealen CCD-Kamera (Kap. 1) werden auf dem *Bildsensor* die (Beleuchtungs-)Intensitäten über die Belichtungszeit und innerhalb rechteckförmiger Bildausschnitte zum jeweiligen Intensitätswert des Rasterbildes integriert. Dies entspricht einer zeitlichen und lokalen Mittelung des kontinuierlichen Bildes.

Wenn, wie bei der idealen CCD-Kamera, alle Bildpunkte gleichartig verarbeitet werden, kann der lokale Integrationsprozess durch ein LSI-System, ein Mittelungsfilter, modelliert werden, siehe Abb. 9.12. Das Modell des Bildsensors wird durch die Impulsantwort $h(x,y)$, *Point-Spread-Funktion* (PSF) genannt (Kap. 5), beschrieben. Äquivalent dazu ist die Fourier-Transformierte der Impulsantwort, der *optische Frequenzgang*. Wegen der Mittelwertbildungen ist der optische Frequenzgang ein Tiefpass (Kap. 5), so dass bei der Bildaufnahme eine bandbegrenzende Vorverarbeitung stattfindet.

Die Begrenzung auf einen Bildausschnitt, die Bildmatrix, entspricht schließlich einer *Fensterung* im Ortsbereich, d. h. einer Multiplikation der Szene mit einer Fensterfunktion, meist einer Rechteckfunktion. Diese Multiplikation im Ortsbereich ist im Frequenzbereich äquivalent zu der Faltung des Spektrums der Szene mit dem Spektrum der Fensterfunktion. Man beachte: die Tiefpassfilterung und die Fensterung reduzieren hier stets Information.

Die eigentliche *Diskretisierung* im Ortsbereich geschieht in der Regel bezüglich eines rechteckförmigen Gitters, das in der Ortsebene als zweidimensionaler Impulskamm oder anschaulich als „Nagelbrett" beschrieben wird. Die Diskretisierung im Ortsbereich mittels Impulskamm entspricht der idealen Abtastung. Das digitale Bild entsteht schließlich nach der *Quantisierung* der Intensitätswerte; häufig auf die Menge der natürlichen Zahlen von 0 bis 255 (Kap. 2).

9.3.2 Effektive Frequenz

Im Vergleich zur eindimensionalen Signalverarbeitung ergibt sich in der Bildverarbeitung eine besondere Situation bezüglich der Frequenzen. Wie Abb. 9.13 zeigt,

Abb. 9.13 Wellenfeld und Ortsfrequenzen in x_1- und x_2-Richtung

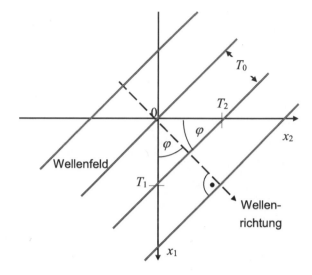

können periodische Bildanteile, z. B. ein Streifenmuster, auch in Diagonalrichtung liegen. Das allgemein als *Wellenfeld* bezeichnete Streifenmuster besitzt die Perioden T_1 und T_2 bzgl. der Koordinatenachsen. Bei einer Welle mit Periode T_0 und Winkel φ gilt

$$\cos(\varphi) = \frac{T_0}{T_1} \quad \text{und} \quad \sin(\varphi) = \frac{T_0}{T_2}.$$

Es resultiert der Zusammenhang

$$1 = \cos^2(\varphi) + \sin^2(\varphi) = \frac{T_0^2}{T_1^2} + \frac{T_0^2}{T_2^2} = T_0^2 \cdot \frac{T_1^2 + T_2^2}{T_1^2 \cdot T_2^2}.$$

Wie Abb. 9.13 zeigt, verkürzt sich die Periode des Wellenfeldes bezüglich der Perioden auf den Achsen, $T_0 \leq T_1$ und $T_0 \leq T_2$. Wegen des reziproken Zusammenhangs zwischen Periode und Frequenz erhöht sich letztere, $f_0 \geq f_1$ und $f_0 \geq f_2$.

Bzgl. des Abtastrasters in x_1- und x_2-Richtung liegt somit ein erhöhter Frequenzwert vor. Man spricht von der *effektiven Ortsfrequenz*

$$f_0 = \frac{1}{T_0} = \sqrt{f_1^2 + f_2^2}.$$

Für den Sonderfall der Diagonalrichtung $T_1 = T_2$ gilt $T_0 = T_1/\sqrt{2}$. Und die effektive Ortsfrequenz ist $f_0 = f_1 \cdot \sqrt{2}$. Daraus folgt, die maximale Frequenz in Diagonalrichtung muss um den Faktor $\sqrt{2}$ kleiner sein als die halbe Abtastfrequenz der x_1- und x_2-Achse damit spektrale Überfaltungen (*Aliasing*) ausgeschlossen werden können.

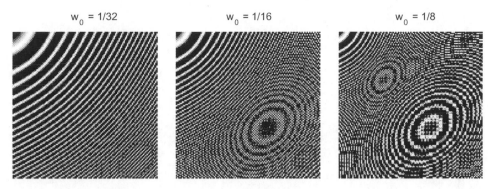

$w_0 = 1/32$ $w_0 = 1/16$ $w_0 = 1/8$

Abb. 9.14 Spektrale Überfaltungen durch Abtastung (Moiré-Phänomen) (`bv_2dft_5.m`)

9.3.3 Moiré-Muster

Wie sich die spektralen Überfaltungen im Bild bemerkbar machen können illustriert Abb. 9.14. Es zeigt in drei Beispielen jeweils ein sinusförmiges Signal, dessen Frequenz von oben links nach unten rechts zunimmt, also anschaulich, Abstände und Breiten der hellen Streifen abnehmen. Die drei Bilder unterscheiden sich in der Anfangsfrequenz. Sie verdoppelt sich von Bild zu Bild. Links ist wenig Verzerrung zu erkennen. In der Mitte und rechts sieht man deutlich Artefakte, die *Moiré-Muster* („*moiré pattern*") genannt werden.

Der Begriff Moiré-Muster geht auf die zuerst von Webern beobachtete Interferenzmuster bei den französischen Moiré-Stoffen zurück. Die Moiré-Muster treten vor allem in den Bilddiagonalen auf, wo sich das Phänomen der effektiven Ortsfrequenz am stärksten bemerkbar macht (Abb. 9.13).

Quiz 9.2

Ergänzen sie die Textlücken sinngemäß.
1. Die 2-D-DFT ist eine ___, ___ und ___ Blocktransformation.
2. Für ein Grauwertbild `I` mit der Dimension 64×64 und die Programmzeile `J=fftshift(fft2(I))` liefert der Wert `J`(___) die Helligkeit des Bildes.
3. Um das Abtasttheorem für Bilder einzuhalten, muss die effektive ___ beachtet werden.
4. Moiré-Muster sind Artefakte die durch ___ entstehen.
5. Das Abtasttheorem spielt für die Wortlänge der Quantisierung von acht Bits ___ Rolle.
6. Die Phase des 2-D-DFT-Spektrums enthält bei Bildern ___.
7. Die Fourier-Transformierte der PSF nennt man den ___.
8. Die effektive Ortsfrequenz ist abhängig von der ___ des Wellenfeldes.
9. Auch im Fourier-Spektrum lässt sich die ___ des Bildes als solche erkennen.

10. Das Betragsspektrum ändert sich nicht bei einer ___.

11. Die Digitalisierung einer Szene (Bildaufnahme) wird in vier Schritten modelliert, nämlich ___, ___, ___, und ___.

12. Bei der Bildaufnahme findet typisch sowohl eine ___ als auch ___ Mittelung statt.

9.4   Fensterung von Bildern für die 2-D-DFT

Die Theorie der 2-D-DFT impliziert periodische Bildsignale. Das heißt, dass Spektrum wird so berechnet, als würde das Bild periodisch fortgesetzt. Da aber in realen Szenen sich meist die Inhalte vom linken zum rechten und vom oberen zum unteren Rand stark unterscheiden, liefert die implizite Voraussetzung der Periodizität störende Artefakte im Spektrum. Diese breiten sich breitbandig entlang der Achsen aus, und können interessierende Spektralanteile überdecken (Burger und Burge 2016). Als Gegenmaßnahme wird oft die *Fensterung* („windowing") des Bildes im Ortsbereich vorgeschaltet.

$$g_W[n_1, n_2] = g[n_1, n_2] \cdot w[n_1, n_2]$$

Das Produkt aus Bildsignal und *Fensterfolge* im Ortsbereich ist im Frequenzbereich gleichbedeutend mit der Faltung der Spektren.

$$G_W\left(e^{j\Omega_1}, e^{j\Omega_2}\right) = G\left(e^{j\Omega_1}, e^{j\Omega_2}\right) * * W\left(e^{j\Omega_1}, e^{j\Omega_2}\right)$$

Die Fensterung wird in der eindimensionalen digitalen Signalverarbeitung ausführlich behandelt (z. B., Werner 2019), weshalb wir uns hier kurzfassen. Grundsätzlich sollen Fensterfunktionen möglichst fließende Übergänge (Flanken) aufweisen. Einige bekannte Beispiele werden in Tab. 9.2 vorgestellt.

Passend zu den Bildformaten betrachten wir die Fensterfolgen mit endlichem Support nur im ersten Quadranten

$$0 \le n_1 < N_1 \quad \text{und} \quad 0 \le n_2 < N_2$$

und führen der Einfachheit halber auf das Intervall $[-1, 1[$ normierte Koordinaten u und v ein

$$u = \frac{2 \cdot n_1}{N_1} - 1 \quad \text{und} \quad v = \frac{2 \cdot n_2}{N_2} - 1.$$

Dann erhalten wir den Radius, den Abstand zum Mittelpunkt des Fensters,

$$r = \sqrt{u^2 + v^2}.$$

Mit den normierten Koordinaten lassen sich die Fenster mit wenigen Parametern beschreiben. Wir erhalten beispielsweise die normierten Darstellungen in Tab. 9.2.

Tab. 9.2 Fensterfolgen $w[u,v]$ für die Spektralanalyse von Bildern (normierte Koordinaten)

Rechteckfenster mit den Grenzen u_g und v_g	$w_{rec}[u,v] = \begin{cases} 1 & \text{für } |u| < u_g \text{ und } |v| < v_g \\ 0 & \text{sonst} \end{cases}$
Elliptisches Fenster mit dem Grenzradius r_g	$w_{ell}[u,v] = \begin{cases} 1 & \text{für } 0 \le r < r_g \\ 0 & \text{sonst} \end{cases}$
Bartlett-Fenster	$w_B[u,v] = \begin{cases} 1-r & \text{für } 0 \le r < 1 \\ 0 & \text{sonst} \end{cases}$
Gauß-Fenster[a] mit der Varianz σ^2 im Ortsbereich	$w_G[u,v] = \exp\left(-\frac{r^2}{2 \cdot \sigma^2}\right)$
Super-Gauß-Fenster[b] mit κ und p	$w_{SG}[u,v] = \exp\left(-\frac{r^p}{\kappa}\right)$

[a]Typische Werte von $0{,}3^2$ bis $0{,}4^2$ an; [b] typische Werte von 0,3 bis 0,4 für κ und 6 für p (Burger und Burge 2016 Tab. 19.1)

Beispielhaft stellt Programm 9.1 die Berechnung des Bartlett-Fensters als MATLAB-Funktion vor. Das Bartlett-Fenster selbst und sein Betragsspektrum zeigt Abb. 9.15. Das Bartlett-Fenster fällt linear mit dem Abstand von der Fenstermitte. Darunter ist das Betragsspektrum abgebildet. Der Betrag wird im logarithmischen Maß und die Frequenzen werden in zentrierter und normierter Form dargestellt. Der Hauptzipfel erhebt sich im Ursprung der Frequenzebene mit dem Maximum bei 0 dB. Ebenfalls gut zu erkennen sind die „Nebenzipfel" in Form konzentrischer Ringe. Die ringförmigen Erhebungen nehmen tendenziell mit dem Abstand vom Ursprung ab. Die glättende Wirkung des Fensters im Frequenzbereich ist sichergestellt. Als Kenngröße interessant ist das Maximum das größten Nebenzipfels (Nebenringes). Es beträgt circa -33 dB. (Im eindimensionalen Fall wird für das Bartlett-Fenster als Dämpfung des größten Nebenzipfels 26,5 dB angegeben, vgl. Werner (2019, Tab. 5.2), oder MATLAB `wintool` in der `Digital Signalprocessing Toolbox`.)

Programm 9.1 Bartlett-Fenster

```
function w = w2_bartlett(N1,N2)
% 2-D Bartlett window
% w = w2_bartlett(N1,N2)
% N1,N2 : window size N1xN2
% w : window function
% w2_bartlett * mw * 2018-12-4
w = zeros(N1,N2);
for n1 = 0:N1-1
    for n2 = 0:N2-1
        u = 2*n1/N1 - 1; v = 2*n2/N2 - 1;
```

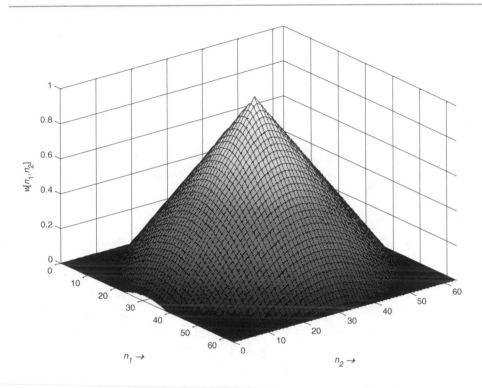

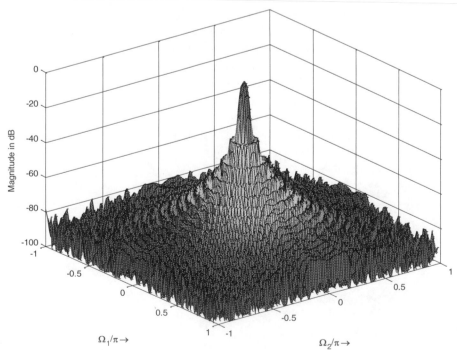

Abb. 9.15 Bartlett-Fenster der Größe 64×64 (oben) und normierter Betragsgang in dB (unten) (bv_2dft_6, w2_bartlett, w2_plots)

```
        r = sqrt(u^2+v^2); % radius r>=0
        if r<1
            w(1+n1,1+n2) = 1 - r;
        end
    end
end
return
```

Übung 9.4 Fensterfunktionen - grafische Darstellungen

Erzeugen Sie die Fensterfunktionen Rechteckfenster, elliptischen Fenster, Bartlett-Fenster, Gauß-Fenster und Super-Gauß-Fenster in Tab. 9.2. Stellen Sie die Fensterfunktionen mit ihren Betragsspektren grafisch wie in Abb. 9.15 dar. Vergleichen Sie die Ergebnisse.

Hinweis. Verwenden Sie der Kürze halber das Programm `im_2dft_6`. Es ruft die Anwender-Funktionen `w2_bartlett`, `w2_ell`, `w2_gauss` und `w2_supergauss` für die Fensterfunktionen auf. Und die Funktion `w2_plots` liefert dazu die grafischen Darstellungen. Die Programme bzw. Funktionen finden Sie in Abschn. 9.8.

Übung 9.5 2-D-DFT mit Fensterfunktionen

Bestimmen Sie das Betragsspektrum zum Bild `Schloss` einmal ohne und einmal mit dem Super-Gauss-Fenster. Vergleichen Sie die Ergebnisse. Stellen Sie auch die Bilder nach der Fensterung im Ortsbereich grafisch dar. Vergleichen Sie das Ergebnis mit der Fensterung mit dem Bartlett-Fenster in Abb. 9.16 und ohne Fensterung in Abb. 9.17.

Quiz 9.3 Ergänzen sie die Textlücken sinngemäß.

1. Artefakte im Spektrum der 2-D-DFT aufgrund der fehlenden Periodizität im Bild reduziert i. d. R. die ____.

No window

With window

Abb. 9.16 Original und Bild mit Bartlett-Fenster (`bv_2dft_7`, `Schloss.png`)

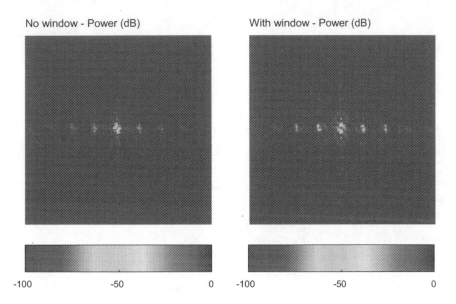

Abb. 9.17 Leistungsspektrum mit und ohne Bartlett-Fensterung des Originals (zentraler Ausschnitt stark vergrößert) (`bv_2dft_7`, `Schloss.png`)

2. Gauß-Fenster-Fenster sind ___ .
3. Durch besonders steile Flanken zeichnet sich das ___-Fenster aus.
4. Die Anwendung der Fensterfunktion erfolgt im ___ .
5. Typische Fensterfunktionen haben im Frequenzbereich eine ___ Wirkung.
6. Die Flanken des Bartlett-Fensters fallen ___ .

9.5   Zusammenfassung

In vielen naturwissenschaftlich-technischen Anwendungen bewährt sich die Fourier-Transformation als nützliches Werkzeug. Die zweidimensionale Diskrete Fourier-Transformation (2-D-DFT) von digitalen Bildern kann im Frequenzbereich eine neue Sicht auf die Bilder eröffnen. Die Separierbarkeit der 2-D-DFT ermöglicht direkt auf die Erfahrungen aus der eindimensionalen Signalverarbeitung zurückzugreifen. Für die praktische Anwendungen am Rechner stehen mit der Fast Fourier Transform (FFT) effiziente Algorithmen zur Verfügung.

Als Blocktransformation ist die 2-D-DFT für die Anwendung auf digitale Bilder prädestiniert. Sie ist nicht nur linear, sondern auch bijektiv und orthogonal. Das heißt, bei der Transformation und der Rücktransformation geht keine Information verloren und auch die Signalenergie bleibt erhalten. (Eine Mustererkennung im Frequenzbereich ist möglich.) Der spezielle Zusammenhang zwischen dem 2-D-DFT-Spektrum und periodischen Bildstrukturen wurde anhand eines Streifenmusters demonstriert. Dazu wurde auch der Begriff der Ortsfrequenz eingeführt.

Im Zusammenhang mit dem Fourier-Spektrum kann die Bilderzeugung unter den Stichworten optischer Frequenzgang und Aliasing neu betrachtet werden.

Mit der zyklischen Faltung wird der Faltungssatzes der Fourier-Transformation auf die DFT übertragen. Damit wird die bekannte Idee der selektiven Filterung im Frequenzbereich, z. B. durch einen Tiefpass, für die Bilder anwendbar. (Und wie im Kap. 10 noch gezeigt wird, können Methoden zur Signalentzerrung mit der 2-D-DFT entwickelt werden.)

Schließlich wurde die Fensterung der Bilder eingeführt, um Artefakte im Spektrum aufgrund der Nicht-Periodizität typischer Szenen zu unterdrücken. Verschiedene Fensterfunktion, teilweise vom Anwender parametrisierbar, wurden vorgestellt.

9.6 Aufgaben

Aufgabe 9.1 Aperiodisch und zyklische Faltung

Führen Sie für die beiden Folgen $x_1[n] = \{1,2,1,1,3,1\}$ und $x_2[n] = \{1,2,3,1\}$ die

a) aperiodische Faltung,
b) die zyklische Faltung der Länge 6 und
c) die zyklische Faltung der Länge 9 durch.

Aufgabe 9.2 2-D-DFT

Ein Areal der Größe 100 m mal 150 m wurde fotografiert. Das Bild hat die Größe 400×600. Die DFT einer Bildzeile ergab mit $k = 50$ und 350 relativ große Beträge der DFT-Koeffizienten. Welche Vermutung kann daraus über die Szene angestellt werden?

9.7 Lösungen zu den Aufgaben

Zu **Quiz 9.1**

1. Folgen (periodische oder endlicher Länge)
2. komplex
3. 3 kHz
4. informations- und energieerhaltend
5. 20 kHz
6. Abtasttheorem
7. 100
8. Aliasing
9. (zyklischen) Faltung

10. reell/ der Mittelwert
11. zyklischen
12. {8, 14, 14}

Zu **Quiz 9.2**

1. lineare, bijektive, separierbare
2. $\mathrm{J}(33,33)$
3. Ortsfrequenz
4. Aliasing
5. keine
6. Kanteninformation
7. optischen Frequenzgang
8. Richtung
9. Rotation/ Drehung
10. Translation/ Verschiebung
11. PSF, Fensterung, Abtastung, Quantisierung
12. zeitliche, räumliche

Zu **Quiz 9.3**

1. Fensterung
2. parametrisierbar
3. Super-Gauß-Fenster
4. Ortsbereich
5. glättende
6. linear

Zu **Aufgabe 9.1**

a) Aperiodische Faltung {1, 4, 8, 10, 10, 11, 12, 6, 1}
b) zyklische Faltung {13, 10, 9, 10, 10, 11}
c) zyklische Faltung wie a)

Zu **Aufgabe 9.2**

Aus dominanten DFT-Indizes kann auf periodische Bildinhalte geschlossen werden. Da eine zeilenweise DFT angewandt wurde, liegt die periodische Struktur in horizontaler Richtung vor. Aus den Indizes 50 und 350 für die beiden dominanten Koeffizienten ist bei der DFT-Länge von 400 zu schließen, dass die Periode etwa 50-mal im DFT-Block liegt, vgl. DFT-Spektrum der Kosinusfolge. Also mit 400 Bildpunkten pro Zeile und zugehöriger Länge von 100 m ist die Periode im Ortsbereich 2 m.

Abb. 9.18 Streifenmuster
und Log-Betragsspektren
(bv_2dft_2.m)

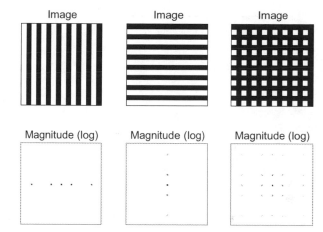

Zu **Übung 9.1**

```
x1 = [1 2 3 4 5 6 7 8];
x2 = [1 1 1 1 -1 -1 -1 -1];
x3 = ifft(fft(x1).*fft(x2));
x4 = conv(x1,x2);
x5 = ifft(fft([x1 zeros(1,7)]).*fft([x2 zeros(1,7)]));
```

Zu **Übung 9.2** siehe Abb. 9.18 und Programm 9.3

9.8   Programmbeispiele

Programm 9.2 2-D-DFT eines Streifenmusters

```
% fft2 - stripes
% bv_2dft_1 * mw * 2018-12-06
%% Test image with vertical strips
N = 32,
I = zeros(N,N);
M = 4;
for k = 1:2*M:N-M
    I(:,k:k+M-1) = ones(N,M);
end
FIG = figure('Name','2-D-DFT','NumberTitle','off');
    subplot(1,2,1), imshow(I), title('Image')
%% Power spectrum
Mlog = log(1+abs(fft2(I)));
Mlog = Mlog/max(max(Mlog));
```

```
      subplot(1,2,2), imshow(-fftshift(Mlog),[])
      colormap(gray(64)) %,. colorbar('location','eastOutside')
      title('Magnitude (log)')
%% 1-dim. DFT
FIG = figure('Name','2-D-DFT - 1-dim.','NumberTitle','off');
x = I(1,:);
subplot(2,1,1), stem(0:N-1,x,'filled'), grid
axis([0 N-1 0 1])
xlabel('{\itn} \rightarrow')
ylabel(('{\itx}[{\itn}] \rightarrow'))
mlog = log(1+abs(fft(x)));
mlog = mlog/max(max(mlog));
subplot(2,1,2), stem(-N/2:N/2-1,fftshift(mlog),'filled'), grid
axis([-N/2 N/2-1 0 1])
xlabel('{\itk} \rightarrow')
ylabel(('M_{log}[{\itk}] \rightarrow'))
```

Programm 9.3 Leistungsspektrum von Streifenmustern und Gitter

```
% 2-D-FFT - stripe and grid patterns
% bv_2dft_2 * mw * 2018-12-06
%% Test image
N = 64;
I = zeros(N,N);
M = 4;
for k = 1:2*M:N-M
    I(:,k:k+M-1) = ones(N,M);
end
FIG = figure('Name','2-D-DFT','NumberTitle','off');
    subplot(2,3,1), imshow(I), title('Image')
Mlog = log(1+abs(fft2(I))); Mlog = Mlog/max(max(Mlog)); % Magnitude
    subplot(2,3,4), imshow(-fftshift(Mlog),[])
    title('Magnitude (log)')
I2 = imrotate(I,90); % image rotation
    subplot(2,3,2), imshow(I2), title('Image')
Mlog = abs(fft2(I2)); Mlog = Mlog/max(max(Mlog)); % Magnitude
    subplot(2,3,5), imshow(-fftshift(Mlog),[])
    title('Magnitude (log)')
I3 = I & I2; % grid
    subplot(2,3,3), imshow(I3), title('Image')
Mlog = abs(fft2(I3)); Mlog = Mlog/max(max(Mlog)); % Magnitude
    subplot(2,3,6), imshow(-fftshift(Mlog),[])
    title('Magnitude (log)')
```

Programm 9.4 Bildrekonstruktion aus der Phase des 2-D-DFT-Spektrums

```
% 2-D-FFT - magnitude and phase
% bv_2dft_3 * mw * 2018-12-06
I = imread('Schloss.png');
FIG1 = figure('Name','Schloss - 2-D-DFT 1','NumberTitle','off');
    subplot(1,2,1), imshow(I), title('Image')
%% Spectrum
Idft = fft2(double(I));
Mlog = log(1+abs(fft2(I))); Mlog = Mlog/max(max(Mlog));
FIG2 = figure('Name','Schloss - 2-D-DFT 2','NumberTitle','off');
    fig21=subplot(1,2,1); imshow(fftshift(angle(Idft)/pi),[])
    colormap(fig21,jet), colorbar('location','southoutside')
    title('Phase (norm.)')
    fig22=subplot(1,2,2); imshow(fftshift(Mlog),[])
    colormap(fig22,jet), colorbar('location','southoutside')
    title('Magnitude (log)')
%% Reconstruction by phase information only
I1 = ifft2(exp(1i*angle(Idft)));
figure(FIG1)
    subplot(1,2,2), imshow(real(I1),[])
    title('Image from phase')
```

Programm 9.5 Rotation und Spektrum

```
% 2-D-FFT - rotated stripe pattern
% bv_2dft_4 * mw * 2018-12-06
N = 64;
I = zeros(N,N);
M = 4;
for k = 1:2*M:N-M
    I(:,k:k+M-1) = ones(N,M);
end
FIG = figure('Name','2-D-DFT','NumberTitle','off');
    subplot(2,2,1), imshow(I), title('Image')
Mlog = log(1+abs(fft2(I))); Mlog = Mlog/max(max(Mlog)); % Magnitude
    fig3=subplot(2,2,3); imshow(fftshift(Mlog))
    colormap(fig3,jet), colorbar, title('Magnitude (log)')
DEG = 30; I2 = imrotate(I,DEG); % image rotation
    subplot(2,2,2), imshow(I2), title(['Imrotate ',num2str(DEG),'°'])
Mlog = abs(fft2(I2)); Mlog = Mlog/max(max(Mlog)); % Magnitude
    fig4=subplot(2,2,4); imshow(fftshift(Mlog))
    colormap(fig4,jet), colorbar, title('Magnitude (log)')
```

Programm 9.6 Moiré-Phänomen

```
% Moire phenomenon
% bv_2dft_5 * mw * 2018-12-06
FIG = figure('Name','Moire phenomenon','NumberTitle','off');
I = zeros(512,512);
for n1=1:512
    for n2=1:512
        w = (2*pi/32)*(sqrt(n1^2+n2^2)/512);
        I(n1,n2) = sin(w*(n2+n1));
    end
end
I = uint8(255*I);
    subplot(1,3,1), imshow(I,[]), title('w_0 = 1/32')
I = zeros(512,512);
for n1=1:512
    for n2=1:512
        w = (2*pi/16)*(sqrt(n1^2+n2^2)/512);
        I(n1,n2) = sin(w*(n2+n1));
    end
end
I = uint8(255*I);
    subplot(1,3,2), imshow(I,[]), title('w_0 = 1/16')
I = zeros(512,512);
for n1=1:512
    for n2=1:512
        w = (2*pi/8)*(sqrt(n1^2+n2^2)/512);
        I(n1,n2) = sin(w*(n2+n1));
    end
end
I = uint8(255*I);
    subplot(1,3,3), imshow(I,[]), title('w_0 = 1/8')
```

Programm 9.7 Anzeige der Fensterfunktionen (M-File)

```
% 2-D-DFT - windows for spectral analysis
% bv_2dft_6 * mw * 2018-12-06
fprintf('Windows for 2-D-DFT\n')
RUN = 'true';
while strcmp(RUN,'true')
%while RUN=='true'
choice = menu('Choose a window','Bartlett','Elliptic','Gauss',…
    'Rectangular','Super Gauss','exit');
```

```
N1 = 64; N2 = 64; % window size
switch choice
    case 1, w = w2_bartlett(N1,N2); % Bartlett window
    case 2, rG = 0.5; w = w2_ell(N1,N2,rG); % Elliptic window
    case 3, sig2 = 0.3^2; w = w2_gauss(N1,N2,sig2); % Gauss window
    case 4, uG = 0.5; vG = 0.5; w = w2_rec(N1,N2,uG,vG); %
Rectangular w.
    case 5, kappa = 0.3; p = 6; w = w2_supergauss(N1,N2,kappa,p);%
Super G.
    case 6, RUN = 'false'; break % exit
    otherwise, fprintf('Invalid choice'), RUN = 'false'; break
end
%% Graphics
if strcmp(RUN,'true')
    V = [1 3 5 10 20 30 40 60 80 100]; % contour lines
    w2_plots(w,V,128)
end
end
```

Programm 9.8 Rechteckfenster

```
function w = w2_rec(N1,N2,uG,vG)
% 2-D rectangular window
% w = w2_rec(N1,N2,uG,vG)
% N1,N2 : window size N1xN2
% uG,vG : relative limits for rows and columns respectively [0 1]
% w2_rec * mw * 2018-12-06
w = zeros(N1,N2);
for n1 = 0:N1-1
    for n2 = 0:N2-1
        u = 2*n1/N1 - 1; v = 2*n2/N2 - 1;
        if abs(u)<uG && abs(v) < vG
            w(1+n1,1+n2) = 1;
        end
    end
end
```

Programm 9.9 Elliptisches Fenster

```
function w = w2_ell(N1,N2,rG)
% 2-D elliptic window
% w = w2_rec(N1,N2,rG)
```

```
% N1,N2 : window size n1xN2
% rG : relative limit radius [0 1]
% w : window (centralized)
% w2_ell * mw * 2018-12-06
w = zeros(N1,N2);
for n1 = 0:N1-1
    for n2 = 0:N2-1
        u = 2*n1/N1 - 1; v = 2*n2/N2 - 1;
        r = sqrt(u^2+v^2);
        if r<rG, w(1+n1,1+n2) = 1; end
    end
end
```

Programm 9.10 Gauß-Fenster

```
function w = w2_gauss(N1,N2,sigma)
% 2-D Gauss window
% w = w2_gauss(N1,N2)
% N1,N2 : window size N1xN2
% sigma : normalized standard deviation
% w2_gauss * mw * 2018-12-06
w = zeros(N1,N2);
a = -1/(2*sigma^2);
for n1 = 0:N1-1
    for n2 = 0:N2-1
        u = 2*n1/N1 - 1; v = 2*n2/N2 - 1;
        r2 = u^2+v^2;
        w(1+n1,1+n2) = exp(a*r2);
    end
end
```

Programm 9.11 Super-Gauß-Fenster

```
function w = w2_supergauss(N1,N2,kappa,p)
% 2-D Gauss window
% w = w2_supergauss(N1,N2,kappa,p)
% N1, N2 : window size N1xN2
% kappa, p : parameters (exponent's nominator, power)
% w : window function (centralized)
% w2_supergauss * mw * 2018-12-06
w = zeros(N1,N2);
a = -1/kappa;
```

```
for n1 = 0:N1-1
    for n2 = 0:N2-1
        u = 2*n1/N1 - 1; v = 2*n2/N2 - 1;
        rp = (u^2+v^2)^(p/2);
        w(1+n1,1+n2) = exp(a*rp);
    end
end
```

Programm 9.12 Grafiken

```
% Graphic functions for 2-D window
% w2_plots(w2,V)
% w2 : window of size N1xN2
% V : contour lines of attenuation in dB
% N : DFT block length if not N1xN2
% w2_plots * mw * 2018-12-06
%% Graphics for window function
[N1,N2] = size(w2);
FIG1 = figure('Name','w2_plots: Window function','NumberTitle','off');
    surf(0:N2-1,0:N1-1,w2)
    axis ij, colormap hot
    axis([0 N2-1 0 N1-1 0 1]);
    xlabel('\itn_2 \rightarrow'), ylabel('\itn_1 \rightarrow')
    zlabel('{\itw}[{\itn}_1,{\itn}_2]')
%% Graphics for spectrum
if nargin==3
    N1 = N; N2 = N;
end
W2 = fft2(w2,N1,N2); % spectrum
FIG2 = figure('Name','w2_plots: Spectrum magnitude','NumberTitle','off');
    w1 = -1:2/N1:1; w1 = w1(1:end-1);
    w2 = -1:2/N2:1; w2 = w2(1:end-1);
    W2n = abs(W2)/max(max(abs(W2))); W2n = fftshift(W2n);
    surf(w2,w1,max(20*log10(W2n),-100))
    axis ij, colormap(jet(64)), colorbar
    axis([-1 1 -1 1 -100 0]);
    xlabel('\Omega_2/\pi   \rightarrow'),   ylabel('\Omega_1/\pi   \rightarrow')
    zlabel('Magnitude in dB')
FIG3 = figure('Name','w2_plots: Spectrum attenuation','NumberTitle','off');
    [C h] = contour(w2,w1,-20*log10(W2n),V); grid
    axis ij, axis equal, axis([-1 1 -1 1]);
```

```
    set(h,'ShowText','on','TextStep',get(h,'LevelStep')*2)
    xlabel('\Omega_2/\pi   \rightarrow'),ylabel('\leftarrow   \Omega_1/\
pi')
    title(['Contour plot of attenuation in dB; size = ',num2str(N1),…
        'x',num2str(N2)])
```

Programm 9.13 Betragsspektren und Grafiken

```
% Spectral analysis with windowing
% bv_2dft_7 * mw * 2018-12-06
I = imread('Schloss.png');
I = rgb2gray(I);
[N1,N2] = size(I);
w = w2_bartlett(N1,N2);
% kappa = .3; p = 6; w = w2_supergauss(N1,N2,kappa,p);
Iw = double(I).*w; Iwdft = fft2(Iw);
Id = double(I); Idft = fft2(Id);
FIG1 = figure('Name','Schloss','NumberTitle','off');
    subplot(1,2,1), imshow(I,[]), title('Image')
    subplot(1,2,2), imshow(Iw,[]), title('Windowed')
FIG2 = figure('Name','Schloss','NumberTitle','off');
Mlog = log(1+abs(Idft)); Mlog = Mlog/max(max(Mlog));
    fig21=subplot(1,2,1); imshow(fftshift(Mlog),[])
    colormap(fig21,'jet'), colorbar('location','southoutside')
    title('No window - Magnitude (log)')
Mlog = log(1+abs(Iwdft)); Mlog = Mlog/max(max(Mlog));
    fig22=subplot(1,2,2); imshow(fftshift(Mlog),[])
    colormap(fig22,'jet'), colorbar('location','southoutside')
    title('Window - Magnitude (log) ')
```

Literatur

Bronstein, I. N., Semendjajew, K. A., Musiol, G., & Mühlig, H. (1999). *Taschenbuch der Mathematik* (4. Aufl.). Frankfurt a. M.: Harri Deutsch.
Burger, W., & Burge, M. J. (2016). *Digital image processing. An algorithmic introduction using Java* (2. Aufl.). London: Springer.
Gonzalez, R. C., & Woods, R. E. (2018). *Digital image processing* (4. Aufl.). Harlow (UK): Pearson Education.
Werner, M. (2019). *Digitale Signalverarbeitung mit MATLAB®. Grundkurs mit 16 ausführlichen Versuchen* (6. Aufl.). Wiesbaden: Springer Vieweg.

Inhaltsverzeichnis

Die Originalversion dieses Kapitels wurde revidiert: Das elektronische Zusatzmaterial wurde beigefügt. Ein Erratum ist verfügbar unter https://doi.org/10.1007/978-3-658-22185-0_15

Elektronisches Zusatzmaterial Die elektronische Version dieses Kapitels enthält Zusatzmaterial, das berechtigten Benutzern zur Verfügung steht
https://doi.org/10.1007/978-3-658-22185-0_10

Zusammenfassung

Die 2-D-DFT ermöglicht die Bearbeitung von digitalen Bildern im Frequenzbereich. Typische Filterfunktionen, wie die bekannten Tiefpass-, Hochpass- und Bandpassfilter sowie Bandsperren, können mit der 2-D-DFT realisiert werden. Darüber hinaus lassen sich lineare Verzerrungen, z. B. bei der Aufnahme durch den optischen Frequenzgang verursacht, mit der 2-D-DFT-Implementierung des Wiener-Filters entzerren.

Schlüsselwörter

Bildrestauration („image restoration") · Bluring-Effekt („bluring effect") · Butterworth-Filter („Butterworth filter") · Dämpfung („attenuation") · Diskrete Fourier-Transformation („discrete Fourier transform") · Entfaltung („deconvolution") · Frequenzabtastverfahren („frequency sampling method") · Frequenzgang („frequency response") · Gauß-Filter („Gaussian filter") · Hochpass-Filter („highpass filter") · Impulsantwort („impulse response") · Kerbfilter („notch filter") · Lineares shift-invariantes System („linear shift-invariant system") · Tiefpass-Filter („lowpass filter") · Verzerrung („distortion") · Wiener-Filter („Wiener filter") · Zyklische Faltung („cyclic convolution")

Eine neue Perspektive auf die lineare Filterung von Bildern ermöglicht die *zwei-dimensionale Fourier-Transformation* (Kap. 9). Für die *linearen verschiebungs-invarianten* LSI-Systeme („linear shift invariant")wird die Eingangs-Ausgangsgleichung im Ortsbereich (Kap. 4) durch die Eingangs-Ausgangsgleichung im Frequenzbereich ergänzt; Zur Faltung des Eingangssignals mit der Impulsantwort des Systems im Orts-bereich tritt äquivalent das Produkt aus dem Spektrum des Eingangssignals mit dem Frequenzgang des Systems. Impulsantwort und Frequenzgang bilden ein Fourier-Paar.

Bei digitalen Bildern kommt wegen der Begrenzung auf einen endlichen Support, die *zweidimensionale diskrete Fourier-Transformation* (2-D-DFT) zur Anwendung. Für sie stehen mit der FFT („fast Fourier transform")effiziente Algorithmen zur Verfügung. Allerdings realisiert die 2-D-DFT die Fourier-Transformation diskreter Signale i. d. R. nur näherungsweise. Darauf muss bei der Filterung von Bildern geachtet werden. Im Weiteren wird gezeigt, wie die 2-D-DFT zum Entwurf und zur Anwendung von Filtern bzw. Ent-zerrern eingesetzt werden kann. Dabei steht die praktische Durchführung im Vordergrund.

10.1   Impulsantwort und Frequenzgang

Die *Eingangs-Ausgangsgleichungen* eines LSI-Systems sind in Abb. 10.1 zusammen-gestellt. Im Ortsbereich resultiert am Ausgang das (Bild-)Signal nach Faltung des (Bild-)Signals am Eingang mit der Impulsantwort (Kap. 4)

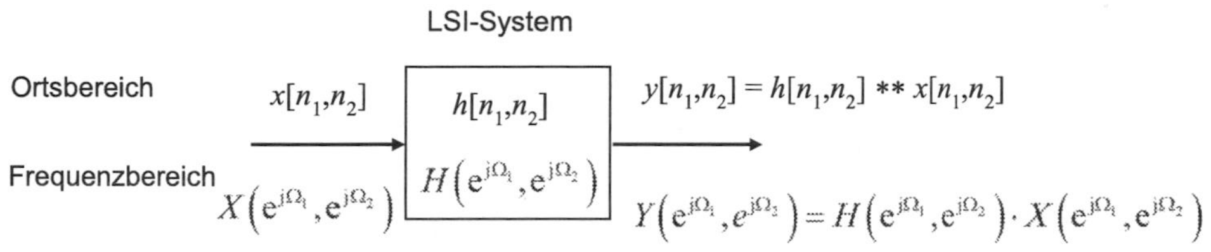

LSI-System

Ortsbereich $\quad x[n_1,n_2]$

$$h[n_1,n_2]$$

$$y[n_1,n_2] = h[n_1,n_2] ** x[n_1,n_2]$$

Frequenzbereich

$$X\left(e^{j\Omega_1},e^{j\Omega_2}\right) \qquad H\left(e^{j\Omega_1},e^{j\Omega_2}\right)$$

$$Y\left(e^{j\Omega_1},e^{j\Omega_2}\right) = H\left(e^{j\Omega_1},e^{j\Omega_2}\right) \cdot X\left(e^{j\Omega_1},e^{j\Omega_2}\right)$$

Abb. 10.1 Eingangs-Ausgangsgleichungen eines LSI-Systems mit Faltung im Ortsbereich bzw. Produkt im Frequenzbereich

$$y[n_1, n_2] = x[n_1, n_2] ** h[n_1, n_2].$$

Mit der Fourier-Transformierten der Impulsantwort, dem *Frequenzgang*

$$h[n_1, n_2] \quad \leftrightarrow \quad H\left(e^{j\Omega_1}, e^{j\Omega_2}\right),$$

und dem Faltungssatz der Fourier-Transformation (Werner 2019) ergibt sich im Frequenzbereich das Produkt aus dem Frequenzgang und dem Eingangsspektrum

$$Y\left(e^{j\Omega_1}, e^{j\Omega_2}\right) = H\left(e^{j\Omega_1}, e^{j\Omega_2}\right) \cdot X\left(e^{j\Omega_1}, e^{j\Omega_2}\right).$$

Durch das Produkt bekommt der Begriff *Filter* eine anschauliche Bedeutung: Ist der Frequenzgang für eine bestimmte Frequenz hinreichend klein, wird die zugehörige Frequenzkomponente im Signal beim Durchgang durch das LSI-System unterdrückt. In Anwendungen oft anzutreffen sind *selektive Filter* mit ausgeprägten Durchlass- und Sperrbereichen. Je nachdem welche Frequenzkomponenten durchlassen bzw. gesperrt werden, unterscheidet man zwischen Tiefpass (TP), Hochpass (HP), Bandpass (BP) und Bandsperre (BS).

10.2 2-D-DFT und zyklische Faltung

Wegen der Begrenzung der digitalen Bilder auf einen endlichen Support, kommt in der Bildverarbeitung die *2-D-DFT* zur Anwendung (Kap. 9). Die DFT eines Bildes liefert das (Fourier-)Spektrum an diskreten Stützstellen, den DFT-Koeffizienten

$$X[k_1, k_2] = \frac{1}{\sqrt{N_1 \cdot N_2}} \cdot \sum_{n_1=0}^{N_1-1} \sum_{n_2=0}^{N_2-1} x[n_1, n_2] \cdot e^{-j \cdot \frac{2\pi}{N_2} \cdot k_2 \cdot n_2} \cdot e^{-j \cdot \frac{2\pi}{N_1} \cdot k_1 \cdot n_1}.$$

mit den Indizes $k_1 = 0, 1, \ldots, N_1-1$ und $k_2 = 0, 1, \ldots, N_2-1$.

Ist die Dimension des Bildes kleiner oder gleich $N_1 \times N_2$, werden alle Bildpunkte von der Blockverarbeitung erfasst und die Bildinformation bleibt erhalten. (Andernfalls erhält man eine mehr oder weniger gute Näherung des Fourier-Spektrums des Bildes, Kap. 9). Die Rücktransformation liefert wieder das Eingangsbild

$$x[n_1, n_2] = \frac{1}{\sqrt{N_1 \cdot N_2}} \cdot \sum_{k_1=0}^{N_1-1} \sum_{k_2=0}^{N_2-1} X[k_1, k_2] \cdot e^{j \cdot \frac{2\pi}{N_2} \cdot k_2 \cdot n_2} \cdot e^{j \cdot \frac{2\pi}{N_1} \cdot k_1 \cdot n_1}.$$

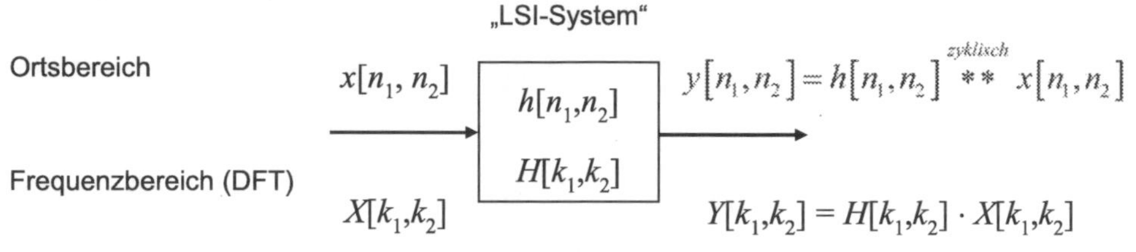

„LSI-System"

Ortsbereich $x[n_1, n_2]$

$$\boxed{\begin{array}{c} h[n_1,n_2] \\ \\ H[k_1,k_2] \end{array}}$$

$y[n_1,n_2] = h[n_1,n_2] \overset{zyklisch}{**} x[n_1,n_2]$

Frequenzbereich (DFT)

$X[k_1,k_2]$ $Y[k_1,k_2] = H[k_1,k_2] \cdot X[k_1,k_2]$

Abb. 10.2   Zyklische Faltung im Ortsbereich und Produkt im Frequenzbereich der DFT

Motiviert durch Abb. 10.1, kann vor der Rücktransformation das DFT-Spektrum eines Bildes elementweise mit einer Gewichtsfunktion multipliziert werden.

$$Y[k_1, k_2] = H[k_1, k_2] \cdot X[k_1, k_2]$$

Es entsteht eine Situation ähnlich der Filterung mit einem LSI-System in Abb. 10.1. Die Gewichtsfunktion entspricht dem Frequenzgang (und wird später kurz auch so genannt werden). Das Produkt aus den DFT-Spektren korrespondiert mathematisch zur *zyklischen Faltung* (Kap. 9) der zugehörigen Signale im Ortsbereich, siehe Abb. 10.2.

Die zyklische Faltung und die aperiodische Faltung sind i. Allg. nicht identisch. Sie sollte auch nicht mit der *schnelle Faltung* verwechselt werden. Letztere berechnet die Ausgangssignale von Filtern mit endlich langen Impulsantworten, sogenannte FIR-Filter („finite impulse response"), ab einer gewissen Länge besonders effizient (Werner 2008).

In der Bildverarbeitung ist die Anwendung der Faltung komplizierter (Kap. 4). Bilder sind meist viel ausgedehnter als die Filtermasken und außerdem treten Randeffekte auf, wie das Beschneiden des Ergebnisses. In der Bildverarbeitung wird mit der 2-D-DFT die aperiodische Faltung durch die zyklische Faltung ersetzt. Dies ist nicht unkritisch, da Bilder in der Regel Ausschnitte aus Szenen darstellen und sich deshalb an den Rändern häufig stark unterscheiden. Trotzdem kann oft die Filterung effizient mit der 2-D-DFT durchgeführt werden, vgl. MATLAB-Befehl `imfilter` mit der Option `circular`. Als unterstützende Maßnahme ist die in Kap. 9 beschriebene *Fensterung* möglich.

Im Weiteren beschäftigen wir uns mit der Anwendung der 2-D-DFT zur Filterung nach Abb. 10.2. Wir werden verschiedene Filter entwerfen und einsetzen.

10.3   Gauß-Filter im Frequenzbereich

Das Gauß-Filter wird häufig zum Weichzeichnen oder zur Unterdrückung von Bildrauschen eingesetzt (Kap. 5), auch weil es sich im Orts- und im Frequenzbereich relativ einfach parametrisieren und konstruieren lässt. Zunächst stellen wir das Spektrum des (kontinuierlichen) *Gauß-Filters* vor. Die zugrundeliegende gaußsche Glockenkurve zeichnet aus, dass sie invariant bezüglich der Fourier-Transformation ist (Werner 2008, S. 350). Für den einfachen Fall des rotationssymmetrischen Gauß-Filters erhält man das Fourier-Paar aus Impulsantwort und Frequenzgang

$$g(t_1, t_2) = \frac{1}{2\pi \cdot \sigma^2} \cdot \exp\left(-\frac{t_1^2 + t_2^2}{2 \cdot \sigma^2}\right) \quad \leftrightarrow \quad G(\mathrm{j}\omega_1, \mathrm{j}\omega_1) = \exp\left(-\frac{\omega_1^2 + \omega_2^2}{2/\sigma^2}\right) \cdot$$

mit der Varianz im Zeitbereich σ^2 und im Frequenzbereich $1/\sigma^2$. Es zeigt sich der aus der Signaltheorie bekannte reziproke Zusammenhang zwischen der Zeitdauer, bzw. in der Bildverarbeitung der *Ortsbreite,* und der (Frequenz-)*Bandbreite.* Je schmalbandiger ein Filter in der Bildverarbeitung sein soll, umso größer ist die Filtermaske zu wählen, und umso größer wird der Rechen- und Speicheraufwand.

Die Frequenzgänge selektiver Filter werden häufig in Form von Dämpfungsgängen in logarithmischem Maß (dB) angegeben. Der *Dämpfungsgang* („attenuation") im logarithmischen Maß ist

$$a_{\mathrm{dB}}(\Omega_1, \Omega_2) = -20 \cdot \log_{10}\left|H\left(\mathrm{e}^{\mathrm{j}\Omega_1}, \mathrm{e}^{\mathrm{j}\Omega_2}\right)\right| \, \mathrm{dB}.$$

Man beachte das negative Vorzeichen: Ist der Betragsgang stellenweise kleiner eins, werden die entsprechenden Frequenzkomponenten beim Durchgang geschwächt und die Dämpfung ist positiv. Die Pseudoeinheit dB („Dezibel") darf, wie andere Einheiten, nicht vergessen werden. (Der Index bei a_{dB} soll nur daran erinnern, dass Zahlenwerte in dB einzusetzen sind. Er ist redundant und wird oft weggelassen). Man beachte auch, dass in MATLAB-Beispielen meist auf das negative Vorzeichen verzichtet wird; statt der Dämpfung wird der *Betragsgang* in dB („magnitude in dB") aufgetragen.

Den Betragsgang eines Gauß-Filters in dB zeigt Abb. 10.3 oben. Das Maximum des Betragsgangs ist auf eins normiert, so dass sich im Bild das Maximum von 0 dB im Ursprung der „Frequenzebene", $(\Omega_1, \Omega_2) = (0,0)$, ergibt. Der Betragsgang fällt monoton nach außen, wobei sich allerdings zum Rand hin die Verzerrung (Aliasing) durch die Beschneidung und Diskretisierung der Impulsantwort zeigt.

Eine alternative grafische Darstellung zeigt Abb. 10.3 unten. Der Dämpfungsgang wird durch seine Höhenlinien (Niveaulinien) übersichtlich repräsentiert. Die Dämpfung steigt zunächst im Wesentlichen rotationssymmetrisch aus dem Mittelpunkt (Frequenz null, Dämpfung null) monoton zu den Rändern hin an. Das vorgestellte Gauß-Filter ist somit ein Tiefpass. Die 3dB-Grenzkreisfrequenz liegt bei etwa $\Omega_{3\mathrm{dB}} \approx 0{,}27\,\pi$.

Übung 10.1 Frequenzgang des Gauß-Filters

Zunächst erinnern wir zuerst an die Vorgehensweise zum Entwurf des Gauß-Filters in Kap. 5 mit der Befehlszeile

```
m = fspecial('gaussian',mSize,sigma);
```

Darin wird die Maskengröße und die Varianz mit `mSize` bzw. `sigma` eingestellt. Anhand der Maske geschieht dann die Berechnung des DFT-Spektrums in zentrierter Darstellung mit

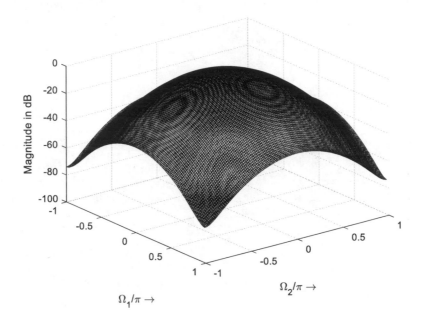

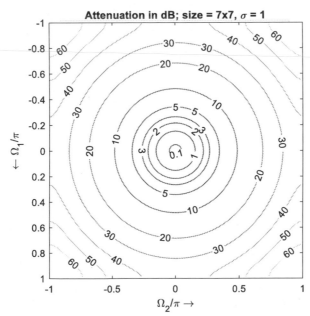

Abb. 10.3 Betragsgang („magnitude") in dB und Höhenlinien des Dämpfungsgangs („attenuation") in dB des Gauß-Tiefpasses in zentrierter Darstellung ($N = 7$, $\sigma = 1$, $N_{\mathrm{DFT}} = 128$, bv_entz_1.m)

```
H = fftshift(fft2(,Ndft,Ndft));
```

Der Parameter `Ndft`, die DFT-Länge, definiert de Anzahl der Stützstellen für das Spektrum. Sie sollte für die grafische Darstellung nicht zu klein und nicht zu groß gewählt werden.

a) Untersuchen Sie den Einfluss der Varianz im Ortsbereich auf den Betragsgang. Erzeugen Sie ein Gauß-Filter im Ortsbereich mit der Standardabweichung gleich zwei und der üblichen Maskengröße (Kap. 5).
Stellen Sie den Betragsgang und die Höhenlinien (Kap. 4) des Dämpfungsgangs in dB grafisch dar (Abb. 10.3). Nehmen Sie für die Frequenzachsen die normierten Kreisfrequenzen Ω_1/π und Ω_2/π im Bereich $[-1,1]$, siehe Programm 10.1 `bv_entz_1`.
Bestimmen Sie aus der Höhenliniendarstellung des Dämpfungsganges die 3dB-Grenzkreisfrequenz und vergleichen Sie Ihr Ergebnis mit Abb. 10.3. Was ändert sich?
b) Untersuchen Sie den Einfluss der Maskengröße im Ortsbereich auf den Betragsgang. Gehen Sie wie in Abb. 10.3 vor, wählen sie aber nun die Maskengröße passend zur Blocklänge der 2-D-DFT. Was ändert sich?

Programm 10.1 Betragsgang und Dämpfungsgang des Gauss-TP

```
% Spectrum of 2-dim. Gaussian spatial lowpass filter
% bv_entz_1.m * mw * 2018-12-17
%% 2-dim. Gaussian spatial filter(isotropic)
sigma = 1; N = 2*fix(3*sigma)+1; % size
= fspecial('gaussian',[N N],sigma);
%% 2-D-DFT
Ndft = 128;
H = fftshift(fft2(m,Ndft,Ndft)); % frequency response (centric)
w = 2*(0:Ndft-1)/Ndft-1; % frequency support (2-DFT grid)
Hn = abs(H)/max(max(abs(H))); % normalized frequency response
(magnitude)
HdB = 20*log10(abs(Hn)); % in dB
FIG1 = figure('Name',…
'bv_entz_1 : Gaussian spatial filter - Magnitude of frequency
response',…
'NumberTitle','off');
surf(w,w,max(HdB,-100))
axis ij, colormap(jet(64)), axis([-1 1 -1 1 -100 0]);
xlabel('\Omega_2/\pi \rightarrow'), ylabel('\Omega_1/\pi \rightarrow')
zlabel('Magnitude in dB')
FIG2 = figure('Name',…
'impro10_1 : Gaussian spatial filter - Attenuation',…
'NumberTitle','off');
```

```
[C,h] = contour(w,w,-HdB,…
[.1 1 2 3 5 10 20 30 40 50 60 80]); grid
axis ij, axis equal, axis([-1 1 -1 1]);
set(h,'ShowText','on','TextStep',get(h,'LevelStep')*2)
xlabel('\Omega_2/\pi \rightarrow'), ylabel('\leftarrow \Omega_1/\pi')
title(['Attenuation in dB; size = ,,num2str(N),'x',num2str(N),…
', \sigma = ,,num2str(sigma)])
```

10.4   Filterentwurf mit dem Frequenzabtastverfahren

Die übliche Klassifizierung linearer Filter als Tiefpässe, Hochpässe, Bandpässe und
Bandsperren deutet schon darauf hin, dass in vielen Anwendungen bestimmte Vorstellungen über die Frequenzgänge zugrunde gelegt werden, die dann meist in Entwurfsvorschriften im Frequenzbereich mündet.

Der Frequenzgang ortsdiskreter Funktionen ist jeweils periodisch in 2π. Deshalb
beschränken sich die folgenden Überlegungen der Einfachheit halber jeweils auf die
Grundperiode, d. h. die normierte Kreisfrequenz Ω im Intervall $[-\pi, \pi]$.

10.4.1 Tiefpässe

Vom idealen Tiefpass erwarten wir, dass er die Frequenzkomponenten bis zu einer
gewissen Frequenz passieren lässt und alle anderen sperrt. Wir sprechen vom Durchlass-
bereich bzw. Sperrbereich, und definieren dazu den Frequenzgang des *idealen Tiefpasses*

$$H_{\mathrm{idTP}}\left(e^{j\Omega_1}, e^{j\Omega_2}\right) = \begin{cases} 1 \text{ für } D(\Omega_1, \Omega_2) < D_0 \\ 0 \text{ sonst} \end{cases} \text{ und } -\pi \leq \Omega_{1,2} < \pi.$$

Darin steht $D(\Omega_1, \Omega_2)$ für den Abstand (Distanz) der normierten Kreisfrequenz in der
Frequenzebene vom Ursprung

$$D(\Omega_1, \Omega_2) = \sqrt{\Omega_1^2 + \Omega_2^2}.$$

Der Parameter D_0 gibt die Grenze des kreisförmigen Durchlassbereiches vor, kurz
normierte *Grenzkreisfrequenz* genannt. Der oben definierte Frequenzgang ist nichtnegativ und rotationssymmetrisch.

Weil mit der 2-D-DFT gearbeitet werden soll, führen wir den Übergang auf das *DFT-
Frequenzraster*, auf die Koeffizienten k_1 und k_2, durch

$$\Omega_1 = 2\pi \cdot \frac{k_1}{N_1} \text{ und } \Omega_2 = 2\pi \cdot \frac{k_2}{N_2}.$$

Folglich erhalten wir die *Distanzfunktion* im DFT-Frequenzraster

$$D(k_1, k_2) = 2\pi \cdot \sqrt{\left(\frac{k_1}{N_1}\right)^2 + \left(\frac{k_2}{N_2}\right)^2}.$$

Beim *Frequenzabtastverfahren* wird der Wunschfrequenzgang des LSI-Systems im DFT-Frequenzraster vorgegeben (abgetastet) und durch inverse DFT die Impulsantwort (Faltungskern) berechnet. Es resultiert ein FIR-System (Kap. 4), dessen Frequenzgang an den Frequenzpunkten des DFT-Frequenzrasters mit dem Wunschfrequenzgang übereinstimmt; dazwischen aber mehr oder weniger abweicht, siehe *Gibbsches Phänomen* der Fourier-Approximation (Werner 2019). (Wird die Filterung im Frequenzbereich via 2-D-DFT durchgeführt, erübrigt sich die Berechnung des Faltungskerns).

Übung 10.2 Entwurf eines „idealen" Tiefpasses mit dem Frequenzabtastverfahren

Am Beispiel des idealen Tiefpasses und des Grauwertbildes `hsfd1` soll ein Filterentwurf im Frequenzbereich mit dem Frequenzabtastverfahren durchführt und das Resultat überprüft werden (Abb. 10.4).

a) Bestimmen Sie zunächst die Größe $N_1 \times N_2$ des (Original-)Bildes.
b) Entwerfen Sie mit dem Frequenzabtastverfahren einen idealen Tiefpass mit der normierten Grenzkreisfrequenz D_0 von 0.3 π. Bestimmen Sie den Frequenzgang im DFT-Frequenzraster als (Frequenzgangs-)Matrix $H[k_1, k_2]$ in MATLAB. (Der Faltungskern wird hier nicht benötigt.)
c) Filtern Sie das Grauwertbild im Frequenzbereich der 2-D-DFT mit dem entworfenen Tiefpass. Stellen sich durch die Filterung Artefakte ein?

"Ideal" lowpass

Gaussian lowpass

Abb. 10.4 Mit dem „idealen" Tiefpass ($D_0 = 0.2$ π) bzw. dem Gauß-Tiefpass ($\sigma = 0.2$ π) gefiltert (Ausschnittsvergrößerung, `hsfd1.png`, `bv_entz_2`, `bv_entz_3`)

Hinweise Ein Lösungsbeispiel finden Sie in Programm 10.5 mit dem Zugriff auf die Filterentwurfsfunktion mit dem Frequenzabtastverfahren in Programm 10.6. Das Ergebnis der Filterung zeigt Abb. 10.4 links.

Ringing

Aus der eindimensionalen digitalen Signalverarbeitung ist bekannt, dass das (simple) Frequenzabtastverfahren bei Sprüngen im Wunschfrequenzgang wenig geeignet ist. Es treten an den Sprungstellen im Frequenzgang lokale Oszillationen (Rippel) auf, die als gibbsches Phänomen bekannt sind. Entsprechend erscheinen bei der Filterung von Bildern an den Kanten (Intensitätssprüngen) ringförmige Artefakte, die Schattenkanten oder auch *Ringing-Phänomen* genannt werden, siehe Abb. 10.4 links.

Gauß-Tiefpass

Um das Ringing zu vermeiden, betrachten wir alternativ den Gauß-Tiefpass mit seinem stetigen Frequenzgang

$$H_{\text{G-TP}}\left(e^{j\Omega_1}, e^{j\Omega_2}\right) = A \cdot \exp\left(-\frac{\Omega_1^2 + \Omega_2^2}{2 \cdot \sigma_f^2}\right) \text{ für } -\pi \leq \Omega_{1,2} < \pi.$$

Als Parameter tritt die Varianz, bzw. Standardabweichung σ_f im Frequenzbereich, auf.

Für den rotationssymmetrischen *Gauß-Tiefpass* bietet sich wieder die Beschreibung mit der Distanzfunktion an. Mit der normierten Grenzkreisfrequenz D_0 gleich der Standardabweichung resultiert der Wunschfrequenzgang

$$H_{\text{G-TP}}\left(e^{j\Omega_1}, e^{j\Omega_2}\right) = \exp\left(-\frac{D^2(\Omega_1, \Omega_2)}{2 \cdot D_0^2}\right) \quad \text{für } -\pi \leq \Omega_{1,2} < \pi.$$

Übung 10.3 Entwurf eines Gauß-Tiefpasses mit dem Frequenzabtastverfahren

In der Übung soll ein Gauß-TP wie oben mit dem *Frequenzabtastverfahren* entworfen und auf das Bildbeispiel `hsdf1` im Frequenzbereich anwendet werden (Übung 10.2).

a) Bestimmen Sie die zuerst die Größe $N_1 \times N_2$ des Bildes.
b) Entwerfen Sie mit dem Frequenzabtastverfahren einen Gauß-TP mit der normierten Grenzkreisfrequenz $D_0 = 0.3\,\pi$.
c) Stellen Sie den Betragsfrequenzgang grafisch dar, und kontrollieren Sie die eingestellte Standardabweichung anhand des Niveaulinien-Bildes, siehe Befehl `contour` in Programm 10.1.
   Welchen Wert nimmt der Dämpfungsgang an, wenn $D(\Omega_1, \Omega_2) = D_0$? Wo kann man die entsprechenden Stellen in der Frequenzebene finden?
d) Filtern Sie das Bild `hsdf1` mit dem entworfenen Gauß-TP. Ist das Ringing-Phänomen zu beobachten?

Hinweise Ein Lösungsbeispiel finden Sie in Programm 10.5 mit dem Zugriff auf die Filterentwurfsfunktion mit dem Frequenzabtastverfahren in Programm 10.7. Das Ergebnis zeigt Abb. 10.4 rechts.

Butterworth-Tiefpass

Eine weiter Alternative ist der *Butterworth-Tiefpass* (BW-TP), die zweidimensionalen „Fortsetzung" der bekannten Standardapproximation aus der eindimensionalen Signalverarbeitung (Werner 2019). Bei der Übertragung des Konzepts des analogen BW-TP berücksichtigen wir, dass die diskreten FIR-Filter in Abb. 10.2 linearphasig sein können, und somit bei der Filterung zu keinen Phasenverzerrungen führen. Letztere sind kritisch in der Bildverarbeitung, weil die Phase des (Bild-)Spektrums für die Kanteninformation wichtig ist (Kap. 9).

Der BW-TP wird wegen seiner charakteristischen Form, der Potenz im Nenner, auch *Potenztiefpass* genannt (Werner 2019). Von der charakteristischen Form ausgehend und mit der Vorgabe einer linearen Phase und der rotationssymmetrischen Erweiterung auf zwei Dimension, definieren wird direkt den (Wunsch-)Frequenzgang des BW-TP als nicht-negative Funktion

$$H_{\text{BW - TP}}\left(e^{j\Omega_1}, e^{j\Omega_2}\right) = \frac{1}{1 + \left[\frac{D(\Omega_1, \Omega_2)}{D_0}\right]^{2 \cdot N}} \quad \text{für } |\Omega_{1,2}| \leq \pi.$$

Der Frequenzgang besitzt zwei Parametern: die normierte Grenzkreisfrequenz D_0 und die Filterordnung N. Die normierte Grenzkreisfrequenz definiert den „6dB-Punkt" des Dämpfungsganges, hier einen Kreis in der Frequenzebene als Niveaulinie auf der die Dämpfung circa 6 dB beträgt. Die Filterordnung bestimmt die Steilheit der monoton fallenden Filterflanke.

Den prinzipiellen Verlauf des Betragsgangs und den Einfluss der Filterordnung zeigt Abb. 10.5. Während bei der Filterordnung eins das Tiefpassverhalten nur schwach ausgeprägt ist, nähert sich mit steigender Filterordnung der Frequenzgang zunehmend dem des idealen Tiefpasses an.

Der BW-TP liefert den Ausgangspunkt für den Entwurf spezieller Frequenzgänge in den folgenden Abschnitten.

Abschließend sei angemerkt, interpretiert man die Fensterfolgen in Kap. 9 als 2-D-DFT-Spektren, so resultieren weitere Alternativen für Tiefpässe, wie beispielsweise der Super-Gauß-TP.

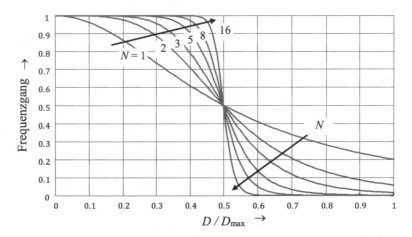

Abb. 10.5 Frequenzgang (Schnitt) des Butterworth-Tiefpasses für verschiedene Filterordnungen N, der Grenzkreisfrequenz $D_0 = 0.5 \cdot \pi$ und der maximalen Distanz $D_{max} = \pi \cdot \sqrt{2}$

Quiz 10.1

Ergänzen sie die Textlücken sinngemäß.

1. Das Spektrum eines Gauß-Impulses ist ein ___.
2. Die Faltung im Ortsbereich von zwei Signalen mit endlichem Support kann im Frequenzbereich als ___ der DFT-Koeffizienten ausgeführt werden.
3. Einen Überblick über den Dämpfungsgang kann man sich durch die grafische Darstellung der ___ verschaffen.
4. Bei der Tiefpassfilterung nach dem Frequenzabtastverfahren kann das ____-Phänomen auftreten.
5. Gauß-Tiefpässe eignen sich zum ___ der Bilder und/oder zum ___ von Bildrauschen.
6. Bei Potenztiefpässen verläuft der Betragsgang umso flacher aus dem Ursprung, umso größer die ___ ist.
7. Das Akronym BW-TP steht für ___.
8. Die euklidische Distanzfunktion in der (Ω_1, Ω_2)-Ebene ist ___ (Formel).
9. Beim Ringing-Phänomen werden Artefakte an den ___ sichtbar.
10. Betragsgänge werden üblicherweise mit ___ Frequenzvariablen dargestellt.

10.4.2 Hochpässe

Das ideale Hochpassfilter ist komplementär zum idealen Tiefpass.

$$H_{idHP}\left(e^{j\Omega_1}, e^{j\Omega_2}\right) = \begin{cases} 1 & \text{für } D(\Omega_1, \Omega_2) \geq D_0 \\ 0 & \text{sonst} \end{cases} \quad \text{und } -\pi \leq \Omega_{1,2} < \pi$$

Und somit gilt für den Frequenzgang des idealen Hochpasses

$$H_{\text{idHP}}\left(e^{j\Omega_1}, e^{j\Omega_2}\right) = 1 - H_{\text{idTP}}\left(e^{j\Omega_1}, e^{j\Omega_2}\right) \text{ und } -\pi \leq \Omega_{1,2} < \pi.$$

Ergänzend sei hier auf eine einfache Möglichkeit in MATLAB hingewiesen, Tiefpässe in Hochpässe und umgekehrt zu transformieren. In MATLAB erhält man aus dem (DFT-) Frequenzgang des Tiefpasses den (DFT-)Frequenzgang des komplementären Hochpasses durch Anwenden des Befehls `fftshift`, was der Verschiebung der (periodischen) Frequenzgänge um jeweils π gleichkommt (vgl. Tiefpass-Hochpass-Transformation in [Werner 2019]).

Neben der Möglichkeit auf bekannte Lösungen für Tiefpässe zurückzugreifen, existieren direkte Entwurfsvorschriften, wie z. B. dem *Butterworth-Hochpass* (BW-HP). Setzt man nämlich den Frequenzgang des BW-TP oben in die Differenz ein, folgt nach kurzer Zwischenrechnung

$$H_{\text{BW-HP}}\left(e^{j\Omega_1}, e^{j\Omega_2}\right) = \frac{1}{1 + \left(\frac{D_0}{D(\Omega_1, \Omega_2)}\right)^{2 \cdot N}} \text{ für } -\pi \leq \Omega_{1,2} < \pi.$$

Der Vergleich mit dem Frequenzgang des BW TP zeigt, dass nur im Nenner der Bruch gestürzt ist, bzw. äquivalent nur der Exponent negiert ist. Dadurch bleibt die Lage des „6dB-Punktes" bei $D_0 = D(\Omega_1, \Omega_2)$ unverändert, und auch die aus der eindimensionalen Signalverarbeitung bekannte charakteristische Eigenschaft des BW-TP, der maximal flache Frequenzgang (Abb. 10.5), bleibt erhalten.

Übung 10.4 Entwurf eines Butterworth-Hochpasses mit dem Frequenzabtastverfahren

Als Bildbeispiel dient wieder das Grauwertbild `hsfd1`. Es soll ein BW-HP zugrunde gelegt und der Entwurf mit dem Frequenzabtastverfahren durchgeführt werden.

a) Bestimmen Sie die Größe $N_1 \times N_2$ des Bildes.
b) Entwerfen Sie mit dem Frequenzabtastverfahren den BW-HP mit der normierten Grenzkreisfrequenz D_0 von 0.4 π. Die Filterordnung N sei fünf.
c) Stellen Sie den Betragsfrequenzgang grafisch dar, und kontrollieren Sie die eingestellte normierten Grenzkreisfrequenz im Bild.
d) Filtern Sie das Grauwertbild mit dem entworfenen BW-HP, siehe Abb. 10.6. Wie wirkt sich die HP-Filterung auf das Bild aus?

10.4.3 Bandpässe und Bandsperren

Durch Kombination von Tief- und Hochpässen lassen sich *Bandpässe* und *Bandsperren* erzeugen. Ausgehend von BW-TPen können Bandpässe und Bandsperren relativ einfach dimensioniert werden. Mit den Grenzkreisfrequenzen des Tiefpasses $D_{0,\text{TP}}$ und des

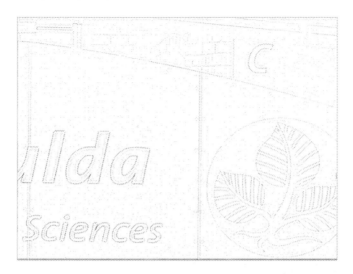

Abb. 10.6 Mit dem Butterworth-Hochpass ($N = 3$, $D_0 = 0.2\ \pi$) gefiltertes Bild in invertierter Darstellung (`hsfd1.png`, `bv_entz_4`, Rahmen hinzugefügt)

Hochpasses $D_{0,\text{HP}}$, mit $D_{0,\text{TP}} < D_{0,\text{HP}}$, erhält man den Frequenzgang einer Bandsperre bzw. eines Bandpasses durch die Kombinationen

$$H_{\text{BW-BS}} = H_{\text{BW-TP}} + H_{\text{BW-HP}}$$
$$H_{\text{BW-BP}} = 1 - H_{\text{BW-TP}} - H_{\text{BW-HP}} .$$

10.4.4 Kerbfilter

Eine wichtige Gruppe von selektiven Filtern bilden diejenigen, die eine bestimmte bzw. mehrere harmonische Frequenzkomponente unterdrücken. Sie werden *Kerbfilter* („notch filter") genannt. Anwendung finden sie in der digitalen Bildverarbeitung u. a. beim Scannen von Druckvorlagen um entstandene Interferenzmuster zu unterdrücken.

Zweidimensionale Kerbfilter lassen sich relativ einfach durch Frequenztranslation aus dem BW-HP ableiten. Da die Hochpassfilter bei der Frequenz $(\Omega_1, \Omega_2) = (0,0)$ ideal sperren, wird die Nullstelle des Hochpassfilters auf die gewünschte normierte Kerbkreisfrequenz $(\Omega_{1\text{I}}, \Omega_{2\text{I}})$ verschoben. Bei der Distanzberechnung heißt das

$$D_{1+}^2(\Omega_1, \Omega_2) = \left(\Omega_1 - \Omega_{1,\text{I}}\right)^2 + \left(\Omega_2 - \Omega_{2,\text{I}}\right)^2 \quad \text{für } -\pi \leq \Omega_{1,2} < \pi.$$

Dies allein reicht jedoch noch nicht: Weil der Betragsfrequenzgang eines reellwertigen LSI-Systems eine gerade Funktion ist, siehe hermitesche Symmetrie (Werner 2019), wird aus Symmetriegründen zusätzlich eine Nullstelle bei $(-\Omega_{1\text{I}}, -\Omega_{2\text{I}})$ benötigt. Hierzu wird obige Kerbkreisfrequenz gespiegelt.

$$D_{1-}^2(\Omega_1, \Omega_2) = \left(\Omega_1 + \Omega_{1,1}\right)^2 + \left(\Omega_2 + \Omega_{2,1}\right)^2 \text{ für } -\pi \leq \Omega_{1,2} < \pi$$

Für jedes auszublendende Frequenzpaare ergibt sich ein entsprechender Produktanteil in der Übertragungsfunktion des gesuchten Kerbfilters

$$H_{\text{BW-NR}}\left(e^{j\Omega_1}, e^{j\Omega_2}\right) = \prod_{l=1}^{L} \frac{1}{1+\left[\frac{D_{0,l}}{D_{l+}(\Omega_1,\Omega_2)}\right]^{2\cdot N}} \cdot \frac{1}{1+\left[\frac{D_{0,l}}{D_{l-}(\Omega_1,\Omega_2)}\right]^{2\cdot N}} \cdot$$
$$\text{für } -\pi \leq \Omega_{1,2} < \pi$$

Das Kerbfilter entspricht dem Produkt aus verschobenen Frequenzgängen des BW-HP. Die Frequenzverschiebungen entsprechen den jeweiligen Kerbkreisfrequenzen und ihren Gespiegelten. Abb. 10.7 veranschaulicht den Ansatz anhand einer Kerbfrequenz nochmals schematisch.

Für den Filterentwurf sind nun nur noch die Grenzfrequenzen $D_{0,l}$ und die Filterordnung N geeignet zu dimensionieren.

Das folgende ausführliche Beispiel soll die praktische Anwendung des Kerbfilters im Frequenzbereich demonstrieren. Dabei werden auch die Grundlagen der 2-D-DFT aus Kap. 9 wiederholt. Das Beispiel ist als Fallstudie aufgebaut und wird im Folgenden schrittweise anhand von Ausschnitten aus Programm 10.12 entwickelt. Als Bildbeispiel wählen wir wieder das Grauwertbild `hsfd1`.

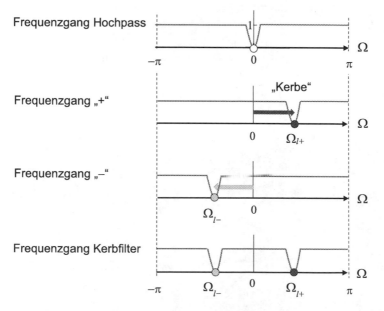

Abb. 10.7 Frequenztranslationen und Produktbildung zum Entwurf von Kerbfiltern (schematische Darstellung)

a) Im ersten Schritt simulieren wir die Störung durch ein feines schachbrettartiges Interferenzmuster. Die Felder des Schachbrettmusters (`checkerboard`) haben die Größe von 4×4 Pixel und tragen jeweils die Werte 0 oder 1. Bei der Addition von Bild `I` und Störung `Chb` achten wir durch Skalierung darauf, dass keine Überläufe auftreten. Ansonsten entstünden bei der Umwandlung ins `uint8`-Format nichtlinearer Verzerrungen durch Sättigung.

```
%% Distortion
Chb = checkerboard(4,N1/4,N2/4);
Chb = Chb(1:N1,1:N2); % black (0) and white (1)
J = uint8(.5*double(I)+128*Chb); % interference
```

Das Original und das gestörte Bild zeigt Abb. 10.8. Das schachbrettartige Muster der überlagerten Störung ist rechts deutlich erkennbar. Die Störung hat Ähnlichkeiten mit den Moiré-Mustern, wie sie beispielsweise beim Abtasten von Zeitschriften (regelmäßige Druckmustern) entstehen (Gonzalez und Woods 2018; Burger und Burge 2016).

In der Simulation kann direkt auf das Störsignal zugegriffen werden. Um mehr über die Störung zu erfahren, stellen wir das DFT-Betragsspektrum des Störsignals in Abb. 10.9 dar. Darin ist ein Muster von Gitterpunkten zu erkennen. Sie zeigen Bereiche mit relativ großen Beträgen der DFT-Koeffizienten. Die Abstände der Gitterpunkte führen wir auf die Feldgröße 4×4 Pixel im Schachbrettmuster zurück. Entsprechend liegen die Gitterpunkte im Spektrum bei ganzzahligen Vielfachen von $\Omega_0 = \pi/4$.

Die Wirkung der Störung im Frequenzbereich stellt Abb. 10.10 vor. Auch im gestörten Bild ist die Gitterstruktur des Störsignalspektrums deutlich zu erkennen. Aus der Abb. 10.10 rechts (und noch deutlicher in Abb. 10.9) entnehmen wir die Kerbfrequenzen, die Frequenzlagen der Störkomponenten. Im ersten Quadranten erhalten

Original

With interference

Abb. 10.8 Original und gestörtes Bild (`hsfd1.png`, `bv_entz_6`)

Magnitude (log)

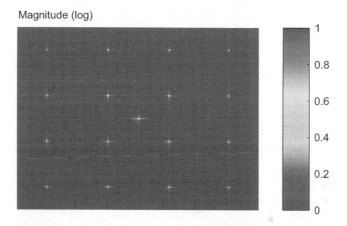

Abb. 10.9 Betragsspektrum (dB, zentriert) des Schachbrettmusters (`bv_entz_6`)

Magnitude spectrum (log) - original   Magnitude spectrum (log) - interfered

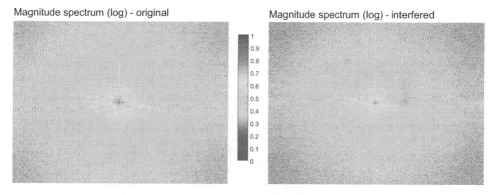

Abb. 10.10 Betragsspektrum (dB, zentriert) des Originals und mit Interferenzstörung (`bv_entz_6`)

wir aus den Gitterpunkten die Kerbkreisfrequenzen $(\Omega_{1k}, \Omega_{2k}) \in \Omega_0 \cdot \{(1,1), (3,1), (1,3), (3,3)\}$.

b) Nun können wir mit dem Entwurf des BW-Kerbfilters beginnen. Weil die störenden Spektralanteile in Abb. 10.10 im Wesentlichen auf relativ kleine Bereiche begrenzt sind, wählen wir – ohne weitergehende Überlegungen – eine „kleine" Grenz-kreisfrequenz, $D_0 = 0.1\ \pi$, und einen „steilen" Anstieg der Dämpfung, $N = 5$, zu alle Kerbfrequenzen. Damit sind alle Parameter für den Entwurf mit dem Frequenzabtastverfahren bestimmt. Den Entwurf selbst lagern wir in die Funktion `f2_butterworth_nr` („notch reject filter") in Programm 10.2 aus.

```
%% 2-dim. Butterworth notch reject filter
D0 =.1; % cut-off radian frequency normalized by pi
N = 5; % filter order
Notch = (1/4)*[1,1; 3,1; 1,3; 3,3; -1,1; -3,1; -1,3; -3,3];
H = f2_butterworth_nr(N1,N2,D0,N,Notch); % notch reject filter
```

Über das Dämpfungsverhalten des berechneten BW-Kerbfilters informiert uns der Betragsgang in dB in Abb. 10.11. Deutlich zu erkenne sind die lokalen und tiefen Einbrüche des Betragsganges an den Kerbfrequenzen. Wie gewünscht, werden bei den Kerbfrequenzen Dämpfungswerte von über 100 dB erreicht.

c) Wir können nun die Filterung des gestörten Bildes mit dem BW-Kerbfilter vornehmen. Die Filterung geschieht im Frequenzbereich der 2-D-DFT durch elementweise Multiplikation der DFT-Koeffizienten (Abb. 10.2). Das Ergebnis wird nach Rücktransformation wieder als Grauwertbild dargestellt, siehe Abb. 10.12.

```
%% Apply notch reject filter
I2 = real(ifft2(fft2(double(J)).*H));
I2 = uint8(255*mat2 Gy(I2));
```

Die Abb. 10.12 zeigt zum Vergleich links nochmals das Bild mit Interferenzstörung und rechts das Ergebnis der Filterung mit dem oben entworfenen BW-Kerbfilter. Das störende Schachbrettmuster ist durch die Filterung augenscheinlich verschwunden.

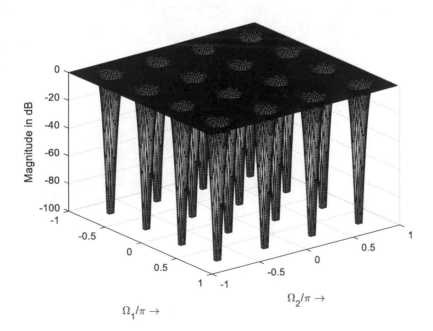

Abb. 10.11 Betragsgang (dB, zentriert) des BW-Kerbfilters (bv_entz_6)

With interference   After interference suppression

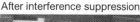

Abb. 10.12 Gestörtes Bild und nach Filterung mit dem BW-Kerbfilter (hsfd1.png, bv_ entz_6)

Die Wirkung des BW-Kerbfilters überprüfen wir auch im Frequenzbereich. Das 2-D-DFT-Spektrums des gefilterten Bildes in Abb. 10.13 zeigt als „dunkle Flecken" augenfällig die vom BW-Kerbfilter stark gedämpften Bereiche im Spektrum, vergleiche auch Abb. 10.11.

Zur Einschätzung des Verfahrens sei angemerkt, dass im Beispiel nach Gutdünken vorgegangen und keine „Optimierung" der Parameter vorgenommen wurde.

Programm 10.2 BW-Kerbfilter-Design mit dem Frequenzabtastverfahren

```
function H = f2_butterworth_nr(N1,N2,D0,N,Notch)
% Frequency sampling design of Butterworth notch reject filter
% H = f2_butterworth_nr(N1,N2,D0,N,Notch)
% N1,N2 : image size N1xN2
% D0 : normalized cutoff frequency [0 1]
% N : filter order
% Notch : notches in the normalized frequency domain, dim. Mx2
% H : (DFT) frequency response (non-centric)
% f2_butterworth_nr * mw * 2017-12-11
H = ones(N1,N2);
[M,~] = size(Notch); % number of notches
D02 = D0^2;
for k1 = 0:N1-1
 for k2 = 0:N2-1
  u = 2*k1/N1 - 1; v = 2*k2/N2 - 1; % DFT grid
  for m = 1:M
   r2 = (u-Notch(m,1))^2+(v-Notch(m,2))^2;
   H(1 + k1,1 + k2) = H(1 + k1,1 + k2)/(1+(D02/r2)^N);
   r2 = (u + Notch(m,1))^2+(v + Notch(m,2))^2;
```

Magnitude spectrum (log)

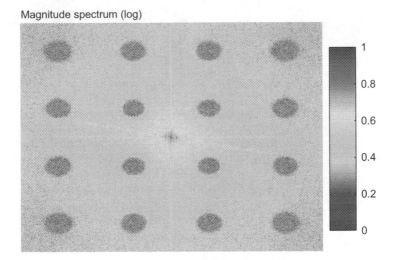

Abb. 10.13 Betragsspektrum (dB) nach Filterung mit dem BW-Kerbfilter (`hsfd1.png`, `bv_entz_6`)

```
H(1 + k1,1 + k2) = H(1 + k1,1 + k2)/(1+(D02/r2)^N);
  end
 end
end
H = fftshift(H); % non-centric
Return
```

Quiz 10.2

Ergänzen Sie die Textlücken sinngemäß.

1. Bei geeigneter Wahl der Grenzfrequenzen liefert die Linearkombination der Frequenzgänge
   $1 - H_{BW\text{-}TP} - H_{BW\text{-}HP} = $ ___. (Formel)
2. Der Hochpassanteil des Spektrums enthält ___.
3. Beim Frequenzabtastverfahren mit der 2-D-DFT werden die Wunschfrequenzgänge in den Frequenzpunkten ___ erfasst. (Formel)
4. Das Phänomen von Schattenkanten in Bildern nach einer TP-Filterung nennt man ___.
5. Um Schattenkanten bei der TP-Filterung zu vermeiden, sollten Wunschfrequenzgänge keine ___ aufweisen.
6. Frequenzkomponenten in einem engen Band können gezielt mit dem ___ gelöscht werden.
7. Eine regelmäßige zweidimensionale Gitterstruktur im Betragsspektrum deuten auf ein ___ Muster im Ortsbereich hin.

10.5 Bildrestauration

Ein typisches Beispiel von Bildverzerrungen liefert das Modell der Bildaufnahme (Kap. 5) mit linearer optischer Verzerrung durch die *Point-spread-Funktion* (PSF) in Abb. 10.14. Das Original (Szene) wird mit der PSF gefaltet. Durch die multiplikative Verknüpfung im Frequenzbereich (Abb. 10.2) scheint es nun möglich, eine verzerrende lineare Filterung durch ein System mit dazu inversem Frequenzgang rückgängig zu machen. Man spricht von der *Bildrestauration*. Die Aufgabe veranschaulicht Abb. 10.14, wobei die unvermeidliche Störung durch additives Rauschen integriert wird. In der Praxis stehen ihr jedoch Hindernisse im Weg, die ausgeräumt bzw. durch Kompromisse umgangen werden müssen.

10.5.1 Inverses Filter

Das Prinzip der Entzerrung beruht auf der Filterung im Frequenzbereich (Abb. 10.2.) Der Frequenzgang des *Entzerrers* $H_E[k_1,k_2]$ ist invers zum Frequenzgang $H[k_1,k_2]$ des verzerrenden LSI-Systems. Man spricht auch vom *inversen Filter* („inverse filtering") bzw. der Entfaltung *(„deconvolution")*.

$$Y[k_1, k_2] = H[k_1, k_2] \cdot X[k_1, k_2]$$
$$\hat{X}[k_1, k_2] = H_E[k_1, k_2] \cdot Y[k_1, k_2] = \frac{Y[k_1,k_2]}{H[k_1,k_2]}\bigg|_{\text{für } H[k_1,k_2] \neq 0} \cdot$$

Es ist offensichtlich, dass eine ideale Entzerrung nur möglich ist, wenn das verzerrende LSI-System keine Nullstellen im Frequenzgang besitzt. Einmal eliminierte Frequenzkomponenten können durch lineare Filterung nicht wieder rekonstruiert werden. Das Original lässt sich nur insoweit restaurieren, als der Entzerrer durch ein inverses Filter dargestellt werden kann.

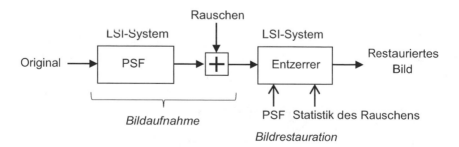

Abb. 10.14 Lineare Verzerrung und Rauschstörung bei der Bildaufnahme und Bildrestauration durch einen Entzerrer

Bei der praktischen Durchführung zeigt sich, dass bereits relativ kleine Dämpfungen des verzerrenden LSI-Systems zu Problemen führen können, wenn im Entzerrer dadurch Bildrauschen übermäßig verstärkt wird (Abb. 10.14). Im Frequenzbereich ergibt sich nämlich mit der zufälligen Musterfunktionen $N[k_1,k_2]$ für den Beitrag des Rauschens

$$\hat{X}[k_1, k_2] = \frac{Y[k_1, k_2]}{H[k_1, k_2]} + \frac{N[k_1, k_2]}{H[k_1, k_2]} \text{ für } H[k_1, k_2] \neq 0.$$

Um übermäßiges Verstärken von Rauschanteilen dort zu vermeiden, wo das Original stark gedämpft wurde, also der Rauschanteil dominiert, ist es üblich, bei der Konstruktion des inversen Filters eine Schwellenoperation einzubauen. Liegt der Frequenzgang unter einer gewissen Schwelle, wird für die entsprechenden Frequenzkomponenten Bildrauschen unterstellt, und dieses folglich unterdrückt.

$$H_{\mathrm{E}}[k_1, k_2] = \begin{cases} \frac{1}{H[k_1,k_2]} & \text{für } |H[k_1, k_2]| \geq H_{\min} \\ 0 & \text{sonst} \end{cases}$$

Ergänzend kann auch ein Filter eingesetzt werden, oft ein Tiefpass, um Frequenzbänder zu unterdrücken, bei denen das Rauschen überwiegt.

Übung 10.5 Entzerrung von *Blurring*-Effekten mit einem inversen Filter

Wir betrachten die lineare Bewegungsverzerrung („motion blur"). Um die Effekte sichtbar zu machen, gehen wir von einem unverzerrten Bild aus, wenden die PSF der linearen Bewegungsverzerrung (Kap. 5) an und setzten anschließend die 2-D-DFT zur Entzerrung ein.

a) Laden Sie die Bildvorlage `hsfd`. Reduzieren Sie der geringeren Speicher- und Rechenlast halber die Bildgröße um den Faktor 5 (`imresize`).
b) Erzeugen Sie mit dem Befehl `fspecial` die PSF für eine linearen Bewegungsverzerrung der Länge von 20 Bildelementen und einem Winkel von 60°.
c) Wenden Sie die PSF auf die Bildvorlage an und geben Sie das verzerrte Bild am Bildschirm aus, siehe Abb. 10.15 für ein Beispiel.
d) Konstruieren Sie den Entzerrer im Frequenzbereich als inverses Filter mit Schwellenoperation. Wählen Sie die Schwelle $H_{\min}$ geeignet und wenden Sie den Entzerrer an. Stellen Sie das resultierende Bild am Bildschirm dar. Überprüfen Sie die Wirksamkeit des Entzerrers mit Ihren Augen, siehe Abb. 10.16 für ein Beispiel.
e) Bei der Bewegungsverzerrungen machen sich Randeffekte besonders störend bemerkbar, da dort die Bewegungsverzerrung nicht gleichmäßig sein kann. In den entzerrten Bildern tritt das Ringing-Phänomen als Streifenmuster auf. Eine Verbesserung kann hier erreicht werden, wenn das gestörte Bild zunächst an den Rändern durch einen Tiefpass geglättet wird. MATLAB stellt dafür den Befehl `edgetaper` bereit. Wiederholen Sie (d), wobei Sie vorher den Befehl `edgetaper` nutzen.

Blurred image

Abb. 10.15 Bildvorlage mit Bewegungsverzerrung (hsfd.jpg, bv_entz_7)

Inverse filtering

Abb. 10.16 Entzerrtes Bild nach inverser Filterung (hsfd.jpg, bv_entz_7)

Stellen Sie das resultierende Bild am Bildschirm dar. Überprüfen Sie die Wirksamkeit des Entzerrers augenfällig. Passen Sie gegebenenfalls die Einstellungen der Funktion edgetaper und der Schwelle H_{min} an. Ein Lösungsbeispiel finden Sie in Abb. 10.17 und Programm 10.13.

Abb. 10.17 Entzerrtes Bild nach inverser Filterung mit zusätzlich reduzierten Randeffekten (`edgetaper`)(`hsfd.jpg`, `bv_entz_7`)

10.5.2 Wiener-Filter

Spätestens wenn die Störung durch Bildrauschen einen sichtbaren Einfluss auf die Bildqualität nimmt, ist sie in die Überlegungen einzubeziehen. Bereits in den 1940er-Jahren formulierte Norbert Wiener (1894–1964) die Lösung für ein wichtiges Problem der Signalverarbeitung, der Entdeckung eines bekannten und zeitbegrenzten Signals in stationärem Rauschen, das im Sinne des minimalen mittleren quadratischen Fehlers („minimum mean-square error") optimale *Wiener-Filter* (Wiener 1949).

Den Anknüpfungspunkt liefert Abb. 10.14 mit der Musterfunktion $N[k_1,k_2]$ der Rauschstörung. Fasst man diese als Realisierungen eines stochastischen Prozesses auf, so sind zwar deren DFT-Koeffizienten Zufallsgrößen – also hier als unbekannt anzusehen – jedoch kann unter gewissen Voraussetzungen, den DFT-Koeffizienten jeweils eine mittlere Leistungen zugeordnet werden. Ist der Prozess stationär erhält man so die Verteilung der Leistung des Rauschens auf das DFT-Spektrum, das (DFT-)Leistungsdichtespektrum $S_N[k_1,k_2]$ (Parsevalsche Gleichung, Kap. 9). Je größer $S_N[k_1,k_2]$, umso stärker wirkt sich die Störung im Allgemeinen aus.

Das *Wiener-(Helstrom)-Filter* berücksichtigt die Störung durch Rauschen und liefert die bzgl. des minimalen mittleren quadratischen Fehlers optimale Schätzung. Es unterscheidet sich vom inversen Filter durch die spezifische Gewichtung des Frequenzgangs. Es berücksichtigt explizit das Verhältnis des Leistungsdichtespektrums der Störung $S_N[k_1,k_2]$ zum Quadrat des Betragsspektrums des ungestörten Bildes.

$$H_{\mathrm{W}}[k_1, k_2] = \frac{H^*[k_1, k_2]}{|H[k_1, k_2]|^2 + \frac{S_N[k_1, k_2]}{|X[k_1, k_2]|^2}}$$

Zum besseren Verständnis obiger Lösung betrachten wir zuerst den Fall ohne Rausch-störung, dann ergibt sich das inverse Filter. Ist die Rauschstörung nicht mehr zu ver-nachlässigen, wird sie im Nenner berücksichtigt. Dort wo die Spektralkomponenten relativ große Rauschanteile besitzen, wird das Gewicht des Wiener-Filters entsprechend reduziert. Je größer die Leistung des Rauschens im Vergleich zum Quadrat des Betrags-frequenzganges ist, umso mehr wirkt das Wiener-Filter dämpfend.

Das Wiener-Filter vermeidet übermäßiges Verstärken des Rauschens – allerdings nur, wenn sowohl die Leistungen der DFT-Koeffizienten des ungestörten Bildes als auch das Leistungsdichtespektrum der Störung bekannt sind. Deshalb wird In der Bildver-arbeitung oft eine vereinfachte Form eingesetzt, das *heuristische Wiener-Filter*

$$H_{\mathrm{hW}}[k_1, k_2] = \frac{H^*[k_1, k_2]}{|H[k_1, k_2]|^2 + K}.$$

Der (Anpassungs-)Parameter K repräsentiert das vereinfachend als konstant gesetzte Verhältnis der Leistungsdichtespektren. (K kann auch interaktiv durch systematisches Probieren nach Gutdünken angepasst werden).

In manchen Anwendungen ist es nützlich, den Entzerrer besonders flexibel anpassen zu können. Dazu wird das heuristische Wiener-Filter im Sinne des geometrischen Mittel-werts erweitert.

$$H_{\mathrm{pW}}[k_1, k_2] = \left[\frac{H^*[k_1, k_2]}{|H[k_1, k_2]|^2} \right]^{\alpha} \cdot \left[\frac{H^*[k_1, k_2]}{|H[k_1, k_2]|^2 + K} \right]^{1-\alpha}$$

Mit dem Parameter α kann ein fließender Übergang vom heuristischen Wiener-Filter ($\alpha = 0$) zum inversen Filter ($\alpha = 1$) vollzogen werden. Man spricht auch vom *para-metrischen Wiener-Filter*, da nun der Parameter α zusätzlich vorzugeben ist.

Beachten Sie bei der Arbeit mit MATLAB, der Befehl `wiener2` dient allein zur Unterdrückung von Rauschen. Er reduziert additives unkorreliertes Rauschen auf der Basis einer lokalen Statistik. Er ist somit adaptiv. Eine Entzerrung findet nicht statt.

Übung 10.6 Entzerrung von Blurring-Effekten mit dem parametrischen Wiener-Filter

Wir gehen zunächst wie in Übung 10.5 vor und wiederholen (a), (b) und (c), so dass das verzerrte Bild vorliegt.

a) Zum verzerrten Bild addieren Sie Rauschen, z. B. mit dem MATLAB-Befehl `imnoi se(Ib,'gaussian',0,.001)`. Stellen Sie das gestörte Bild am Bildschirm dar. Für ein Beispiel siehe auch Abb. 10.18 oben.

b) Konstruieren Sie den Entzerrer im Frequenzbereich als parametrisches Wiener-Filter
   und wenden Sie den Entzerrer auf das gestörte und verzerrte Bild an. Nutzen Sie
   dabei auch eine „Fensterfunktion" zur Bearbeitung der Bildränder (`edgetaper`), für
   das verzerrte Bild, siehe auch Programm 10.14.

   Stellen Sie das resultierende Bild am Bildschirm dar. Ein Beispiel finden Sie in
   Abb. 10.18 unten. Überprüfen Sie die Wirksamkeit des Entzerrers augenfällig.
   Passen Sie gegebenenfalls die Parametereinstellungen im Programm an, siehe auch
   Programm 10.14.

10.5.3 Entfaltung mit speziellen MATLAB-Befehlen

Zur Entzerrung mittels *Wiener-Filter* stellt MATLAB den Befehl `deconvwnr` zur Verfügung („deconvolve image using Wiener filter"). Der Befehl ist parametrisierbar, so
dass die vorgestellten Methoden eingesetzt werden können:

- Inverses Filter, `deconvwnr(I,PSF,0)`
- Heuristisches Wiener-Filter, `deconvwnr(I,PSF,NSR)`
- Wiener-Filter, `deconvwnr(I,PSF,NCORR,ICORR)`

Gemeinsam ist, dass zum gestörten Bild `I` die verzerrende Point-spread-Funktion `PSF`
(oder eine gute Schätzung) bekannt sein muss (Abb. 10.14).

Ist das Verhältnis der Leistungen des Originals und der Rauschstörung („noise-to-
signal power ratio", NSR) gegeben, kann das heuristische Wiener-Filter sinnvoll parametrisiert werden.

Schließlich wird mit den *Autokorrelationsfunktionen* („autocorrelation function") des
Rauschens (`NCORR`) und des Originals (`ICORR`) das Wiener-Filter eingesetzt. (Auto-
korrelationsfunktion und Leistungsdichtespektrum bilden ein Fourier-Paar [Werner
2019]).

Ein Anwendungsbeispiel zeigt Programm 10.3 mit linearer Bewegungsverzerrung
und Störung durch Rauschen. Bei der Simulation wird die Bewegungsverzerrung mit
der Option `circular` durchgeführt, entsprechend der zyklischen Faltung. Bei vollständiger Information, d. h. es werden zur PSF die empirischen Korrelationsfunktionen
des Rauschens und des unverzerrten Bildsignals bereitgestellt, lassen sich trotz der
Verzerrungen und des Bildrauschens mit dem Wiener-Filter gute Ergebnisse erzielen
(Abb. 10.19).

Programm 10.3 Wiener-Filter zur Bildentzerrung mit deconvwnr

```
% Wiener filter for image restauration using deconvolution
% (deconvwnr)
% bv_entz_9 * mw * 2018-12-17
%% Test image - blurred and noisy
```

Blurred image
with noise

Parametric
Wiener filter

Abb. 10.18 Verzerrtes und mit Rauschen gestörtes Bild ($\sigma - 0{,}001$) (oben) und nach Entzerrung mit dem parametrischen Wiener-Filter ($\alpha = 0{,}2$, $K = 0{,}002$) (unten) (hsfd.jpg, bv_entz_8)

```
I = imread('hsfd.jpg'); I = imresize(I,.2); I = rgb2 Gy(I);
FIG1 = figure('Name','bv_entz_9: Test image');
 subplot(2,2,1), imshow(I,[]), title('Original')
Id = double(I); % signal processing in double precision format
% blurred image, fb
PSF = fspecial('motion',20,60);
fb = imfilter(Id,PSF,'circular');
 subplot(2,2,3), imshow(fb,[]), title('Blurred')
```

Wiener filtering

Abb. 10.19 Bildrestauration durch Entfaltung mit dem Wiener-Filter bei vollständiger Information deconvwnr(I,PSF,NCORR,ICORR) (hsfd.jpg, bv_entz_9.m)

```
% blurred and noisy image, fbn
noise = sqrt(1)*randn(size(Id));
fbn = fb + noise;
 subplot(2,2,4), imshow(fbn,[]), title('Blurred and noisy')
%% Inverse filter
frest1 = deconvwnr(fbn,PSF,0); % inverse filtering
FIG2 = figure('Name','bv_entz_9: deconvwnr(fwin,PSF,0)');
 imshow(frest1,[]), title('Inverse filtering')
%% Heuristic Wiener filter
Sn = abs(fft2(noise)).^2; % power density spectrum
nA = sum(Sn(:))/numel(noise); % average noise power
Sf = abs(fft2(Id)).^2; % squared magnitude spectrum
fA = sum(Sf(:))/numel(Id); % average signal power
R = nA/fA; % "Signal-to-Noise Ratio
frest2 = deconvwnr(fbn,PSF,R); % heuristic Wiener filtering
FIG3 = figure('Name','bv_entz_9: deconvwnr(fwin,PSF,R)');
 imshow(frest2,[]), title('Heuristic Wiener filtering')
%% Wiener filter
NACORR = fftshift(real(ifft2(Sn))); % Correlation function (noise)
FACORR = fftshift(real(ifft2(Sf))); % Correlation function (signal)
frest3 = deconvwnr(fbn,PSF,NACORR,FACORR); % Wiener filtering
FIG4 = figure('Name','bv_entz_9: deconvwnr(fwin,PSF,NACORR,FACORR)');
 imshow(frest3,[]), title('Wiener filtering')
```

Die MATLAB `Image Processing Toolbox` enthält weitere Befehle, um die Störung durch eine linearen Verzerrung wie in Abb. 10.14 anzugehen (Solomon und Breckon 2011). Zunächst kann die Idee des Wiener-Filters erweitert werden, indem Nebenbedingungen („constrain") in die Optimierung eingebracht werden. Der Befehl `deconvreg` („deconvolution using regularized filtering") erlaubt die Vorgabe einer linearen Operation als Bedingung („regularization operation").

In praktischen Anwendungen können die benötigten Informationen meist nur als Schätzungen, z. B. in der Medizintechnik bei standardisierten Aufnahmen, oder gar nicht zur Verfügung gestellt werden. Für solche Einsatzzwecke kommen in der Bildverarbeitung spezielle Algorithmen zur Anwendung wie die *blinde Entfaltung* („blind deconvolution")(`deconvblind`) oder der Lucy-Richardson-Algorithmus (`deconvlucy`).

Ein Beispiel zur Blinden Entfaltung mit dem Befehl `deconvblind` stellt Programm 10.4 vor. Darin wird zunächst das Bild `hsfd` geladen und durch Faltung mit einer kreisförmigen Maske (PSF) verzerrt. Das so erstellte Testbild wird an den Bildrändern abgeschwächt, um bei der weiteren Verarbeitung störende Randeffekte zu reduzieren.

Nun wird mit dem Befehl `deconvblind` eine blinde Entfaltung vorgenommen. Als Lösungsansatz für die PSF wird die Impulsantwort eines Gauß-Tiefpasses verwendet. Die fehlende Information der PSF wird also durch eine Anfangshypothese ersetzt. Durch ein iteratives Verfahren wird eine „passende" PSF geschätzt. Das Ergebnis der Entfaltung stellt Abb. 10.20 zusammen mit dem Testbild vor. Im Ergebnisbild ist eine deutliche Schärfung zu erkennen, wenn auch das Original nicht annähernd wiederhergestellt werden konnte. Simulationen mit weiteren Beispielen zeigen, dass die Ergebnisse der Entfaltung stark von den Bildvorlagen und Simulationseinstellung abhängen, so dass für einen erfolgreichen praktischen Einsatz die Erfahrung der Anwender eine wichtige Rolle spielt.

Zum Schluss sei noch darauf hingewiesen, dass zur Entzerrung weitere Informationen über das Bild herangezogen werden können. Beispiels kann nach punktförmigen Objekten oder Kanten gesucht werden, anhand derer sich die PSF schätzen lässt.

Programm 10.4 Blinde Entfaltung mit `deconvblind`

```
% Blind deconvolution using deconvblind
% bv_entz_10 * mw * 2018-12-17
%% Test image
I = imread('hsfd.jpg'); I = imresize(I,.2); I = rgb2 Gy(I);
% blur image
PSF = fspecial('disk',5);
Ib = imfilter(I,PSF);
FIG1 = figure('Name','bv_entz_10: Test image');
 imshow(Ib,[]), title('Blurred image')
%% Blind deconvolution
```

Blurred
image

Blind
decon-
volution

Abb. 10.20 Verzerrtes Bild (oben) und entzerrtes Bild mit deconvblind und Gauss-Model als Startwert (unten) (hsfd.jpg, bv_entz_10.m)

```
fwin = edgetaper(Ib,ones(25));
h = fspecial('gaussian',[10 10],3); % gauss model
[frest,PSFh] = deconvblind(fwin,h);
FIG2 = figure('Name','bv_entz_10: deconv blind - gaussian');
 imshow(frest,[])
[frest,PSF_] = deconvblind(fwin,PSF); % PSF known
FIG3 = figure('Name','bv_entz_10: deconv blind - PSF');
 imshow(frest,[])
% Wiener filter, PSF known (for reference)
```

```
frest = deconvwnr(fwin,PSF,0.01);
FIG4 = figure('Name','bv_entz_10: deconv wiener filter');
imshow(frest,[])
```

10.6 Aufgaben

Aufgabe 10.1
Zeigen Sie, dass beim Butterworth-Tiefpass der Parameter D_0 im Dämpfungsgang den Abstand der 6dB-Linie vom Ursprung angibt.

Aufgabe 10.2
Erklären Sie, warum es wichtig ist, beim Kerbfilter die hermitesche Symmetrie einzuhalten?

Quiz 10.3

Ergänzen sie die Textlücken sinngemäß.

1. Die Bildverzerrungen durch die PSF werden im Frequenzbereich auf den ___ zurückgeführt.
2. Unter linearen Verzerrungen fasst man alle Arten von Bildverzerrungen zusammen, die durch ___ verursacht werden.
3. Zur Kompensation von Bildverzerrungen werden LSI-Systeme zur ___ eingesetzt.
4. Der Einsatz eines ___ Filters kann das Bildrauschen übermäßig verstärken.
5. Die Störung durch Bildrauschen beim Entfalten berücksichtigt das ___.
6. Um das Phänomen ___ zu reduzieren, wird vor der Entfaltung eine Glättung der Bildränder durch den Befehl ____ vorgeschlagen.
7. Bei der ___ Entfaltung wird keine PSF vorgegeben, sondern iterativ geschätzt.
8. Norbert Wiener (1894–1964) wird mit dem Titel „Vater der ___" geehrt.

10.7 Zusammenfassung

In der Bildverarbeitung spielt die Filterung der Bilder eine herausragende Rolle. Sie kann gezielt konstruktiv eingesetzt werden, aber auch eher passiv geschehen, wie bei der Bildaufnahme. Zur Beschreibung der linearen Filterung und dabei auftretender Phänomene liefert die Fourier-Transformation einen wichtigen Beitrag. Der Faltungssatz der Fourier-Transformation zeigt die Wirkung der linearen verschiebungsinvarianten Systeme (LSI-Systeme) im Frequenzbereich auf, und motiviert das Konzept der selektiven Filter: Tiefpässe (TP), Hochpässe (HP), Bandpässe (BP) und Bandsperren

(BS) sind prototypische Beispiele selektiver Filtern, die ausgewählte spektrale Anteile im Bildsignals erhalten bzw. unterdrücken.

Bei der digitalen Bildverarbeitung liegt der besondere Fall vor, dass die Bilder ortsdiskret und von endlichem Support sind. Hier bietet sich die zweidimensionale diskrete Fourier-Transformation (2-D-DFT) als Brücke zwischen Theorie und Anwendung an. Mittels der 2-D-DFT können sowohl die Filterung effizient durchgeführt als auch selektive Filter bereitgestellt werden. Dabei sind allerdings die Eigenheiten der Bildverarbeitung und der DFT zu beachten. Die Gewichtung der DFT-Koeffizienten des Bildes entspricht der Filterung und die Gewichte selbst entsprechen dem Frequenzgang des Filters. Durch die Wahl der Gewichte können Wunschfrequenzgänge weitgehend beliebig realisiert werden. Man spricht bei dieser Art des Filterentwurfs vom Frequenzabtastverfahren. Typische Beispiele sind der Gauß-TP und das Butterworth-Filter in seinen Variationen als TP, HP, BP, BS und Kerbfilter.

Von hervorragender Bedeutung ist die 2-D-DFT bei der Implementierung von linearen Entzerrern, also LSI-Systemen, die eine lineare Filterung des Bildes ungeschehen machen sollen. Ein typisches Beispiel ist der optische Frequenzgang bei der Bildaufnahme, der als PSF im Ortsbereich die Aufnahme verzerrt. Als Lösung ist das Wiener-Filter bekannt. Es ist im Sinne des minimalen mittleren quadratischen Fehlers optimal. Das Wiener-Filter basiert auf der Kenntnis der PSF und der Leistungsdichtespektren von Originalbild und stationärer Rauschstörung. Für die Praxis sind suboptimale Varianten verbreitet, das heuristische und das parametrisierbare Wiener-Filter. Ist die PSF nicht bekannt, so kann sie bei der blinden Entfaltung iterativ geschätzt werden. MATLAB stellt für die Aufgabe der Entfaltung je nach Situation vier unterschiedliche Methoden bereit: `deconvwnr`, `deconvreg`, `deconvblind`, `deconvlucy`.

10.8   Lösungen zu den Aufgaben

Zu **Quiz 10.1**

1. Gauß-Impuls
2. Produkt
3. Höhenlinien/Niveaulinien
4. Ringing-Phänomen
5. Weichzeichnen, Unterdrücken/Dämpfen
6. Filterordnung *(N)*
7. Butterworth-Tiefpass
8. $\sqrt{\Omega_1^2 + \Omega_2^2}$
9. Kanten
10. zentrierten

Zu **Quiz 10.2**

1. $H_{BW\text{-}BP}$
2. Kanteninformation
3. $(k_1 \cdot 2\pi/N_1, k_2 \cdot 2\pi/N_2)$
4. Ringing
5. Sprünge
6. dem Kerbfilter („notch filter")
7. schachbrettartiges

Zu **Quiz 10.3**

1. optischen Frequenzgang
2. LSI-Systeme
3. Entfaltung („deconvolution")
4. inversen
5. Wiener-Filter
6. Ringing, `edgetaper`
7. blinden
8. „Vater der Kybernetik"

Zu **Aufgabe 10.1**

Aus dem Frequenzgang bzw. Dämpfungsgang folgt mit $D\left(\Omega_{1,0}, \Omega_{2,0}\right) = D_0$ eingesetzt

$$a_{\mathrm{dB}}\left(\Omega_{1,0}, \Omega_{2,0}\right) = -20 \cdot \log_{10}\left(\frac{1}{2}\right) \mathrm{dB} \approx 6,02 \, \mathrm{dB}$$

Zu **Aufgabe 10.2**

Die hermitesche Symmetrie des Frequenzgangs stellt sicher, dass das System reellwertig, d. h. die Impulsantwort reell ist. Also, dass die Faltung von reellem Bildsignal und Impulsantwort wieder ein reelles Bildsignal (mit hermitescher Symmetrie im Spektrum) liefert.

10.9   Programmbeispiele

Programm 10.5 Frequenzabtastverfahren und Filterung

```
% Frequency sampling design with respect to ideal lowpass filter
% bv_entz_2 * mw * 2018-12-17
%% Test image
I = imread('hsfd1.png');
[N1,N2] = size(I);
```

```
%% 2-dim. ideal lowpass filter (rotational symmetric)
D0n = 0.2; % cut-off radian frequency normalized by pi
H = f2_lowpass(N1,N2,D0n); % lowpass filter design (non-centric)
%% Filtering in the frequency domain
J = ifft2(fft2(I).*H);
Ju8 = uint8(real(J));
FIG2 = figure('Name','bv_entz_2: Filtering in the frequency domain',…
 'NumberTitle','off');
 subplot(1,2,1), imshow(I), title('Original')
 subplot(1,2,2), imshow(Ju8), title('Lowpass filtered')
```

Programm 10.6 Tiefpassfilterentwurf mit dem Frequenzabtastverfahren

```
function H = f2_lowpass(N1,N2,D0)
% Frequency sampling design of 2-D elliptic ideal lowpass filter
% H = f2_lowpass(N1,N2,D0n)
% N1,N2 : image size N1xN2
% D0 : normalized cutoff frequency [0 1]
% H : (2-D-DFT) frequency response (non-centric)
% f2_lowpass * mw * 2018-12-17
H = zeros(N1,N2);
D02 = D0^2;
for k1 = 0:N1-1
 for k2 = 0:N2-1
  u = 2*k1/N1 - 1; v = 2*k2/N2 - 1;
  r2 = u^2 + v^2;
  if r2 < D02
   H(1 + k1,1 + k2) = 1;
  end
 end
end
H = fftshift(H); % non-centric for further processing
Return
```

Programm 10.7 Entwurf des Gauß-Tiefpasses mit dem Frequenzabtastverfahren

```
function H = f2_gauss_lp(N1,N2,sigma)
% Frequency sampling design of 2-D Gauss lowpass filter
% H = f2_gauss_lp(N1,N2,sigma)
% N1,N2 : image size N1xN2
% sigma : normalized standard deviation [0 1]
% H : (2-D-DFT) frequency response (non-centric)
```

```
% f2_gauss * mw * 2018-12-17
H = zeros(N1,N2);
a = -1/(2*sigma^2);
for k1 = 0:N1-1
 for k2 = 0:N2-1
  u = 2*k1/N1 - 1; v = 2*k2/N2 - 1;
  r2 = u^2 + v^2;
  H(1 + k1,1 + k2) = exp(a*r2);
 end
end
H = fftshift(H); % non-centric for further processing
Return
```

Programm 10.8 Entwurf des Butterworth-Tiefpasses mit dem Frequenzabtastverfahren

```
function H = f2_butterworth_lp(N1,N2,D0,N)
% Frequency sampling design of 2-D Butterworth lowpass filter
% H = f2_butterworth_lp(N1,N2,D0,N)
% N1,N2 : image size N1xN2
% D0 : normalized cutoff frequency [0 1]
% N : filter order
% H : (DFT) frequency response (non-centric)
% f2_butterworth_lp * mw * 2018-12-17
H = zeros(N1,N2);
D02 = D0^2;
for k1 = 0:N1-1
 for k2 = 0:N2-1
  u = 2*k1/N1 - 1; v = 2*k2/N2 - 1;
  r2 = u^2 + v^2;
  H(1 + k1,1 + k2) = 1/(1+(r2/D02)^N);
 end
end
H = fftshift(H); % non-centric
Return
```

Programm 10.9 Entwurf eines Butterworth-Hochpasses mit dem Frequenzabtastverfahren

```
function H = f2_butterworth_hp(N1,N2,D0,N)
% Frequency sampling design of 2-D Butterworth lowpass filter
% H = f2_butterworth_hp(N1,N2,D0,N)
% N1,N2 : image size N1xN2
```

```
% D0 : normalized cutoff frequency [0 1]
% N : filter order
% H : (DFT) frequency response (non-centric)
% f2_butterworth_hp * mw * 2018-12-17
H = zeros(N1,N2);
D02 = D0^2;
for k1 = 0:N1-1
 for k2 = 0:N2-1
  u = 2*k1/N1 - 1; v = 2*k2/N2 - 1;
  r2 = u^2 + v^2;
  H(1 + k1,1 + k2) = 1/(1+(D02/r2)^N);
 end
end
H = fftshift(H); % non-centric
Return
```

Programm 10.10 Anwendung des Butterworth-Hochpasses

```
% Frequency sampling design of Butterworth highpass filter
% ibv_entz_4 * mw * 2018-12-17
%% Test image
I = imread('hsfd1.png');
[N1,N2] = size(I);
%% 2-dim. Butterworth lowpass filter (rotational symmetric)
D0 =.2; % (3dB) cut-off radian frequency normalized by pi
N = 3; % filter order
%H = f2_butterworth_lp(N1,N2,D0,N); % frequency sampling - lowpass
H = f2_butterworth_hp(N1,N2,D0,N); % frequency sampling - highpass
w1 = 2*(0:N1-1)/N1-1; % frequency support (2-D-DFT grid)
w2 = 2*(0:N2-1)/N2-1;
Hc = fftshift(H); % center for graphics
FIG = figure('Name','bv_entz_4            :            Butterworth
filter','NumberTitle','off');
 Hn = abs(Hc)/max(max(abs(Hc)));
surf(w2(1:5:end),w1(1:5:end),max(20*log10(Hn(1:5:end,1:5:end)),-100))
 axis ij, colormap hot
 axis([-1 1 -1 1 -100 0]);
 xlabel('\Omega_2/\pi \rightarrow')
 ylabel('\Omega_1/\pi \rightarrow')
 zlabel('Magnitude in dB')
FIG = figure('Name','bv_entz_4            :            Butterworth
filter','NumberTitle','off');
 [C h] = contour(w2,w1,-20*log10(Hn),...
 [.1 1 2 3 5 10 20 30 40 50 60 80 100]); grid
```

```
 axis ij, axis equal, axis([-1 1 -1 1]);
 set(h,'ShowText','on','TextStep',get(h,'LevelStep')*2)
 xlabel('\Omega_2/\pi \rightarrow'),ylabel('\leftarrow \Omega_1/\pi')
 title(['Contour plot of attenuation in dB; size = ,,num2str(N1),…
  'x',num2str(N2),', D_0 = ,,num2str(D0),'\pi'])
%% Filtering
J = ifft2(fft2(I).*H);
Ju8 = uint8(real(J));
FIG = figure('Name','bv_entz_4 : BWHP','NumberTitle','off');
 imshow(imcomplement(Ju8),[])  % show inverted image for highpass
filtering
```

Programm 10.11 Anwendung des Butterworth-Bandpasses

```
% Frequency sampling design of Butterworth bandpass filter
% bv_entz_5 * mw * 2018-12-17
%% Test image
I = imread('hsfd1.png');
[N1,N2] = size(I);
%% 2-dim. Butterworth bandpass filter (rotational symmetric)
D0nLP =.1;
HTP = f2_butterworth_lp(N1,N2,D0nLP,5);  % frequency sampling lowpass
filter
D0nHP =.3;
HHP = f2_butterworth_hp(N1,N2,D0nHP,5);  % frequency sampling highpass
filter
H = HTP + HHP; % bandstop filter D0LT < D0HP
%H = 1 - H; % bandpass filter D0LT < D0HP
Hc = fftshift(H); % centered for graphics
Hn = abs(Hc)/max(max(abs(Hc)));
HdB = 20*log10(Hn);
w1 = 2*(0:N1-1)/N1-1; % frequency support (2-DFT grid)
w2 = 2*(0:N2-1)/N2-1;
FIG = figure('Name','impro10_5: Butterworth bandpass filter',…
 'NumberTitle','off');
 surf(w2(1:5:end),w1(1:5:end),max(HdB((1:5:end),(1:5:end)),-100))
 axis ij, colormap(jet)
 axis([-1 1 -1 1 -60 0]);
 xlabel('\Omega_2/\pi \rightarrow')
 ylabel('\Omega_1/\pi \rightarrow')
 zlabel('Magnitude in dB')
FIG = figure('Name','impro10_5: Butterworth bandpass filter',…
 'NumberTitle','off');
 [C h] = contour(w2,w1,-HdB,…
```

```
[.1 1 2 3 5 10 20 30 40 50 60 80 100]); grid
axis ij, axis equal, axis([-1 1 -1 1]);
set(h,'ShowText','on','TextStep',get(h,'LevelStep')*2)
xlabel('\Omega_2/\pi \rightarrow'),ylabel('\leftarrow \Omega_1/\pi')
title(['Contour plot of attenuation in dB; size = ,,num2str(N1),…
  'x',num2str(N2),', LP: D_0 = ,,num2str(D0nLP),'\pi',…
  ', HP: D_0 = ,,num2str(D0nHP),'\pi'])
%% Bandpass filtering
J = ifft2(fft2(I).*H);
Ju8 = uint8(real(J));
FIG = figure('Name','impro10_5: BW-BS or -BP','NumberTitle','off');
 imshow(Ju8,[])
```

Programm 10.12 Anwendung des Butterworth-Kerbfilters

```
% Application of the Butterworth notch reject filter
% bv_entz_6 * mw * 2018-12-17
%% Test image
I = imread('hsfd1.png');
[N1,N2] = size(I);
%% Distortion
Chb = checkerboard(4,N1/4,N2/4); Chb = Chb(1:N1,1:N2);  % black  and
white
J = uint8(.5*double(I)+128*Chb); % interference
FIG1 = figure('Name','bv_entz_6');
 subplot(1,2,1), imshow(I), title('Original')
 subplot(1,2,2), imshow(J), title('With interference')
FIG2 = figure('Name','bv_entz_6');
 w = w2_gauss(N1,N2,1); % window
 Mlog = log(1 + abs(fft2(double(Chb).*double(w))));
 Mlog = Mlog/max(max(Mlog));
 fig21 = subplot(1,1,1); imshow(fftshift(Mlog))
 colormap(fig21,jet), colorbar
 title('Magnitude spektrum (log)')
FIG3 = figure('Name','bv_entz_6');
 Mlog = log(1 + abs(fft2(double(I).*w)));              MlogI = Mlog/
max(max(Mlog));
 fig31 = subplot(1,2,1); imshow(fftshift(MlogI))
 colormap(fig31,jet), colorbar
 title('Magnitude spectrum (log) - original')
 Mlog = log(1 + abs(fft2(double(J).*double(w))));
 MlogJ = Mlog/max(max(Mlog));
 fig32 = subplot(1,2,2); imshow(fftshift(MlogJ))
 colormap(fig32,jet), colorbar
```

```
title('Magnitude spectrum (log) - interfered')
%% 2-dim. Butterworth notch reject filter
D0 =.1; % cut-off radian frequency normalized by pi
N = 5; % filter order
Notch = (1/4)*[1,1; 3,1; 1,3; 3,3; -1,1; -3,1; -1,3; -3,3];
H = f2_butterworth_nr(N1,N2,D0,N,Notch); % notch reject filter
Hc = fftshift(H); % centered for graphics
Hn = abs(Hc)/max(max(abs(Hc)));
HdB = 20*log10(Hn);
w1 = 2*(0:N1-1)/N1-1; % frequency support (2-D-DFT grid)
w2 = 2*(0:N2-1)/N2-1;
FIG4 = figure('Name','bv_entz_6: BW notch filter');
 surf(w2(1:5:end),w1(1:5:end),max(HdB(1:5:end,1:5:end),-100))
 axis ij, colormap jet
 axis([-1 1 -1 1 -100 0]);
 xlabel('\Omega_2/\pi \rightarrow')
 ylabel('\Omega_1/\pi \rightarrow')
 zlabel('Magnitude in dB')
FIG5 = figure('Name','bv_entz_6: BW notch filter');
 [C,h] = contour(w2,w1,-HdB,...
 [.01.1 1 10 100]); grid
 axis ij, axis equal, axis([-1 1 -1 1]);
 set(h,'ShowText','on','TextStep',get(h,'LevelStep')*2)
 xlabel('\Omega_2/\pi \rightarrow'),ylabel('\leftarrow \Omega_1/\pi')
 title(['Contour plot of attenuation in dB; size = ,,num2str(N1),...
  'x',num2str(N2),', D_0 = ,,num2str(D0),'\pi, N = ,,num2str(N)])
%% Apply notch reject filter
I2 = real(ifft2(fft2(double(J)).*H));
I2 = uint8(255*mat2 Gy(I2));
FIG6 = figure('Name','bv_entz_6: Filtered image');
 subplot(1,2,1), imshow(J), title('With interference')
 subplot(1,2,2), imshow(I2), title('After interference suppression')
FIG7 = figure('Name','bv_entz_6: Filtered image - Magnitude spectrum');
 Mlog = log(1 + abs(fft2(double(I2).*w)));          Mlog = Mlog/
max(max(Mlog));
 fig71 = subplot(1,1,1); imshow(fftshift(Mlog))
 colormap(fig71,jet), colorbar
 title('Magnitude spectrum (log)')
```

Programm 10.13 Inverse Filterung zur Bildentzerrung

```
% Inverse filtering for deconvolution
% bv_entz_7 * mw * 2018-12-17
I = imread('hsfd.jpg'); I = imresize(I,.5); I = rgb2 Gy(I);
```

```
FIG1 = figure('Name','bv_entz_7');
 imshow(I), title('Original')
% blurring - linear motion of camera
L = 20; theta = 60;
m = fspecial('motion',L,theta); % filter mask of PSF
Ib = imfilter(I,m); % blur
FIG2 = figure('Name','bv_entz_7');
 imshow(Ib), title('Blurred image')
%% Inverse Filter for deblurring
hb = rot90(rot90(m)); % impulse response (PSF)
H = fft2(hb,size(Ib,1),size(Ib,2)); % frequency response (PSF)
Habs = abs(H); Hmin = 0.02*max(Habs(:)); % threshold
Hinv = zeros(size(H));
Hinv(Habs>=Hmin) = 1./H(Habs>=Hmin); % inverse filter
Id = fft2(Ib).*Hinv; % deblurring
Id = uint8(real(ifft2(Id)));
FIG3 = figure('Name','bv_entz_7');
 imshow(Id), title('Restored image')
%% Edgetaper
Iw = edgetaper(Ib,fspecial('gaussian',L,20));
Idw = fft2(Iw).*Hinv; % deblurring
Idw = uint8(real(ifft2(Idw)));
FIG3 = figure('Name','impro10_7');
 imshow(Idw), title('Restored image (edgetaper)')
```

Programm 10.14 Anwendung des parametrischen Wiener-Filters zur Bildentzerrung

```
% Parametric Wiener filter for deconvolution
% bv_entz_8 * mw * 2018-12-17
I = imread('hsfd.jpg'); I = imresize(I,.2); I = rgb2 Gy(I);
[N1,N2] = size(I);
FIG1 = figure('Name','bv_entz_8: Original'); imshow(I,[])
%% Blurring
L = 20; theta = 60;
m = fspecial('motion',L,theta);
Ib = imfilter(I,m); % blurring
FIG2 = figure('Name','bv_entz_8: Blurred image'); imshow(Ib,[])
sigma =.001;
Ib = imnoise(Ib,'gaussian',0,sigma); % additive white gaussian noise
FIG3 = figure('Name',['bv_entz_8: Blurred image + noise (',…
 num2str(sigma),')']);
imshow(Ib,[])
%% Deconvolution
hb = rot90(rot90(m)); % impulse response (PSF)
```

```
H = fft2(hb,size(Ib,1),size(Ib,2)); % frequency response (PSF)
Habs = abs(H);
Hmin =.02*max(Habs(:)); % threshold
Hinv = zeros(size(H));
Hinv(Habs > Hmin) = 1./H(Habs > Hmin);    %    inverse    Filter    for
deblurring
Iwin = edgetaper(Ib,fspecial('gaussian',L,20));
FIG4 = figure('Name','bv_entz_8:    image    with    tapered    edges');
imshow(Iwin,[])
Id = fft2(Iwin).*Hinv; % deblurring
Id = uint8(real(ifft2(Id)));
FIG5 = figure('Name','bv_entz_8: Inverse filter'); imshow(Id,[])
%% Parametric Wiener filter
alpha = 0; % parameter
H = fft2(hb,size(Ib,1),size(Ib,2)); % frequency response
Habs = abs(H);
Hw = zeros(size(H));
K =.002*max(Habs(:));
Hw = exp(-1i*angle(H)).*Habs./(Habs.^2 + K); % Wiener filter
Hwa = (Hinv.^alpha).*(Hw.^(1-alpha)); % parametric Wiener filter
Iwin = edgetaper(Ib,fspecial('gaussian',L,20));
Iw = fft2(Iwin).*Hwa; % deblurring
Iw = uint8(real(ifft2(Iw)));
FIG6 = figure('Name','bv_entz_8:    Parametric    Wiener    filter');
imshow(Iw,[])
```

Literatur

Burger, W., & Burge, M. J. (2016). *Digital image processing. An algorithmic introduction using java* (2. Aufl.). London: Springer.

Gonzalez, R. C., & Woods, R. E. (2018). *Digital image processing* (4. Aufl.). Harlow: Pearson Education.

Solomon, C., & Breckon, T. (2011). *Fundamentals of digital image processing. A practical approach with examples in MATLAB.* Oxford: Wiley-Blackwell.

Werner, M. (2008). *Signale und Systeme. Lehr- und Arbeitsbuch mit MATLAB®-Übungen und Lösungen* (3. Aufl.). Wiesbaden: Vieweg+Teubner.

Werner, M. (2019). *Digitale Signalverarbeitung mit MATLAB®. Grundkurs mit 16 ausführlichen Versuchen* (6. Aufl.). Wiesbaden: Springer Vieweg.

Wiener, N. (1949). *Extrapolation, interpolation, and smoothing of stationary time series.* New York: Wiley.

Künstliche Neuronen und Lernen

Artificial Neurons and Learning

11

Inhaltsverzeichnis

Zusammenfassung

Künstliche neuronale Netze ahmen die vernetzte Struktur der Nervenzellen im Gehirn und deren Arbeitsweise nach. Das Perzeptron steht für eine relativ einfache künstliche neuronale Struktur, die bereits erstaunliche Leistungen bei der Klassifizierung von Objekten aufgrund weniger Merkmale erbringen kann. Damit das gelingt, werden künstliche Neuronen anhand von bekannten Daten trainiert, z. B. mit einem beschleunigten LMSE-Algorithmus. Der Lernfortschritt wird mit der Lernkurve überwacht und die Entscheidungsfindung im Merkmalsraum sichtbar.

Die Originalversion dieses Kapitels wurde revidiert: Das elektronische Zusatzmaterial wurde beigefügt. Ein Erratum ist verfügbar unter https://doi.org/10.1007/978-3-658-22185-0_15

Elektronisches Zusatzmaterial Die elektronische Version dieses Kapitels enthält Zusatzmaterial, das berechtigten Benutzern zur Verfügung steht
https://doi.org/10.1007/978-3-658-22185-0_11

Aktivierungsfunktion („activation function") · Alles-oder-Nichts-Prinzip („all-or-none law") · Artifizielle Intelligenz („artificial intelligence") · Delta-bar-Delta-Methode · Entscheidungsgebiet („decision area") · Erkennungsquote/genauigkeit („recognition rate/accuracy") · Gradientenabstiegsverfahren („gradient descent algorithm") · Hebb-Regel · Klassifizierung („classification") · Kostenfunktion („cost function") · Lernrate („learning rate") · Lernkurve („learning kurve") · Maschinelles Lernen („machine learning") · MATLAB · Merkmalsraum („feature/property space") · Mittlerer quadratischer Fehler (MSE, „mean square error") · Mustererkennung („pattern recognition") · Neuron („neuron") · Neuronales Netz („neural network") · Perzeptron („perceptron") · Schwellenwertentscheidung („thresholding") · Sigmoidfunktion („sigmoid function") · Trainingsalgorithmus („training algorithm") · Überwachtes Lernen („supervised learning")

11.1   Lernziele

Dieser Versuch soll Sie mit grundlegenden Konzepten künstlicher neuronaler Netze bekannt machen. Nach Bearbeiten des Versuchs können Sie:

- den Aufbau des künstlichen Neurons skizzieren und dessen Funktion erläutern;
- den Perzeptron-Trainingsalgorithmus und den LMSE-Trainingsalgorithmus vorstellen;
- die Delta-bar-Delta-Methode erklären und zur beschleunigten Konvergenz einsetzen;
- ein MATLAB-Programm für einfache Klassifizierung erstellen und
- einfache Aufgaben der Klassifizierung selbst durchführen und die Ergebnisse kritisch bewerten.

Dieser Versuch ist der erste von vier aufeinander aufbauenden Versuchen zum Thema Neuronale Netze in der Bildverarbeitung. Nach Bearbeiten dieses Versuches können Sie den nächsten Schritt tun.

11.2   Einführung

In der modernen Biologie gehört zu den charakteristischen Merkmalen eines Organismus (Lebewesen) die Reizbarkeit, die Reaktion auf einen Stimulus. Übersetzen wir Stimulus mit Signal und bedenken, dass eine Reaktion eine Verarbeitung voraussetzt, so können wir von einer biologischen Signalverarbeitung sprechen. Es ist deshalb naheliegend, technische Systeme zur Signalverarbeitung mit den Leistungen von Lebewesen zu vergleichen und umgekehrt. Forscher und Entwickler versuchen nicht nur von der Natur zu lernen, sondern auch die Natur zu begreifen, indem biologische Informationsverarbeitungsprozessen von technischen Systemen nachgebildet werden. Man spricht speziell von *Artifizieller Intelligenz* (AI), auch *künstlicher Intelligenz* (KI), wenn technische Systeme Leistungen erbringen, die typisch für Menschen oder andere Lebewesen sind. Einer Maus, die eine Katze erkennt und sich rechtzeitig in Sicherheit bringt, wird man intelligentes Verhalten zusprechen. Ein Computerprogramm, dass aus einer Sammlung von Fotos diejenigen heraussucht, die eine Katze zeigen, erbringt zwar auch eine Erkennungsleistung, ist aber zu einer echten Intelligenzleistung im Sinne einer neuartigen Verhaltensadaption nicht fähig. Auch wenn bei der Beschreibung der technischen Systeme Analogien aus der Biologie verwendet werden, erbringen AI-Systeme nur stark eingeschränkte Leistungen. Man spricht darum treffender von *schwacher AI*.

Eine Stärke der AI in der Praxis scheint zu sein, dass AI-Systeme datengetrieben entwickelt werden können. Damit geht der Gedanke einher, dass die Entwicklung von Produkten auf Grundlage des maschinellen Lernens „ohne Vorkenntnisse und für jedermann" möglich wird[1]. Allerdings wird der Zugriff auf die Daten vorausgesetzt, was Firmen und Organisationen mit Zugang zu umfangreichen Datenbeständen quasi zu Monopolisten macht. Heute werden AI-Dienstleistungen im Internet angeboten und mit Daten bezahlt, was die Tendenz zur Monopolisierung weiter verstärken könnte, weil diese Daten wiederum Wettbewerbsvorteile generieren.

Weiter kritisch anzumerken ist, dass bei der datengetriebenen Entwicklung häufig Blackbox-Lösungen resultieren, deren Funktionen nicht mehr nachvollzogen werden können. Sind Menschen von Entscheidungen solcher AI-Systeme betroffen, z. B. bei der Bewerberselektion in der Personalauswahl, in der medizinischen Diagnostik oder bei der Steuerung von Fahrzeugen, ist die gebotene Verständlichkeit und Nachvollziehbarkeit der Entscheidungen u. U. nicht mehr gewährleistet. In der Bilderkennung in Fahrzeugen sind unvorhersehbare Fehlfunktionen möglich, die zu tödlichen Unfällen führen können (Grävemeyer 2020).

Der Einsatz von AI-Systemen ist folglich nicht nur bezüglich technischer und wirtschaftlicher Aspekte, sondern auch in sozialer Verantwortung zu begründen. Dies setzt einen öffentlichen Diskurs voraus, der nur auf der Grundlage breiten Wissen über die technischen Möglichkeiten, über Kosten, Nutzen und Risiken von AI-Systemen sinnvoll geführt werden kann.

Dieses und die folgenden drei Kapitel wollen zum Verständnis von AI-Systemen beitragen und wichtige Grundlagen künstlicher neuronaler Netze vorstellen. Dabei wird Bezug auf Anwendungen in der Bildverarbeitung genommen. Die klassische Bildverarbeitung wird hier vorbereitend tätig. Bildaufnahme, Bildverbesserung und

---

[1]Damit verbunden mag die Hoffnung sein, dass AI zukünftig in der Lage ist, die Softwarekrise zu beenden: IT-Systeme programmieren sich selbst und auch noch fehlerfrei.

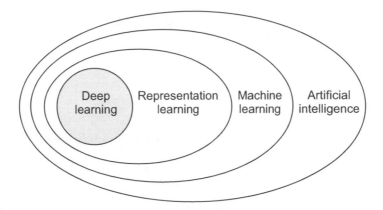

Abb. 11.1 Deep Learning als spezielle Form von AI (nach Goodfellow et al. 2016, Fig. 1.4)

Merkmalsextraktion (Gonzalez und Woods 2018) sind vorangehende Schritte. Dabei beruht die Merkmalsextraktion auf Anwendungswissen, womit dem AI-System aufgabenspezifisch sinnvolle Daten zugeführt werden[2]. Danach gilt es auf der Basis der Ausprägungen in den meist abstrakten Merkmalen eine Entscheidung zu treffen: „Katz oder Maus?".

Human Brain Project

2013 startete die Europäische Union ein 10jähriges Projekt das eng mit dem Thema AI verknüpft ist, das Human Brain Project (https://www.humanbrainproject.eu/en/about/overview/). Neben naturwissenschaftlich-technischen Aspekten werden auch ethische und soziale Auswirkungen untersucht und fundamentale Fragen zu „Bewusstsein, Intelligenz und was macht uns menschlich" gestellt.

MATLAB-Werkzeuge

Für Entwickler, die tiefer in die Grundlagen und das Selbstgestalten von Anwendungen neuronaler Netze einsteigen wollen, gibt es kommerziell verfügbare Werkzeuge, wie beispielsweise von The MathWorks die MATLAB `Statistics and Machine Learning Toolbox`, die `Deep Learning Toolbox` und die `Reinforcement Learning Toolbox`. Im Folgenden soll aus didaktischen Gründen auf den Einsatz fertiger Lösungen verzichtet, aber an einigen Beispielen an die MATLAB-Werkzeuge herangeführt werden.

---

[2]Im Klassifizierungsalgorithmus findet keine pixelweise Verarbeitung der Bilder statt. Stattdessen werden beispielsweise geometrische Merkmale von Objekten, wie Längen, Breiten, Umfang, Signaturen, Flächen, höhere statistische Momente u. v. a. m. benutzt (Gonzalez und Woods 2018).

11.3 Künstliche Intelligenz

Eine allgemeine Übersicht über verschiedene AI-Ansätze geben Goodfellow, Bengio und Courville (2016) in Form eines Venn-Diagramms in Abb. 11.1. Sie beginnen mit dem allgemeinen Begriff AI und dem Beispiel der *wissensbasierten Systeme* („knowledge based system"). Wissensbasierte Systeme lösen Aufgaben auf der Basis von Regeln, die Aufgabe und Lösung eindeutig beschreiben. Diese Methode wurde besonders in den frühen Jahren der AI-Forschung erprobt. Bei Reale-Welt-Problemen stößt sie aber oft bereits beim Aufstellen der Regeln an ihre Grenzen.

Alternativ kann sich die Lösung auf korrelative Zusammenhänge im Feld zwischen Merkmalen („feature") und möglichen Ergebnissen stützen. Merkmale (z. B. Größe, Fell, spitze Ohren etc.) gruppieren sich in typische Muster („pattern"), die zur Klassifikation (Katze) herangezogen werden. Diesen Ansatz verfolgt das klassische *maschinelle Lernen* („machine learning"). Es kann mehr oder weniger menschliches Wissens einbeziehen, wie beispielsweise *Expertensystemene* der medizinischen Diagnostik. So können Ärzte in der Geburtsklinik Daten zu bestimmten Merkmalen in ein Expertensystem eingeben, um eine Empfehlung zu erhalten, ob ein Kaiserschnitt vorgenommen werden soll. Empirisch abgesichertes Expertenwissen kann eine Aufgabe wesentlich vereinfachen und die Lösung beschleunigen.

Anwendungen zeigen jedoch oft, dass die Ergebnisse stark von der Auswahl der Merkmale und die Art ihrer Repräsentation abhängen können. Aus diesem Grund geht man mit dem *Repräsentationslernen* („representation learning") einen Schritt weiter[3]. Das AI-System übernimmt zunächst die Aufgabe aus beispielhaften Daten die Regeln für die Lösung selbst zu finden.

Im Beispiel der Bildverarbeitung könnte die Aufgabe das Erkennen von Katzenfotos sein, also eine Aufgabe aus dem Bereich der *Mustererkennung* („pattern recognition") und *Klassifikation* („classification"). Voraussetzung ist die Anpassung der AI-Systeme durch maschinelles Lernen auf der Basis mehr oder weniger umfangreicher Trainingsdaten.

Speziell von *Deep Learning* spricht man, wenn die Input-Daten zunächst in mehreren Schichten weiterverarbeitet werden, bis schließlich eine Abstraktionsebene erreicht ist, von der aus die Lösung gefunden wird. Deep-learning-Systeme können je nach Anzahl der notwendigen Schichten sehr aufwändig sein, weshalb ihr breiter Einsatz erst seit wenigen Jahren praktisch möglich ist. Wird der Einfachheit halber auf die tiefe Verarbeitung verzichtet, wird von *Shallow Learning* gesprochen.

Im nächsten Abschnitt wird der Grundbaustein künstlicher neuronaler Netze, das künstliche Neuron, vorgestellt.

---

[3]Genau genommen geht man einen Schritt zurück, was das vorausgesetzte Wissen angeht.

Abb. 11.2 Schematischer
Aufbau eines Neurons nach
Birnbaumer und Schmidt
(2010, Abb. 2.8 und 3.4)

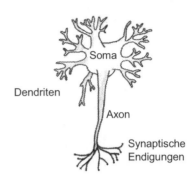

11.4   Künstliche Neuronen

Neuron

AI-Systeme orientierten sich ursprünglich am biologischen Aufbau des Gehirns[4]. Ein
menschliches Gehirn besteht aus etwa 25 Mrd. verschalteter Nervenzellen, den *Neuronen*
(Birbaumer und Schmidt 2010; Schandry 2006). Das Neuron ist von einer Membran
umgeben die mit einer Flüssigkeit, dem Zytoplasma, gefüllt ist. Innen liegt der Zellkern
(Nukleus). Das Neuron gliedert sich äußerlich in den Zellkörper (*Soma*) und die Fortsätze, dem *Axon* und meist mehrere verästelte *Dendriten* (Abb. 11.2). Das Axon kann
eine beträchtliche Länge annehmen, im Menschen über einem Meter, und spaltet sich am
Ende meist in mehrere Abzweigungen mit synaptischen Endigungen (Kollaterale).

Ein Neuron kann mit mehreren tausend anderen Neuronen direkte Verbindungen ein-
gehen. Das Axon stellt mit seinen Abzweigungen die ausgehenden Verbindungen her,
während an den Dendriten und dem Soma die eingehenden Verbindungen andocken.
Der Signalübergang geschieht meist über *Synapsen*, die chemischer Substanzen (Trans-
mitter) freisetzen. In den Neuronen selbst wird die Information vornehmlich durch kleine
Potentialänderungen entlang der Nervenfortsätze (Axone) transportiert. Abgesehen von
dem genannten prinzipiellen Aufbau in Abb. 11.2 können Neuronen je nach Aufgabe
sehr unterschiedliche Formen annehmen.

Die Neuronen arbeiten nach dem *Alles-oder-Nichts-Prinzip* („all-or-none law "). Übersteigt das Aktionspotential (Erregung) eines Neurons eine gewisse Schwelle, feuert das
Neuron einen Impuls an alle verbundenen Neuronen. Dieser Impuls kann wiederum die
Aktionspotentiale der Zielneuronen verstärken oder hemmen. Die Information ist dabei
nicht in der Form der Impulse, sondern in deren Häufigkeit und deren Rhythmus codiert.

---

[4]Mit fortschreitender Entwicklung der technischen AI-Systeme wird die Ähnlichkeit immer
geringer. Ein charakteristisches Merkmal des menschlichen Gehirns ist seine Plastizität bis
ins hohe Lebensalter. Das heißt, einen Schaltplan gibt es nicht — das Gehirn verändert quasi
kontinuierliche seine Struktur.

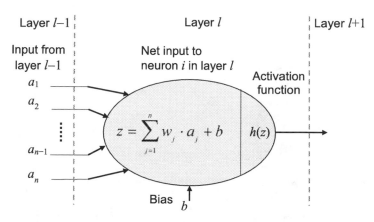

Abb. 11.3 Aufbau eines künstlichen Neurons mit n Eingängen a_i, Bias b, interner Signalverarbeitung und einem Ausgang

Neuronale Netze (NN) ahmen die vernetzte Struktur des Gehirns nach, indem sie künstliche Neuronen in hierarchischen Schichten verschalten, sodass sich die Information ausbreiten kann.

Künstliches Neuron

Ein künstliches Neuron („artificial neuron"), kurz *Knoten* („knot", „unit") genannt, besitzt i. Allg. eine Anzahl von Eingängen, entsprechend viele *synaptische Gewichte*, eine *Aktivierungsfunktion* und einen Ausgang. Die Einbettung des i-ten Knotens der l-ten Schicht („layer") in das NN zeigt Abb. 11.3. Darin empfängt der Knoten die *Aktivierungswerte* („activation value") von n Knoten der Vorgängerschicht, a_1 bis a_n. Aus ihrer gewichteten Summe („sum-of-products") und das spezifische *Bias b* berechnet er seinen *totalen Eingangswert* („total input"), häufig auch die *Netzeingabe* („net input") z genannt. Die gewichtete Summe, die lineare *Propagierungsfunktion*, kann kompakt als *Skalarprodukt* von Spaltenvektoren geschrieben werden. Mit dem Vektor der Aktivierungswerte der Knoten der Vorgängerschicht a und dem Gewichtsvektor des betrachteten Knotens w gilt

$$z = w^l \cdot a + b.$$

Die Netzeingabe z entspricht dem Aktivierungspotential eines Neurons. Das Alles-oder-Nichts-Prinzip wird nun durch die Aktivierungsfunktion $h(z)$ umgesetzt, auch *Transferfunktion* genannt. Oft geschieht das nicht streng mit einer binären Funktion, also mit dem An-Aus-Verhalten einer *Schwellenwertentscheidung*, sondern mit stetig differenzierbaren Funktionen, wie den *Sigmoidfunktionen*, was in Kap. 12 noch erläutert wird.

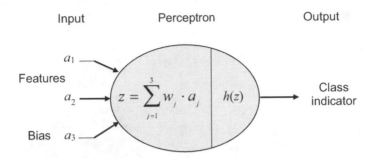

Abb. 11.4 Einfaches Perzeptron mit zwei Merkmalen (erweiterte Vektoren)

11.5 Perzeptron

Ebenso wie der Begriff AI funktional definiert ist, betont auch der Begriff *Perzeptron*, mit „perception" engl. für Wahrnehmung, die Funktion. Perzeptron steht hier synonym für einfache NN zur Lösung einer Entscheidungsaufgabe (Rosenblatt[5], 1958), wie sie für die Klassifizierung von Objekten (Bildern) notwendig ist.

Perzeptron mit einem Knoten

Bereits mit einem Knoten (Abb. 11.4) lassen sich einfache Klassifizierungsaufgaben lösen. Wir betrachten ein Beispiel mit zwei Merkmalen a_1 und a_2. Zur einfacheren Berechnung der Netzeingabe erweitern wir den *Aktivierungsvektor* um eins und den *Gewichtsvektor* um das Bias. Mit dem erweiterten Aktivierungsvektor („augmented activation vector") und erweitertem Gewichtsvektor („augmented weight vector"),

$$a = \begin{pmatrix} a_1 \\ a_2 \\ 1 \end{pmatrix} \text{ bzw. } w = \begin{pmatrix} w_1 \\ w_2 \\ b \end{pmatrix},$$

resultiert die Netzeingabe aus dem Skalarprodukt[6] der erweiterten Vektoren

$$z = w^T \cdot a.$$

Weil eine binäre Klassifizierungsaufgabe ausgeführt werden soll, wählen wir eine binäre Aktivierungsfunktion $h(z)$. Als Indikator der Klassenzugehörigkeit soll sie 1 („wahr") werden, wenn das Muster am Eingang zur Klasse C_1 gehört und -1 („falsch") andernfalls.

$$h(z) = \begin{cases} 1 & z > 0 \\ -1 & z \le 0 \end{cases}$$

---

[5]Frank Rosenblatt (1928–1971), US-amerikanischer Psychologe.

[6]Vgl. lineares Regressionsmodell, d. h. Vorhersage der Ausprägung eines Merkmals aufgrund der Ausprägungen anderer Merkmale (Eid et al. 2015; Goodfellow et al. 2016). Der Gewichtsvektor w enthält die Regressionskoeffizienten zur Vorhersage von Merkmal z durch die Merkmale a.

Das Perzeptron-Modell führt eine Schwellenwertentscheidung durch und entspricht dem Modell der „threshold logic unit" von McCulloch[7] und Pitts[8] (1943).

Damit die Aufgabe sinnvoll bearbeitet werden kann, sollten zwei Voraussetzungen erfüllt sein. Zum ersten sollte das Problem prinzipiell lösbar sein, also die Klassen im zweidimensionalen *Merkmalsraum* durch eine Gerade trennbar sein, d. h. *linear separierbar* („linearly separable"). Zum zweiten wird i. d. R. das Perzeptron vorab trainiert. Dazu werden erweiterte Aktivierungsvektoren mit bekannten Klassenzugehörigkeiten als Trainingsvektoren benötigt. Es findet *überwachtes Lernen* („supervised learning") mit dem *Perzeptron-Trainingsalgorithmus* („perceptron training algorithm") für den erweiterten Gewichtsvektor statt.

Perzeptron-Trainingsalgorithmus

Der Perzeptron-Traingingsalgorithmus beruht auf einer schrittweisen[9] Anpassung des erweiterten Gewichtsvektors. Für jeden Trainingsvektor wird die Netzeingabe via Skalarprodukt berechnet und der erweiterte Gewichtsvektor bei einem Klassifizierungsfehler neu adjustiert.

Der Einfachheit halber wird von zwei Klassen C_1 und C_2 ausgegangen. Sie sollen im Ergebnis durch eine positive bzw. negative Zahl repräsentiert werden, z. B. ± 1. Entsprechend können nach Anwendung der Aktivierungsfunktion drei Fälle auftreten:

1. Ist der Trainingsvektor aus der Klasse C_1 und die Netzeingabe kleiner null, so tritt eine Fehlentscheidung auf (vgl. binäre Aktivierungsfunktion). Der erweiterte Gewichtsvektor muss angepasst werden. Da in diesem Fall die totale Summe positiv werden soll, wird der Trainingsvektor mit einem Schrittweitenparameter, der *Lernrate* („learning rate"), multipliziert und zum erweiterten Gewichtsvektor addiert; also die Netzeingabe angehoben.
2. Ist der Trainingsvektor aus der Klasse C_2 und die Netzeingabe größer null, tritt ebenfalls eine Fehlentscheidung auf. Weil in diesem Fall die Netzeingabe negativ werden soll, wird der Trainingsvektor mit der Lernrate multipliziert und vom erweiterten Gewichtsvektor subtrahiert, die Netzeingabe abgesenkt.
3. Tritt kein Fehler auf, wird der erweiterte Gewichtsvektor nicht verändert.

Aus den obigen Überlegungen kann der inkrementelle Trainingsalgorithmus in etwas kompakterer mathematischer Form angegeben werden. Die Trainingsvektoren werden nacheinander in das Perzeptron eingespeist, was die Darstellung der erweiterten

---

[7] Warren Sturgis McCulloch (1898–1969), US-amerikanischer Neurophysiologe und Kybernetiker.

[8] Walter Pitts (1923–1969), US-amerikanischer Kognitionspsychologe.

[9] Man spricht von „online processing" im Sinne von laufend oder schritthaltend. Im Gegensatz dazu wird beim „batch processing" (Stapelverarbeitung) die Anpassung erst nach Abarbeiten des Stapels im Sinne eines Mittelwerts vorgenommen.

Vektoren als indizierte Folge motiviert, mit dem Index $k = 1$ beginnend für den ersten Trainingsvektor $a[1]$ und dem Anfangswert des erweiterten Gewichtsvektors $w[1] = 0$. (Der Anfangswert des erweiterten Gewichtsvektors kann in gewissen Grenzen beliebig gewählt werden.). Die Lernrate α ist geeignet vorzugeben.

Perceptron-Trainingsalgorithmus (erweiterte Vektoren)

1. Wenn $a[k] \in C_1$ und $w^T[k] \cdot a[k] \leq 0$, dann $w[k+1] = w[k] + \alpha \cdot a[k]$
2. Wenn $a[k] \in C_2$ und $w^T[k] \cdot a[k] > 0$, dann $w[k+1] = w[k] - \alpha \cdot a[k]$
3. Sonst $w[k+1] = w[k]$

Hebb-Regel

Die *Hebb*[10]*-Regel* besagt: „What fires together wires together" (Rey und Wender 2018, S. 38). Mit anderen Worten, wenn zwei Knoten gleichzeitig aktiv sind (hohes Aktivitätsniveau), dann wird ihre Verbindung (Gewicht) verstärkt. Mit dem Aktivitätsniveau des sendenden Knoten a_j und des Empfangenen Knoten a_i gilt mit der Lernrate α für die Gewichtsveränderung

$$\Delta w_{ij} = \alpha \cdot a_i \cdot a_j.$$

Im Beispiel des binären Ausgangs $a_j \in \{-1, 1\}$ stimmen Hebb-Regel und Perceptron-Trainingsalgorithmus überein.

Übung 11.1 Perzeptron

In dieser Übung wird ein Beispiel für die Anwendung eines Perceptrons mit einem Knoten in Form einer gelösten Fallstudie vorgestellt. Die Übung erfordert die Lösung von sechs Teilaufgaben mit MATLAB:

a. die Aktivierungsvektoren generieren (Trainings- und Testdaten),
b. den Merkmalsraum anzeigen,
c. die Entscheidungsgrenze in den Merkmalsraum eintragen,
d. das Perzeptron trainieren (Trainingsphase),
e. die Klassifizierung durchführen (Testphase),
f. die Ergebnisse prüfen.

Die im Folgenden verwendeten Daten entsprechen dem typischen Fall der Klassifizierung bei zwei Merkmalen, so dass Sie das Übungsbeispiel direkt auf Reale-Welt-Aufgaben übertragen können[11].

---

[10]Donald Olding Hebb (1904–1985), kanadischer Psychologe, Hebb-Regel 1949.

[11]Beispielsweise könnte bei der automatischen Bestimmung von Pflanzen die Merkmale Blattlänge und Blattbreite in Zentimetern herangezogen werden. Oder andere Klassenparameter könnten vorab in einer Klassenanalyse („cluster analysis") bestimmt worden sein.

Fehlende Parameter setzen wir nach Gutdünken ein, ohne dass die Allgemeinheit des Beispiels leidet aber die Effekte deutlich sichtbar werden. In der nächsten Übung sollen Sie das Beispiel variieren und charakteristische Veränderungen beobachten und diskutieren.

a. *Aktivierungsvektoren*
- Wir gehen von zweidimensionalen Aktivierungsvektoren $(a_1, a_2)^T$ aus zwei Klassen C_1 und C_2 aus. Die beiden Klassen unterscheiden sich durch ihre Mittelwertvektoren $\boldsymbol{m}_1 = (1,1)^T$ und $\boldsymbol{m}_2 = (3,3)^T$. Die Aktivierungsvektoren streuen zufällig um die Klassenmittelwerte gemäß einer Gleichverteilung. Die Zufallskomponente modelliert die natürliche Streuung des Merkmals und/oder die Messfehler. Die Spannweite („range") der zufälligen Streuung stellen wir mit $\boldsymbol{rng}_1 = (0,7,\ 0,7)^T$ und $\boldsymbol{rng}_2 = (1,1)^T$ so ein, dass die lineare Separierbarkeit der Klassen gewährleistet bleibt. Die Auftrittswahrscheinlichkeiten für die Klassen sind gleich.
- Damit sind alle wichtigen Angaben vorhanden und wir können eine MATLAB-Funktion schreiben, die mit einem Zufallsgenerator die Aktivierungsvektoren (Muster) generiert (`rand`, `randi`). Eine mögliche Funktion zeigt Programm 11.1.

Programm 11.1 Simulation der Aktivierungsvektoren `avsamples1`

```
% Generate 2-dim. activation vector samples
% function [a,c]=avsamples1(mC1,rng1,mC2,rng2,N)
% mC1 : mean class 1
% rng1: range of symmetric uniform distribution C1
% mC2 : mean class 2
% rng2: range of symmetric uniform distribution C2
% N : number of samples
% a : activation vector (av) samples
% c : class indication vector
% avsamples1.m * mw * 2020-03-14
function [a,c]=avsamples1(mC1,rng1,mC2,rng2,N)
a=zeros(2,N); % allocate memory for 2-dim. av samples
c=randi([1,2],1,N); % class indicators
for k=1:N
    if c(k)==1
        a(:,k)=mC1+rng1.*(2*rand(2,1)-1); % av C1
    else
        a(:,k)=mC2+rng2.*(2*rand(2,1)-1); % av C2
    end
end
end
```

b. *Merkmalsraum*
- Im zweidimensionalen Beispiel ist der Merkmalsraum die (a_1, a_2)-Ebene und jedem Aktivierungsvektor entspricht einem Punkt im Merkmalsraum und er kann in einem 2-D-Plot dargestellt werden. Eine mögliche Lösung enthält Programm 11.2.

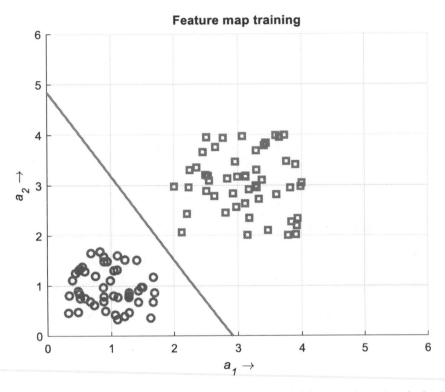

Abb. 11.5 Trainingsdaten im Merkmalsraum (50 zufällige Aktivierungsvektoren) und adaptierte Entscheidungsgrenze zwischen den beiden Klassen

- Ein Simulationsbeispiel mit 100 zufälligen Aktivierungsvektoren zeigt Abb. 11.5. Die Aktivierungsvektoren gruppieren sich um die Klassenmittelwerte und die beiden Klassen sind augenscheinlich getrennt. Zusätzlich eingetragen ist bereits die *Entscheidungsgrenze* („decision boundary ")aus (c).

Programm 11.2 Merkmalsraum `featuremap`

```
% Feature map
% function featuremap(a,c,Text,axLim)
% a : activation vector samples
% c : class indicator
% Text : graphic title
% axLim : axis limits
% featuremap.m * mw * 2020-03-14
function featuremap(a,c,Text,axLim)
FIG=figure('Name',Text,'NumberTitle','off');
xlabel('\it{a}_{1} \rightarrow'), ylabel('\it{a}_{2} \rightarrow')
title(text), axis(axLim); grid
hold on
```

```
for k=1:length(c)
    if c(k)==1
        plot(a(1,k),a(2,k),'bo','LineWidth',2)
    else
        plot(a(1,k),a(2,k),'rs','LineWidth',2)
    end
end
hold off
end
```

c. *Entscheidungsgrenze*

Die Entscheidung, welcher Klasse der Aktivierungsvektor angehört, wird im Perzeptron an der Netzeingabe z festgemacht. Ist der Wert größer null, wird auf die Klasse C_1 entschieden, siehe Aktivierungsfunktion. Folglich liegt die Entscheidungsgrenze (Trenngerade) bei

$$\boldsymbol{w}^T \cdot \boldsymbol{a} = w_1 \cdot a_1 + w_2 \cdot a_2 + w_3 \cdot 1 = 0.$$

Auflösen der Gleichung nach a_2 liefert die gesuchte Gleichung der Trenngeraden in Abb. 11.5 mit der Steigung („slope") und dem Achsenabschnitt („intercept") als Quotienten der Gewichte

$$a_2 = -\frac{w_1}{w_2} \cdot a_1 - \frac{w_3}{w_2}.$$

Nach dem Training ist der erweiterte Gewichtsvektor bekannt und die adaptierte Entscheidungsgrenze kann in den Merkmalsraum eingetragen werden.

d. *Training* (Perzeptron)

Das Training des Perzeptrons übernimmt der oben vorgestellte Perzeptron-TA. Er adaptiert gegebenenfalls den erweiterten Gewichtsvektor inkrementell für jeden Trainingsvektor. Die Lernrate α ist geeignet vorzugeben. Eine zu kleine oder zu große Lernrate kann die Adaption verhindern; wir wählen 1. Eine Umsetzung des Perzeptron-TA findet sich im Programm 11.3.

e. *Klassifizierung* (Testphase)

Die Simulation baut auf die bisherigen Ergebnisse auf. Neue erweiterte Aktivierungsvektoren werden mit Programm 11.1 zufällig generiert. Für die Klassifizierung wird eine neue Funktion geschrieben. Sie setzt die Berechnung des Netzeingangs als Skalarprodukt mit dem adaptierten erweiterten Gewichtsvektor um. Die Klassifizierung geschieht gemäß der binären Aktivierungsfunktion, der Klassenindikator wird für die Ausgabe auf 1 bzw. 2 gesetzt, s. Programm 11.4. Eine Adaption des erweiterten Gewichtsvektors findet in der Testphase nicht mehr statt.

Programm 11.3 Perzeptron-Trainingsalgorithmus `perc1_ta`

```
% Perceptron training algorithm
% function w=perc1_ta(a,c,alpha)
% a : training vector samples (activation vector samples)
% c : class indication vector
% alpha : learning rate
% w : augmented weight vector after training
% perc1_ta.m * mw * 2020-03-14
function w=perc1_ta(a,c,alpha)
[M,N]=size(a);
aa=[a; ones(1,N)]; % augmented activation vector
w=zeros(M+1,1); % initialize augmented weight vector
for k=1:N
    if c(k)==1 && w'*aa(:,k)<=0
        w=w+alpha*aa(:,k);
    elseif c(k)==2 && w'*aa(:,k)>0
        w=w - alpha*aa(:,k);
    end
end
end
```

Programm 11.4 Klassifizierung mit dem Perzeptron `perc1_c`

```
% Classification with single perceptron
% function c=perc1_c(a,w)
% a : augmented vector samples (avs)
% w : augmented weight vector (after training)
% c : class indication vector
% perc1_c.m * mw * 2020-03-14
function c=perc1_c(a,w)
[~,N]=size(a);
aa=[a; ones(3,N)]; % augmented av
c=ones(1,N); % class indication vector, default class 1
z=w'*aa; % net input
c(z<0)=2; % class 2
end
```

f. *Prüfung* (Ergebnisse)

Nachdem die Ergebnisse der Klassifizierungen aus der Testphase vorliegen, überprüfen wir sie auf Plausibilität. Zunächst beginnen wir mit der Entscheidungsgrenze. Die Trainingsphase hat im Beispiel zu dem erweiterten Gewichtsvektor $w = (-1,7, -1,0, 5,0)^T$ (Werte gerundet) geführt. Folglich ergibt sich in Abb. 11.5 die Trenngerade

$$a_2 \approx -\frac{-1,7}{-1,0} \cdot a_1 - \frac{5}{-1,0} \approx -1,7 \cdot a_1 + 5.$$

Sie hat die Achsenabschnitte ungefähr 3 ($\approx 5/1,7$) und 5, was Abb. 11.5 augenfällig bestätigt. Die Grenzgerade trennt die beiden Klassen.

Als wesentliches Qualitätsmerkmal geben wir die *Erkennungsquote* („recognition rate/accuracy") in Prozent an. Sie beträgt im Beispiel 100 %. Aus den Vorgaben in Programm 11.1 wissen wir, dass eine Grenzüberschreitung durch die Aktivierungsvektoren im Simulationsbeispiel nicht möglich ist. Dementsprechend tritt kein Klassifizierungsfehler auf.

Das Hauptprogramm für die Simulation findet sich in Programm 11.5. Mit den Programmen zu diesem Beispiel sollen Sie in der nächsten Übung arbeiten.

Programm 11.5 Simulation des Perzeptrons mit einem Knoten `perceptron1`

```
% Perceptron
% Simulate classified random data and show 2-dim. feature map
% with two features in two classes
% perceptron1.m * mw * 2020-03-14
%% Simulate activation vector samples (avs) for training
mc1=[1;1]; % mean class C1
rng1=[.7;.7]; % range of symmetric uniform distribution C1
mc2=[3;3]; % mean class C2
rng2=[1;1]; % range of symmetric uniform distribution
Nta=100; % number of samples for training phase
[a,c]=avsamples1(mc1,rng1,mc2,rng2,Nta); % generate avs
featuremap(a,c,'Feature map training') % show feature map
%% Perceptron training algorithm
alpha=1; % learning rate
w=perc1_ta(a,c,alpha); % augmented weight vector
a1=0:6; a2=(-w(1)/w(2))*a1 - w(3)/w(2); % decision boundary
hold on
plot(a1,a2,'LineWidth',2) % show decision boundary in feature map
hold off
%% Test phase
% generate avs for classification test
Ntest=1000; % number of samples
[a,c]=avsamples1(mc1,rng1,mc2,rng2,Ntest);
cc=perc1_c(a,w);
featuremap(a,cc, ,Feature map test') % show feature map
hold on
plot(a1,a2,'Linewidth',2) % show decision boundary in feature map
hold off
% number of classification errors and recognition rate
```

```
e = sum(abs(c-cc));
fprintf('perceptron1 2020-03-14\n')
fprintf('Number of training samples %i \n',Nta)
fprintf('Number of test samples %i \n',Ntest)
fprintf('Classification errors %i \n',e)
fprintf('Recognition rate %g %% \n',100*(Ntest-e)/Ntest)
```

Übung 11.2 Eigenschaften des Perzeptrons mit einem Knoten
In dieser Übung sollen Sie die Untersuchungen weiterführen und dabei einige wichtige Effekte aufzeigen. Tiefergehende theoretische Überlegungen, sowie Ausloten der Effektgrößen sind nicht beabsichtigt.

a. Die Länge der Trainingsphase ist ein entscheidender Parameter. Wiederholen Sie die Simulation in Übung 11.1 mehrmals, gegebenenfalls mit kürzerem Training. Welcher Effekt kann auftreten?
b. Im Simulationsbeispiel in Übung 11.1 werden die Trainingsvektoren durch den Zufallsgenerator in MATLAB gezogen. Welches grundlegende Prinzip der Statistik soll damit erfüllt werden?
c. Das Perzeptron kann auf drei Merkmale erweitert werden. Was würde sich im Simulationsbeispiel in Übung 11.1 ändern?

Der Adaptionsalgorithmus für das Perzeptron funktioniert, wenn die Klassen linear separierbar sind, also im zweidimensionalen Merkmalraum durch eine Gerade, im dreidimensionalen durch eine Fläche oder im höherdimensionalen durch eine Hyperebene getrennt werden können. In der Praxis ist die Entscheidungsgrenze meist keine Gerade oder die Klassen lassen sich nicht strikt trennen. Dann konvergiert der Perzeptron-TA nicht und das Ergebnis ist oft unbrauchbar. Der im nächsten Abschnitt beschrieben LMSE-TA kann zur Lösung des Problems beitragen.

Simulation, Training und Zufallsgrößen
Die Trainings- und Testvektoren sind per se Zufallsgrößen. Alle daraus abgeleiteten Größen sind folglich ebenfalls Zufallsgrößen. Das trifft insbesondere für die synaptischen Gewichte, die Grenzflächen und die Erkennungsquoten zu. In den Simulationen sind sie abhängig von den „zufällig gezogenen" Zahlenwertbeispielen; in den Anwendungen von den ausgewählten Daten. Um zuverlässig Zusammenhänge erkennen zu können, sind Testreihen nach statistischen Kriterien durchzuführen. Dies ist in einer konkreten Anwendung unverzichtbar, wenn die Funktion eines „Produkts" optimiert und abgesichert werden soll. Im diesem Kapitel verzichten wir darauf und begnügen uns damit wichtige Effekte explorativ kennenzulernen.

Beim Klassifizieren tritt in der Praxis das Problem der Zuverlässigkeit bzw. Anwendbarkeit der Ergebnisse in den Vordergrund. Es ergeben sich die typischen Fragestellungen des Hypothesentests, wie z. B. die Frage nach Sensitivtät und Spezifität bei der binären Klassifikation (Eid et al. 2015; Hedderich und Sachs 2016).

Quiz 11.1 Ergänzen Sie die Textlücken sinngemäß.

1. Das einfache Perzeptron wird durch den ___, das ___ und die ___ charakterisiert.
2. Im Perzeptron wird aus den erweiterten Vektoren mittels ___ die ___ berechnet.
3. Die Anwendung des einfachen Perzeptrons als Klassifikator setzt die ___ der Klassen voraus.
4. Bei zwei Klassen und zwei Merkmalen werden die Klassen im Merkmalsraum durch eine ___ getrennt.
5. In der Trainingsphase wird der ___ und damit die Lage der ___ bestimmt.
6. Für die Qualität des Klassifikators kann die ___ der Trainingsphase entscheidend sein.
7. Trainingsdaten sollten ___ sein.
8. Test- und Trainingsdaten sollen ___ sein.
9. Im Perzeptron-TA tritt als kritischer Parameter die ___ auf.
10. Der Perzeptron-TA fußt auf der physiologischen ___-Regel.
11. Die Ergebnisse des Perzeptron-TA sind per se ___.
12. Das zentrale Qualitätsmerkmal für den Klassifikator ist die ___ in der Testphase.

11.6   LMSE-Trainingsalgorithmus

In verschiedenen Fachdisziplinen wird nach der Optimierung einer *Kostenfunktion* („cost function") gefragt. Ist die Kostenfunktion differenzierbar, kann mit den Mitteln der Kurvendiskussion nach einem Minimum gesucht werden. Besonders einfach wird es, wenn eine konvexe Funktion vorliegt, vergleichbar mit einer Tasse mit dem Minimum im Tassenboden („convex cup"). Für konvexe Funktionen ist sichergestellt, dass genau ein Minimum existiert.

Oft wird als Kostenfunktion der *mittlere quadratische Fehler* (MSE, „mean square error") zwischen einer Ist- und einer Wunschgröße angesetzt[12]. Der MSE ist konvex und hat meist eine anschauliche Bedeutung. In der Signalverarbeitung ist er häufig mit der Leistung bzw. der Energie des Fehlersignals verbunden - also von vergleichbarer Bedeutung, wie die bekannte physikalische Leistung bzw. Energie (Werner, 2008). Ein System bzgl. des MSE optimal zu parametrisieren heißt folglich, den *kleinsten mittleren quadratischen Fehler* anzustreben. Man spricht vom LMSE-/ MMSE-Kriterium für „least MSE" bzw. „minimum MSE".

Im Weiteren stellen wir den LMSE-Trainingsalgorithmus zur Berechnung des erweiterten Gewichtsvektors für das Perzeptron vor. Zuerst definieren wir die Kostenfunktion, den zu

---

[12]Bei binären Zielvariablen (Sollwert 0 oder 1) und Wahrscheinlichkeiten als Ergebnisse, kann die Kreuzentropie („cross-entropy function") als Alternative zum MSE eingesetzt werden (Kap. 12).

minimierenden Fehler. In der Trainingsphase werden nur Trainingsvektoren verwendet deren Klassenzugehörigkeit bekannt ist. Damit ist auch der gewünschte Sollwert des Netzeingangs bekannt, nämlich 1 für die Klasse C_1 und -1 für C_2 entsprechend der binäre Aktivierungsfunktion in Übung 11.1. Demzufolge kann zu jedem Trainingsvektor der Fehler e („error") als Differenz aus dem realen Wert der Netzeingabe z (Istwert) und dem Sollwert r berechnet werden (Ist-Soll-Vergleich, „actual-nominal comparison").

$$e = w^T \cdot a - r$$

(Für die Aktivierungsfunktion wird hier der Einfachheit halber die Identität angenommen, $h(z) = z$.)

Die Aktivierungsvektoren am Eingang des Perzeptrons sind Zufallsgrößen. Demgemäß ist der MSE der Erwartungswert des Fehlerquadrats. Geschätzt werden kann der MSE indem für jeden erweiterten Aktivierungsvektor die Kostenfunktion (Fehlerfunktion)

$$E(w) = \frac{1}{2} \cdot \left(w^T \cdot a - r \right)^2$$

bestimmt und über die Trainingsphase gemittelt wird. Der Vorfaktor wird zur späteren Vereinfachung gesetzt. Wenn keine Fehler auftreten, nimmt die Kostenfunktion ihr Minimum null an. Als quadratische Funktion ist sie differenzierbar.

Gradientenabstiegsverfahren

Die Kostenfunktion ist eine Funktion des erweiterten Gewichtsvektors. Die erste partielle Ableitung nach den Gewichten kann berechnet werden. Man erhält den Vektor des Gradienten

$$\frac{\partial}{\partial w} E(w) = \left(\underbrace{w^T \cdot a - r}_{e} \right) \cdot a = e \cdot a,$$

der stets in die Richtung des steilsten Anstiegs zeigt (Kap. 6). Die Kostenfunktion ist konvex und besitzt ein Minimum, so dass ihr Gradient, stets vom Minimum weg zeigt, vgl. Parabel im eindimensionalen Beispiel. Damit ist die Voraussetzung für das iterative *Gradientenabstiegsverfahren* („gradient descent algorithm") gegeben, auch anschaulich Verfahren des steilsten Abstiegs genannt (Bronstein et al. 1999). Der erweiterte Gewichtsvektor soll sich iterativ dem Minimum annähern, indem er schrittweise anpasst wird.

$$w[k+1] = w[k] - \alpha \cdot \left(\underbrace{w^T[k] \cdot a[k] - r[k]}_{e[k]} \right) \cdot a[k] = w[k] - \alpha \cdot e[k] \cdot a[k]$$

Die *Lernrate* α ist kritisch für die Konvergenz des Verfahrens und hat auch entscheidenden Einfluss auf die Konvergenzgeschwindigkeit.

Im Beispiel des Perzeptrons mit einem Knoten wird die Entscheidungsgrenze so bestimmt, dass die Zahl der Fehler im Sinne des MSE klein wird. Im Gegensatz zum Perzeptron-TA kann der LSME-TA auch dann eingesetzt werden, wenn die Klassen nicht strikt separierbar sind. Dann ist allerdings mit Fehlern zu rechnen und zur Beurteilung der Qualität des Klassifikators können beispielsweise die bekannten Fehlerarten des Hypothesentests herangezogen werden (Eid et al. 2015; Hedderich und Sachs 2016).

Man beachte auch: Die Konvergenz des LMSE-TA garantiert nicht die Abwesenheit von Klassifizierungsfehlern und der LMSE ist nicht proportional zur relativen Anzahl der Fehler. Darüber hinaus kann eine Konvergenz in ein lokales Minimum der Kostenfunktion eintreten und eine unbrauchbare Lösung ergeben.

Übung 11.3 LMSE-TA

In dieser Übung soll der LMSE-TA eingesetzt werden. Um die Ergebnissen vergleichen zu können, gehen wir abermals von zwei gleichwahrscheinlichen Klassen und zwei Merkmalen aus. Die Klassenmittelwerte und die Spannweiten der Zufallskomponente behalten wir wie in Übung 11.1 bei, so dass die beiden Klassen linear separierbar sind.

a. Gehen Sie von Programm 11.5 und Programm 11.3 aus und ersetzen sie den Perzeptron-TA durch den LMSE-TA. Für die Lernrate nehmen Sie den Wert 0,01. Testen Sie ihren LMSE-TA mit der Trainingslänge 100. Kann er den Perzeptron-TA ersetzen? Falls nicht, probieren Sie es z. B. mit 1000 Trainingsvektoren.
b. Wiederholen Sie die Simulation, jetzt jedoch mit nicht linear separierbaren Klassen, beispielsweise mit den Mittelwerten $m_1 = (1,1)^T$ und $m_2 = (2,5,\ 2,5)^T$. Wie fällt die Erkennungsquote aus?

Stapelverarbeitung

Der LMSE-TA soll den mittleren quadratischen Fehler minimieren. Um diesen Effekt zu erfassen, können die Trainingsvektoren in Blöcke, Stapel genannt, gruppiert und über jeden Stapel der MSE geschätzt werden. Darüber hinaus wird die Anpassung des erweiterten Gewichtsvektors nur einmal am Stapelende mit dem gemittelten Gradienten vorgenommen. Das vom quasi zufälligen erweiterten Aktivierungsvektor abhängige „umherwandern" des erweiterten Gewichtsvektors wird dadurch gedämpft. Und es werden etwas größere Lernraten möglich, was die nunmehr seltener erfolgende Anpassung teilweise ausgleichen kann. Man spricht von der *Stapelverarbeitung* („batch processing"). In der Praxis hat die Stapelverarbeitung den Vorteil, dass das Training auf entsprechend viele Prozessoren parallelisiert werden kann.

Übung 11.4 LMSE-TA mit Stapelverarbeitung

In dieser Übung sollen Sie obiges Programm auf die Stapelverarbeitung umstellen. Als neuer Parameter tritt die Stapelgröße auf. Der MSE kann durch Mittelung über jeden Stapel als Batch-MSE geschätzt werden.

a. Erweitern Sie zunächst Ihr Programm aus Übung 11.3 um die Stapelverarbeitung. Bei der Einstellung der Parameter zum Testen beachten Sie, dass die Stapelgröße und die Lernrate im Zusammenhang stehen, da die Anpassungen des erweiterten Gewichtsvektors stapelweise geschehen. Durch große Stapellängen werden die Anpassungen seltener vorgenommen, dafür sind sie durch die größere Mittelung verlässlicher. Wählen Sie auch eine ausreichende Trainingslänge.
b. Ergänzen Sie die Schätzung des MSE als Mittelwert für jeden Stapel. Stellen Sie die MSE-Werte als Lernkurve, d. h. Batch-MSE versus Stapelnummer, graphisch dar, z. B. wie in Abb. 11.6. Das Beispiel zeigt, wie der MSE von zunächst 1 auf circa 0,1 fällt, d. h. das Perzeptron „lernt". Man spricht deshalb von der *Lernkurve* („learning curve"). Sie sollte idealer Weise möglichst rasch und monoton auf ein möglichst tiefes Niveau fallen, den Fehlerboden („error floor"). Für die Abb. 11.6 wurde zusätzlich ein

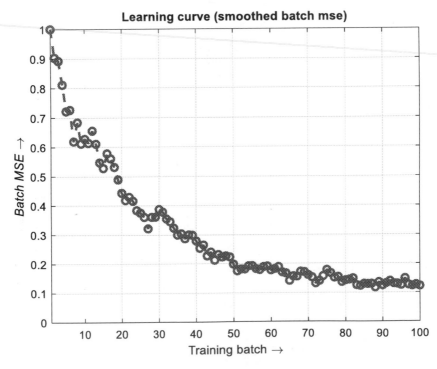

Abb. 11.6 Lernkurve des LMSE-Trainingsalgorithmus (Simulation: 100 Stapel á 50 Aktivierungsvektoren, Lernrate $\alpha = 0,1$, `perceptron2`)

einfaches Glättungsfilter („smoothing filter") über jeweils die drei letzten Werte des Batch-MSE angewandt, um die Ausschläge der Kurve etwas zu glätten.

c. Beobachten Sie exemplarisch die Entwicklung der Lernkurve und der Erkennungsquote für verschiedene Einstellungen der Lernrate, Stapellänge und Trainingslänge. Es genügt, wenn Sie sich einen ersten Eindruck über die Effekte verschaffen.

Übung 11.5 LMSE-TA mit drei Merkmalen

Der LMSE-TA ist nicht auf zwei Merkmale beschränkt. Obige Beispiele lassen sich unmittelbar auf mehr Merkmale erweitern. Bei drei Merkmalen ist eine anschauliche Darstellung noch möglich. Die Darstellung des dreidimensionalen Merkmalraums (Abb. 11.7) gelingt mit dem Befehl `plot3` und die Grenzfläche der Entscheidung kann mit dem Befehl `surface` eingetragen werden. Lösungen finden Sie in den Programmbeispielen `perceptron3`, `avsamples3` und `featuremap3`.

Führen Sie mit dem Programm `perceptron3` eine Simulation mit drei Merkmalen durch. Wählen Sie eine linear separierbare Einstellung der beiden Klassen entsprechend zu den früheren Übungen. Eine Beispiel für den dreidimensionalen Merkmalraum zeigt Abb. 11.7.

Delta-bar-Delta-Methode

Das Lernverhalten des LMSE-Traingsalgorithmus hängt wesentlich von der Lernrate ab. Anschauliche Überlegungen zum Gradientenabstiegsverfahren machen es plausibel, auch die Lernrate dynamisch anzupassen. Es existieren verschiedene heuristische Methoden mit jeweiligen Vor- und Nachteilen (Braun 1997). Problematisch ist, dass mit ihnen neue Parameter eingeführt werden, deren optimale Wahl unklar bleibt.

Eine gängige Methode ist die *Delta-bar-Delta(DbD)-Methode* von Jacobsson (1988). Sie verfolgt die Änderung der partiellen Ableitungen elementweise. Insbesondere wenn ein Richtungswechsel in der Ableitung stattfindet, wird ein Teil der vorherigen Änderung rückgängig gemacht. Die letzte Anpassung war sichtlich zu groß. Optimal wäre eine Ableitung gleich null, das Minimum erreicht und somit keine Anpassung mehr nötig. Die DbD-Methode berücksichtigt das.

Wir führen die DbD-Methode am Beispiel des j-ten Elements des erweiterten Gewichtsvektors ein. Im k-ten Schritt des LMSE-TA erfolgt die Anpassung

$$w_j[k+1] = w_j[k] + \Delta w_j[k],$$

wobei die Änderung auf der partiellen Ableitung der Kostenfunktion basiert.

$$\Delta w_j[k] = -\alpha_j[k] \cdot \frac{\partial E(\boldsymbol{w})}{\partial w_j} = -\alpha_j[k] \cdot \left(\boldsymbol{w}^T[k] \cdot \boldsymbol{a}[k] - r\right) \cdot a_j[k] = -\alpha_j[k] \cdot e_j[k] \cdot a_j[k]$$

Die Lernrate wird jetzt elementweise und adaptiv genutzt. Stellvertretend für alle Elemente geschieht die Anpassung des j-ten Elements nach der Regel (Braun 1997, S. 21)

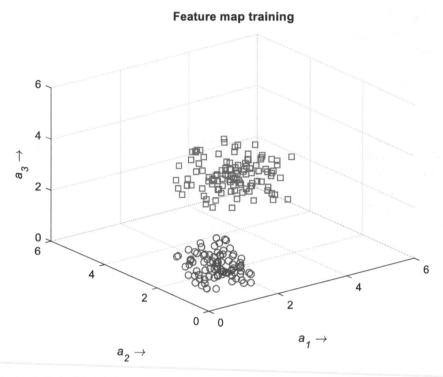

Abb. 11.7 Beispiel dreidimensionale Trainingsvektoren im Merkmalraum (`perceptron3`)

$$
\alpha_j[k] = \begin{cases} \kappa + \alpha_j[k-1] & \text{wenn } \left.\frac{\partial E(\boldsymbol{w})}{\partial w_j}\right|_{k-1} \cdot \left.\frac{\partial E(\boldsymbol{w})}{\partial w_j}\right|_{k} > 0 \\ \eta \cdot \alpha_j[k-1] & \text{wenn } \left.\frac{\partial E(\boldsymbol{w})}{\partial w_j}\right|_{k-1} \cdot \left.\frac{\partial E(\boldsymbol{w})}{\partial w_j}\right|_{k} < 0 \\ \alpha_j[k-1] & \text{sonst} \end{cases}
$$

- Die obere Zeile ist aktiv, wenn in der partiellen Ableitung kein Vorzeichenwechsel, d. h. kein Richtungswechsel, stattfand. Dann wird die Lernrate um die Konstante κ („kappa") erhöht, mit $\kappa > 0$. Es wird ein moderater Zuwachs angestrebt, um die Konvergenz etwas zu beschleunigen.
- Findet ein Vorzeichenwechsel in der partiellen Ableitung statt, wird die Lernrate um den Faktor η („eta") gemindert, mit $0 < \eta < 1$. Bei der notwendigen Richtungsumkehr sollte die Änderung des Gewichtvektors etwa halbiert werden, um das vorherige „Überschießen" zu kompensieren.
- Schließlich bleibt die Lernrate unverändert, wenn die partielle Ableitung null ist.

Übung 11.6 LMSE-Trainingsalgorithmus mit DbD-Methode
In Programm 11.6 wurde die Adaption der Lernrate mit der DbD-Methode ergänzt. Sie betrifft die lokale Funktion im Trainingsprogramm. Jedoch sind die zusätzlichen

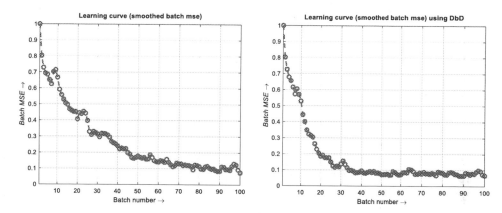

Abb. 11.8 Lernkurven des LMSE-TA ohne und mit Delta-bar-Delta-Methode (Simulation: 100 Stapel á 50 Aktivierungsvektoren, `perception3DbD`)

Parameter κ und η sowie die Vorzeichen der Elemente des Gradientenvektors zu verwalten. Aus diesem Grund wurde im Beispielprogramm die Lernrate (LR) als Struktur (`struct`) eingeführt. Die Parameter wurden im Beispiel initialisiert mit der Programmzeile

```
LR = struct('alpha',.1*ones(4,1),'kappa',.03,'eta',.5,
,'sign',zeros(4,1));
```

Ein Simulationsbeispiel zeigt Abb. 11.8. Es wurden identische Trainingsdaten für zwei linear separierbare Klassen mit drei Merkmalen verwendet. Zu erkennen ist, dass im Training mit der DbD-Methode der MSE zu Beginn schneller abnimmt und früher den Fehlerboden bei ca. 0,1 erreicht.

Führen Sie einige Simulationen durch und beobachten Sie die Lernkurven. Variieren Sie die Parameter. Gibt es offensichtliche Unterschiede zwischen den Methoden?

Programm 11.6 LMSE-Trainingsalgorithmus mit Delat-bar-Delta-Methode (Ausschnitt aus Programm `perc3_LMSEDbD`)

```
% -- l o c a l f u n c t i o n --
%% LMSE training with Delta-bar-Delta algorithm
% w : augmented wv
% a : augmented av
% r : desired response
% LR : structure with learning rate parameters
% alpha : learning rate vector
% kappa : increment for learning rate update (DbD)
% eta : reduction factor for learning rate update (DbD)
```

```
% sign : sign of delta vector components
% N : number of samples
function [w,mse,LR]=perc3_lmsedbd(w,a,r,LR,N)
mse=0; delta=zeros(size(w)); % initialization
S_=zeros(size(w)); % initialize sign vector
for k=1:N
    e=w'*a(:,k)-r(k); % error
    mse=mse+e^2; % accumulated squared error
    delta=delta+e*a(:,k); % accumulate delta vector (LMSE ta)
end
S=sign(delta); % sign of delta vector components
s=S.*LR.sign; % sign change indicator
LR.sign=S; % update for next batch iteration
for j=1:length(w) % adjust alpha
    switch s(j)
    case 1 %>0 % no change occurred
        LR.alpha(j)=LR.kappa+LR.alpha(j);
    case -1 %<0 % change occurred
        LR.alpha(j)=LR.eta*LR.alpha(j);
    end
end
w=w - LR.alpha.*delta/N; % LMSE batch update
mse=mse/N; % batch mse
end
```

Quiz 11.2 Ergänzen Sie die Textlücken sinngemäß.

1. Das Akronym LMSE steht für ___.
2. Die Lernkurve informiert über den Verlauf des ___ in der ___.
3. Der LMSE-Algorithmus fußt auf dem ___ als Kostenfunktion.
4. Der LMSE-Algorithmus benutzt das iterative ___ zur Anpassung des ___.
5. Der LMSE-Algorithmus kann auch eingesetzt werden, wenn die Klassen nicht strikt ___ sind.
6. Die DbD-Methode passt die ___ elementweise dynamisch an.
7. Die DbD-Methode ist eine ___ Methode.
8. Die DbD-Methode beobachtet die ___ im Gradienten.
9. Die DbD-Methode kann auch mit ___ eingesetzt werden.
10. Die DbD-Methode soll die Konvergenz ___.
11. Das zentrale Qualitätsmaß des resultierenden Klassifikators ist nicht der erreichte ___ sondern die ___.
12. Bei der Beurteilung der Qualität des Klassifikators sind immer die Folgen falscher ___ in der konkreten ___ einzubeziehen.

11.7 Zusammenfassung

Künstliche neuronale Netze orientieren sich am biologischen Gehirn. Sie ahmen dessen Aufbau aus elementaren aber vernetzten Bausteinen, den Neuronen, und deren Aktivierung nach dem Alles-oder-nichts-Prinzip nach. Ein einzelnes künstliches Neuron (Knoten) trennt den Merkmalsraum durch eine Gerade in zwei Teile bzw. bei mehreren Eingängen durch eine Hyperebene. Klassifizierungsaufgaben ähnlich der linearen Regression sind möglich.

Für künstliche Neuronen liegt eine übersichtliche mathematische Beschreibung vor, die einfach programmiert werden kann. Die synaptischen Gewichte werden durch überwachtes Lernen trainiert. Weil die Trainingsdaten Muster eines Zufallsprozesses sind, können alle daraus abgeleiteten Eigenschaften des künstlichen Neurons, wie die synaptischen Gewichte und die Erkennungsquote, nur als Zufallsgrößen interpretiert werden. Auf Repräsentativität und Unabhängigkeit der Trainingsdaten ist zu achten.

Während beim traditionellen Lösen von Aufgaben durch Programmierung jeder Lösungsschritt im Programm vorgegeben wird – also das Wie bekannt sein muss – genügt beim Training des künstlichen Neurons, dem überwachten Lernen, das Ja/Nein-Wissen um die richtige Lösung. Jedoch sind zum ersten zunächst die Modellparameter und die Trainingsdaten geeignet vorzugeben. Zum zweiten ist das Ergebnis kritisch auf seine Erkennungsquote und Generalisierbarkeit zu prüfen. Insbesondere, wenn in der Anwendung die Eingangsdaten von Verzerrungen und Rauschen betroffen sind, können die Ergebnisse u. U. nicht mehr vorherschbar sein.

Das vorgestellte künstliche Neuron liefert den Grundbaustein für den Aufbau komplexer neuronaler Netze in den folgenden Kapiteln.

11.8 Lösungen zu den Übungen und Aufgaben

Zu **Quiz 11.1**

1. Gewichtsvektor, Bias, Aktivierungsfunktion
2. Skalarprodukt, Netzeingabe
3. Trennbarkeit (lineare Separierbarkeit)
4. Trenngerade
5. Gewichtsvektor, Entscheidungsgrenze (Trenngerade)
6. Länge
7. repräsentativ
8. verschieden (unabhängig)
9. Lernrate
10. Hebb-Regel
11. zufällig
12. Erkennungsquote

Zu **Quiz 11.2**

1. Least means square error (kleinster mittlerer quadratischer Fehler)
2. MSE (mittleren quadratischen Fehler), Trainingsphase
3. MSE (mittleren quadratischen Fehler)
4. Gradientenabstiegsverfahren, (erweiterten) Gewichtvektors
5. (linear) separierbar
6. Lernrate
7. heuristische
8. Vorzeichenwechsel
9. Stapelverarbeitung
10. beschleunigen
11. MSE, Erkennungsquote
12. Entscheidungen, Anwendung

Zu **Übung 11.1** Perceptron
   Siehe Beschreibung in Abschnitt 11.5.
Zu **Übung 11.2** Eigenschaften des Perzeptrons mit einem Knoten

a. Bei der Trainingslänge 50 ($\mathtt{Nta=50}$) werden mit dem Programm 11.5 sehr unterschiedliche Grenzgeraden adaptiert. Manchmal kommt es zu einer *Fehlanpassung* des erweiterten Gewichtsvektors, die eine hohe Fehlerquote zur Folge hat.
b. Unabhängige Trainingsvektoren vermeiden Verzerrungen im erweiterten Gewichtsvektor und unterstützen die Repräsentativität der Testdaten.
c. Bei drei Merkmalen verlängert sich der erweiterte Aktivierungsvektor und der erweiterte Gewichtsvektor auf vier Elemente. Der Merkmalraum wird dreidimensional (3-D-Plot). Die Entscheidungsgrenze wird zu einer Ebene im dreidimensionalen Raum.
   Mehr als zwei Merkmale ist kein grundsätzliches Problem. Allerdings erhöht sich der Adaptionsaufwand, weshalb längere Trainings- und Testphasen vorzusehen sind.

Zu **Übung 11.3** LMSE-Trainingsalgorithmus

Siehe Programm 11.7 `perc1_ta_LMSE`
a. Bei kurzer Trainingsphase findet keine ausreichende Adaption statt. Bei langer, z. B. 1000 Merkmalvektoren, konvergiert der LMSE-Trainingsalgorithmus meist, sodass keine bzw. fast keine Fehlklassifizierungen auftreten.
b. Bei gemäßigten Überlappungen der Klassen findet der LMSE-Trainingsalgorithmus eine brauchbare Lösung. Die Erkennungsrate liegt in den Beispielen bei über 98 %.

Programm 11.7 LMSE-Trainingsalgorithmus

```
% Perceptron training algorithm with LMSE
% function w=perc1_ta_LMSE(a,c,alpha)
% a : activation vector samples (training vectors)
% c : class indicator
% alpha : learning rate
% w : augmented weight vector after training
% perc1_ta_LMSE.m * mw * 2020-03-15
function w=perc1_ta_LMSE(a,c,alpha)
[M,N]=size(a);
aa=[a; ones(1,N)]; % augmented activation vector
w=zeros(M+1,1); % initialize augmented weight vector
r=c; r(c==2)=-1; % desired response (-1,+1)
for k=1:N
    e=w'*aa(:,k)-r(k); % error
    w=w - alpha*e^aa(:,k); % LMSE training
end
end
```

Zu **Übung 11.4** LMSE-Trainingsalgorithmus mit Stapelverarbeitung

Siehe `perc2_LMSE` für den Trainingsalgorithmus
Die Glättung der Lernkurve kann beispielsweise durch ein einfaches Glättungsfilter
geschehen, wie im nachfolgenden Beispiel. Es entspricht einem LTI-System, wobei das
Einschwingen zu Beginn kompensiert wird (Tiefpass mit Impulsantwort $h[n] = \{3, 2, 1\}/6$).

```
mse_=mse;
mse_(2)=(mse_(1)+2*mse_(2))/3;
mse_(3:end)=(mse_(1:end-2)+2*mse_(2:end-1)+3*mse_(3:end))/6;
```

Programm 11.8 `perc2_LMSE`

```
% Perceptron training with LMSE algorithm and batch processing
% function [w,mse]=perc2_LMSE(a,c,alpha,Nba)
% a : activation vector (av) samples
% c : class indicator
% alpha : learning rate
% Nba : number of av samples per batch
% w : augmented weight vector after batch training
% mse : mean square error (for learning curve)
% perceptron2_LMSE.m * mw * 2020-03-15
function [w,mse]=perc2_LMSE(a,c,alpha,Nba)
```

```
[M,Nta] = size(a);
aa = [a; ones(1,Nta)]; % augmented av
c(c==2) = -1; % desired response (-1,+1)
K=floor(Nta/Nba); % number of batches
mse = zeros(1,K); % allocate memory for batch mse
w=zeros(M+1,1); % initialize augmented wv
% call local LMSE training algorithm for each batch
for k=1:K
    offset = (k-1)*Nba;
    [w,mse(k)] = lmse(w,aa(:,1+offset:Nba+offset),…
        c(1+offset:Nba+offset),alpha,Nba); % call local function
end
end
% -- l o c a l f u n c t i o n --
%% LMSE batch training
function [w,mse] = lmse(w,a,r,alpha,N)
% w : augmented weight vector
% a : augmented activation vector samples
% r : desired response
% alpha : learning rate
% N : number of samples
mse = 0; delta=zeros(size(w)); % initialization
for k=1:N
    e=w'*a(:,k)-r(k); % error
    mse=mse+e^2; % accumulated squared error
    delta=delta+e*a(:,k); % accumulated delta for LMSE ta
end
w=w - alpha*delta/N; % adjust augmented wv, LMSE ta
mse=mse/N; % batch mse
end
```

Zu **Übung 11.5** LMSE-Trainingsalgorithmus mit drei Merkmalen
   Siehe Programm 11.9

Programm 11.9 featuremap3 (Programmausschnitt zur Darstellung der Grenz-fläche)

```
%% Show feature map for test
text=,Feature map test';
featuremap3(a,cc,text)
% decision boundary
[a1,a2] =meshgrid(0:1:6,0:1:6);
```

```
a3 = (-w(1)/w(3))*a1+(-w(2)/w(3))*a2 - w(4)/w(3);
hold on
surface(a1,a2,a3), view(3), colormap('gray')
hold off
```

Zu **Übung 11.6** LMSE-TA mit DbD-Methode
   Siehe Programm perception3DbD

Literatur

Birbaumer, N., & Schmidt, R. F. (2010). *Biologische psychologie* (7. Aufl.). Heidelberg: Springer.

Braun, H. (1997). *Neuronale netze. Optimierung durch lernen und evolution.* Berlin: Springer.

Bronstein, I. N., Semendjajew, K. A., Musiol, G., & Mühlig, H. (1999). *Taschenbuch der mathematik* (4. Aufl.). Frankfurt a. M.: Harri Deutsch.

Eid, M., Gollwitzer, M., & Schmitt, M. (2015). *Statistik und forschungsmethoden* (4. Aufl.). Weinheim: Beltz.

Gonzalez, R. C., & Woods, R. E. (2018). *Digital image processing* (4. Aufl.). Harlow, Essex (UK): Pearson Education.

Goodfellow, I., Bengio, Y., & Courville, A. (2016). *Deep learning.* Cambridge, MA: MIT Press.

Grävemeyer, A. (2020). Autos sehen Gespenster. *Pixelmuster irritieren die KI autonomer Fahrzeuge. c't – magazin für computertechnik,* 17, 126–129.

Heddcrich, J., & Sachs, L. (2016). *Angewandte statistik. Methodensammlung mit R* (15. Aufl.). Berlin: Springer Spektrum.

Jacobs, R. A. (1988). Increased rates of convergence through learning rate adaption. *Neuronal Networks, 1,* 295–307.

McCulloch, W. S., & Pitts, W. (1943). A logical calculus of the ideas immanent in nervous activity. *Bulletin of Mathematical biophysics, 5,* 115–133.

Rey, G. D., & Wender, K. F. (2018). *Neuronale netze. Eine einführung in die grundlagen, anwendungen und datenauswertung* (3. Aufl.). Bern: Hogrefe.

Rosenblatt, F. (1958). The perception – A probabilistic model for information storage and organization in the brain. *Pychological Review, 65*(6), 386–408.

Schandry, R. (2006). *Biologische psychologie* (2. Aufl.). Weinheim: Beltz Verlag.

Werner, M. (2008). Digitale Signalverarbeitung mit MATLAB-Praktikum. Zustandsraumdarstellung, Lattice-Strukturen, Prädiktion und adaptive Filter. Wiesbaden: Vieweg.

Flache Neuronale Netze für die Klassifizierung

(Shallow Neural Networks for Clasifications)

12

Inhaltsverzeichnis

Zusammenfassung

Künstliche neuronale Netze ahmen die vernetzte Struktur der Nervenzellen im Gehirn und deren Arbeitsweise nach. Relativ einfache künstliche neuronale Strukturen, flache neuronale Netze genannt, erbringen erstaunliche Leistungen bei der Klassifizierung von Objekten. Damit das gelingt, wird das neuronale Netz anhand von bekannten Daten trainiert. MATLAB unterstützt die Mustererkennung und Klassifizierung mit den

Die Originalversion dieses Kapitels wurde revidiert: Das elektronische Zusatzmaterial wurde beigefügt. Ein Erratum ist verfügbar unter https://doi.org/10.1007/978-3-658-22185-0_15

Elektronisches Zusatzmaterial Die elektronische Version dieses Kapitels enthält Zusatzmaterial, das berechtigten Benutzern zur Verfügung steht
https://doi.org/10.1007/978-3-658-22185-0_12

Funktionen `patternnet`, `train` und `net`. Mit ihnen werden flache neuronale Netze implementieren, die zur Merkmalserkennung in der Bildverarbeitung eingesetzt werden.

Aktivierungsfunktion („activation function") · Alles-oder-Nichts-Prinzip („all-or-none law") · Artifizielle Intelligenz („artificial intelligence") · Entscheidungsgebiet („decision area") · Erkennungsquote („recognition rate/accuracy") · Flaches neuronales Netz („shallow neural network") · Gradientenabstiegsverfahren („gradient descent algorithm") · Klassifizierung („classification") · Kostenfunktion („cost function") · Kreuzentropie („cross-entropy") · Lernrate („learning rate") · MATLAB · Merkmalsraum („feature/property space") · Mustererkennung („pattern recognition") · Neuron („neuron") · Neuronales Netz („neural network") · Schwellenwertentscheidung („thresholding") · Sigmoidfunktion („sigmoid function") · Softmax-Funktion („softmax function") · Testphase („test phase") · Trainingsalgorithmus („training algorithm") · Trainingsphase („training phase") · Validierung („validation") · XOR-Problem („XOR classification problem")

12.1   Lernziele

Dieser Versuch soll Sie mit grundlegenden Konzepten künstlicher neuronaler Netze bekannt machen. Nach Bearbeiten des Versuchs können Sie

- den Aufbau flacher neuronaler Netze skizzieren und deren Funktionsweise erläutern;
- die Klassifizierungsaufgabe für neuronale Netze erläutern;
- das Zusammenspiel von Softmax-Aktivierungsfunktion und Kreuzentropie-Kriterium verstehen;
- spezielle MATLAB-Funktionen zur Implementierung flacher neuronaler Netze einsetzen;
- die MATLAB-Implementierung eines flachen neuronalen Netzes mit elementaren MATLAB-Befehlen nachvollziehen und
- einfache Klassifizierungsaufgaben selbst in MATLAB programmieren und die Ergebnisse kritisch bewerten.

12.2   Einführung

In vorangehenden Kapitel wurde das künstliche Neuron vorgestellt. Dessen interne Informationsverarbeitung geschieht nach dem Modell der gewichteten Summe, was seine Eignung als linearer Klassifikator nach dem Regressionsmodell begründet – aber auch beschränkt. Sollen komplexere Aufgaben gelöst werden, werden Netzwerke aus mehreren künstlichen Neuronen benötigt. Wir betrachten zunächst ein klassisches Beispiel für die

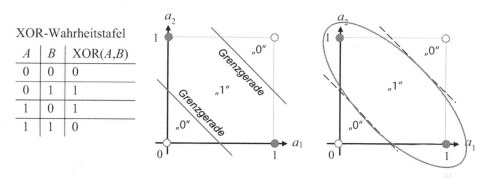

XOR-Wahrheitstafel		
A	B	XOR(A,B)
0	0	0
0	1	1
1	0	1
1	1	0

Abb. 12.1 Merkmalsraum des XOR-Klassifikation mit zwei Grenzgeraden links und einer nicht-linearer Kurve rechts

lineare Beschränktheit und seine Lösung, das *XOR-Problem*[1]. Danach wenden wir uns der Struktur flacher künstlicher *neuronaler Netze* (NN) und der Klassifikationsaufgabe zu. Wir schließen das Kapitel mit einer MATLAB-Simulation zur Bildverarbeitung.

12.3 XOR-Problem

Die bekannten Regeln des *XOR-Operators* für binärer Variablen A und B sind in der Wahrheitstafel in Abb. 12.1 zusammengestellt. Dazu ergibt sich in der (a_1, a_2)-Ebene der *Merkmalsraum* mit den vier ausgezeichneten Punkten (Abb. 12.1), die Kombinationen der möglichen Eingaben für A und B. Die Lösungen sind durch die Form der Punkte angedeutet: die gefüllten Punkte stehen für die Lösung „1" und die nicht gefüllten für „0". Offensichtlich können die beiden Klassen nicht durch eine Gerade getrennt werden. Die Klassifikationsaufgabe übersteigt die Möglichkeiten eines Knotens in Kap. 11. Für die Trennung der Lösung in zwei Gebiete, werden offensichtlich zwei Geraden bzw. eine nichtlineare Funktion benötigt.

Abhilfe schafft die Zerlegung der XOR-Operation in drei binäre Operationen, d. h. zuerst je eine bzgl. der beiden Entscheidungsgeraden in Abb. 12.1. Die anschließende Kombination liefert das gesuchte Ergebnis.

$$XOR(A, B) = OR(A, B) \cap NAND(A, B).$$

Infolgedessen bietet sich eine Netzstruktur mit drei Knoten an.

Im Folgenden sollen die in der Literatur üblichen Bezeichnungen eingeführt werden, wozu wir zwei Knoten für die Dateneingabe ergänzen und in der Ausgabe für jede Klasse einen Knoten als Indikator vorsehen. Es ergibt sich die Struktur des künstlichen

---

[1]Rosenblatt zeigte 1958, dass das einfache Perzeptron die logischen Operationen AND, OR und NOT ausführen kann. In der Aussagelogik wird jedoch auch das XOR benötigt, um alle Verknüpfungen der Boolschen Logik zu erlernen.

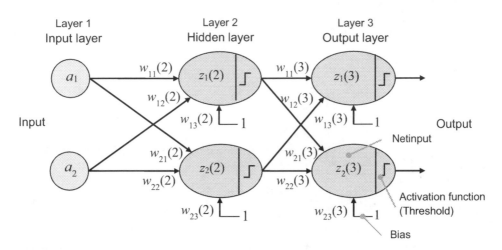

Abb. 12.2 Netzdiagramm eines einfachen Neuronalen Netzes mit einer Zwischenschichten für die XOR-Klassifizierung

NN in Abb. 12.2. Die Eingabe der Daten wird durch die *Eingabeschicht* („input layer") beschrieben. Deren Knoten haben keine weitere Funktion. Dahinter „verborgen" folgt die *Zwischenschicht* („hidden layer") mit den beiden informationsverarbeitenden Knoten.

Daran schließt sich die *Ausgabeschicht* („output layer") mit ebenfalls zwei informationsverarbeitenden Knoten an; ein Knoten als Indikator für das Ergebnis *XOR* (Klasse 1 für „1") und einer für das Komplement (Klasse 2 für „0"). Das NN besitzt somit drei Schichten und insgesamt sechs Knoten. Das *Netzdiagramm* in Abb. 12.2 beschreibt den Informationsfluss mit einem gerichteten Graphen und den noch zu bestimmenden Pfadgewichten, den *synaptischen Gewichten*.

Man beachte für später auch die Indizierung der Gewichte: $w_{ij}^{(l)}$ steht für das Pfadgewicht vom j-ten Knoten der Schicht $(l-1)$ zum i-ten Knoten der Schicht (l). Dementsprechend werden die Gewichte in die Gewichtsmatrix $W^{(l)} = (w_{ij}^{(l)})$ eingetragen. Mit allgemein n_l Knoten in der l-ten Schicht erhält man eine $(n_l \times n_{l-1})$-dimensionale Gewichtsmatrix $W^{(l)}$. (In der Literatur ist auch die umgekehrte Indizierung zu finden.)

Im Falle des XOR-Problems können die Entscheidungsgrenzen für die Knoten, und damit die Gewichte, mit Bezug auf das Netzdiagramm in Abb. 12.2 und dem Merkmalsraum in Abb. 12.1 analytisch bestimmt werden.

- Der Knoten 1 (oben) in Schicht 2 soll die Entscheidung bzgl. der unteren Geraden herbeiführen, also die logische Operation *OR(A,B)* ausführen. Mit A und B gleich 0 am Eingang, soll er auf 0 entscheiden und sonst 1 liefern.
- Der Knoten 2 (unten) in Schicht 2 soll bezüglich der oberen Geraden entscheiden und somit die logische Operation *NAND(A,B)* durchführen. Mit A und B gleich 1 am Eingang, soll er auf 0 entscheiden und sonst 1 liefern.

- Nur wenn beide Knoten der Schicht 2 den Wert 1 liefern, nimmt die XOR-Funktion ebenfalls den Wert 1 an, d. h. $AND(OR(A,B),NAND(A,B))$. Dann soll im Knoten (unten) der Schicht 3 auf die Klasse 1 entschieden und der Wert 1 angezeigt werden. Andernfalls soll auf die Klasse 2 entschieden und der Wert 0 angezeigt werden.

Übung 12.1 XOR-Klassifikator

a. Zeigen Sie anhand einer Wahrheitstafel dass $XOR(A,B) = OR(A,B) \cap NAND(A,B)$.
b. Bestimmen Sie durch Überlegen die synaptischen Gewichte zur Lösung des XOR-Problems mit dem NN in Abb. 12.2. Definieren Sie auch die passenden Schwellenwertentscheidungen.
c. Testen Sie ihre Lösung für den XOR-Klassifikator mit einer MATLAB-Simulation.
d. Nun soll die XOR-Operation mit obigem XOR-Klassifikator (Abb. 12.2) auf im Intervall [0, 1] kontinuierliche Eingangswerte erweitert werden. Zeigen Sie die Entscheidungsgebiete im Merkmalsraum, indem Sie ausgewählte Aktivierungsvektoren klassifizieren und im Merkmalsraum darstellen, vgl. Abb. 12.1. Ist ein Zusammenhang mit der Konstruktion des NN erkennbar?

12.4 Struktur flacher neuronaler Netze

Das Beispiel der XOR-Klassifikation führt das Potential einfacher NN anschaulich vor Augen. Mit jedem Knoten in der zweiten Schicht kann eine Trenngerade mehr implementiert werden. Erhöht man die Zahl der künstlichen Neuronen werden immer komplexere Merkmalscluster darstellbar. Man spricht allgemein vom *linearen Klassifikator* („linear classificator") und seiner Umsetzung als flaches NN.

Flaches neuronales Netz

Ein *flaches* NN („shallow neural network") besteht aus drei Schichten: die *Eingabeschicht* („input layer"), die dahinter verborgenen *Zwischenschicht* („hidden layer") und die *Ausgabeschicht* („output layer"), s. Abb. 12.3. Die anwendungsspezifische Vorverarbeitung stellt die Daten X bereit, die als Aktivierungsvektoren durch die Eingabeschicht der Zwischenschicht übergeben werden.

In vielen Anwendungen kann eine *Normalisierung* der Aktivierungsvektoren am Eingang sinnvoll sein, auch *Merkmalsskalierung* genannt. Sieht man die Daten als Zufallsgrößen, so bietet sich eine Standardisierung der Elemente auf den Mittelwert null und die Varianz eins an, wie man sie aus der Statistik kennt. Dies kann vorbereitend auf Basis theoretischer Modellüberlegungen oder empirischer Daten geschehen.

Die Zwischen- und die Ausgabeschicht bestehen aus informationsverarbeitenden künstlichen Neuronen wie oben beschrieben. Die Ausgabeschicht stellt Werte für eine weitere Verarbeitung zur Verfügung. Die Informationsverarbeitung geschieht von links nach rechts, weshalb von einem *Vorwärts-NN* („feedforward neural network")

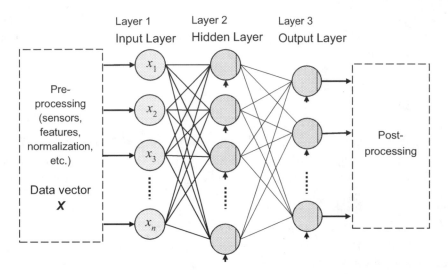

Abb. 12.3 Netzdiagramm eines flachen neuronalen Netzes mit Eingabe-, Zwischen- und Ausgabeschicht

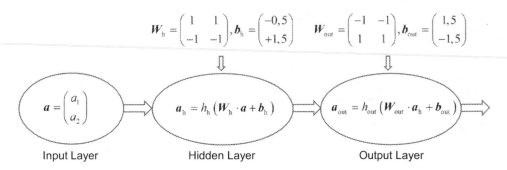

Abb. 12.4 Informationsfluss des XOR-Klassifikators in Matrixform für Matrizen und Vektoren

gesprochen wird. Zusätzlich sind alle Knoten der Zwischen- und der Ausgabeschicht mit allen Knoten der jeweiligen Vorgängerschicht verbunden, so dass die *vollständige Vernetzung* („fully connected") vorliegt.

In Abb. 12.3 fehlen die Angaben der synaptischen Gewichte und der *Aktivierungsfunktionen*. Die *Gewichtsvektoren* und die *Bias-Werte* werden praktischerweise zu Matrizen bzw. Vektoren zusammengefasst, so dass die Informationsverarbeitung einer Schicht kompakt in *Matrixform* angegeben werden kann. Im Beispiel des XOR-Klassifikators aus Abb. 12.2 resultiert die Beschreibung in Abb. 12.4.

Aktivierungsfunktion
Die Aktivierungsfunktionen sind i. d. R. für alle Knoten einer Schicht gleich. Im Beispiel des XOR-Klassifikators wurde die Schwellenwertentscheidung bei 0 verwendet.

Sie hat den Nachteil, dass sie nicht differenzierbar ist und folglich für trainierbare NN bzw. theoretische Überlegungen unbrauchbar, s. Gradientenabstiegsverfahren in Kap. 11.

In der Zwischenschicht kommt häufig eine Sigmoidfunktion zum Einsatz. MATLAB verwendet beispielsweise in der verborgenen Schicht die im Ursprung punktsymmetrische *Sigmoidfunktion* (`tansig`)

$$h(z) = \tanh(z) = \frac{2}{1 + e^{-2z}} - 1 \quad \text{mit} \quad \frac{d}{dz}\tanh(z) = 1 - [\tanh(z)]^2.$$

Die *Tangens-hyperbolicus-Funktion* (`tanh`, „hyperbolic tangens function") ist streng monoton steigend und damit differenzierbar. Der Faktor im Exponenten kann zum Steigungsparameter („slope parameter") verallgemeinert werden. Mit ihm wird die Steilheit des Übergangs eingestellt, s. Abb. 12.5. (Auch ein zusätzlicher Verschiebungsparameter ist möglich.) Bei der Tangens-hyperbolicus-Funktion ist der Steigungsparameter 2. Die Ableitung der Sigmoidfunktion wird in Kap. 12 noch benötigt (z. B., Bronstein et al. 1999; Gonzalez und Woods 2018).

Alternativ wird u. a. die *logistische Sigmoidfunktion* (`logsig`)

$$h(z) = \frac{1}{1 + e^{-z}} \quad \text{mit} \quad \frac{d}{dz}h(z) = h(z) \cdot [1 - h(z)]$$

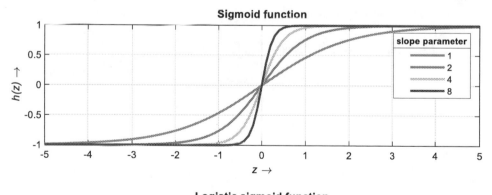

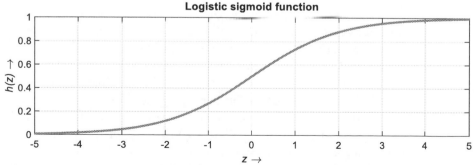

Abb. 12.5 Symmetrische und logistische Sigmoidfunktion

verwendet (Gonzalez und Woods 2018; Goodfellow et al. 2016). Sie zeigt einen ähnlichen Verlauf wie die Kurven darüber, beschränkt sich allerdings auf den Wertebereich von 0 bis 1, wie auch bei Wahrscheinlichkeiten. Die Kennlinie ist punktsymmetrisch zu $(0, 0,5)$.

In der Ausgabeschicht wird bei Klassifizierungsaufgaben oft eine Skalierung mit der *Softmax-Aktivierungsfunktion* (`softmax`), verwendet (Goodfellow et al. 2016; Rey und Wender 2018). Anders als bisher werden die Netzeingaben aller Knoten der Ausgabeschicht zur Normierung verwendet. Die Softmax-Aktivierungsfunktion ist folglich eine Funktion von allen Netzeingaben der Ausgabeschicht und es gilt

$$a_i(z) = h(z_i) = \frac{e^{z_i}}{\displaystyle\sum_{n=1}^{N} e^{z_n}}.$$

Die Softmax-Aktivierungsfunktion liefert Werte im Intervall $[0,1]$ und normalisiert die Summe aller Ausgabewerte pro Ausgabe auf eins. Damit sind die Kriterien einer Wahrscheinlichkeitsverteilung erfüllt und die Ausgabewerte können gegebenenfalls als Wahrscheinlichkeiten der jeweiligen Klasse interpretiert werden.

Die Ableitung der Softmax-Funktion verkompliziert sich zunächst durch die Normierung. Es sind N partielle Ableitungen möglich. Nach kurzer Zwischenrechnung erhält man

$$\frac{\partial}{\partial z_j} h(z_i) = h(z_i) \cdot \left[\delta_{ij} - h(z_j) \right] \quad \text{für} \quad i,j = 1, \ldots, N$$

mit dem Kroneckersymbol $\delta_{ij} = 1$ wenn $i = j$ und 0 sonst.

Übung 12.2 Differentiation der Softmax-Funktion

Verifizieren Sie obige Formel für die partielle Ableitung der Softmax-Funktion. Wenden Sie die Quotientenregel der Differentiation an.

Übung 12.3 Flaches NN in Matrixform

In Abb. 12.4 wird ein flaches NN dargestellt. Beantworten Sie dazu folgende Fragen:

a. Geben Sie den Aktivierungsvektor der Ausgabeschicht an, wenn am Eingang $a_1 = 0$ und $a_2 = 1$ gesetzt werden und die Aktivierungsfunktion der verborgenen Schicht die Schwellenwertfunktion bei 0 ist (ähnlich der Signumfunktion) und die Ergebnisse auf die binären Werte 0 und 1 abgebildet werden. Lösen Sie die Aufgabe von Hand.

b. Welche Werte ergeben sich nach (a) am Ausgang? Lösen Sie die Aufgabe von Hand.

c. Schreiben Sie ein MATLAB-Programm zur Implementierung des XOR-Klassifikators in Matrixform in Abb. 12.4 mit der symmetrischen Sigmoidfunktion als Aktivierungsfunktion in der Zwischenschicht. Sehen Sie den Steigungsparameter als wählbar vor. (Der Parameterwert 2 entspricht der MATLAB-Funktion `tanh`)

Für die Ausgabeschicht verwenden Sie die Softmax-Aktivierungsfunktion. Interpretieren Sie die Werte am Ausgang als Wahrscheinlichkeiten dafür, dass am Eingang ein Aktivierungsvektor der entsprechenden Klasse anliegt. Unterwerfen Sie die Ausgabewerte einer Schwellenwertentscheidung um wieder binäre Werte zu erhalten („hard decision"). Leistet der von Ihnen implementierte XOR-Klassifikator das Gewünschte?

Wie sollte der Steigungsparameter in der Zwischenschicht gewählt werden, um der Schwellenwertoperation nahe zu kommen? Wiederholen Sie die Simulation mit entsprechend geändertem Steigungsparameter.

d. Der XOR-Klassifikator soll auf reelle Eingangsdaten aus dem Intervall [0, 1] erweitert werden. Zeigen Sie die Abbildung Ihres XOR-Klassifikators im Merkmalsraum, siehe Übung 12.1. Probieren Sie verschiedene Einstellungen für den Steigungsparameter. Ändert sich dadurch das Entscheidungsgebiet?

Übung 12.4 Flaches NN in Matrixform

In einem NN sollen anhand einer Zusammenstellung von fünf Merkmalen drei separierbare Klassen unterschieden werden. Zu diesem Zweck sollen zehn Knoten in der verborgenen Schicht verwendet werden. Wie viele Gewichte sind bei vollständiger Vernetzung zu trainieren, wenn für jede Klasse je ein Indikator am Ausgang gesetzt werden soll?

Wie die letzte Aufgabe zeigt, kann das Training eines flachen NN aufwendig werden. Hierfür wurden spezielle Algorithmen entwickelt. Im nächsten Abschnitt wird ein häufig verwendetes Kriterium für den Lernalgorithmus vorgestellt, die Kreuzentropie. Sie kommt in den darauffolgenden Beispielen mit den MATLAB-Simulationen zum Einsatz.

12.5 Kreuzentropie-Kriterium

Typische Anwendungen flacher NN sind Klassifikationsaufgaben. Dabei geht es um die Abbildung des eingehenden Merkmalsvektors auf eine der möglichen Klassen. Im Grunde handelt es sich um ein Schätzproblem aus der mathematischen Statistik. Dabei wird von einem Zufallsexperiment ausgegangen, das Merkmalsvektoren und Klassen mit gewissen Wahrscheinlichkeiten „auswürfelt". Die Aufgabe des Schätzers ist es, basierend auf ein Modell der unbekannten Wahrscheinlichkeitsverteilung, die Parameter der Modellverteilung so zu bestimmen, dass die Auftrittswahrscheinlichkeit der Kombination aus beobachtetem Merkmalsvektors und einer der möglichen Klasse maximal wird. Man spricht vom *Maximum-likelihood(ML)-Kriterium* bzw. der ML-Schätzung („ML estimation") (Goodfellow et al. 2016; Hedderich und Sachs 2016). Der MLE-Ansatz führt über den Zwischenschritt der Log-Likelihood-Funktion zum Kriterium der Kreuzentropie, die es zu minimieren gilt (z. B., Goodfellow et al. 2016).

Kreuzentropie

Das *Kreuzentropie-Kriterium* beruht auf Vorstellungen zur Entropie in der Informationstheorie, daher auch der Name. Diskrete Informationsquellen werden als Zufallsexperimente aufgefasst, wobei die abgegebenen Zeichen die Versuchsausgänge bilden.

Die bekannte *Entropie* nach Shannon (1948) ist das Maß für die mittlere Ungewissheit einer Informationsquelle. Sie wird im Mittel durch die gesendeten Zeichen aufgelöst. Je größer die Entropie der Quelle, umso weniger zuverlässig kann das Auftreten der Zeichen vorhergesagt werden, umso größer der mittlere Informationsgehalt. Sind alle Zeichen gleichwahrscheinlich ist die Entropie am größten.

Auf die Vorstellung, dass die Entropie die mittlere Ungewissheit in einem Zufalls-experiment beschreibt, beziehen sich ebenfalls Kullback und Leibler (1951). Sie ana-lysieren u. a. das Schätzproblem für Wahrscheinlichkeitsverteilungen. Das heißt, es wird eine Stichprobe aus N möglichen Ereignissen mit der Wahrscheinlichkeitsverteilung P zugrunde gelegt. Die Beobachtung von P erfolgt allerdings indirekt und es wird das Modell der Wahrscheinlichkeitsverteilung Q als Schätzung abgeleitet. Als Kriterium für die Abweichung zwischen tatsächlicher und geschätzter Verteilung wird die *Kullback-Leibler-Divergenz* (KLD) eingeführt[2]

$$KLD(P, Q) = \sum_{n=1}^{N} P(x_n) \cdot \ln \left(\frac{P(x_n)}{Q(x_n)} \right).$$

Die KLD ist offensichtlich 0, wenn P und Q gleich sind. Weiter kann gezeigt werden, dass die KLD nicht negativ ist, und damit eine allgemeine Voraussetzung für Entropiefunktionen erfüllt[3]. Jedoch ist sie unsymmetrisch, $KLD(P,Q) \neq KLD(Q,P)$, und somit nicht als üblicher Abstand interpretierbar (vgl. MSE als euklidischer Abstand, Kap. 11).

Wendet man die Rechenregeln für die Logarithmusfunktion an, kann die KLD in die Differenz aus der Entropie minus der *Kreuzentropie* umgeformt werden.

$$KLD(P, Q) = \underbrace{\sum_{n=1}^{n} P(x_n) \cdot \ln \left(P(x_n) \right)}_{\text{Entropie:} -H(P)} - \underbrace{\sum_{n=1}^{N} P(x_n) \cdot \ln \left(Q(x_n) \right)}_{\text{Kreuzentropie:} H(P,Q)} = H(P, Q) - H(P)$$

Die KLD liefert die Ungewissheit, die durch die Fehlanpassung des Modells entsteht. In der Schätzung sollte die Ungewissheit so klein wie möglich sein. Da die Entropie $H(P)$ durch die Anwendung vorgegeben ist, ist die Kreuzentropie zu minimieren.

Die obigen Überlegungen sprechen für den Einsatz der Kreuzentropie als Kosten-funktion zur Adaption des NN bei Klassifikationsaufgaben. Es wird zugleich der Modell-fehler minimiert und die Wahrscheinlichkeit für die richtige Klassifikation maximiert. Hinzu kommt das Argument der einfachen Implementierung, wie noch gezeigt wird.

---

[2]Wegen des natürlichen Logarithmus in der Formel werden die KLD und die weiteren Größen hier in der Pseudoeinheit „nat" gemessen.

[3]Mit der Ungleichung von Kraft kann gezeigt werden, dass die Divergenz nicht negativ ist und der Wert 0 nur bei der Gleichheit der Verteilungen angenommen wird.

Wie sieht der Einsatz konkret aus? Dazu nehmen wir N unabhängige Klassen von Mustern für die möglichen Aktivierungsvektoren der Eingabeschicht an. Ziel ist es, das NN so zu trainieren, dass jede Klasse genau durch einen Knoten der Ausgabeschicht repräsentiert wird. Die Nummerierung der Ausgabeknoten geschieht entsprechend der zugeordneten Klasse von 1 bis N. Für die j-te Klassen dient also am Ausgang der j-te Knoten $a_{\mathrm{out}}^{(j)}$ als Indikator (Abb. 12.3, 12.4). Idealerweise ist sein Wert 1 („sicheres Ereignis"), wenn die j-te Klasse am NN-Eingang vorliegt und 0 („unmögliches Ereignis") sonst.

Dazu passt die Softmax-Aktivierungsfunktion. Mit ihr in der Ausgabeschicht resultieren normierte Ausgabewerte $a_{\mathrm{out}}^{(n)}$ mit $0 \leq a_{\mathrm{out}}^{(n)} \leq 1$ und $\sum_{n=1}^{N} a_{out}^{(n)} = 1$. Die Softmax-Aktivierungsfunktion stellt die Eigenschaften einer Wahrscheinlichkeitsverteilung sicher und schließt den obigen Idealfall ein.

Kostenfunktion im binären Fall

Im Sonderfall der binären Entscheidungen genügt ein Knoten, da mit $a_{\mathrm{out}}^{(1)} = q$ gilt $a_{\mathrm{out}}^{(2)} = 1 - q$. Entsprechendes folgt auch für die Wahrscheinlichkeiten der Klassen $p_1 = p$ und $p_2 = 1 - p$, so dass sich die Kreuzentropiefunktion ergibt

$$H(P, Q) = -p \ln (q) - (1 - p) \ln(1 - q).$$

Beziehen wir die Überlegungen auf die Trainingsphase, ist die Klasse des Merkmalsvektors am Eingang bekannt. Die sonst unbekannte Wahrscheinlichkeit p kann jetzt durch die binäre Indikatorvariable t ersetzt werden, wobei $t = 1$, wenn ein Aktivierungsvektor aus der Klasse 1 anliegt, sonst gilt $t = 0$. Die Kostenfunktion, die es in der Trainingsphase zu minimieren gilt, ist folglich[4]

$$J = -t \cdot \ln (q) - (1 - t) \cdot \ln (1 - q) = \begin{cases} -\ln q & \text{für } t = 1 \\ -\ln (1 - q) & \text{für } t = 0 \end{cases}$$

Die beiden möglichen Verläufe der Kostenfunktion für den binären Fall zeigt Abb. 12.6. Gehört der Aktivierungsvektor der Eingangsschicht nicht der Klasse 1 sondern 2 an, d. h. $t = 0$ („target 0"), beginnt die Kurve im Ursprung Die Kostenfunkt ist 0, wenn $output = 0$. Mit zunehmendem Fehler, $e = output - t$, steigt die Kostenfunktion. Bemerkenswert ist das Verhalten am Rand. Bei kleinem Fehler ($output >\approx 0$) ist sie proportional zu $output$. Bei großem Fehler ($output <\approx 1$) steigt die Kostenfunktion exponentiell. Im alternativen Fall ($t = 1$, „target 1") verhält sie sich entsprechend.

Insgesamt ist das Kreuzentropie-Kriterium im Vergleich zum MSE-Kriterium mit seiner quadratischen Abhängigkeit (Kap. 11) empfindlicher gegen Abweichungen und befördert in der Praxis schnelleres Lernen (Kim 2017).

---

[4] mit $\lim\limits_{x \to 0} x \cdot \ln (x) = 0$

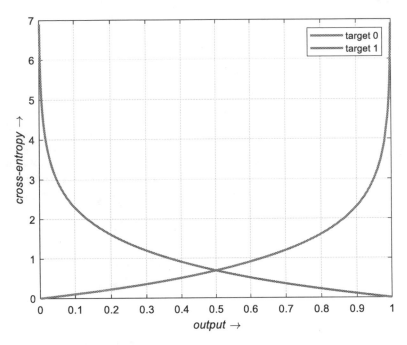

Abb. 12.6 Kreuzentropie als Kostenfunktion für den binären Fall

Kostenfunktion für N Klassen

Die Anwendung des Kreuzentropie-Kriteriums auf mehr als zwei Klassen, $N > 2$, geschieht in Erweiterung zum binären Fall.

$$J = -\sum_{n=1}^{N} p_n \cdot \ln(q_n)$$

Zuerst definieren wir zu den möglichen Ereignisse, d. h. das Auftreten eines Aktivierungsvektors aus einer der unabhängigen Klassen in der Eingabeschicht, den Indikatorvektor $\mathbf{t} = (t_1, \ldots, t_N)^T$ mit $t_i = 1$ und alle anderen Elemente gleich 0, wenn die i-te Klasse auftritt ($1 - N$-Codierung der Klassennummern). Im Training sind die Klassen jeweils bekannt und somit die Wahrscheinlichkeiten p_n gleich den Indikatorelementen t_n. Aus obiger Summe ist demzufolge jeweils nur der i-te Summand aktiv.

Zu jedem Trainingsvektor liefert das NN an den Ausgabeknoten den Schätzvektor $\mathbf{a}^{(3)} = (a_1, \ldots, a_N)^T$, sodass die Kreuzentropie unmittelbar angegeben werden kann. Der Einfachheit halber benutzen wir im Weiteren für die Angabe der Schicht die Schreibweise mit Hochstellung mit der Ausgabeschicht (3) und der Zwischenschicht (2) in flachen NN.

Stammt der Trainingsvektor aus der i-ten Klasse ist die *Kostenfunktion* des Kreuzentropie-Kriteriums

$$J_i = -\ln\left(a_i^{(3)}\right).$$

Man beachte, wegen der Softmax-Aktivierungsfunktion mit seiner Normierung ist die Kostenfunktion J_i eine Funktion aller Ausgabewerte, d. h. des gesamten Ausgabevektors $\boldsymbol{a}^{(3)}$.

Gradientenabstiegsverfahren für das Kreuzentropie-Kriterium

Zur Adaption der synaptischen Gewichte hat sich das *Gradientenabstiegsverfahren* (Kap. 11) bewährt. Anders als in Kap. 11.1 liegt nicht das Kriterium des MSE, sondern der Kreuzentropie vor. Deshalb muss die Berechnung des Gradienten neu vorgenommen werden. Die Berechnung wird in der Literatur effizient in Matrixform durchgeführt, was auch die Nähe zur späteren Implementierung im NN herstellt (Abb. 12.4). Die (skalare) Kostenfunktion J hängt von den Ausgabewerten der Ausgabeschicht $\boldsymbol{a}^{(3)}$ ab. Letztere ergeben sich nach elementeweiser Anwendung der Softmax-Aktivierungsfunktion $h(z)$ aus den Netzeingaben $z^{(3)}$ der Ausgabeknoten, welche sich wiederum aus dem Produkt aus erweiterter Gewichtsmatrix $\tilde{W}$ und erweitertem Aktivierungsvektor der Zwischenschicht $\tilde{a}$ bestimmen. Die Beiträge der einzelnen Ausgaben zur Kostenfunktion J_i bilden die i-ten Elemente des Kostenvektors

$$J = -\ln\left(z^{(3)}\right) = -\ln\left[h\left(\tilde{W}\tilde{a}\right)\right].$$

Die Aufgabe des Trainingsalgorithmus ist es, die erweiterte Gewichtsmatrix so zu bestimmen, dass die Kostenfunktion minimal wird. Dies kann mit dem Gradientenabstiegsverfahren schrittweise durchgeführt werden. Dabei gibt der jeweilige Wert des Gradienten der Kostenfunktion Richtung und Weite vor. Die Berechnung des Gradienten schein zunächst aufwendig, die Lösung stellt sich jedoch im Nachhinein als einfach heraus. Die Lösung ist exemplarisch und wird nochmals zum Verständnis des Backpropagation-Algorithmus in Kap. 13 gebraucht. Wir stellen sie deshalb ausführlich vor.

Vorbereitend machen wir uns nochmals die Berechnung der Netzeingabe als Matrix-Vektor-Multiplikation in der Ausgabeschicht klar, $z^{(3)} = \tilde{W}\tilde{a}$ (Abb. 12.2 und 12.4). Mit $n^{(3)}$ Ausgabeknoten und $n^{(2)}$ Knoten der Zwischenschicht liegt eine (erweiterte) Gewichtsmatrix mit $n^{(3)}$ Zeilen und $(n^{(2)}+1)$ Spalten vor. Das Matrixelemente $w_{ij}^{(3)}$ spiegelt das Gewicht der Verbindung vom j-ten Knoten der Zwischenschicht (2) zum i-ten Knoten der Ausgabeschicht (3) wider. Sie werden in der erweiterten Matrix durch die Bias-Gewichte ergänzt. Für das Gradientenabstiegsverfahren wird zu jedem Matrixelement die partielle Ableitung der Kostenfunktion benötigt.

Die Kostenfunktion stellt sich oben als Kette von drei Funktionen dar, der Logarithmusfunktion, der Softmax-Funktion und der gewichteten Summe. Zur Differentiation ist die Kettenregel anzuwenden (Bronstein et al. 1999). Die partielle Differentiation nach den Gewichten ergibt in ausführlicher Schreibweise für die Elemente der erweiterten Gewichtsmatrix

$$\frac{\partial}{\partial \tilde{w}_{ij}} J_i = - \underbrace{\frac{d}{dy} \ln(y) \Big|_{y=h\left(z_i^{(3)}\right)}}_{\frac{1}{\ln\left[h\left(z_i^{(3)}\right)\right]}} \cdot \underbrace{\frac{\partial}{\partial z_i^{(3)}} h\left(z_i^{(3)}\right) \Big|_{z_i^{(3)}=\tilde{w}_i \cdot \tilde{a}}}_{h\left(z_i^{(3)}\right) \cdot \left[\delta_{ij} - h\left(z_i^{(3)}\right)\right]} \cdot \underbrace{\frac{\partial}{\partial \tilde{w}_{ij}} \tilde{W}\tilde{a}}_{\tilde{a}_j} .$$

Zusammengefasst resultiert

$$\frac{\partial}{\partial \tilde{w}_{ij}} J_i = - \left[\delta_{ij} - h(z_i^{(3)})\right] \cdot \tilde{a}_j = \underbrace{\left(a_i^{(3)} - \delta_{ij}\right)}_{e_i} \cdot \tilde{a}_j.$$

Die Adaption der Gewichte gestaltet sich somit relativ einfach. Es werden die Aktivierungsvektoren der Zwischenschicht $a^{(2)}$ und der Ausgabeschicht $a^{(3)}$ sowie der Indikatorvektor t benötigt. Die Elemente des Indikatorvektors sind 0, außer $t_j = 1$ mit dem Testvektor aus der j-ten Klasse („one-hot encoding"). Dann ist der Fehler im i-ten Ausgabeknoten

$$e_i = a_i^{(3)} - \delta_{ij} = \begin{cases} a_i^{(3)} - 1 & \text{für } i = j \\ a_i^{(3)} & \text{sonst} \end{cases}.$$

Die Anpassung der Gewichte erfolgt entsprechend zu Kap. 11, dem steilsten Abstieg, mit

$$\tilde{w}_{ij}[k+1] = \tilde{w}_{ij}[k] - \alpha \cdot e_i \cdot \tilde{a}_j^{(2)}.$$

Kompakt in Matrixform geschrieben, erhält man bei Anwendung der Softmax-Aktivierungsfunktion und des Kreuzentropie-Kriteriums die Adaption der Gewichte in der Ausgabeschicht (3)

$$\tilde{W}[k+1] = \tilde{W}[k] - \alpha \cdot e \cdot \tilde{a}^T$$

mit dem dyadischen Produkt von Fehlervektor und erweitertem Aktivierungsvektor (2).

Damit ist der Trainingsalgorithmus der Ausgabeschicht gegeben. Allerdings wird noch ein Algorithmus für die Zwischenschicht benötigt. Dort fehlt es an einem sinnvollen Kriterium, da der Fehler in den Zwischenschichtkoten nicht bekannt ist. Mit dem Back-propagation-Algorithmus erarbeiten wir uns die Lösung im nächsten Kap. 13. Hier schließen wir mit zwei Beispielen die Überlegungen ab. Darin übernimmt das Training die MATLAB-Funktion `train`. Im ersten Beispiel knüpfen wir an die Überlegungen zum XOR-Problem an. Danach bearbeiten wir ein vereinfachtes Bildbeispiel für die Erkennung von Ziffern.

Übung 12.5 Ableitung der Kostenfunktion für das Kreuzentropie-Kriterium

Die partiellen Ableitungen der Kostenfunktion für das Kreuzentropiekriterium wird in der Literatur oft nur in verkürzter Form angegeben. Verifizieren Sie das oben angegebene Resultat durch eine eigene Herleitung. (Diese Übung können Sie auch ohne Verlust an Verständlichkeit im Weiteren überspringen.)

Ergänzen Sie die Textlücken sinngemäß.

1. Ein flaches neuronales Netz besteht aus ___ Schichten mit informationsverarbeitenden künstlichen Neuronen.
2. Ein vollständig vernetztes flaches neuronales Vorwärtsnetz mit drei Eingabe- und einem Ausgabe- und fünf Zwischenschichtknoten hat ___ Gewichte.
3. Standardisieren der Aktivierungsvektoren bedeutet, dass für die Elemente der standardisierten Aktivierungsvektoren der ___ gleich 0 und die ___ gleich 1 sind.
4. Die Tangens-hyperbolicus-Funktion ist auf Werte zwischen ___ und ___ begrenzt.
5. Die Tangens-hyperbolicus-Funktion ist ___ im Ursprung.
6. Die Softmax-Funktion nimmt Werte im Bereich von ___ bis ___ an.
7. Die Softmax-Funktion kommt vor allem zur Aktivierung in der ___ zur Anwendung.
8. Die Softmax-Funktion normiert die Summe der Ausgabewerte auf ___.
9. Die Softmax-Funktion wird vor allem in NN eingesetzt, deren Aufgabe die ___ von Objekten ist.
10. Die Kullback-Leibler-Divergenz misst den Informationsverlust der durch die ___ des Modells entsteht.
11. Minimieren der Kreuzentropie ___ die Wahrscheinlichkeit für die richtige Klassenzuschreibung.
12. Das Akronym MLE steht für ___.

12.6   MATLAB-Simulation flacher neuronaler Netze

MATLAB unterstützt die Anwendung neuronaler Netze in vielfältiger Weise. Im Folgenden wird ein einfaches Beispiel zur Mustererkennung vorgestellt. Es ist aus der MATLAB-Dokumentation für die `Neural Network Toolbox` im Abschnitt „Classify Patterns with a Shallow Neural Network" entlehnt (Beale et al. 2018). Wir modifizieren das Beispiel der Übersichtlichkeit halber so, dass wir direkt an das XOR-Problem anknüpfen und Ergebnisse vergleichen können.

Programm 12.1 MATLAB-Beispielprogramm zur Mustererkennung mit flachem neuronalem Netz (Beale et al. 2018, S. 1–53)

```
% Solve a Pattern Recognition Problem with a Neural Network
% Script generated by NPRTOOL
% This script assumes these variables are defined:
% cancerInputs - input data
% cancerTargets - target data
```

```
inputs = cancerInputs;
targets = cancerTargets;
% Create a Pattern Recognition Network
hiddenLayerSize = 10;
net = patternnet(hiddenLayerSize);
% Set up Division of Data for Training, Validation, Testing
net.divideParam.trainRatio = 70/100;
net.divideParam.valRatio = 15/100;
net.divideParam.testRatio = 15/100;
% Train the Network
[net,tr] = train(net,inputs,targets);
% Test the Network
outputs = net(inputs);
errors = gsubtract(targets,outputs);
performance = perform(net,targets,outputs)
% View the Network
view(net)
% Plots, uncomment these lines to enable various plots
% figure, plotperform(tr)
% figure, plottrainstate(tr)
% figure, plotconfusion(targets,outputs)
% figure, ploterrhist(errors)
```

Die selbstgestellte Aufgabe „XOR-Klassifikator mit der Neural Network Toolbox" bearbeiten wir ähnlich einer Fallstudie in Schritten und stellen die notwendigen Informationen bereit, wenn sie gebraucht werden. Wir beginnen mit einem Blick in die Toolbox. (Sie können diesen Abschnitt auch bearbeiten, wenn Sie keinen Zugriff auf die Toolbox haben.)

MATLAB-Funktionen patternnet, train und net

MATLAB stellt in der Neural Network Toolbox für die Mustererkennung („pattern recognition") die Funktion patternnet zur Verfügung. Ihr Trainingsalgorithmus „scaled conjugate gradient method" nutzt einen Backpropagation-Algorithmus, wie er in Kap. 13 noch vorgestellt wird. Patternnet realisiert ein flaches NN („shallow neural network") nach dem Modell in Abb. 12.7 (view(net)). Dabei handelt es sich um ein vollständig vernetztes Vorwärtsnetz („fully connected feed-forward NN"). Die Informationsverarbeitung geschieht von links nach rechts und alle Knoten einer Schicht sind mit allen Knoten der nächsten verbunden. Die Informationsverarbeitung beginnt mit der Bereitstellung der Eingabedaten („input"). Daran schließt sich die Zwischenschicht („hidden layer") an. Deren Ausgänge sind mit den Knoten der „Ausgabeschicht" („output layer") verbunden, die schließlich die Ausgabe („output") speisen. Unter den Blöcken steht jeweils die Zahl der verwendeten Knoten bzw. Elemente.

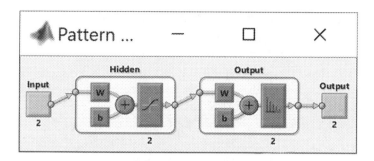

Abb. 12.7 MATLAB-Modell zur Lösung des XOR-Problems (`patternnet`, `view(net)`)

Das spezielle Beispiel des XOR-Klassifikators besitzt zwei Eingangsvariablen. Für den Entwurf des NN werden beispielhaft zwei verborgene Knoten und zwei Ausgabeknoten vorgegeben, entsprechend zu Abb. 12.2. Wie in Abb. 12.7 angedeutet, wird in der Zwischenschicht eine symmetrische Sigmoid-Aktivierungsfunktion (`'tansig'`) verwendet. Die Ausgabeschicht skaliert mit der Softmax-Aktivierungsfunktion (`'softmax'`). Beides kann mit dem Befehl `net.layers{1}.transferFcn` und `net.layers{2}.transferFcn` überprüft werden. MATLAB organisiert das NN als Datenstruktur (`struct`) und speichert relevante Parameter in Feldern passenden Typs.

Das MATLAB-Beispielprogramm im Handbuch gibt Programm 12.1 wieder. Es besteht im Wesentlichen aus acht Programmzeilen. (Das funktioniert, weil im Hintergrund Vieles durch Vorbesetzungen geregelt wird, wie z. B. die Auswahl des Lernalgorithmus und seine Parametrisierung.)

Die MATLAB-Variablen `inputs` und `targets` definieren das Problem aus Anwendersicht. Sie beinhaltet die Aktivierungsvektoren bzw. die jeweiligen Klassifizierungen (Aktivierungsvektoren der Ausgabeschicht). Im Beispiel des XOR-Klassifikators besteht `inputs` aus einer Aneinanderreihung der vier möglichen Aktivierungsvektoren mit je zwei Elementen

```
inputs = [0 1 0 1; 0 0 1 1];
```

Die Vektoren (Spalten) decken alle möglichen „idealen" Fälle ab und definieren zusammen mit den zugehörigen Klassen die XOR-Operation. Sie ergeben sich aus den XOR-Operationen der Elemente der Aktivierungsvektoren gemäß der Wahrheitstafel in Abb. 12.1. Beachten Sie, das XOR-Ergebnis zeigt `targets` in der unteren Zeile, während in der ersten das negiert Ergebnis eingetragen ist.

```
targets = [1 0 0 1; 0 1 1 0];
```

Für das Training werden wir aus Gründen der besseren Konvergenz viele zufällig generierte Aktivierungsvektoren verwenden.

Die nächste Programmeingabe betrifft die gewünschte Zahl der Knoten in der Zwischenschicht (`hiddenLayerSize`). Die Vorbesetzung in MATLAB ist zehn. Für den XOR-Klassifikator begnügen wir uns mit zwei Zwischenknoten wie in Abb. 12.2.

Die folgende Programmzeile initialisiert das neuronale Netz vom Typ `patternnet`. Die Zahl der Ausgänge wird durch die Variable `targets` implizit vorgegeben. Das Netzwerk wird als Objekt mit dem Namen `net` im Speicher abgelegt.

Für das Training des Netzwerks ist wichtig zu wissen, dass drei Aufgaben bearbeitet werden müssen: das eigentliche Training, die Validierung des Resultats und der Test. Alle drei Aufgaben sollten mit unabhängigen Testdaten durchgeführt werden. Aus diesem Grund werden die Aktivierungsvektoren (`inputs`) in drei Gruppen geteilt. Der jeweilige Prozentanteil wird als Parameter vorgegeben: 70 % für das Training, 15 % für die Validierung und 15 % für den abschließenden Test.

Die *Validierung* im Training dient dazu, die *Generalisierbarkeit* des Netzes zu über-prüfen, und wenn keine Verbesserung bzgl. der Validierungsdaten erfolgt, das Training zu beenden. Damit soll eine Überanpassung des NN an die Trainingsdaten vermieden werden. Von *Überanpassung* („overfitting") spricht man, wenn der Fehler im Training zwar kleiner wird, aber in der Anwendung auf unabhängige Daten sich vergrößert. In diesem Fall ist die Lösung nicht generalisierbar und somit unbrauchbar. Zum Abschluss der Testphase wird mit den noch nicht benutzten Testdaten eine unabhängige Prüfung auf die Generalisierbarkeit des berechneten NN durchgeführt, in der Testtheorie *Kreuz-validierung* genannt.

Mit dem Befehl `train` wird das Training durchgeführt. Es resultiert das Netz-werkobjekt `net` und die Struktur `tr` mit dem Trainingsprotokoll („training record"). Letzteres umfasst 29 Angaben bzw. Datensätze. Danach kann mit `net(input)` das NN eingesetzt werden.

Die weiteren (auskommentierten) Programmzeilen dienen zur Analyse und Bewertung des entworfenen flachen NN. Auf die Erläuterung der verschiedenen Diagnosewerkzeuge wird hier der kürze Halber verzichtet.

MATLAB zeigt auf den Befehl `train` das Menü zum `Neural Network Training Tool` an. Es bietet verschiedenen Anzeigen und Auswahlmöglichkeiten (Abb. 12.8). Oben kann die eingestellte Netzstruktur kontrolliert werden. Der Einfach-heit halber beschränken wir uns auf einige Angaben.

- Der Block „Algorithms" informiert über den Trainingsalgorithmus. Im Unter-punkt „Performance" wird das Kriterium, hier die Kreuzentropie („Cross-Entropy"), angezeigt.
- Zur Prüfung des Lernfortschritts dient der nächsten Block. Angezeigt werden:
  - die Zahl der *Epochen* bis zum Trainingsabbruch. Im Beispiel wurde der Trainings-datensatz 25-mal eingesetzt, wobei die Reihenfolge der Aktivierungsvektoren jeweils quasi-zufällig verwürfelt wurde.
  - die zum Training verbrauchte (Uhr-)Zeit.

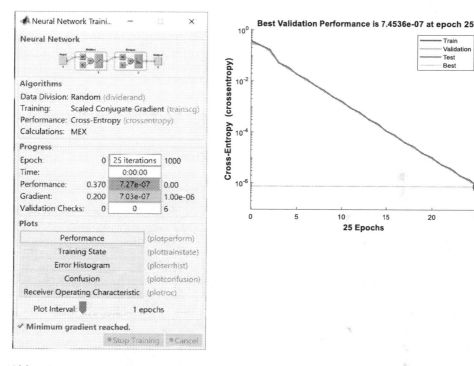

Abb. 12.8 MATLAB-Menü `Neural Network Training Tool` (links) und Verlauf der Kreuzentropie im Training

- die Werte der Kostenfunktion zu Beginn und am Ende des Trainings. Im Beispiel fällt die Kreuzentropie von anfangs 0,370 auf $7,27 \cdot 10^{-7}$. Der theoretische Grenzwert ist null.
- die Größe des Gradienten zu Beginn und am Ende des Trainings. Im Beispiel wird der Endwert $7,03 \cdot 10^{-7}$ erreicht. Damit wurde das Abbruchkriterium von 10^{-6} unterschritten und das Lernen beendet.
- Die Zahl der fehlgeschlagenen Validitätsprüfungen. Es wurden sechs Prüfungen durchgeführt, wobei keine fehlschlug
- Der Block „Plots" hält ein Auswahlmenü für Graphiken bereit. Unter dem Punkt „Performance" können Verläufe der Lernkurven für die drei Phasen Training, Validation und Test abgerufen werden. Damit erhält man zusätzliche Informationen darüber, ob das Training gelungen ist bzw. welche Probleme aufgetreten sein könnten. Im Beispiel wird der Verlauf der *Lernkurve* (Kap. 11), der *Kreuz-Entropie*, in Abb. 12.8 angezeigt. Im gesamten Trainingsprozess (Training, Validierung und Test) fallen die Kurven annähern gleichförmig und quasi-monoton. Damit ist eine fortschreitend bessere Adaptierung der synaptischen Gewichte und somit brauchbare Lösung zu beobachten.

Im Entwurfsbeispiel resultieren schließlich die Gewichte (gerundet)

$$W_h = \begin{pmatrix} -2,782 & 2,927 \\ -2,937 & 2,792 \end{pmatrix}, \quad b_h = \begin{pmatrix} 2,646 \\ -2,657 \end{pmatrix}$$

$$W_{out} = \begin{pmatrix} 6,928 & -6,828 \\ -6,643 & 6,798 \end{pmatrix}, \quad b_{out} = \begin{pmatrix} -6,509 \\ 6,985 \end{pmatrix}$$

Übung 12.6 XOR-Klassifikator mit `patternnet`

In dieser Übung soll das von MATLAB berechnete flache NN getestet und verifiziert werden.

a. Zuerst sind die Merkmalsvektoren für das Training des Netzes zu erzeugen. Generieren Sie mit MATLAB 100 zufällige binäre Aktivierungsvektoren (`inputs`) für den XOR-Klassifikator mit Klasseninformation (`targets`), siehe Übung 12.1.

b. Mit den Merkmalsvektoren aus (a) führen Sie die Simulation entsprechend dem Programm 12.1 durch. Beachten Sie die oben diskutierten Einstellungen. Vergleichen Sie die Ergebnisse (`outputs`) mit Ihrer Klasseninformation (`targets`) zu den jeweiligen Aktivierungsvektoren. Wie viele Klassifizierungen waren falsch? Löst das flache NN die gestellte Aufgabe? Was wird in der Variablen `errors` angezeigt? Konvergiert das NN nicht, wiederholen Sie das Training gegebenenfalls mehrmals.

Übung 12.7 Simulation der MATLAB-Lösung

Nun sollen Sie das in Übung 12.6 entworfene flache NN durch eine eigene Simulation überprüfen.

a. Zur Vorbereitung machen Sie sich mit der Netzstruktur in Matrixform vertraut (Abb. 12.4). Um das Netz selbst in MATLAB simulieren zu können, werden die Gewichte aus der MATLAB-Lösung Übung 12.6 benötigt. MATLAB organisiert das Objekt `net` mit Datenstrukturen (`struct`). Auf die Gewichtvektoren können Sie folgendermaßen zugreifen:

```
net.IW{1,1}; % weights, hidden layer (input->hidden)
net.b{1}; % bias, hidden layer
net.LW {2,1}; % weights, output layer (hidden->output)
net.b{2}; % bias, output layer
```

Weil mit zufälligen Aktivierungsvektoren trainiert wird, sind auch die Zahlenwerte „zufällig" und von Fall zu Fall verschieden. Beachten Sie die Dimensionen der Matrizen und Vektoren, die mit Ihrer Netzstruktur harmonieren sollten, vgl. Abb. 12.4. In einem früheren Simulationsbeispiel ergaben sich die obenstehenden Zahlenwerte. (Wenn Sie keinen Zugriff auf die `Neural Network Toolbox` haben, können Sie mit diesen Zahlen weitermachen.)

b. Ihr Plan für das NN sollte die notwendigen Informationen wie in Abb. 12.3 enthalten. Es fehlen noch die Aktivierungsfunktionen der Knoten. Im Beispiel verwendet MATLAB in der Zwischenschicht die im Ursprung symmetrische Sigmoidfunktion, die Tangens-hyperbolicus-Funktion, und in den Ausgabeknoten die Softmax-Funktion, beide wie in Abschn. 12.4 beschrieben.

Die Normalisierung der Daten im NN ist i. Allg. nicht trivial. Für die Simulation wählen Sie:

- die gleichverteilt 0 und 1 enthaltenden binären Aktivierungsvektoren a zu normalisieren, d. h. den Mittelwert auf null und die Varianz auf eins einzustellen

```
a = 2*a - 1;
```

- die Tangens-hyperbolicus-Aktivierungsfunktion (tansig) in der verborgenen Schicht einzusetzen

```
h(z) = 2./(1+exp(-2*z)) - 1;
```

- in der Ausgabeschicht die Softmax-Aktivierungsfunktion anzuwenden

```
zexp = exp(zout); hout = zexp(1:2,:)./sum(zexp);
```

um danach die binären Entscheidungen (0,1) vorzunehmen („hard decsion")

```
ahoutHD(aout<=.5)=0; aoutHD(aout>.5)=1;
```

c. Schreiben Sie ein MATLAB-Programm zur Anwendung Ihres künstlichen neuronalen Netzes. Testen Sie das Netz mehrmals mit beispielsweise hundert zufälligen binären Aktivierungsvektoren. Werden die Aktivierungsvektoren richtig klassifiziert? Vergleichen Sie die mittleren Fehler ihres Programms mit obiger MATLAB-Lösung.

d. Wenn Ihr Netz in (c) funktioniert, kann es vielleicht auch eine schwierigere Aufgabe lösen? Addieren sie Rauschen (AWGN, randn, Kap. 5) zu den Aktivierungsvektoren. Beginnen Sie zunächst mit einer kleinen Störung, z. B. mit der Varianz 0,01. Beobachten Sie die Fehlerquote.

Entscheidungsgebiete

Liegen Merkmalsvektoren (Aktivierungsvektoren der Eingabeschicht) vor, welche nicht mehr binär sind, z. B. mit messbedingt verrauschten Merkmalen, so können die *Entscheidungsgebiete* für die Akzeptanz der Lösung wichtig werden. Im Beispiel der XOR-Entscheidung sind die Regionen der Merkmalsvektoren von Interesse, in denen auf logisch 0 bzw. logisch 1 entschieden wird. Die Entscheidungsgebiete können durch eine einfache Simulation sichtbar gemacht werden, wenn die Merkmalsvektoren den interessierenden Bereich im Merkmalsraum „ausleuchten". Eine mögliche Lösung zeigt

Programm 12.2. Dort werden die Merkmalsvektoren in einem gleichmäßiges Gitter in der (a_1,a_2)-Ebene vorgegeben und das NN angewendet. Die graphische Anzeige der zugehörigen XOR-Entscheidungen in der (a_1,a_2)-Ebene gibt dann Aufschluss über die Entscheidungsgebiete.

Zwei beispielhafte Ergebnisse mit dreidimensionaler Darstellung des Merkmalraums zeigt Abb. 12.9 für die Werte der Ausgabeknoten. Das Bild links ergibt sich nach erfolgreichem Training. Die vier (logischen) Merkmalsvektoren $(0,0)^T$, $(1,0)^T$, $(0,1)^T$ und $(1,1)^T$ werden fehlerfrei klassifiziert. Auch fehlerhafte Merkmalsvektoren in deren Nähe werden noch richtig Klassifiziert. Es ergibt sich ein nur schmaler Übergangsbereich mit steil abfallenden Flanken. Rechts im Bild dagegen konvergiert das NN nicht. Die Merkmalsvektoren $(0,0)^T$, $(0,1)^T$ bleiben indifferent. Die Ausgabeknoten geben Schätzwerte der Wahrscheinlichkeiten von 0,5 aus.

Übung 12.8 Entscheidungsgebiete

Ergänzen Sie obiges Programm um die Funktion `decisionRegion`. Führen Sie einige Simulationen mit AWGN durch. Beobachten Sie, wie unterschiedlich die Ergebnisse ausfallen können – auch bei größeren Trainingslängen.

Programm 12.2 Entscheidungsgebiete (`decisionRegion`)

```
% Show decision region of flat NN and boundary lines of hidden layer
% function decisionRegion(net)
% net : flat neural network under consideration (MATLAB)
% Wh : weight matrix of hidden layer
% decisionRegion * mw * 2020-03-27
function decisionRegion(net)
%activation vectors (av) uniformly distributed in (a1,a2)-plane
```

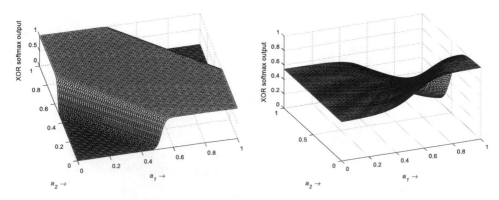

Abb. 12.9 Entscheidungsgebiete in 3-D-Darstellung mit Übergängen nach gelungenem (links) und nicht-gelungenem Lernen (rechts)

```
x = 0:.01:1; y = 0:.01:1;
[a1,a2] = meshgrid(x,y);
inputs = [a1'; a2']; % av
%% Neural network (XOR)
outputs = net(inputs);
outHD = round(outputs(2,:)); % XOR-Decision (hard decision)
%% Feature map graphics - hard decision
text = ,XOR decision region (blue = 1, red = 0)';
FIG = figure('Name',text,'NumberTitle','off');
hold on
axis([0,1,0,1]); grid
xlabel('\it{a}_{1} \rightarrow'), ylabel('\it{a}_{2} \rightarrow')
title(text)
for k=1:length(outHD)
  if outHD(k)==1 % XOR true
  plot(inputs(1,k),inputs(2,k),'bs','LineWidth',2,'MarkerSize',5)
    else
  plot(inputs(1,k),inputs(2,k),'ro','LineWidth',2,'MarkerSize',5)
    end
end
%% Feature map graphics - soft decision
Nx = length(x); Ny = length(y);
Z = outputs(2,1:Nx);
for k=1:Ny-1
Z = [Z; outputs(2,(k*Nx+1):(k*Nx+Nx))];
end
FIG = figure('Name','XOR decision region','NumberTitle','off');
surface(x,y,Z), view(3), grid
xlabel('\it{a}_{1} \rightarrow'), ylabel('\it{a}_{2} \rightarrow')
zlabel('XOR softmax output')
```

12.7   Zeichenerkennung mit flachen neuronalen Netzen

Ein überschaubares Beispiel soll die Brücke zur Anwendung von flachen NN schlagen (Kim 2017). Den Ausgangspunkt bildet die Darstellung der zehn Ziffern als *Pixelgrafiken* der Größe 5×4 in Abb. 12.10. Dazu stellen wir uns die Aufgabe ein flaches NN zu designen, das die Ziffern eindeutig erkennen kann. Die Grundlage zur Lösung liefert das ausführliche MATLAB-Beispiel im vorangehend Abschn. 12.6. (Falls Sie keinen Zugriff auf die Neural Network Toolbox haben, können sie mit dem Online-Datensatz sum_pix_num.mat arbeiten, s. a. save und load. Er enthält die synaptischen Gewichte eines konvergenten Entwurfsbeispiels.)

Die Aufgabe besteht demzufolge darin

1. die Eingabedaten (`inputs`),
2. die zugehörigen Wunschausgaben (`targets`)
3. und die Zahl der Knoten in der Zwischenschicht festzulegen.

Die Eingabedaten ergeben sich aus Abb. 12.10 indem die Pixelgrafiken in einen Daten-
vektor für die Eingabe an der Eingangsschicht umgewandelt werden. Dazu setzen wir
zunächst von Hand die Grafiken in Matrizen für MATLAB um, die dann spalten oder
zeilenweise „gescannt" werden. Für jede Ziffer kann z. B. eine Matrix definiert werden,
worin die Nullen die weißen und die Einsen die schwarzen Pixel widergeben. Im Beispiel der Ziffer „2" ergibt sich die 5×4-Matrix

```
X(:,:,2)=[ 1 1 1 0;
           0 0 0 1;
           0 0 1 0;
           0 1 0 0;
           1 1 1 1];
```

Das dreidimensionale Array X enthält schließlich alle Matrizen der zehn Ziffern, die über
die letzte Dimension adressiert werden.

Aktivierungsvektoren ergeben sich daraus beispielsweise mit dem Befehl
`reshape(X(:,:,2),20,1)` als Spaltenvektoren (1 0 0 0 1 1 0 0 1 1 1
0 1 0 1 0 1 0 0 1)' für die Eingabeschicht.

Die Wunschausgabe erhalten wird mit der 1-M-Codierung und $M = 10$. Sie ist gleich
der zehndimensionalen Einheitsmatrix, die in MATLAB mit `eye(10)` angelegt wird,
s. a. Indikatorvektor t in Abschn. 12.5.

Für die Zahl der Knoten in der Zwischenschicht nehmen wir ohne lange nachzu-
denken 20 an. Wir können den Netzentwurf gegebenenfalls mit mehr oder weniger
Knoten wiederholen. Programm 12.3 zeigt eine mögliche Umsetzung in MATLAB
mit der Neural Network Toolbox. Ein mögliches Trainingsergebnis wird

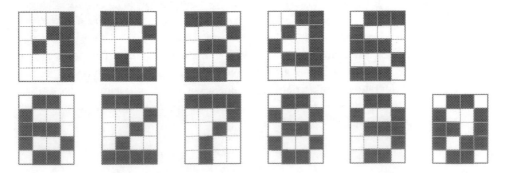

Abb. 12.10　Die Ziffern als Pixel-Grafiken der Größe 5×4

in Abb. 12.11 dokumentiert. Der Verlauf des Gradienten zeigt im Wesentlichen zunehmendes Lernen an. Das Training wird nach Unterschreiten der Schwelle für den Gradienten nach 32 Epochen beendet.

An dieser Stelle ergeben sich Möglichkeiten für weitere Experimente bzw. Anwendungsfragen die Sie untersuchen können:

- Das NN mit einfachen MATLAB-Befehlen selbst programmieren. (Die Gewichte eines konvergenten Beispiels finden Sie in der MATLAB-Datei `snn_pix_num.mat` abgespeichert, s. a `save` und `load`.)
- Wie viele Knoten werden mindestens in der Zwischenschicht benötigt? (Abschätzen durch ausprobieren.)
- Was passiert, wenn die Bilder gestört sind, d. h. ein, zwei oder mehr Pixel zufällig falsch sind?
- Sind flache NN mit mehr oder weniger Knoten robuster gegen Störungen in den Pixelgrafiken?
- Kommt es bei gestörten Pixelgrafiken auf die Hamming-Distanz an, oder gelten für die Mustererkennung mit flachen NN eigene Regeln?
- Wie sollten die Pixelgrafiken aussehen, um einen möglichst robusten Code für die Mustererkennung mit flachen NN zu erhalten?

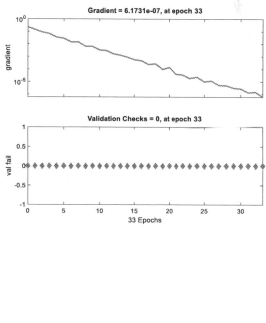

Abb. 12.11 MATLAB-Menü Neural Network Training Tool und Verlauf des Gradienten (Betrag) bzw. Ergebnisse der Validität-Tests im Training (Training State)

(Vergessen Sie Ihr Zeitbudget nicht. Im nächsten Kapitel wartet der Backpropagation-Algorithmus darauf von Ihnen programmiert zu werden.)

Programm 12.3 NN zum Erkennen von Ziffern im Pixelgrafik-Format

```
% Shallow neural network for pixel graphics number recognition
% SNN_pixelNumber20 * mw * 2020-03-27
%% generate input for training
N = 400; % number of samples
c = randi([1,10],1,N); % sampled classes
inputs = []; targets = [];
t = eye(10); % 1-M coding for indicator vectors
for k=1:N
    [outP,outL] = pixelNum20(c(k)); % training data
    inputs = [inputs,outL];
    targets = [targets, t(:,c(k))];
end
%% shallow neural network training
hiddenLayerSize = 20;
net = patternnet(hiddenLayerSize);
net.divideParam.trainRatio = 70/100;
net.divideParam.valRatio = 15/100;
net.divideParam.testRatio = 15/100;
% train the network
[net,tr] = train(net,inputs,targets);
% test the network
outputs = net(inputs);
errors = gsubtract(targets,outputs);
% hard decision errors
[~,cc] = max(outputs(:,1:N));
errorsHD = nnz(c-cc);
```

Quiz 12.2

Ergänzen Sie die Textlücken sinngemäß.

1. MATLAB stellt zur Mustererkennung ein flaches NN aus ___ Schichten mit künstlichen Neuronen bereit.
2. MATLAB legt ein flaches NN mit dem Befehl ___ an.
3. Das „Training" von flachen neuronalen Netzen erfolgt in drei Phasen: Training, ___ und ___.
4. Mangelnde Generalisierbarkeit des Netzes kann im Training durch ___ entstehen.
5. Ein vollständig vernetztes flaches neuronales Vorwärtsnetz mit drei Eingabe-, fünf Zwischenschicht- und vier Ausgabeknoten hat ___ Gewichte.

6. Die Testphase dient zur ___ und prüft die ___ der Lösung.

7. Die Entscheidungsgebiete findet man im ___.

8. Eine der Lernkurve entsprechende Information findet man im `Neural Network Training Tool` unter dem Menüpunkt ___.

9. Das `Neural Network Training Tool` bzw. `patternnet` setzt zum Training das Kriterium der ___ ein.

10. Das `Neural Network Training Tool` bzw. `patternnet` setzt für flache NN zur Mustererkennung in der Zwischenschicht die ___-Aktivierungsfunktion und in der Ausgabeschicht die ___-Aktivierungsfunktion ein.

12.8 Zusammenfassung

Lineare Klassifizierungsaufgaben lassen sich durch flache neuronale Netze (NN) lösen, die aus zwei Schichten von informationsverarbeitenden Knoten bestehen. Flache NN sind vollständig vernetzte Vorwärtsnetze. Die Information fließt nur in eine Richtung, vom Eingang zum Ausgang, und jeder Knoten der Eingangsschicht ist mit jedem Knoten der Zwischenschicht verbunden. Hinzu kommen die Aktivierungsfunktionen (`tansig`, `softmax` etc.), die anwendungsspezifisch gewählt werden.

Für flache NN liegt in der Matrixform eine übersichtliche Beschreibung vor, die in MATLAB einfach programmiert werden kann. Die Gewichtsmatrizen werden durch überwachtes Lernen trainiert, wobei die Kostenfunktion und ihr Gradient eine zentrale Rolle spielen. Im Beispiel der Softmax-Aktivierungsfunktion und dem Kreuzentropie-Kriterium ergibt sich ein besonders einfacher Algorithmus, bei dem der Fehler, die Differenz zwischen Istwert und Sollwert in den Ausgabeknoten, direkt eingeht.

Die sorgfältige Validierung der Lösung ist unumgänglich, damit die Generalisierbarkeit des NN gewährleistet werden kann. Weil die Trainingsdaten Muster eines Zufallsprozesses sind, können alle daraus abgeleiteten Eigenschaften des NN, wie die Gewichtsmatrizen und die Erkennungsquote, auch nur als Zufallsgrößen interpretiert werden. Auf Repräsentativität und Unabhängigkeit der Trainingsdaten ist zu achten.

Die Stärke der NN ist gleichzeitig auch ihre Schwäche. Während beim traditionellen Lösen von Aufgaben durch Programmierung jeder Lösungsschritt im Programm vorgegeben wird – also das Wie bekannt sein muss – genügt beim Training des NN, dem überwachten Lernen, das Ja/Nein-Wissen um die richtige Lösung. Das NN programmiert sich scheinbar selbst. Dies ist jedoch eine Illusion. So sind zum ersten die Modellparameter und Trainingsdaten geeignet vorzugeben. Zum zweiten ist das Ergebnis kritisch auf seine Erkennungsquote und Generalisierbarkeit zu prüfen. Insbesondere, wenn in der Anwendung die Eingangsdaten von Verzerrungen und Rauschen betroffen sind, können die Ergebnisse u. U. nicht mehr vorhersehbar sein.

Flache NN haben in vielen Anwendungen, wie die Mustererkennung, ihre Nützlichkeit bewiesen. Es sollte jedoch dabei nicht vergessen werden, dass viele NN heute keine Lösung im Sinne des theoriebasierten „gewusst wie" bieten, sondern allenfalls „bisher hat's funktioniert", was immer das in der konkreten Anwendung bedeuten mag.

12.9　Lösungen zu den Übungen und Aufgaben

Zu **Quiz 12.1**

1. 2
2. 26 (=5 · 4+1 · 6)
3. Mittelwert, Varianz
4. −1, +1
5. punktsymmetrisch (ungerade)
6. 0,1
7. Ausgabeschicht
8. 1
9. Klassifizierung
10. Fehlanpassung
11. maximiert
12. Maximum-likelihood estimation

Zu **Quiz 12.2**

1. zwei
2. `patternnet`
3. Validierung, Test
4. Überanpassung („overfitting")
5. 44 (= 5·(3+1)+4·(5+1))
6. Kreuzvalidierung, Generalisierbarkeit
7. Merkmalsraum
8. Performance
9. Kreuzentropie
10. Sigmoid-Aktivierungsfunktion, Softmax-Aktivierungsfunktion

Zu **Übung 12.1** XOR-Problem (theoretische Lösung)

a. Siehe Tab. 12.1 mit den Logikoperationen
b. Aus Abb. 12.1 lassen sich die Gewichte entnehmen. Es gilt für die erweiterten Gewichtsvektoren der Knoten in Schicht (Zwischenschicht) 2 $w_1(2) = (1, 1, −0,5)^T$ (OR) und $w_2(2) = − (1, 1, −1,5)^T$ (NAND). In der Schicht 3 (Ausgabeschicht) haben die Konten die erweiterten Gewichtsvektoren $w_2(3) = (1, 1, −1,5)^T$ (AND) und dazu negiert $w_1(3) = − (1, 1, −1,5)^T$ (NAND).
   Siehe Programm `perceptronXOR` und Unterfunktionen `XORnet`, `neuron`.
c. Siehe Programm `perceptronXOR` und Unterfunfktion `featureMap`.
   Vergleiche Entscheidungsgebiete in Abb. 12.12 und Merkmalsraum in Abb. 12.1.

Tab. 12.1 Logikoperationen

A	B	$C = OR(A, B)$	$D = NAND(A, B)$	$AND(C, D)$	$XOR(A, B)$
0	0	0	1	0	0
0	1	1	1	1	1
1	0	1	1	1	1
1	1	1	0	0	0

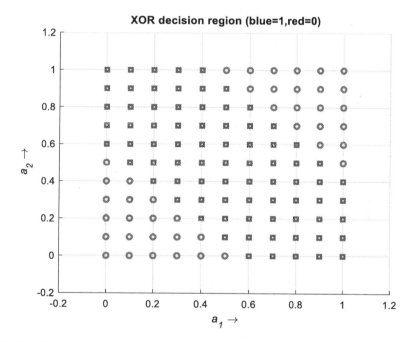

Abb. 12.12 Entscheidungsgebiete des XOR-Klassifikators (perceptronXOR)

Programm 12.4 XOR-Klassifikator perceptronXOR

```
% XOR classificator (theory based)
% perceptronXOR.m * mw * 2020-03-27
%% Input
inputs = [0 1 0 1; 0 0 1 1]; % input pattern
targets = [1 0 0 1; 0 1 1 0]; % correct results (XOR results in
second row)
outputs = XORnet(inputs); % NN
featureMap % feature map
%% subfunction NN
function outputs = XORnet(inputs)
```

```
% input layer
[~,Ntest] = size(inputs);
a_1 = [inputs; ones(1,Ntest)]; % aav layer 1
% layer 2
w1_2 = [1;1;-.5]; % awv (unit 1, layer 2), OR
a1_2 = neuron(w1_2,a_1);
w2_2 = -[1;1;-1.5]; % awv (unit 2, layer 2), NAND
a2_2 = neuron(w2_2,a_1);
a_2 = [a1_2; a2_2; ones(1,Ntest)]; % aav layer 2
% output layer
w1_3 = -[1;1;-1.5]; % awv (unit 1, layer 2), NAND
a1_3 = neuron(w1_3,a_2); % binary (0,1)
w2_3 = [1;1;-1.5]; % awv (unit 1, layer 2), AND
a2_3 = neuron(w2_3,a_2); % binary (0,1)
outputs = [a1_3; a2_3]; % av, output
end
%% subfunction neuron
% a : augmented activation vector of privious layer
% w : augmented gain vector
% a : activation vector for next layer (output)
function a = neuron(w,a)
z = w'*a; % net input
a = (sign(z)+1)/2; a(a==.5) = 0; % binary [0,1]
end
%% subfunction feature map
function featureMap
[a1,a2] = meshgrid(0:.1:1,0:.1:1);
inputs = [a1(:)';a2(:)']; % input
outputs = XORnet(inputs);
% Feature map graphics
text = ,XOR decision region (blue=1,red=0)';
FIG = figure('Name',text,'NumberTitle','off');
hold on
axis([-.2,1.2,-.2,1.2]); grid
xlabel('\it{a}_{1} \rightarrow'), ylabel('\it{a}_{2} \rightarrow')
title(text)
for k=1:length(inputs(2,:))
    if outputs(2,k)==1 % XOR true
  plot(inputs(1,k),inputs(2,k),'bs','LineWidth',2,'MarkerSize',5)
    else
plot(inputs(1,k),inputs(2,k),'ro','LineWidth',2,'MarkerSize',5)
    end
end
end
```

Zu **Übung 12.2** Ableitung der Softmax-Funktion

Wir differenzieren die Aktivierungsfunktion $h(z_i)$ zum Ausgabeknoten i nach z_j mit i,j $\in \{1, 2, .., K\}$. Es kommt die Quotientenregel für die Differentiation zu Anwendung

Fall 1: $i = j$

$$\frac{\partial}{\partial z_i} h(z_i) = \frac{e^{z_i} \cdot \Sigma - e^{z_i} \cdot e^{z_i}}{\Sigma^2} = \frac{e^{z_i}}{\Sigma} \cdot \left[1 - \frac{e^{z_i}}{\Sigma} \right] = h(z_i) \cdot [1 - h(z_i)]$$

Fall 1: $i \neq j$

$$\frac{\partial}{\partial z_j} h(z_i) = \frac{0 \cdot \Sigma - e^{z_i} \cdot e^{z_i}}{\Sigma^2} = \frac{e^{z_i}}{\Sigma} \cdot \left[0 - \frac{e^{z_i}}{\Sigma} \right] = h(z_i) \cdot [0 - h(z_i)]$$

Zu **Übung 12.3** Flaches NN in Matrixform

a. $a = (0, 1)^T$, $W_h \, a + b_h = (0{,}5, 0{,}5)^T$, $a_h = (1, 1)^T$
b. $W_{out} \, a_h + b_{out} = (-0{,}5, 0{,}5)^T$, $a_{out} = (0, 1)^T$
c. Siehe Programm 12.5 XOR-Klassifikator

Programm 12.5 XOR-Klassifikator mit Sigmoid- und Softmax-Aktivierungsfunktionen

```
% XOR classificator (theory based with sigmoid and softmax
% activation functions)
% perceptronXOR_softmax.m * mw * 2020-03-27
%% Input
inputs = [0 1 0 1; 0 0 1 1]; % input pattern
targets = [1 0 0 1; 0 1 1 0]; % correct results (XOR results in
second row)
outputs = XORnet(inputs); % NN
% threshold decision
outputsHD = ones(size(outputs));
outputsHD(outputs<.5) = 0;
featureMap % feature map
%% subfunction NN
function outputs = XORnet(inputs)
Wh = [1 1; -1 -1]; bh = [-.5; 1.5]; % wv and bias of hidden layer
a_h = neuron(Wh,bh,inputs,'sigmoid',2); % av of hidden layer
Wout = [-1 -1; 1 1]; bout = [1.5; -1.5]; % wv and bias of output
layer
outputs = neuron(Wout,bout,a_h,'softmax'); % av of output layer
end
%% subfunction neuron
% W : weight matrix of layer
% b : bias of layer
% a : input/ activation vector of previous layer
```

```
% a : output/ activation vector for next layer
% AF : activation function ('sigmoid' or ,softmax')
% beta : slope factor (beta = 2 -> tanh)
function a = neuron(W,b,a,AF,beta)
z = W*a + b; % net input
if strcmp(AF,'sigmoid')
   a = 2./(1+exp(-beta*z)) - 1; % symmetric sigmoid (tanh if beta =
2)
else
    zexp = exp(z);
    % column by column sum and element by element division
    a = zexp./sum(zexp);
end
end
%% Subfunction feature map
```

Weiter siehe Programm 12.4

Zu **Übung 12.4** Flaches NN in Matrixform
   Zahl der Gewichte : $(5+1)\cdot 10 + (10+1)\cdot 3 = 93$
Zu **Übung 12.5** Ableitung der Kostenfunktion für die Softmax-Aktivierungsfunktion und
das Kreuzentropie-Kriterium
   Partielle Ableitung der Kostenfunktion bzgl. der Gewichte (erweitert):

$$\frac{\partial J}{\partial \tilde{w}_{ij}} = -\frac{\partial}{\partial \tilde{w}_{ij}} \sum_{n=1}^{N} t_n \cdot \ln(a_n)$$

Wir lösen die Aufgabe in zwei Schritten. Zuerst bestimmen wir die partielle Ableitung
bzgl. der Aktivierungswerte (Ausgabewerte) und den Netzeingaben der Ausgabeschicht
(L), und danach die partielle Ableitung der Netzeingaben nach den Gewichten.
   Für die Aktivierungswerte (Ausgaben) gilt

$$a_i = \frac{1}{S} \cdot e^{z_i}, \quad S = \sum_{n=1}^{N} e^{z_n} \quad \Rightarrow \ln(a_i) = z_i - \ln(S),$$

und weiter

$$\frac{\partial \ln(a_i)}{\partial z_k} = \delta_{ik} - \frac{1}{S} \cdot \frac{\partial S}{\partial z_k} = \delta_{ik} - \frac{1}{S} \cdot e^{z_k} = \delta_{ik} - a_k.$$

Mit der Kettenregel folgt

$$\frac{\partial \ln(a_i)}{\partial z_k} = \frac{\partial \ln(a_i)}{\partial a_i} \cdot \frac{\partial a_i}{\partial z_k} = \frac{1}{a_i} \cdot \frac{\partial a_i}{\partial z_k} \quad \Rightarrow \frac{\partial a_i}{\partial z_k} = a_i(\delta_{ik} - a_k).$$

Folglich sind die partiellen Ableitungen der Kostenfunktion bzgl. der Netzeingaben (Ausgabeschicht)

$$\frac{\partial J}{\partial z_i} = \sum_{n=1}^{N} t_n \cdot (a_i - \delta_{in}) = a_i \cdot \underbrace{\sum_{n=1}^{N} t_n}_{1} - t_i = a_i - t_i = e_i$$

Wir erhalten den Fehler e_i, d. h. die Differenz zwischen Istwert (Ausgabe) und Sollwert (Indikator) am i-ten Knoten.

Die partielle Ableitung der Netzeingaben nach den Gewichten (erweitert) liefert genau einen Aktivierungswert, weil die Knoten nur jeweils mit einem Pfad verbunden sind. Es resultiert mit den Aktivierungswerten (erweitert) der Zwischenschicht $(L-1)$ schließlich

$$\frac{\partial J}{\partial \tilde{w}_{ij}} = e_i \cdot \tilde{a}_j^{(L-1)}$$

Zu **Übung 12.6** XOR-Klassifizierung mit `patternnet`
  Siehe Programm Programm 12.6
Zu **Übung 12.7** Simulation der MATLAB-Lösung
  Siehe Programm Programm 12.6

Programm 12.6 Simulation: XOR-Klassifikator mit einfachem neuronalen Netzwerk

```
% XOR problem solved with MATLAB shallow neuronal network
% pattern recognition neural network (PRN)
% tow-layer feedforward network
% sigmoid transfer function (tangens hyperbolicus) in the hidden layer
% softmax transfer function in the output layer
% XORmatlabPRN.m * mw * 2020-03-27
%% Input data
N = 100; % number of samples
A = randi([0,1],2,N); % binary variable for input
C = xor(A(1,:),A(2,:)); % XOR operator
c = double([~C; C]); % target vector;
%
% MATLAB code, see getting started guide (2018)
%
%% Error
e_mean_ = sum(abs(errors(2,:)))/N; % mean error
e_ = sum(abs(targets(2,:)-round(outputs(2,:)))); % error counter
(binary)
fprintf('(1) Mean error %g\n',e_mean_)
```

```
fprintf('(1) Number of XOR errors %g\n',e_)
%% Simulate MATLAB solution (matrix form)
% hidden layer
ain = 2*A-1; % augmented activation vector hidden layer
Wh = net.IW{1,1}; bh = net.b{1}; % weight matrix and bias
zh = Wh*ain + bh; % netinput hidden layer (all nodes)
ah = 2./(1+exp(-2*zh))-1; % applay sigmoid function (all nodes)
% output layer
Wout = net.LW{2,1}; bout = net.b{2}; % weight matrix and bias
zout = Wout*ah + bout; % netinput output layer (all nodes)
% softmax
zexp = exp(zout);
aout = zexp(1:2,:)./sum(zexp); % softmax output
e_mean = sum(abs(targets(2,:)-aout(2,:)))/N; % mean error
aoutHD = aout;
aoutHD(aout<=.5) = 0; aoutHD(aout>.5) = 1; % hard decision
e = sum(abs(targets(2,:)-aoutHD(2,:)));
fprintf('(2) Mean error %g\n',e_mean)
fprintf('(2) Number of XOR errors %g\n',e)
%% Show decision region
decisionRegion(net);
```

Literatur

Beale, M. H., Hagan, M. T., & Demuth, H. B. (2018). *Neural network toolbox. Getting started guide*. Natick, MA: The MathWorks.

Bronstein, I. N., Semendjajew, K. A., Musiol, G., & Mühlig, H. (1999). *Taschenbuch der Mathematik* (4. Aufl.). Frankfurt a. M.: Harri Deutsch.

Gonzalez, R. C., & Woods, R. E. (2018). *Digital image processing* (4. Aufl.). Harlow, Essex (UK): Pearson Education.

Goodfellow, I., Bengio, Y., & Courville, A. (2016). *Deep learning*. Cambridge, MA: MIT Press.

Hedderich, J., & Sachs, L. (2016). *Angewandte Statistik. Methodensammlung mit R* (15. Aufl.). Berlin: Springer Spektrum.

Kim, P. (2017). *MATLAB deep learning. With machine learning, neural networks and artificial intelligence*. Apress, https://doi.org/10.1007/978-1-4842-2845-6

Kullback, S., & Leibler, R. A. (1951). On information and sufficiency. *Annals of Mathematical Statistics, 22*(1), 79–86.

Paluszek, M., & Thomas, S. (2020). *Practical MATLAB deep learning. A project-based-approach*. Berkeley, CA: Apress. https://doi.org/10.1007/978-1-4842-5124-9.

Rey, G. D., & Wender, K. F. (2018). *Neuronale Netze. Eine Einführung in die Grundlagen, Anwendungen und Datenauswertung* (3. Aufl.). Bern: Hogrefe.

Rosenblatt, F. (1958). The perception – A probabilistic model for information storage and organization in the brain. *Pychological Review, 65*(6), 386–408.

Shannon, C. E. (1948). A mathematical theory of communication. *The Bell system technical journal, 27*(3), 379–423.

Lernen mit dem Backpropagation-Algorithmus

(Backpropagation Algorithm and Learning)

13

Inhaltsverzeichnis

Zusammenfassung

Der Backpropagation-Algorithmus ermöglicht das Training der Zwischenschichten. Dabei ist er effizient und parametrisierbar. Die Zahl der Schichten und jeweiligen Knoten im NN sowie die Aktivierungsfunktionen und das Optimierungskriterium kann aufgabenspezifisch gewählt werden. Als numerisches Verfahren hat er jedoch Grenzen, weshalb für unterschiedliche Anwendungen Modifikationen und Ergänzungen existieren.

Die Originalversion dieses Kapitels wurde revidiert: Das elektronische Zusatzmaterial wurde beigefügt. Ein Erratum ist verfügbar unter https://doi.org/10.1007/978-3-658-22185-0_15

Elektronisches Zusatzmaterial Die elektronische Version dieses Kapitels enthält Zusatzmaterial, das berechtigten Benutzern zur Verfügung steht
https://doi.org/10.1007/978-3-658-22185-0_13

Schlüsselwörter

Aktivierungsfunktion („activation function") · Ausfallmethode („dropout") ·
Backpropagation-Algorithmus („backpropagation algorithm") · Gewichtsdämpfung
(„weight decay") · Kettenregel („chain rule") · Klassifizierung („classification") ·
Kostenfunktion („cost function") · Lernkurve („learning curve") · Merkmalsraum
(„feature space") · Mehrschichten-NN (multi-layer NN) · Neuronale Netze
(„neural network") · Partielle Ableitung („partial derivative") · Regularisierung
(„regularization") · ReLU („rectified linear unit") · Stapelverarbeitung („batch
processing") · Tiefe neuronale Netze („deep neural networks")

13.1 Lernziele

Dieser Versuch soll Sie mit dem Basisalgorithmus zum Training *neuronaler Netze*
(NN) vertraut machen, dem *Backpropagation-Algorithmus* (BPA). Nach Bearbeiten des
Versuches können Sie:

- die Herleitung des BPA nachvollziehen und dessen wesentlichen Elemente erläutern;
- den BPA in MATLAB selbst programmieren;
- das Lernverhalten NN mit BPA darstellen und beurteilen;
- das Ziel der Regularisierung erläutern und verschiedene Methoden nennen und
- selbst mehrschichtige NN programmieren, trainieren und einsetzen.

13.2 Einführung

In Kap. 11 und 12 werden künstliche Neuronen (Knoten) vorgestellt und zu flachen
NN verschaltet. Typisch für die NN sind der geschichtete Aufbau und die Informationsverarbeitung in den Knoten. Die vorgesehene Anwendung bzw. Funktion wird durch
Training der Gewichte eingeprägt. Damit gelingt es beispielsweise die zehn Ziffern einer
Pixelgrafik-Schrift richtig zuzuordnen (Kap. 12). Wichtige Begriffe im Zusammenhang
mit dem Training sind das Gradientenabstiegsverfahren und die Kostenfunktion. Sie
wurden bereits in Kap. 11 und 12 vorgestellt und mit MATLAB-Beispielen veranschaulicht. Wie ein NN mit mehreren Schichten trainiert werden kann, blieb jedoch offen.
Dies soll nun mit dem BPA nachgeholt und durch MATLAB-Beispiele vertieft werden.

13.3 Backpropagation für neuronale Netze

Der Einfachheit halber gehen wir von einem flachen NN aus, d. h. einem vollständig
vernetztem Vorwärtsnetz mit drei Schichten und jeweils 2 Knoten. Abb. 13.1 stellt die
Beziehungen für die Aktivierungsvektoren, die Gewichte, die Netzeingaben und die

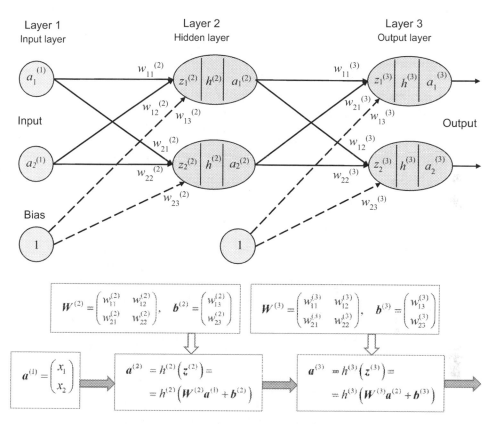

Abb. 13.1 Benennung der Parameter des NN und die Ausbreitungsgleichungen am Beispiel eines flachen NN

Aktivierungsfunktionen zusammen. Dabei werden die Schichten durch hochgestellte Indizes explizit angegeben, um Verwechslungen zu Vermeiden und die Ergebnisse später einfacher auf mehrschichtige NN („multilayer NN") bzw. tiefe NN („deep NN") erweitern zu können.

Der Aktivierungsvektor der Eingabeschicht ist gleich dem Mustervektor (Daten) x. Die Aktivierungsvektoren der folgenden Schichten berechnen sich aus gewichteten Summen („sum-of-products") der jeweiligen Netzeingaben durch die jeweiligen schichtspezifischen Aktivierungsfunktionen.

$$a^{(l)} = h^{(l)}\left(z^{(l)}\right) = h^{(l)}\left(W^{(l)}a^{(l-1)} + b^{(l)}\right) \quad \text{für} \quad l = 2, \dots, L$$

Die 1. Schicht ist die Eingabeschicht. In ihr findet noch keine Informationsverarbeitung statt. Und die L-te Schicht ist stets die Ausgabeschicht. Im flachen NN ist $L = 3$. Die Dimensionen der Matrizen und Vektoren werden durch die Anzahl der Knoten vorgegeben. Mit n_l Knoten in der l-ten Schicht hat die Gewichtsmatrix $W^{(l)}$ die Dimension

$n_l \times n_{l-1}$. Der Aktivierungsvektor $\boldsymbol{a}^{(l)}$ und der Biasvektor $\boldsymbol{b}^{(l)}$ sind von der Dimension n_l. Die Aktivierungsfunktion $h^{(l)}$ wird elementweise angewendet und ist in der Schicht in jedem Knoten gleich.

Das NN „lernt" im Training, indem für bekannte Mustervektoren die Gewichte so adaptiert werden, dass die gewählte Kostenfunktion (Kap. 12) möglichst klein wird. Wird das Gradientenabstiegverfahren (Kap. 11) eingesetzt, muss der Gradient der Kostenfunktion für jeden Mustervektor im Training bzgl. der Gewichte w_{ij} berechnet werden. Im Beispiel in Abb. 13.1 sind das 12 Gewichte.

Im Folgenden leiten wir die Lösung für den Gradienten allgemein her. Dabei gehen wir nacheinander in zwei Richtungen vor, in Vorwärts- und in Rückwärtsrichtung (z. B., Gonzalez und Woods 2018).

Berechnung in Vorwärtsrichtung

Wir beginnen mit der Ausgabeschicht. Dort kann im Training mit den bekannten Ist- und Sollwerten die Kostenfunktion berechnet werden. Die Kostenfunktion J hängt von den Ausgabewerten ab, die mit der Aktivierungsfunktion aus den Netzeingaben, also der gewichteten Summe der Aktivierungswerte der vorhergehenden Schicht, berechnet werden. Für das Gradientenabstiegsverfahren (Kap. 11) wird der Gradient der Kostenfunktion bzgl. der Gewichte benötigt. Exemplarisch für den i-ten Knoten in der Ausgabeschicht L ($=3$) sind die benötigten partiellen Ableitungen ($j=1,\ldots,n_{L-1}$) der Kostenfunktion

$$\frac{\partial J\left(a_i^{(L)}\right)}{\partial w_{ij}^{(L)}} = \frac{\partial}{\partial w_{ij}^{(L)}} J\left(h^{(L)}\left[\underbrace{\boldsymbol{W}_{i\cdot}^{(L)}\boldsymbol{a}^{(L-1)} + b_i^{(L)}}_{z_i^{(L)}}\right]\right)$$

mit $\boldsymbol{W}_{i\bullet}$ der i-ten Zeile der Gewichtsmatrix $\boldsymbol{W}$. (Das Bias wird später einbezogen.) Die Netzeingabe z_i ist eine Funktion der interessierenden Gewichte w_{ij}, sodass die Kettenregel der Differentiation angewendet werden kann, um den Knoten zu überbrücken.

$$\frac{\partial J\left(a_i^{(L)}\right)}{\partial w_{ij}^{(L)}} = \frac{\partial J\left(a_i^{(L)}\right)}{\partial a_i^{(L)}} \cdot \frac{\partial a_i^{(L)}}{\partial w_{ij}^{(L)}} = \underbrace{\frac{\partial J\left(a_i^{(L)}\right)}{\partial a_i^{(L)}} \cdot \frac{\partial h^{(L)}\left(z_i^{(L)}\right)}{\partial z_i^{(L)}}}_{\delta_i^{(L)}} \cdot \frac{\partial z_i^{(L)}}{\partial w_{ij}^{(L)}} = \delta_i^{(L)} \cdot \frac{\partial z_i^{(L)}}{\partial w_{ij}^{(L)}}$$

Die partielle Ableitung der Kostenfunktion nach der Netzeingabe der Ausgabeschicht, $z_i^{(L)}$, wird abgekürzt durch

$$\delta_i^{(L)} = \frac{\partial J(a_i^{(L)})}{\partial a_i^{(L)}} \cdot h'^{(L)}\left(z_i^{(L)}\right).$$

Das Ergebnis veranschaulichen wir anhand bekannter Aktivierungsfunktionen und Kriterien. Mit dem Fehler im i-ten Knoten der Ausgabeschicht, $e_i = a_i^{(L)} - t_i$ (Istwert minus Sollwert), erhalten wird:

- *Softmax*-Aktivierungsfunktion (Kap. 12) und Kreuzentropie-Kriterium (Kap. 12)

$$h(z) = \frac{e^z}{\displaystyle\sum_{n=1}^{N} e^{z_n}}, \quad \frac{\partial h(z_i)}{\partial z_j} = h(z_i) \cdot \left[\delta_{ij} - h(z_i) \right] \quad \Rightarrow \quad \delta_i^{(L)} = a_i^{(L)} - t_i = e_i$$

- *Symmetrischen Sigmoidfunktion* (Kap. 12) und MSE-Kriteriums (Kap. 11)

$$h(z) = \tanh(z) = \frac{2}{1 + e^{-2z}} - 1, \quad h'(z) = 1 - [\tanh(z)]^2 \quad \Rightarrow \quad \delta_i^{(L)} = e_i \cdot \left(1 - \left[a_i^{(L)} \right]^2 \right)$$

- *Logistischen Sigmoidfunktion* (Kap. 12) und MSE-Kriteriums (Kap. 11)

$$h(z) = \frac{1}{1 + e^{-z}}, \quad h'(z) = h(z) \cdot [1 - h(z)] \quad \Rightarrow \quad \delta_i^{(L)} = e_i \cdot a_i^{(L)} \cdot \left[1 - a_i^{(L)} \right]$$

Im Training sind die Merkmalsvektoren x ($= a^{(1)}$) und die Sollwerte t gegeben. Die Ausgabewerte $a^{(L)}$ sowie die zugehörigen Netzeingaben $z^{(L)}$ werden im NN berechnet. Folglich kann der Vektor der partiellen Ableitungen der Ausgabeschicht $\delta^{(L)}$ zu jedem Merkmalsvektor (Trainingsvektor) bestimmt werden. Weil die Berechnung bei der Eingabe beginnt und zur Ausgabe voranschreitet, spricht man von der Berechnung bzw. dem Informationsfluss in Vorwärtsrichtung („forward pass/ propagation").

Für den gesuchten Gradienten der Kostenfunktion wird noch die partielle Ableitung der Netzeingabe nach den Gewichten benötigt. Mit dem ebenfalls im NN berechneten erweiterten Aktivierungsvektor der letzten Zwischenschicht $(L-1)$ erhält man

$$\frac{\partial z_i^{(L)}}{\partial w_{ij}^{(L)}} = \frac{\partial}{\partial w_{ij}^{(L)}} \tilde{W}_{i\cdot}^{(L)} \cdot \tilde{a}^{(L-1)} = \tilde{a}_j^{(L-1)},$$

worin das Bias durch die Erweiterung integriert ist $(j = 1,\dots,n_{L-1}+1)$.

Schließlich ergeben sich für die Adaption der erweiterten Gewichtsmatrix die Gewichtsanpassungen im Gradientenabstiegsverfahren

$$\Delta \tilde{w}_{ij}^{(L)} = -\alpha \cdot \delta_i^{(L)} \cdot \tilde{a}_j^{(L-1)} \quad \text{mit } i = 1,\dots,n_L \quad \text{und } j = 1,\dots,n_{L-1}+1$$

Die *Lernrate* α moderiert die Geschwindigkeit der Anpassung (Kap. 11).

Die Gewichtsanpassungen der Knoten der Ausgabeschicht, einschließlich des Bias-Gewichts, können in Matrix-Vektor-Form zusammengefasst werden. Mit dem dyadischen Produkt ergibt sich

$$\Delta \tilde{W}^{(L)} = -\alpha \cdot \delta^{(L)} \cdot \left[\tilde{a}^{(L-1)} \right]^T.$$

Die Herleitung der „Lernformel" für die Ausgabeschicht beruht auf der Kenntnis der Sollwerte der Netzausgaben. Sie kann deshalb nicht unmittelbar auf die Zwischenschichten übertragen werden, da dort die Sollwerte der Aktivierungsvektoren nicht bekannt sind. Aus diesem Grund muss die Berechnung erweitert werden.

Berechnung in Rückwärtsrichtung (Backpropagation)

Wir nehmen die Überlegungen zur partiellen Ableitung der Kostenfunktion bzgl. der Netzeingabe im i-ten Knoten wieder auf.

$$\delta_i^{(l)} = \frac{\partial J\left(a_i^{(L)}\right)}{\partial z_i^{(l)}}$$

Für die Ausgabeschicht, $l = L$, ist die Lösung bereits bekannt. Für $l = L - 1$, die Zwischenschicht in Abb. 13.1, ist offensichtlich, dass die Netzeingaben $z^{(L)}$ von allen Netzeingaben $z^{(L-1)}$ abhängen. Dies gilt in NN mit mehreren Zwischenschichten ebenso für $z^{(l)}$ und $z^{(l-1)}$ für $l = 2, 3, \ldots, L-1$. Der Zusammenhang kann mit der Kettenregel der Differentiation genutzt werden, um eine Beziehung zwischen den partiellen Ableitungen der Kostenfunktion $\delta_i^{(l)}$ und $\delta_i^{(l-1)}$, oder äquivalent $\delta_i^{(l+1)}$ und $\delta_i^{(l)}$, herzustellen.

Bei Anwendung der Kettenregel ist zu beachten, dass ein Knoten der Schicht l mit allen Knoten der Schicht $(l+1)$ verbunden ist, und deren Netzeingaben schließlich alle zur Kostenfunktion beitragen. Deshalb sind bei Anwendung der Kettenregel alle Netzeingaben der Schicht $(l+1)$ in einer Summe entsprechend der Pfadgewichte zu berücksichtigen.

$$\delta_i^{(l)} = \frac{\partial J\left(a_i^{(L)}\right)}{\partial z_i^{(l)}} = \sum_{k=1}^{n_{l+1}} \delta_k^{(l+1)} \cdot \underbrace{\frac{\partial z_k^{(l+1)}}{\partial a_i^{(l)}}}_{w_{ki}^{(l+1)}} \cdot \underbrace{\frac{\partial a_i^{(l)}}{\partial z_i^{(l)}}}_{h'\left(z_i^{(l)}\right)} = h'\left(z_i^{(l)}\right) \cdot \sum_{k=1}^{n_{l+1}} w_{ki}^{(l+1)} \cdot \delta_k^{(l+1)} \quad \text{für} \quad i = 1, 2, \ldots, n_l$$

Der Summenterm verdient mit Blick auf die spätere Anwendung Beachtung, insbesondere die Indizes k und i. In der Gewichtsmatrix benennt k die Zeile.

Die Berechnung der partiellen Ableitungen kann effizient in Matrix-Vektor-Form zusammengefasst werden. Mit dem Vektor der partiellen Ableitung bzw. der Netzeingaben und der Gewichtsmatrix

$$\boldsymbol{\delta} = (\delta_i), \quad \mathbf{z} = (z_i) \quad \text{und } \mathbf{W} = (w_{ki}),$$

sowie der elementweisen Anwendung der Ableitung der Aktivierungsfunktion gilt

$$\boldsymbol{\delta}^{(l)} = h'\left(\mathbf{z}^{(l)}\right) \cdot \left[\mathbf{W}^{(l+1)}\right]^T \cdot \boldsymbol{\delta}^{(l+1)}.$$

Man beachte das Transponieren der Gewichtsmatrix, weil in obiger Summe über den Zeilenindex k der Gewichtsmatrix addiert wird. Die Gleichung gilt für alle Zwischenschichten, womit die gesuchte Beziehung in allgemeiner Form gefunden ist. Mit ihr kann mit der Ausgabeschicht beginnend schrittweise bis zur ersten Zwischenschicht gerechnet werden.

Die für die Anpassung der Gewichte benötigten partiellen Ableitungen erhält man entsprechen zur Schicht L

$$\frac{\partial J\left(a_i^{(L)}\right)}{\partial w_{ij}^{(l)}} = \delta_i^{(l)} \cdot \tilde{a}_j^{(l-1)}$$

mit dem erweiterten Aktivierungsvektor für die Elemente des Biasvektors. Für die Gewichtsänderung folgt zusammenfassend

$$\Delta \tilde{w}_{ij}^{(l)} = -\alpha \cdot \delta_i^{(l)} \cdot \tilde{a}_j^{(l-1)} \quad \text{mit } i = 1, \ldots, n_l \text{ und } j = 1, \ldots, n_{l-1} + 1.$$

Auch die letzte Gleichung kann im Matrix-Vektor-Form kompakt geschrieben werden.

$$\Delta \widetilde{\boldsymbol{W}}^{(l)} = -\alpha \cdot \boldsymbol{\delta}^{(l)} \cdot \left[\tilde{\boldsymbol{a}}^{(l-1)} \right]^T.$$

Somit ist der Rechengang für den Backpropagation-Algorithmus bekannt. Alle notwendigen Größen des Gradientenabstiegsverfahrens können von der Ausgabeschicht (L) zurück bis zur ersten Zwischenschicht (2) berechnet werden. Dabei beginnen die Berechnungen mit dem Vektor $\boldsymbol{\delta}^{(L)}$, dessen Elemente proportional zum Fehler e sind. Folglich wird im *Backpropagation-Algorithmus* der „Fehler" von der Ausgabeschicht zur Eingabeschicht „nach hinten weitergeleitet", so dass der Fehleranteil in jeder Zwischenschicht durch die Adaption minimiert werden kann.

Hat das zu trainierende NN viele Schichten („deep NN"), wird der „Fehler" auf immer mehr Knoten aufgeteilt und kann schließlich ganz verschwinden. Man spricht vom Problem des *Gradientschwundes* („vanishing gradient problem"). Verbesserung verspricht z. B. einmal die Anwendung der ReLU-Aktivierungsfunktion („rectified linear unit") im Backpropagation-Prozess (Abschn. 13.5). Zum anderen sollten nur so viele Schichten wie nötig verwendet werden.

13.4   MATLAB-Simulation mit Backpropagation

Nachdem wir das Prinzip des Backpropagation-Algorithmus kennengelernt haben, können wir nun auch die MATLAB-Lösung für das XOR-Problem aus der `Neural Network Toolbox` in Kap. 12 besser nachvollziehen. Dabei handelt es sich um ein übersichtliches flaches NN mit je zwei Knoten in den Schichten, wie es auch in Abb. 13.1 gezeigt wird. In der Ausgabeschicht kamen die Softmax-Aktivierungsfunktion und das Kreuzentropie-Kriterium zum Einsatz. Die Zwischenschicht verwendete die symmetrische Sigmoid-Aktivierungsfunktion. Somit sind alle Informationen vorhanden, um mit der MATLAB-Programmierung des Trainings des XOR-Klassifikators zu beginnen.

Das übersichtliche Beispiel nutzen wir nicht nur, um den BPA in MATLAB zu codieren, sondern auch, um einen Einblick in das Lernverhalten des NN zu gewinnen. Zunächst wenden wir uns also dem BPA zu. Danach betten wir ihn in ein Simulationsprogramm ein.

Training mit Backpropagation
Die wesentlichen Programmteil für das Training mit dem BPA zeigt Programm 13.1. Für einen Trainingsvektor wird zuerst die Ausgabe berechnet („forward pass"). Daran

schließt die Backpropagation an. Die Variable t enthält die Soll-Werte der beiden Ausgabeknoten. Mit den Ist-Werten der Ausgabeschicht a3 kann der Fehler(vektor) und
damit der Vektor der partiellen Ableitung $\delta^{(L)}$ (delta3) berechnet werden. Daraus folgt
mit dem dyadischen Produkt und der Lernrate die (erweiterte) Matrix der Gewichtsänderungen dW3 der Ausgabeschicht. Die Anpassung muss jedoch noch verschoben
werden, weil die Gewichtsmatrix W3 für die Anpassung in der Zwischenschicht noch
gebraucht wird.

Der Vektor der partiellen Ableitung $\delta^{(L-1)}$ (delta2) wird wie oben beschrieben
bestimmt, mit dem Wert der Ableitung der tanh-Funktion und der transponierten
Gewichtsmatrix der Ausgabeschicht. Jetzt kann die (erweiterte) Matrix der Gewichtsänderungen dW2 für die Zwischenschicht berechnet werden. Es schließt sich die
Anpassung der Gewichtsmatrizen und Bias-Vektoren an. Abschließend wird im Beispiel
auch noch die Kreuzentropie berechnet.

In MATLAB gestaltet sich der BPA durch die Matrix-Vektor-Form ziemlich übersichtlich. Eine Erweiterung auf mehr Knoten sollte unkompliziert möglich sein.

Programm 13.1 Training mit dem Backpropagation-Algorithmus (Programmausschnitt)

```
% forward pass
a1 = 2*inputs(:,n) - 1; % normalizing input
% hidden layer
z2 = W2*a1 + b2; % sum of products and bias
a2 = tanh(z2); % hyperbolic tangens activation function
% output layer
z3 = W3*a2 + b3; % sum of products and bias
zexp = exp(z3); a3 = zexp/sum(zexp); % softmax af
% backward propagation
t = targets(:,n); % indicator (one-hot coding)
delta3 = a3 - t; % softmax and cross-entropy criterion
dW3 = -alpha*delta3*[a2; 1]'; % augmented
h_ = 1 - (tanh(z2)).^2; % derivative (tanh)
delta2 = h_.*(W3'*delta3);
dW2 = -alpha*delta2*[a1; 1]'; % augmented
W3 = W3 + dW3(:,1:end-1); b3 = b3 + dW3(:,end); % weight update
W2 = W2 + dW2(:,1:end-1); b2 = b2 + dW2(:,end); % weight update
% cross-entropy
croEnt = - t(1)*log(a3(1)) - t(2)*log(a3(2));
```

Stapelverarbeitung, Analyse und Test

Der BPA in Programm 13.1 bildet zwar den Kern für das Training des XOR-
Klassifikators, aber es fehlen noch wichtige Teile für die Simulation, wie die
Initialisierung, die Analyse des Lernverhaltens und der Abschlusstest. Darüber hinaus

soll eine Stapelverarbeitung eingesetzt und die Überlegungen aus Kap. 11 und 12 berücksichtigt werden. Im Folgenden gehen wir Schritt für Schritt vor. Das vollständige Programm finden Sie in Programm 13.2. Es wird in der Übung 13.1 noch benutzt und erweitert.

- *Stapelverarbeitung*: Da es genau vier mögliche Mustervektoren gibt, die die XOR-Operation definieren, bietet sich eine Stapelverarbeitung mit diesen vier Mustervektoren an, siehe `inputs` und `targets`. Die Gewichtsanpassung findet erst nach Durchlauf eines Stapels mit den gemittelten Gewichtsänderungen statt. Deshalb kann eine etwas größere Lernrate (`alpha`) gewählt werden. Für die Simulation wird die Anzahl der Stapel vorgegeben. Ein Abbruchkriterium wird wegen des explorativen Vorgehens nicht vorgesehen.
- *Initialisierung der Gewichte*: Die Gewichte werden zu Beginn durch einen Zufallszahlengenerator initialisiert, um ein „Versperren" des Adaptionsalgorithmus bei ungünstiger Wahl zu verhindern. Damit wird auch jeder Simulationslauf „einmalig" und es können sich mehr oder weniger ähnliche Ergebnisse einstellen.
- *Lernkurve*: Zur Überwachung des Lernfortschritts wird die Lernkurve, d. h. der Verlauf der Kreuzentropie stapelweise gemittelt erfasst und am Ende grafisch dargestellt.
- *Abschlusstest*: Nach dem Training werden ein Stapel verarbeitet, die Ist- und Sollwerte verglichen und die Anzahl der falschen XOR-Entscheidungen angezeigt.
- *Gewichtsveränderungen*: Zur Überwachung des Lernfortschritts werden die Gewichte der Zwischen- und Ausgabeschicht für jeden Stapeldurchlauf erfasst und am Ende grafisch dargestellt.
- *Merkmalsraum*: Schließlich wird wie in Kap. 12 (`decisionRegion2`) das Entscheidungsverhalten des XOR-Klassifikators im „kontinuierlichen" Merkmalsraum visualisiert.

Mit dem Programm 13.2 wurden mehrere Simulationen durchgeführt. Meist wurde ein brauchbarer XOR-Klassifikator trainiert, jedoch kamen auch unbrauchbare Lösungen vor. Ein Beispiel einer gelungenen Adaption zeigt Abb. 13.2 oben in der Lernkurve. Die Kreuzentropie fällt zunächst kurz und steil, um dann jedoch etwas abzuflachen. Erst nach circa 20 Stapeldurchläufen ist wieder ein steilerer Abfall zu erkennen, bevor die Kurve verflacht und die Klassifikationsaufgabe gelernt ist. Ist man nur an den binären Entscheidungen interessiert, so stellt sich bereits nach circa 30 Stapeln ein brauchbares Ergebnis ein. (Das Training könnte folglich verkürzt werden; oder ein Abbruchkriterium vorgegeben werden.)

Einen Blick auf die Anpassung der Gewichte erlaubt Abb. 13.2 unten. Nach etwa 20 trainierten Stapeln hat sich die Grundstruktur der Gewichtsverteilung in beiden Schichten herausgebildet. Die nach 100 Zyklen berechneten Gewichte (gerundet) sind

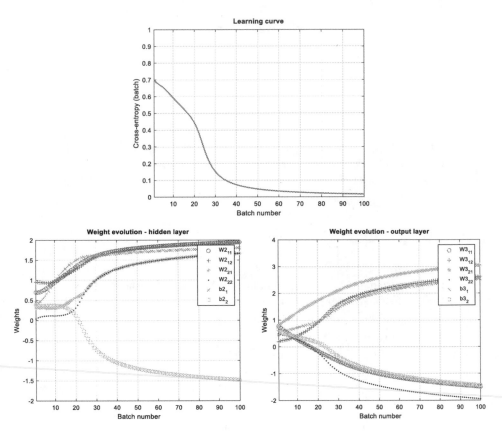

Abb. 13.2 Lernkurve und Entwicklung der Gewichte im Training (`s_nn_XOR_bp`)

```
W2 = 1.9492 1.9459
     1.6719 1.6710
b2 = 1.8066
    -1.4851
W3 = -1.4982 2.6287
     3.0589 -1.9521
b3 = 2.5371
    -1.4452
```

Schließlich ruft das Programm eine Funktion zur graphischen Darstellung der Entscheidungsgebiete im Merkmalsraum auf. Es ergeben sich die aus Kap. 12 bekannten Bilder. Der trainierte XOR-Klassifikator löst das XOR-Problem mit den Trennungsgeraden wie in der theoretischen Lösung in Kap. 12.

Programm 13.2 Training des XOR-Klassifikators mit dem Backpropagation-Algorithmus

```
% XOR classifier with backpropagation algorithm
% shallow neural network (2-2-2)
% output layer: softmax activation function (af) and cross-entropy
% criterion
% hidden layer: symmetric sigmoid ac (tanh)
% s_nnXOR_bp * mw * 2020-04-04
inputs = [0 1 0 1; 0 0 1 1]; % data
targets = [1 0 0 1; 0 1 1 0]; % XOR (2nd row)
alpha = .3; % learning rate (batch processing)
M = 100; % simulation (batch) cycles
% initialization of weights
W2 = rand(2,2); b2 = rand(2,1); % weights hidden layer
W3 = rand(2,2); b3 = rand(2,1); % weights output layer
croEnt = zeros(1,M); % allocate memory for cross-entropy
Wp = zeros(12,M); % allocate memory for graphics (weight adaptation)
m = 0; [~,N] = size(inputs);
while m<M % training with batch processing
    m = m + 1; % loop count
    D3 = zeros(2,3); D2 = zeros(2,3); % reset for batch averaging
    Wp(:,m) = [reshape(W2',4,1); b2; reshape(W3',4,1); b3]; % for
graphics
    for n=1:N % batch processing
        % forward pass
        a1 = 2*inputs(:,n) - 1; % normalizing
        % hidden layer
        z2 = W2*a1 + b2; % sum of products and bias
        a2 = tanh(z2); % hyperbolic tangens af
        % output layer
        z3 = W3*a2 + b3; % sum of products and bias
        zexp = exp(z3); a3 = zexp/sum(zexp); % softmax af
        % backward propagation
        t = targets(:,n); % indicator (one-hot coding)
        delta3 = a3 - t; % softmax and cross-entropy criterion
        h_ = 1 - (tanh(z2)).^2; % derivative (tanh)
        delta2 = h_.*(W3'*delta3);
        D3 = D3 + delta3*[a2; 1]'; % augmented, batch average
        D2 = D2 + delta2*[a1; 1]'; % augmented, batch average
        % cross-entropy, average within batch
        croEnt(m) = croEnt(m) - t(1)*log(a3(1)) - t(2)*log(a3(2));
    end
    % weight adaptation
    dW2 = -alpha*D2; % augmented, batch average
```

```
    W2 = W2 + dW2(:,1:end-1); b2 = b2 + dW2(:,end);
    dW3 = -alpha*D3; % augmented, batch average
    W3 = W3 + dW3(:,1:end-1); b3 = b3 + dW3(:,end);
end
%% Tests
% final test
finalTest(W2,b2,W3,b3,inputs,targets,N);
% learning curve
plotLearn(croEnt/N);
% weight evolution
plotWeight(Wp,M)
% plot decision region
decisionRegion2(W2,b2,W3,b3);
%% subfunction final test
function finalTest(W2,b2,W3,b3,inputs,targets,Ntest)
errorHD = 0;
for n=1:Ntest
    a1 = 2*inputs(:,n) - 1;
    % hidden layer
    z2 = W2*a1 + b2; % sum of products and bias
    a2 = tanh(z2); % hyperbolic tangens af
    % output layer
    z3 = W3*a2 + b3; % sum of products and bias
    zexp = exp(z3); a3 = zexp/sum(zexp); % softmax af
    errorHD = errorHD + abs(round(a3(2))-targets(2,n));
end
fprintf('s_nn_XOR_bp: Decision errors %i \n',errorHD)
fprintf(' Detection ratio %4g %% \n',100*(Ntest-errorHD)/Ntest)
end
%% plot cross-entropy learning curve
function plotLearn(croEnt)
M = length(croEnt);
figure('Name','Learning curve','NumberTitle','off')
plot(1:M,croEnt,'Linewidth',2)
axis([1,M,0,1]), grid
xlabel('Batch number'), ylabel('Cross-entropy (batch)')
title('Learning curve')
end
%% Plot weight evolution
function plotWeight(Wp,M)
% hidden layer
Max = ceil(max(max(Wp(1:6,:)))); Min = floor(min(min(Wp(1:6,:))));
figure('Name','Weight evolution - hidden layer','NumberTitle','off')
```

```
plot(1:M,Wp(1,:),'o',1:M,Wp(2,:),'+',1:M,Wp(3,:),'*',1:M,Wp(4,:),'.',…
    1:M,Wp(5,:),'x',1:M,Wp(6,:),'s')
grid, axis([1,M,Min,Max]);
legend('W2_{11}','W2_{12}','W2_{21}','W2_{22}','b2_1','b2_2')
xlabel('Batch number'), ylabel('Weights')
title('Weight evolution - hidden layer')
% output layer
Max = ceil(max(max(Wp(7:12,:)))); Min = floor(min(min(Wp(7:12,:))));
figure('Name','Weight evolution - output layer','NumberTitle','off')
plot(1:M,Wp(7,:),'o',1:M,Wp(8,:),'+',1:M,Wp(9,:),'*',1:M
,Wp(10,:),'.',…
    1:M,Wp(11,:),'x',1:M,Wp(12,:),'s')
grid, axis([1,M,Min,Max]);
legend('W3_{11}','W3_{12}','W3_{21}','W3_{22}','b3_1','b3_2')
xlabel('Batch number'), ylabel('Weights')
title('Weight evolution - output layer')
end
```

Übung 13.1 MATLAB-Simulation des BPA

a) Rufen Sie das Programm mehrmals auf. Gelegentlich kommt es zu einer Fehlanpassung. Wie unterscheiden sich dann die Lernkurve und die Entwicklung der Gewichte von den Beispielen in Abb. 13.2?

b) Nun soll die logistische Sigmoidfunktion als Aktivierungsfunktion in der Zwischen- und Ausgabeschicht sowie das MSE-Kriterium eingesetzt werden. Nehmen Sie die notwendigen Anpassungen im BPA vor. Unterscheiden sich die Ergebnisse signifikant vom oben vorgestellten Beispiel?

Übung 13.2 Training eines flachen NN zur Zeichenerkennung

a) Die Übung führt das Beispiel der Zeichenerkennung in Kap. 12 weiter. Ersetzen Sie die Befehle der Neural Network Toolbox durch elementare MATLAB-Befehle entsprechend Programm 13.2, so dass Sie das flache NN mit dem BPA selbst trainieren können.

b) Wie viele Stapel sind bei 20 Zwischenschichtknoten in etwa notwendig, damit das NN die Ziffern fehlerfrei erkennen kann? (Keine aufwendigen Simulationsreihen, einige Versuche reichen.)

c) Wie viel Zwischenschichtknoten werden ungefähr gebraucht, damit das NN die Ziffern fehlerfrei erkennen kann? (Keine aufwendigen Simulationsreihen, einige wenige Versuche reichen.)

13.5   Regularisieren

Beim Training von NN mit vielen Schichten („deep learning") kann das Problem auftreten, dass der Trainingsfehler zwar abnimmt, aber der Testfehler zu („overfitting
problem"). Also die Generalisierbarkeit der Lösung nicht garantiert ist. Verschiedene
Maßnahmen, die ungünstigen Trainingseffekten vorbeugen können, werden unter
dem Begriff *Regularisierung* („regularization") zusammengefasst (Goodfellow et al.
2016). Dazu gehören die drei nachfolgend beschriebenen Methoden: Die Parameter-
Regularisierung („parameter regularization"), die Ausfallmethode („dropout") und der
Einsatz der ReLU-Aktivierungsfunktion („rectified linear unit"). Die drei Methoden
haben sich als effizient und effektiv erwiesen (Goodfellow et al. 2016; Kim 2017).

Parameter-Regularisierung

Bei der *Parameter-Regularisierung* wird die Kostenfunktion um ein „Kriterium" für die
(Gewichts)Parameter erweitert. Im Beispiel der L^2-Parameter-Regularisierung, sollen die
Gewichte im quadratischen Mittel klein werden, also näher an null rücken. Dazu wird
der Term

$$\Omega = \frac{\beta}{2} \cdot w^T w = \frac{\beta}{2} \cdot \sum_i \sum_j w_{ij}^2,$$

die Summe der Quadrate aller Gewichte, zur Kostenfunktion addiert. Im Gradienten entsteht der Zusatzterm

$$\beta \cdot w_{ij}^{(l)}.$$

Weil bei der Gewichtsanpassung der Gradient vom aktuellen Wert abgezogen wird, entsteht durch obigem Zusatzterm eine Tendenz zu null. Die Methode wird deswegen auch
anschaulich *Gewichtsdämpfung* („weight decay") genannt.

Ausfallmethode

Mit der *Approximationsmethode* kommt eine besonders effiziente und dennoch wirksame
Methode zur Anwendung um Generalisierungsfehler zu reduzieren (Goodfellow et al.
2016). Die Idee dahinter ist, das gewünschte NN in einfachere NN (Approximationen)
aufzuspalten und diese unabhängig zu trainieren. Schließlich werden die Systeme,
mangels besseren Wissens über die optimale Kombination, durch Mittelung zum
gewünschten NN zusammengeführt. Man spricht von einer *Modellmittelung* über das
Ensemble der Modelle (engl. „bootstrap aggregation", kurz „bagging"). Eine besonders
effiziente Methode hierfür ist das abwechselnde quasi zufällige Nullsetzen von einigen

Netzeingaben, was praktisch dem Ausfall („*dropout*") der jeweils zugehörigen Knoten gleichkommt und als neues Modell interpretiert werden kann.

Die praktische Anwendung gestaltet sich bei Stapelverarbeitung mit einem statistischen Ansatz relativ einfach, d. h. die Approximationen werden für jeden Stapeldurchlauf zufällig ausgewählt. Dazu genügt es im Training eine bestimmte Anzahl von Knoten als Ausfälle zu betrachten und deren Aktivierungswerte null zu setzen. In der Praxis wird die Approximationsmethode für tiefe NN besonders effizient programmiert.

Üblicherweise werden für den gesamten Stapel zu Beginn die ausfallenden Knoten zufällig bestimmt. Typisch sind Ausfallwahrscheinlichkeiten (Ausfallquote, „dropout ratio") von bis zu 20 und 50 % für Eingabeknoten bzw. Zwischenknoten (Goodfellow et al. 2016). Da nun implizit mehrere Modelle trainiert werden, verlängert sich die notwendige Trainingszeit entsprechend.

Wir zeigen im Folgenden nur ein MATLAB-Beispiel nach Kim (2017), welches die Methode veranschaulicht. Für die Berechnung des Aktivierungsvektors der l-ten Schicht (z. B. $l=5$) in Vorwärtsrichtung werden die beiden ersten Programmzeilen benötigt (z. B. Programm 13.1).

```
z5 = W5*a4 + b5
a5 = tanh(z5)
a5 = a5.*dropOut(a5,.2) % dropout
```

In der dritten Zeile wird der Ausfall erzwungen. Dazu werden einige Elemente des Aktivierungsvektors mit 0 multipliziert – die zugehörigen Knoten fallen in den Netzeingaben der Folgeschicht aus. Wie viele Knoten ausfallen und welche, bestimmt die Funktion `dropOut`. Deren Parameter (`.2`) gibt die Ausfallquote („dropout ratio") an, hier ein Wert 20 %. Die Funktion besteht aus wenigen Zeilen. Die MATLAB-Funktion `randperm` liefert eine zufällige und entsprechend reduzierte Auswahl der Indizes der Knoten, die in der Approximation behalten werden („dropout pattern"). Deren Ausgabewerte werden mit dem Faktor `1/(1-ratio)` angehoben, um die Beiträge der ausgefallenen Knoten in der Netzeingabe der nächsten Schicht zu kompensieren, was sonst wegen der nichtlinearen Aktivierungsfunktionen kritisch sein könnte.

Programm 13.3 Ausfallmuster für die Zufallsauswahl der aktiven Knoten

```
function DoP = dropOut(a,ratio)
[M,N] = size(a);
Number = round(M*N*(1-ratio)); % number of good spots
index = randperm(M*N,Number); % indices of good spots
Dop = zeros(M,N); % bad spots equal 0
DoP(index) = 1/(1-ratio); % set good spots, and compensate
end
```

ReLU-Aktivierungsfunktion

Schließlich kommt bei tiefen NN mit vielen Schichten die *ReLU-Kennlinie* zum Einsatz. Die Kennlinie gleicht der des bekannten Einweg-Gleichrichters in der Elektrotechnik („rectified linear unit").

$$h(z) = \max(0, z), \quad h'(z) = \begin{cases} 1 & z > 0 \\ 0 & z \leq 0 \end{cases}$$

Die ReLU-Kennlinie erweist sich wohl auch wegen ihrer Einfachheit als besonders robust in tiefen NN mit vielen Schichten. Für sie existieren auch einige Varianten.

Übung 13.3 Regularisierung

Die Regularisierung bringt für die einfachen Beispiele hier keinen messbaren Vorteil und wird in diesem Kapitel nicht mehr vertieft. Erst in Kap. 14 soll die Ausfallmethode angewendet werden. Wenn Sie wollen, können sie das Programmbeispiel für die Ziffernerkennung mit einer oder mehreren Methoden der Regularisierung erweitern und so zumindest deren „Unschädlichkeit" verifizieren. Alternativ können Sie gleich mit dem nächsten Abschnitt weitermachen.

13.6   Neuronale Netze mit mehreren Zwischenschichten

In den bisherigen Beispielen, wie die Zeichenerkennung bei Pixel-Grafiken, handelte es sich um linear separierbare Klassifikationsaufgaben, die mit flachen NN und genügend Knoten gut zu lösen sind. Anders die folgende nichtlineare Problemstellung, sie soll die bisherigen Überlegungen zum BPA durch ein Beispiel mit mehreren Zwischenschichten, einem sogenannten *Mehrschichten*-NN („multi-layer NN") abrunden.

Dazu wählen wir wieder die Form einer gelösten Fallstudie. Es soll ein instruktives Beispiel entstehen, das Sie später nach eigenen Vorstellungen verändern können. Und Sie entscheiden selbst wieviel Zeit Sie in die Programmentwicklung stecken wollen oder ob ein Blick in den Lösungsvorschlag für Sie angebrachter ist. Wichtiger ist vor allem der Übergang zum schleifengesteuerten parametrisierbaren BPA, der die iterative Struktur des BPA nochmals deutlich macht. Die grafischen Darstellungen der Ergebnisse können größtenteils aus obigen Programmen übernommen werden.

Übung 13.4 Mehrschichten NN

a) Der Einfachheit halber nehmen Sie zwei kontinuierliche Merkmale und vier Klassen an. Der Merkmalsraum sei je Merkmal auf das Intervall [0,1] beschränkt. Um überschaubare nichtlineare Trennkurven der Klassen zu erhalten konstruieren Sie nach Gutdünken die vier Klassen, wie z. B. in Abb. 13.3. Dazu reichen die zwei geometrischen Vorschriften in Programm `test4class` und `data4class`. Letzteres liefert als Funktion die Merkmalsvektoren mit Klassenzugehörigkeiten für die (Beispiel-)Simulation.

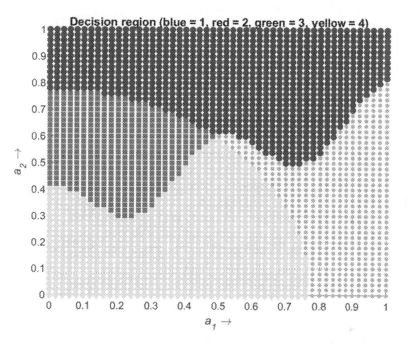

Abb. 13.3 Merkmalsraum mit vier Klassen (`test4class`)

b) Zur Klassifizierung der Merkmalsvektoren entwickeln Sie ein Programm, dass Experimente mit einem Mehrschichten-NN zulässt. Das heißt, die Zahl der Schichten sowie die Zahl der Knoten in den Schichten halten Sie als Programmparameter variabel.

Der Einfachheit halber wählen Sie in allen Zwischen- und der Ausgabeschicht die logistische Sigmoidfunktion. Zur Adaption der Gewichte ziehen Sie das MSE-Kriterium heran.

Hinweis: Die Abarbeitung der Schichten kann beispielsweise mittels einer `for`-Schleife organisiert werden, wenn die relevanten Größen jeweils im Datenformat `cell` organisiert werden. So lassen sich z. B. Gewichtsmatrizen unterschiedlicher Dimensionen durch den Schleifenzähler indizieren. Ebenso kann die Anpassung der Gewichte im Wesentlichen in einer `for`-Schleife geschehen.

c) Den Lernfortschritt beobachten Sie anhand der Lernkurve. Und die Qualität des adaptierten NN überprüfen Sie durch die Klassifizierungsfehler und die Erkennungsquote in der Testphase. Schließlich stellen Sie die Entscheidungsgebiete im Merkmalsraum dar (`decisionRegion3`).

d) Wenn Sie das Programm erstellt und getestet haben, können Sie unterschiedliche Parametrisierungen, d. h. die Anzahl der Schichten und die Anzahl der Knoten in den Schichten variieren, und davon abhängige Effekte beobachten. Beginnen Sie mit wenigen Knoten und Schichten (Abb. 13.4 und 13.5).

Achten Sie bei zufällig gezogenen Testdaten auf ausreichende Testlänge, um die Repräsentativität der Stichprobe zu gewährleisten. Warum könnte das hier ein Problem sein?

Hinweis. Die Kurzschreibweise *a-b-c* steht für *a* Eingangsknoten, *b* Zwischenknoten und *c* Ausgangsknoten. Bei mehreren Zwischenschichten wird entsprechend erweitert.

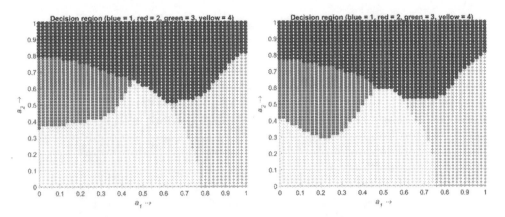

Abb. 13.4 Entscheidungsgebiete zweier trainierter flacher NN (2-6-4 links und 2-10-4 rechts) mit der Stapelgröße 50 und 10000 Stapeldurchläufe mit unabhängigen Daten (ml_nn_bp, decisionRegion3)

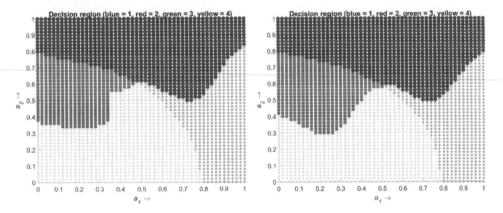

Abb. 13.5 Entscheidungsgebiete zweier trainierter mehrschichtiger NN (2-6-6-4 links und 2-10-10-4 rechts) mit der Stapelgröße 50 und 10000 Stapeldurchläufe mit unabhängigen Daten (ml_nn_bp, decisionRegion3)

Im Beispiel lassen sich einige Effekte beobachten. Für die Anwendung von NN ist es wichtig systematischen Zusammenhänge zu erkennen, um sie beim Design der NN anwenden zu können. Folgende Fragen sind u. a. von Interesse:

- Welche Problemstellungen sind für flache oder mehrschichtige NN besser geeignet?
- Welchen Einfluss hat die Zahl der Knoten und Schichten auf die Trainingslänge, d. h. nicht nur die Rechenzeit des Algorithmus, sondern auch die Zahl der benötigten Trainingsvektoren?

- Wie viele Knoten und Schichten werden benötigt um eine bestimmte Qualität (MSE, Kreuz-Entropie, Erfolgsquote) zu erhalten?
- Gibt es eine Grenze für die Zahl der Knoten und Schichten ab der die Qualität abnimmt?
- Gibt es Ansatzpunkte/Methoden die das Training mehrschichtiger NN mit vielen Knoten und Schichten unterstützen?

Eine allgemeine Antwort auf all diese Fragen ist nicht bekannt. Außer, dass für jede Anwendung eine zufriedenstellende Lösung neu zu finden ist. Im nächsten Kap. 14 werden einige Fragen anhand eines Anwendungsbeispiels für tiefes Lernen („deep learning") mit Faltungsnetzen aufgegriffen.

Quiz 13.1

Ergänzen Sie die Textlücken sinngemäß.

1. Mit dem Backpropagation-Algorithmus (BPA) können die ___ trainiert werden.
2. Der vorgestellte BPA beruht auf dem ___.
3. Zur mathematischen Begründung des BPA wird mit der ___ für die Differenziation eine ___ abgeleitet.
4. Die Formel $\Delta \widetilde{\boldsymbol{W}}^{(L)} = -\alpha \cdot \boldsymbol{\delta}^{(L)} \cdot \left[\widetilde{\boldsymbol{a}}^{(L-1)}\right]^T$ beschreibt ___ . [Satzergänzung]
5. Die Formel $\boldsymbol{\delta}^{(l)} = h'\left(\mathbf{z}^{(l)}\right) \cdot \left[\boldsymbol{W}^{(l+1)}\right]^T \cdot \boldsymbol{\delta}^{(l+1)}$ beschreibt ___. [Satzergänzung]
6. Die Formel $\Delta \widetilde{\boldsymbol{W}}^{(l)} = -\alpha \cdot \boldsymbol{\delta}^{(l)} \cdot \left[\widetilde{\boldsymbol{a}}^{(l-1)}\right]^T$ beschreibt ___. [Satzergänzung]
7. Unter Regularisierung versteht man Maßnahmen zur Vermeidung der/s ___.
8. Dämpfung der Gewichte („weight decay"), Ausfallmethode („dropout") und ReLU-Kennlinie sind Maßnahmen zur ___.
9. Mit dem MATLAB-Datentyp ___ können Datencontainer unterschiedlichen Types indizierte werden.
10. Bei Mehrschichten-NN kann im BPA das Problem des ___ auftreten.

13.7 Zusammenfassung

Erfolgreiches Lernen ist die Voraussetzung für die zweckgemäße Anwendung neuronaler Netze. Bevor das eigentliche Lernen im NN beginnen kann, sind zuerst die Zahl der Schichten und der Knoten in den Schichten, die Aktivierungsfunktionen in den Knoten und das Kriterium zur Qualitätsbeurteilung festzulegen. Dann sind die Gewichtsmatrizen der Schichten im Training so einzustellen, dass das NN seine geplante Funktion zuverlässig erfüllt.

Eine weitverbreitete Methode zur Adaption der Gewichte ist das aus der nichtlinearen Optimierung bekannte Gradientenabstiegsverfahren. Daraus wird zum Training NN der Backpropagation-Algorithmus (BPA) entwickelt. Seine Stärke liegt in seiner einfachen

Struktur, die eine flexible Anpassung an die Aufgabe zulässt und schließlich eine effiziente Programmierung unterstützt.

Wie alle numerischen Verfahren hat auch der BPA praktische Grenzen, so dass in den Anwendungen eine Reihe von aufgabenspezifischen Modifikationen bzw. Ergänzungen eingesetzt werden. Lernalgorithmen in kommerziellen Software-Paketen für NN stützen sich darüber hinaus auf zusätzliches Erfahrungswissen.

13.8   Lösungen zu den Übungen und Aufgaben

Zu **Quiz 13.1**

1. Zwischenschichten („hidden layer")
2. Gradientenabstiegsverfahren
3. Kettenregel, Rekursionsformel
4. die Gewichtsanpassung in der Ausgabeschicht
5. die Rückführung der Fehlergrößen („Backpropagation des Fehlers")
6. die Gewichtsanpassung in den Zwischenschichten
7. Überanpassung („overfitting")
8. Regularisierung
9. `cell` (cell array)
10. Gradientenschwundes („vanishing gradient problem")

Zu **Übung 13.1** MATLAB-Simulation des BPA

a) Eine Beispiel für die Fehlanpassung zeigt Abb. 13.6. Im Training wird zwar ein stabiler Zustand, ein lokales Minimum der Kostenfunktion, erreicht, aber zwei der vier möglichen Muster werden falsch erkannt.

b) Im BPA sind fünf Programmzeilen zu ändern:

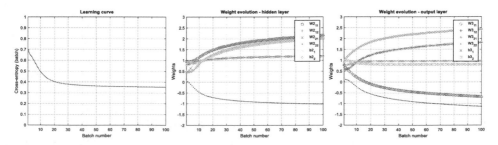

Abb. 13.6 Lernkurve und Entwicklung der Gewichte im Training bei Fehlanpassung (s__nn_ XOR_bp)

```
a2 = 1./(1+exp(-z2)); % logistic sigmoid af
a3 = 1./(1+exp(-z3)); % logistic sigmoid af
delta3 = (a3-t).*a3.*(1-a3);
h_ = a2.*(1-a2);
delta2 = h_.*(W3'*delta3);
```

Trotz mehrmaligen Probierens konnte keine funktionierende Konfiguration des NN mit zwei Zwischenknoten gefunden werden.

Zu **Übung 13.2** Training eines flachen NN zur Zeichenerkennung

a) Siehe Programm 13.4
b) Erfolgreiches Training mit 5 Stapeln
c) Erfolgreiches Training mit 5 Zwischenknoten (Lernkurve fällt langsamer und nicht so tief nach 30 Stapel)

Programm 13.4 Flaches NN zur Zeichenerkennung

```
% Shallow neural network for pixel graphics number recognition
% s_nn_pixelNumber20_bp * mw * 2020-04-06
%% Generate input for training
M = 30; % number of batch cycles
inputs = []; targets = []; t = eye(10);
for k=1:10
    [outP,outL] = pixelNum20(k); % training data
    inputs = [inputs outL];
    targets = [targets, t(:,k)];
end
% initialization
NL = 10; NH = 20; % number of knots
W2 = rand(NH,20); b2 = rand(NH,1);
W3 = rand(NL,NH); b3 = rand(NL,1);
alpha = .1;
croEnt = ones(1,M);
m = 0; [~,N] = size(inputs);
while m<M % training with batch processing
    m = m + 1;
    D3 = zeros(NL,NH+1); D2 = zeros(NH,20+1); % reset
    %% Shallow neural network training
    for n=1:N
        % forward pass
        a1 = 2*inputs(:,n) - 1; % normalizing
        % hidden layer
        z2 = W2*a1 + b2;
        a2 = tanh(z2);
        % output layer
```

```
        z3 = W3*a2 + b3;
        zexp = exp(z3); a3 = zexp/sum(zexp);
        % backward propagation
        t = targets(:,n);
        delta3 = a3 - t;
        D3 = D3 + delta3*[a2; 1]';
        h_ = 1 - tanh(z2).^2;
        delta2 = h_.*(W3'*delta3);
        D2 = D2 + delta2*[a1; 1]';
        % cross-entropy
        ln_a3 = -log(a3);
        croEnt(m) = croEnt(m) + ln_a3'*t;
    end
    dW3 = -alpha*D3;
    dW2 = -alpha*D2;
    W2 = W2 + dW2(:,1:end-1); b2 = b2 + dW2(:,end);
    W3 = W3 + dW3(:,1:end-1); b3 = b3 + dW3(:,end);
end
%% test the network
% learning curve
croEnt = croEnt/N;
figure
plot(1:M,croEnt,'LineWidth',2), grid
xlabel('Batch number'),ylabel('Cross-entropy')
title('Learning curve')
% pixel graphics (batch)
errorHD = 0;
for n=1:10
    % forward pass
    a1 = 2*inputs(:,n) - 1; % normalizing
    % hidden layer
    z2 = W2*a1 + b2;
    a2 = tanh(z2);
    % output layer
    z3 = W3*a2 + b3;
    zexp = exp(z3); a3 = zexp/sum(zexp);
    % hard decision error (one-hot)
    [~,Ind] = max(a3);
    if targets(Ind,n)==0
    errorHD = errorHD + 1;
    end
end
fprintf('HD errors %i \n',errorHD)
fprintf('s_nn_pixelNumber20_bp: Decision errors %i \n',errorHD)
fprintf(' Detection ratio %4g %% \n',100*(10-errorHD)/10)
```

Zu **Übung 13.3** Regularisierung
   Übersprungen, siehe Kap. 14.

Zu **Übung 13.4** Mehrschichten-NN

   Siehe Programm 13.5 und 13.6

Programm 13.5 Simulationsprogramm Mehrschichten-NN

```
% Multilayer neural network
% 4 class classification problem for multilayer NN
% ml_nn_bp * mw * 2020-04-07
%% Initialization for batch processing
M = 10000; % number of batch cycles with new data
NKL = [2 8 8 4]; % number of knots in each layer (in->out)
L = length(NKL); % number of layers
W = cell(L,2); z = cell(L,1); a = cell(L,1); % initialize cell arrays
D = cell(L,1); delta = cell(L,1);
for k=2:L
    W{k,1} = rand(NKL(k),NKL(k-1)); W{k,2} = rand(NKL(k),1);
    z{k} = zeros(NKL(k),1); a{k} = zeros(NKL(k),1);
    delta{k} = zeros(NKL(k),1); D{k} = zeros(NKL(k),NKL(k-1)+1);
end
alpha = .2; % learning rate
N = 50; % batch size
mse = zeros(1,M); % mean square error (batch)
m = 0;
%% Training using batch processing
while m<M % training with batch processing
    m = m + 1;
    for k=2:L
        D{k} = zeros(NKL(k),NKL(k-1)+1); % reset
    end
    [data,cc] = data4class(N), % generate test data
    inputs = data;
    targets = zeros(4,N);
    for n=1:N
targets(cc(n),n) = 1;
    end
    % batch processing
    for n=1:N
        % forward pass
        a{1} = sqrt(3)*inputs(:,n) - .5; % normalizing input
        for k=2:L
```

```
            z{k}  = W{k,1}*a{k-1} + W{k,2};
            a{k}  = 1./(1+exp(-z{k})); % logistic sigmoid
        end
        % backward propagation
        t = targets(:,n);
        error = a{L}-t;
        h_  = a{L}.*(1-a{L});
        delta{L} = h_.*error;
        D{L}  = D{L} + delta{L}*[a{L-1}; 1]';
        for k=L-1:-1:2
            h_  = a{k}.*(1-a{k});
            delta{k} = h_.*(W{k+1,1}'*delta{k+1});
            D{k}  = D{k} + delta{k}*[a{k-1}; 1]';
        end
        % mse
        mse(m) = mse(m) + error'*error;
    end
    % updating weights
    for k=L:-1:2
        W{k,1} = W{k,1} - alpha*D{k}(:,1:end-1);
        W{k,2} = W{k,2} - alpha*D{k}(:,end);
    end
end
%% test the network
% learning curve
mse = .5*mse/N; % mean square error
figure
plot(1:M,mse,'LineWidth',2)
axis([1,M,0,max(mse)]); grid
xlabel('Batch number'),ylabel('Mean square error')
title('Learning curve')
% NN test
Ntest = 100000;
errorHD = 0;
[data,cc] = data4class(N); % generate test data
inputs = data;
for n=1:N
    % forward pass
    a = sqrt(3)*inputs(:,n) - .5; % normalizing input
    for k=2:L
        z = W{k,1}*a + W{k,2};
        a = 1./(1+exp(-z)); % logistic sigmoid
    end
    [~,Index] = max(a); % hard decision
    if Index ~= cc(n)
```

```
        errorHD = errorHD + 1;
    end
end
fprintf('HD errors %i \n',errorHD)
fprintf('Detection ratio %4g %% \n',100*(Ntest-errorHD)/Ntest)
% %% Plot decision region
decisionRegion3(L,W);
```

Programm 13.6 Grafische Darstellung der Entscheidungsgebiete

```
% Show decision region of flat NN
% function decisionRegion3(net)
% net : flat neural network under consideration (MATLAB)
% decisionRegion3 * mw * 2020-04-07
function decisionRegion3(L,W)
%activation vectors (av) uniformly distributed in (a1,a2)-plane
x = 0:.02:1; y = 0:.02:1;
[a1,a2] = meshgrid(x,y);
data = [a1(:)';a2(:)']; % av
%% Neural network
[~,K2] = size(data);
cc = repmat(99,1,K2);
for k=1:K2
    % forward pass
    a = sqrt(3)*data(:,k) - .5; % normalizing input
    for m=2:L
        z = W{m,1}*a + W{m,2};
        a = 1./(1+exp(-z)); % logistic sigmoid
    end
    [~,cc(k)] = max(a); % hard decision
end
%% Feature map graphics - hard decision
FIG = figure('Name','Decision region','NumberTitle','off');
hold on
axis([0,1,0,1]); grid
xlabel('\it{a}_{1} \rightarrow'), ylabel('\it{a}_{2} \rightarrow')
title('Decision region (blue = 1, red = 2, green = 3, yellow = 4)');
for k=1:K2
    if cc(k)==1, marker = 'bo';
    elseif cc(k)==2, marker = 'rs';
    elseif cc(k)==3, marker = 'g*';
    else, marker = 'yx';
    end
    plot(data(1,k),data(2,k),marker,'LineWidth',3,'MarkerSize',3)
end
```

Literatur

Gonzalez, R. C., & Woods, R. E. (2018). *Digital image processing* (4. Aufl.). Harlow, Essex (UK): Pearson Education.

Goodfellow, I., Bengio, Y., & Courville, A. (2016). *Deep learning*. Cambridge, MA: MIT Press.

Kim, P. (2017). *MATLAB deep learning. With machine learning, neural networks and artificial intelligence*. Apress. https://doi.org/10.1007/978-1-4842-2845-6.

Neuronale Netze mit Faltungsschichten

(Convolutional Neuronal Networks)

Inhaltsverzeichnis

Zusammenfassung

Typische neuronale Klassifikationsnetze lassen sich durch Faltungsschichten erweitern. Eine Batterie linearer Filter mit spezifischen, gelernten Faltungskernen hebt Merkmale im Bild hervor, die die nachfolgende Klassifizierung unterstützen.

Die Originalversion dieses Kapitels wurde revidiert: Das elektronische Zusatzmaterial wurde beigefügt. Ein Erratum ist verfügbar unter https://doi.org/10.1007/978-3-658-22185-0_15

Elektronisches Zusatzmaterial Die elektronische Version dieses Kapitels enthält Zusatzmaterial, das berechtigten Benutzern zur Verfügung steht https://doi.org/10.1007/978-3-658-22185-0_14

Dazu wird der Backpropagation-Algorithmus so erweitert, dass auch die Faltungskerne mitoptimiert werden. Neuronale Netze mit Faltungsschichten zur Merkmalsextraktion und mit Vorwärtsstrukturen zur Klassifizierung werden häufig in der
Mustererkennung bei Bildern eingesetzt. Erkennungsquoten von 95 % und mehr
können in Beispielen erreicht werden.

Schlüsselwörter

Addierer („adder") · Ausfallmethode („dropout") · Backpropagation
(„backpropagation") · Bündelungsschicht („pooling layer") · CNN/FCN-Netz · Deep
Learning · Epoche („epoch") · Faltungsschicht („convolutional layer") · Faltungskern
(„convolution kernel") · Handschrift („handwriting") · Klassifikationsnetz
(„classification network") · Lernkurve („learning curve") · Merkmalsextraktionsnetz
(„feature extraction network") · Mischen („shuffle") · MNIST-Datensammlung
(„MNIST database") · Momentum („momentum") · Neuronales Netz
(„neural network") · Rechenzeit („processing time") · ReLU („rectified
linear unit") · Stapelnormierung („batch normalization") · Stapelverarbeitung
(„batch processing") · Unterabtastung („subsampling") · Vektorisierung
(„vectorization") · Visuelle Reizverarbeitung („visual stimulus
processing") · 2-D-Merkmalsraum („feature map")

14.1 Lernziele

Dieser Versuch soll Sie mit der Erweiterung künstlicher neuronaler Netze (NN) durch
Faltungsschichten vertraut machen. Dabei lernen Sie die Innovationen, die hinter der
Erweiterung stehen, und die praktische Umsetzung kennen. Nach Bearbeiten dieses Ver-
suchs können Sie:

- Beispiele aus der visuellen Reizverarbeitung des Menschen erläutern, die die Einbeziehung von Faltungsschichten in NN motivieren;
- erklären, wie sich die Faltungsoperation in künstliche Neuronen integrieren lässt;
- anhand von einer Skizze aufzeigen, wie Faltungsschichten in der Kombination mit
  einer Bündelung implementiert werden;
- Zweck und Arbeitsweise der Bündelungsschicht erläutern;
- das Training der Faltungsschichten mit dem Backpropagation-Algorithmus erklären;
- den Aufbau und die Arbeitsweise eines CNN/FCN-Netzes allgemein vorstellen;
- ein einfaches MATLAB-Programm zur Implementierung und Analyse eines CNN/
  FCN-Netzes selbst programmieren und evaluieren und
- die MATLAB-Demo „Create Simple Deep Learning Network for Classification" vorstellen und die wesentlichen Funktionen erläutern.

NN mit Faltungsschichten selbst zu programmieren erfordert einige Vorüberlegungen.
Deshalb ist den praktischen Versuchen ein ausführlicher Theorieteil vorangestellt.

Danach werden drei ausgearbeitete Beispiele zur Erkennung von handgeschriebenen Ziffern behandelt. Die Beispiele können Sie später nach eigenen Vorstellungen abändern.

14.2 Neuronales Netzwerk in Vorwärtsstruktur

Zum Einstieg knüpfen wir am *künstlichen Neuron* (Kap. 11) Abb. 14.1 an und nutzen seine Signalverarbeitung und Konnektivität zum Aufbau eines NN. Abb. 14.2 zeigt ein NN in *vollständiger Vorwärtsstruktur* („fully connected feed-forward network").

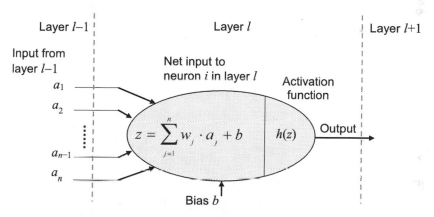

Abb. 14.1 Künstliches Neuron mit n Eingängen a_i und Bias b und interner Signalverarbeitung für die Netzeingabe z, sowie die Aktivierungsfunktion $h(z)$ und die Ausgabe

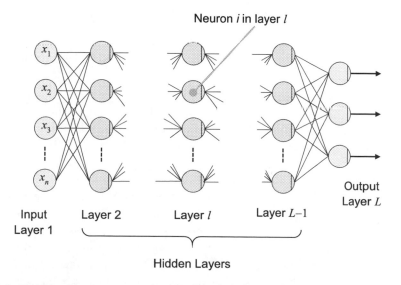

Abb. 14.2 Tiefes Neuronales Netzwerk mit L Schichten in vollständig vermaschter Vorwärtsstruktur

Ausgehend von der *Eingangsschicht* („layer 1"), breitet sich die Information über die *verborgenen Zwischenschichten* („hidden layer") bis zur *Ausgangsschicht* („layer *L*") aus. Man spricht auch kurz von einem *FCN* („fully connected neural network"). Der Einfachheit halber sprechen wir im Weitern statt von künstlichen Neuronen kurz von *Knoten*.

Der typische Anwendungsfall des FCN ist die Lösung von *Klassifikationsaufgaben* (Kap. 12). Werden Daten in der Eingangsschicht bereitgestellt, zeigen die Ausgangs-knoten idealer Weise die zugehörige Klasse an, indem zu einem Merkmalvektor aus der *i*-ten Klasse der *i*-te Ausgangsknoten den Wert eins annimmt und alle anderen Ausgangs-knoten den Wert null. Unter bestimmten Voraussetzungen können die Ausgangswerte auch als Wahrscheinlichkeiten für die Klassen interpretiert werden. Meist wird die Klasse zum Ausgangsknoten mit dem größten Wert entschieden, die *One-hot-Regel* angewandt.

In den Knoten der Schichten 2 bis *L* findet die Signalverarbeitung (Kap. 11) statt. Zur Beschreibung verwenden wir wieder die kompakte Matrixform. Ausgehend vom *Aktivierungsvektor* der Vorgängerschicht $a(l-1)$ wird für jeden Knoten jeweils das Skalarprodukt mit dem Gewichtsvektor $w\bullet(l)$ (zeilenweise) berechnet und das Ergeb-nis mit dem Bias $b_\bullet$ zur *Netzeingabe* („net input") addiert. In der Matrixform, die alle Knoten zusammenfasst, erhält man den *Netzeingabevektor* der *l*-ten Schicht

$$z^{(l)} = W^{(l)}a^{(l-1)} + b^{(l)}.$$

In jedem Knoten wird das jeweilige Element des Netzeingabevektors der *Aktivierungs-funktion h* unterworfen und auf diese Weise der Aktivierungsvektor der *l*-ten Schicht bestimmt.

$$a^{(l)} = h(z^{(l)})$$

Die Aktivierungsfunktion ist i. d. R. in allen Knoten einer Schicht gleich, z. B. die Sigmoidfunktion oder die Softmax-Aktivierungsfunktion (Kap. 12).

Mit dem *Backpropagation-Algorithmus* (BPA) kann das NN anhand von Muster-vektoren, den Trainingsvektoren mit bekannter Klassenzugehörigkeit, trainiert werden (Kap. 13).

In den bisherigen Überlegungen werden die NN durch Mustervektoren (Daten) gespeist, deren Elemente prinzipiell unterschiedliche Merkmale aufnehmen können, z. B. den Body-Mass-Index, den Blutdruck, das Atemvolumen und die Konzentrationen von bestimmten Substanzen im Blut. Die simultane und integrative Verarbeitung unter-schiedlicher Daten ist eine Stärke der NN.

In den Medien werden für NN meist beeindruckende Beispiele aus der Bildver-arbeitung vorgestellt. Dort sind die Voraussetzungen für die Merkmale im Vergleich zu oben anders. Fotoszenen bringen inhärent einen räumlichen Zusammenhang mit. Durch linienförmiges Abtasten („scanning") können zwar eindimensionale Daten generiert werden, dabei gehen jedoch die intuitiven Zusammenhänge benachbarter Bildelemente (Bildregionen) verloren. (Die Information geht selbst nicht verloren, weil die Bilder wieder rekonstruiert werden können). Durch die Umcodierung der Information kann jedoch die Mustererkennung erschwert werden. Untersuchungen an Augen von Wirbeltieren zeigen eine gemeinsame evolutionsbiologische Basis. Es kommt zur Ausbildung von rezeptiven Feldern, die eine räumlich zusammenhängende neuronale Verarbeitung von visuellen Reizen belegen und folglich eine zusammenhängende Verarbeitung in künstlichen NN als effizient nahelegen.

14.3 Bildsignalverarbeitung in Auge und Gehirn

Die Bildverarbeitung und Mustererkennung im menschlichen Gehirn geschieht nicht pixel-weise, sondern bereits im Auge werden einfache visuelle Strukturen verarbeitet. In der Netzhaut kommen zur Schicht mit den Photorezeptorzellen (Zapfen und Stäbchen, Kap. 1) weitere vier, die visuellen Reize verarbeitende Schichten. Die letzte Schicht wird durch die Ganglienzellen aufgebaut. Deren Axone bilden die Fasern des optischen Nervs, über den der optische Reiz den primären visuellen Kortex im hinteren Teil der Gehirnrinde (Sehrinde), erreicht.

Bereits in der Netzhaut findet eine erhebliche Signalintegration statt. Während ein menschliches Auge etwa 125 Mio. Photorezeptoren aufweist, stehen ihnen nur circa eine Million Ganglienzellen mit einer Million Nervenfasern in jedem Sehnerv gegenüber (Birbaumer und Schmidt 2010). Neuronale Querverbindungen in der Netzhaut machen eine räumliche Organisation in *rezeptiven Feldern* möglich. Ganglienzellen können als On- und Off-Zentren arbeiten. Die Reaktionen („Feuern von Impulsen") der Neuronen auf Beleuchtung im rezeptiven Feld veranschaulicht Abb. 14.3 für das Schwarz-Weiß-Sehen.

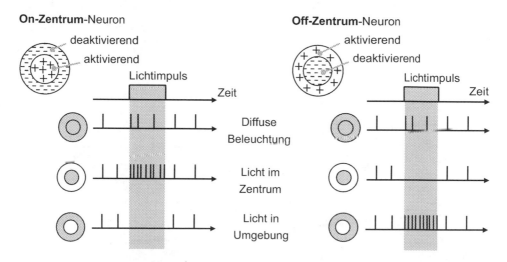

Abb. 14.3 Wirkungsweise („Feuern von Impulsen") von Ganglienzellen des On- bzw. Off-Zentrum-Typs beim Schwarz-Weiß-Sehen. (nach Schandry 2006, Abb. 12.8; Birbaumer und Schmidt 2010, Abb. 17.15)

Die ersten Verarbeitungsschritte des optischen Reizes im Kortex geschehen in einer säulenartigen Struktur. Das heißt zum einen, der räumliche Bezug der Information, die Nachbarschaft der rezeptiven Felder, bleibt erhalten, und zum anderen, werden verschiedene grundlegende funktionale Schichten aus Neuronen durchdrungen. Es lassen sich mehrere Funktionen identifizieren: die Registrierung visueller Reize, die Reaktion auf komplexe Formen, die Reaktion auf Ausrichtung und Winkelung, die Kombination von Bewegung und Richtung, die Farbunterscheidung, die Bewegungsregistrierung und die Tiefenbeurteilung (Carter et al. 2010). Ein vereinfachtes Beispiel für die Generierung von Orientierungsinformation stellt Abb. 14.4 vor.

Die Verarbeitung visueller Reize durch Neuronen in der Netzhaut und dem Kortex erinnert an die Filtermethoden der Bildverarbeitung (Kap. 4 und 6). Im Rahmen der Mustererkennung werden sie üblicherweise vorbereitend zur Bildverbesserung und Merkmalsextraktion eingesetzt. Daran kann sich die Mustererkennung durch einen NN anschließen (Kap. 13). Bei dieser Vorgehensweise muss die Merkmalsextraktion nach vorab zu entwickelnden Regeln geschehen. Besser scheint es hingegen, die Merkmalsextraktion in das Lernen des NN zu integrieren, wie es auch der Idee des NN entspricht. Genau das ermöglichen die Faltungsschichten, die im Weiteren vorgestellt werden.

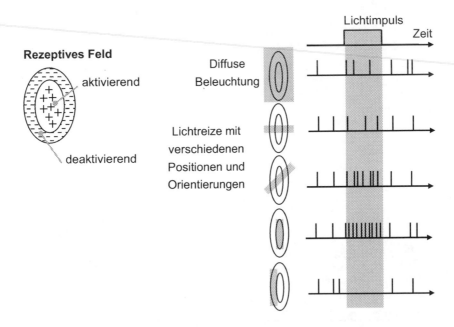

Abb. 14.4 Rezeptive Felder von orientierungssensitiven Neuronen im visuellen Kortex und ihre Reaktionen auf verschiedene Lichtreize. (nach Schandry 2006, Abb. 12.12; Birnbaumer und Schmidt 2010, Abb. 17.19)

14.4 Künstliches Neuron und Faltung

Die visuelle Reizverarbeitung in der Netzhaut und den ersten Schichten des visuellen Kortex ähnelt der Anwendung der maskenbasierten Filter in der Bildverarbeitung. So kann die Reizverarbeitung im rezeptiven Feld als Maskenoperation, ähnlich wie in Kap. 4, aufgefasst werden, als Faltung der Signalelemente des rezeptiven Feldes mit einem Faltungskern. Zudem entspricht die Faltung der Arbeitsweise der trainierbaren Neuronen in Kap. 11. Folglich sollte der Faltungskern, bzw. die Maske, ebenso trainierbar sein, wie die künstlichen Neuronen. Dieser Vermutung gehen wir im Folgenden nach.

Die lineare *Faltung* zweidimensionaler Signale (lineare Filterung) wird in Kap. 4 definiert durch

$$x[n_1, n_2] * *h[n_1, n_2] = \sum_{k_1=-\infty}^{+\infty} \sum_{k_2=-\infty}^{+\infty} h[k_1, k_2] \cdot x[n_1 - k_1, n_2 - k_2].$$

Darin ist $x[n_1, n_2]$ das Signal und $h[n_1, n_2]$ der Faltungskern (Impulsantwort). In der Bildverarbeitung haben Signale und Faltungskern einen endlichen Support. Außerhalb ist der Faltungskern null. Im Beispiel der Kerngröße 5×5 ist die Zahl der Summanden 25.

Im Weiteren lehnen wir uns der Einfachheit halber an die Schreibweise in Gonzalez und Woods (2018, S. 972) an. Für die Faltung schreiben wir exemplarisch

$$W * *A = \sum_l \sum_k w_{l,k} \cdot a_{x,y} = w_{1,1} \cdot a_{x-1, y-1} + w_{1,2} \cdot a_{x-1, y-2} + \cdots + w_{5,5} \cdot a_{x-5, y-5}.$$

An die Stelle des Faltungskerns tritt die Gewichtsmatrix W und für das zweidimensionale Signal schreiben wir A. Die Indizes x und y erinnern an die (x, y)-Ebene und drücken aus, dass es sich um ein zweidimensionales Signal handelt, entsprechend zu n_1 und n_2 in Kap. 4. Die Summen sind jeweils über den gesamten Support auszuführen, was die Kurzschreibweise mit den Summenindizes ohne Bereichsangaben erklärt.

Um den Anschluss an die gewichtete Summe („sum of products") bei den künstlichen Neuronen herzustellen, zählen wir die Summanden der Doppelsumme einfach durch und schreiben mit den neuen Indizes

$$W * *A = w_1 \cdot a_1 + w_2 \cdot a_2 + \cdots + w_{25} \cdot a_{25}$$

Schließlich erweitern wir mit einem Bias und erhalten die Formel für die Netzeingabe der künstlichen Neuronen in Abb. 14.1.

$$z = \sum_{k=1}^{25} w_k \cdot a_k + b$$

Oder anders herum, jeder Knoten einer Schicht kann als (räumliche) Faltung eines zweidimensionalen Signals mit einem Faltungskern angesehen werden, der prinzipiell mit dem BPA trainierbar ist. Die volle Funktionalität eines künstlichen Neurons resultiert, wenn noch die fehlende Aktivierungsfunktion $h(z)$ ergänzt wird.

Bevor wir uns den Trainingsalgorithmus genauer ansehen, verschaffen wir uns erst einen Überblick über die notwendigen Strukturen zur Integration der Faltungsschicht in das NN.

14.5   Faltungs- und Bündelungsschichten

Die skizzierte Faltung in jedem Knoten mit individuellem Faltungskern kann in einem immensen Anwachsen der Datenmenge und somit an Rechenzeit und Speicherbedarf resultieren. Für eine technisch machbare Lösung ist eine Datenreduktion notwendig. Dazu wird in der digitalen Signalverarbeitung die Methode der Unterabtastung („subsampling") seit langem verwendet. Insbesondere nach einer Filterung erlaubt das eingeschränkte Frequenzband die Unterabtastung möglicherweise sogar ohne Signalverzerrungen. Auch im Folgenden bietet sich eine Form der Unterabtastung als Beitrag zur Lösung des Komplexitätsproblems an.

Faltungsschicht

Die Signalverarbeitung mit *Faltungsschicht* skizziert Abb. 14.5. Am Eingang tritt an die Stelle des bisherigen Aktivierungsvektors ein Bild. Es wird mit dem *Faltungskern* eines Knotens gefaltet (Kap. 4 und Abb. 4.6). Dabei wird der Faltungskern über das Bild geschoben und für jede Lage die Faltung ausgeführt. Äquivalent kann auch die (Filter-) Maske eingesetzt werden und die *Kreuzkorrelation* zwischen Bildausschnitt und Maske

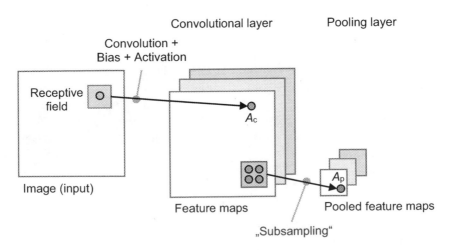

Abb. 14.5 Signalverarbeitung im NN mit den 2-D-Merkmalsräumen („feature maps") und den 2-D-Merkmalsräumen nach Bündelung („pooling")

berechnet werden, die Pseudofaltung (Kap. 4). Die Verschiebung der Maske kann pixelweise oder auch in größeren Schritten zur Datenreduktion geschehen. Die jeweilige Lage der Maske definiert den Bildausschnitt, das wirksame *rezeptive Feld*. Der Wert der Kreuzkorrelation plus das Bias wird der Aktivierungsfunktion unterworfen und als *Datenpunkt* in das „Ergebnisbild" geschrieben. Das „Ergebnisbild" repräsentiert die maskenspezifischen Merkmale, vergleichbar mit den Anwendungen eines Glättungsfilters, eines Kantenfilters, einer Kantenschärfung etc. (Kap. 4, 6 und 7). Man spricht deshalb im englischen vom „feature map", zu Deutsch etwa dem *2-D-Merkmalsraum*.

Jeder Knoten, bzw. jede Maske (Filter), erzeugt seinen eigenen 2-D-Merkmalsraum. In Abb. 14.5 sind drei 2-D-Merkmalsräume eingezeichnet. Ist die *Schrittweite* („stride") bei der Verschiebung der Maske eins, verdreifacht sich die Zahl der Datenpunkte im Beispiel.

An dieser Stelle wird deutlich, wie komplex die Ergänzung eines NN durch eine Faltungsschicht werden kann. Neben einer größeren Schrittweite kann durch die Wahl einer kleinen Maske eine deutliche Reduktion des Rechen- und Speicheraufwands erreicht werden. Die Maskengröße wird durch die Größe des rezeptiven Feldes, der in der Anwendung relevanten Nachbarschaft, bestimmt. Ein weiterer Einspareffekt ergibt sich, wenn die Maske für alle Bildpunkte unverändert bleibt (s. a. homogener Punktoperator). In diesem Fall spricht man von zwischen den Knoten *geteilten Gewichten* („weight sharing", „tied weights").

Bündelungsschicht

An die Faltungsschicht schließt die Datenreduktion durch „Unterabtastung" an. Anstelle des einfachen Ausdünnens durch Verwerfen von Datenpunkten, wird eine Methode des Bündelns („pooling") verwendet.

Beim Bündeln werden die Datenpunkte einer meist rechteckförmigen Nachbarschaft im 2-D-Merkmalsraum durch einen Datenpunkt repräsentiert. Üblich sind der *Mittelwert („mean pooling")* (vgl. lineares Filter, Kap. 4) oder eine andere Form der Mittelung sowie das *Maximum („max pooling")* (vgl. Rangordnungsfilter, Kap. 3). Die Mittelung entspricht dem Vorgehen in der digitalen Signalverarbeitung mit Tiefpassfiltern vor der Unterabtastung (Anti-Alising-Filter). Die Verwendung des Maximums in der Nachbarschaft kann im Sinne des Vorlagenabgleichs durch Kreuzkorrelation („template matching", Kap. 4) als bester Treffer interpretiert werden. In jedem Falle bringt die Unterabtastung eine Vergröberung der Ortsinformation mit sich. Die Bündelung kann einen großen Einfluss auf die Erkennungsleistung des NN haben kann (Goodfellow et al. 2016). Je nach Anwendung kann die Erkennungsleistung des NN sogar steigen. Beispielsweise dadurch, dass eine gewisse Robustheit gegen Objektverschiebungen in den Bildern entsteht, oder nachfolgende Schichten besser trainiert und eine Überanpassung („overfitting") vermieden wird (Goodfellow et al. 2016).

Künstliches Neuron

Die Kombination aus Faltungs- und Bündelungsschicht entspricht der Funktion eines künstlichen Neurons indem es vier Aufgaben ausführt:

1. Berechnen der gewichteten Summe,
2. Hinzufügen des Bias,
3. Anwenden der Aktivierungsfunktion
4. und Bereitstellen der Datenelemente für die nächste Schicht.

Der letzte Punkt dient dem Netzaufbau in Schichten. Je nachdem, ob sich eine weitere Faltungsschicht oder eine Zwischenschicht (Abb. 14.2) anschließt, muss unterschiedlich vorgegangen werden. Im letzten Fall werden die 2-D-Merkmalsräume durch Vektorisierung, d. h. fortlaufende Indizierung durch Scannen, in einen Vektor umgesetzt und diese dann zu einem Aktivierungsvektor aneinandergehängt.

Im Falle einer weiteren Faltungsschicht wird für deren Eingang ein „Bild" erzeugt. Dazu werden 2-D-Merkmalsräume punktweise addiert. Motivation dazu gibt, dass die Faltung eine lineare Operation ist und somit das Superpositionsprinzip gilt (Gonzalez und Woods 2018). Die Struktur der Netzeingabe als gewichtete Summe (Abschn. 14.4) bleibt erhalten, nur die Zahl der Summanden erhöht sich entsprechend der 2-D-Merkmalsräume. Letztere haben üblicherweise gleiche Dimensionen, was die Signalverarbeitung vereinfacht. Durch die Summe entsteht ein einziger (Super-)Knoten für die gesamte Faltungsschicht. Ihr Training stellt der nächste Abschnitt vor (z. B., Gonzalez und Woods 2018).

14.6   Backpropagation-Algorithmus für Faltungsschichten

Wir knüpfen an obiger Feststellung an, dass in der l-ten Faltungsschicht folgende Operationen durchgeführt werden,

$$z_{x,y}^{(l)} = \sum_k \sum_l w_{k,l}^{(l)} \cdot a_{x-l,y-l}^{(l-1)} + b^{(l)}$$

$$a_{x,y}^{(l)} = h\left(z_{x,y}^{(l)}\right)$$

Die Indizes x und y deuten wieder auf das Eingangsbild hin. Wir führen der Einfachheit halber die Faltung so aus, dass die Dimension des Bildes für die Netzeingabe erhalten bleibt (Kap. 4, `valid`). Zu jedem Bildelement $a_{x,y}$ wird ein korrespondierender Datenpunkt $z_{x,y}$ im jeweiligen 2-D-Merkmalsraum der Faltungskerne berechnet. Schließlich wird die Aktivierungsfunktion elementweise angewendet.

Wir nummerieren die Faltungsschichten von 1 bis L_c durch und setzen $a_{x,y}^{(0)}$ für die Elemente des Eingangsbildes. Mit diesen formalen Vorüberlegungen schließen wir an den BPA in Kap. 13 an.

Backpropagation-Algorithmus

Wir betrachten noch einmal die partiellen Ableitungen der Kostenfunktion J nach den Netzeingaben z. Im Unterschied zu den Knoten in Kap. 13 (Abb. 14.2), haben wir es in den Faltungsschichten mit den Datenpunkten $z_{x,y}^{(l)}$ zu tun. Deshalb berechnen wird die partiellen Ableitungen nach den Datenpunkten (Gonzalez und Woods 2018) und wenden erneut die Kettenregel an.

$$\delta_{x,y}^{(l)} = \frac{\partial J}{\partial z_{x,y}^{(l)}} = \sum_u \sum_v \underbrace{\frac{\partial J}{\partial z_{u,v}^{(l+1)}}}_{\delta_{u,v}^{(l+1)}} \cdot \frac{\partial z_{u,v}^{(l+1)}}{\partial z_{x,y}^{(l)}} = \sum_u \sum_v \delta_{u,v}^{(l+1)} \cdot \frac{\partial z_{u,v}^{(l+1)}}{\partial z_{x,y}^{(l)}}$$

Der letzte Term beinhaltet die Signalverarbeitung in der Faltungsschicht, sodass wir mit oben ausführlicher schreiben können

$$\delta_{x,y}^{(l)} = \sum_u \sum_v \delta_{u,v}^{(l+1)} \cdot \frac{\partial}{\partial z_{x,y}^{(l)}} \left[\underbrace{\sum_k \sum_l w_{k,l}^{(l+1)} \cdot h\left(z_{u-k,v-l}^{(l)}\right)}_{**} + b^{(l+1)} \right].$$

Die partielle Ableitung nach $z_{x,y}^{(l)}$ ist stets null, außer wenn die Indizes übereinstimmen, d. h. wenn gilt $x = u - k$ und $y = v - l$. Dies passiert jeweils genau einmal, da die Werte der Indizes x und y sowie u und v von außerhalb der eckigen Klammer vorgegeben werden. Folglich bleibt von der Doppelsumme nur ein Term und es vereinfacht sich der Ausdruck wesentlich.

$$\delta_{x,y}^{(l)} = \sum_u \sum_v \delta_{u,v}^{(l+1)} \cdot w_{u-x,v-y}^{(l+1)} \cdot h'\left(z_{x,y}^{(l)}\right) = h'\left(z_{x,y}^{(l)}\right) \cdot \sum_u \sum_v \delta_{u,v}^{(l+1)} \cdot w_{u-x,v-y}^{(l+1)}$$

Man beachte die verbleibende Doppelsumme. Sie liefert eine zweidimensionale Faltung, aber mit negativer Verschiebung in den Indizes der Gewichte. Mit anderen Worten, es liegt, wie in Kap. 4, die Pseudofaltung mit der (Filter-)Maske vor. Ebenso wie in Kap. 4 der Faltungskern und die Maske durch Rotation um 180° ineinander umgerechnet werden, kann auch hier die Rotation um 180° eingesetzt und kompakt mittels der Faltungsoperation geschrieben werden.

$$\delta_{x,y}^{(l)} = h'\left(z_{x,y}^{(l)}\right) \cdot \left[\delta_{x,y}^{(l+1)} ** \mathrm{rot}180\left(w_{x,y}^{(l+1)}\right)\right]$$

Damit ist der gesuchte Zusammenhang für die rückwärtsgerichtete Berechnung („backpropagation") der partiellen Ableitungen gefunden.

Für die Anpassung der Gewichte mit dem Gradientenabstiegsverfahren fehlen noch die partiellen Ableitungen der Kostenfunktion nach den Gewichten selbst.

$$\frac{\partial J}{\partial w_{k,l}^{(l)}} = \sum_x \sum_y \frac{\partial J}{\partial z_{x,y}^{(l)}} \cdot \frac{\partial z_{x,y}^{(l)}}{\partial w_{k,l}^{(l)}} = \sum_x \sum_y \delta_{x,y}^{(l)} \cdot \frac{\partial z_{x,y}^{(l)}}{\partial w_{k,l}^{(l)}} =$$

$$= \sum_x \sum_y \delta_{x,y}^{(l)} \cdot \frac{\partial}{\partial w_{k,l}^{(l)}} \left[\sum_u \sum_v w_{u,v}^{(l)} \cdot h\left(z_{x-u,y-v}^{(l-1)}\right) + b^{(l)} \right] =$$

$$= \sum_x \sum_y \delta_{x,y}^{(l)} \cdot h\left(z_{x-k,y-l}^{(l-1)}\right) = \sum_x \sum_y \delta_{x,y}^{(l)} \cdot a_{x-k,y-l}^{(l-1)}$$

Auch hier taucht die Faltungsbeziehung mit negativen Indizes auf, so dass wir schreiben können

$$\frac{\partial J}{\partial w_{k,l}^{(l)}} = \delta_{k,l}^{(l)} \ast \ast \mathrm{rot}180\left(a_{k,l}^{(l-1)}\right).$$

Für die Gewichtsanpassung („update parameters") folgt

$$w_{k,l}^{(l)} = w_{k,l}^{(l)} - \alpha \cdot \delta_{k,l}^{(l)} \ast \ast \mathrm{rot}180\left(a^{(l-1)}\right).$$

Die Bias-Terme resultieren entsprechend (Gonzalez und Woods 2018)

$$b^{(l)} = b^{(l)} - \alpha \cdot \sum_x \sum_y \delta_{x,y}^{(l)}.$$

Nachdem wir uns mit der grundsätzlichen Arbeitsweise der Faltungsschicht und ihrer Trainierbarkeit mit dem BPA vertraut gemacht haben, studieren wir im nächsten Abschnitt Beispiele und deren Programmumsetzung mit elementaren MATLAB-Befehlen.

Quiz 14.1

Ergänzen Sie die Textlücken sinngemäß.

1. Das Akronym FCN steht für die ___. (2 Wörter)
2. Bei der One-hot-Regel setzt sich der Ausgangsknoten mit dem ___ Wert durch.
3. Bei der Softmax-Aktivierungsfunktion können die Funktionswerte als ___ interpretiert werden
4. Untersuchungen an Augen von Wirbeltieren zeigen die Ausbildung von ___. (2 Wörter)
5. Die gewichtete Summe in der Signalverarbeitung künstlicher Neuronen kann auch als ___ interpretiert werden.
6. In der Faltungsschicht werden ___ verarbeitet und die ___ Struktur bleibt erhalten.
7. Die Faltungsschicht liefert als Ergebnis ___.
8. Das Bündeln von Datenpunkten mittels Mittelwert wird als ___ bezeichnet. (2 Wörter)

14.7 Erkennung von Handschriftzeichen

Die Mustererkennung in der digitalen Bildverarbeitung erfordert vier grundlegende Arbeitsschritte (Gonzalez 2018):

1. Bilderfassung („acquisition"),
2. Bildvorverarbeitung („preprocessing"),
3. Merkmalsextraktion („feature extraction"),
4. und Klassifizierung („classification")

Für die im Weiteren bearbeiteten drei Beispiele greifen wir auf eine Sammlung vorverarbeiteter Bilder zurück. In der Literatur weit verbreitet ist die *MNIST-Datensammlung* des *National Institute of Standards and Technology* (Gaithersburg, USA). Sie enthält handschriftliche Proben der Ziffern 0 bis 9. Die Proben wurden nach Normierung als 8-Bit-Grauwertbilder im Pixelformat 28×28 abgelegt. Der Datensatz gilt quasi als Standard, um Klassifizierungsalgorithmen zu testen und zu vergleichen. Genau genommen besteht er aus zwei Teilen, den 60.000 Trainingsbildern und den 10.000 Testbildern.

Im Folgenden wird der Datensatz von der Web-Seite von Redmond (2020) verwendet, der vorteilhafterweise im CSV-Format vorliegt. Der Datensatz kann in MATLAB direkt eingelesen werden. Er wurde mit dem selbst erstellten Programm `mnistData` (Programm 14.9) für die folgenden Beispiele vorbereitet. Abb. 14.6 zeigt eine Zusammenstellung von Ziffern aus der MNIST-Datensammlung.

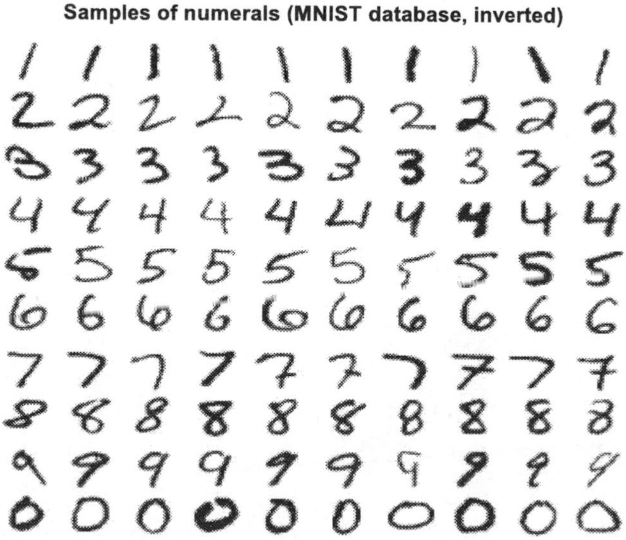

Samples of numerals (MNIST database, inverted)

Abb. 14.6 Beispiele handgeschriebener Ziffern aus dem MNIST-Datensatz (invertierte Darstellung)

Augenscheinlich unterscheiden sich die Handschriften stark. Die scheinbar einfache Aufgabe die handschriftlichen Ziffern 0 bis 9 zu erkennen, wird zu einer anspruchsvollen Aufgabe.

In der Bildverarbeitung werden zur Klassifizierung NN eingesetzt, die die Faltungsoperation zur Merkmalsextraktion (CNN, „convolutional neural networks ")mit vollständig vermaschten (Vorwärts-)Netzen (FCN, „fully connected neural networks ")zur Klassifizierung kombinieren. Im Beispiel der Handschriftzeichenerkennung werden bei passender Auslegung der CNN/FCN-Netze über 99 % der Ziffern richtig zugeordnet (Gonzalez 2018). Wie sollte so ein NN aussehen? Wie viele Schichten, wie viele Knoten usw.? Der Aufgabe, eine Antwort auf diese schwierigen Fragen finden zu müssen, entziehen wir uns, indem wir uns im Folgenden an drei Beispielen orientieren.

14.7.1 Neuronales Netz mit einer Faltungsschicht

Ein ausgearbeitetes MATLAB-Beispiel für ein CNN/FCN-Netz stellt Kim (2017, S. 133–135) vor, das wir im Weiteren zugrunde legen.

Netzstruktur
Die Struktur und die Parameter des NN zeigt Abb. 14.7. Den Kern des Trainingsprogramms mit dem BPA listet Programm 14.1 auf. Die *Merkmalsextraktion* übernimmt die Faltungsschicht mit ihren 20 Filtern (W_c) der Größe 9×9. Ein Bias ist nicht vorgesehen. Demnach sind in der Faltungsschicht $20 \cdot 9 \cdot 9 = 1620$ Gewichte zu trainieren.

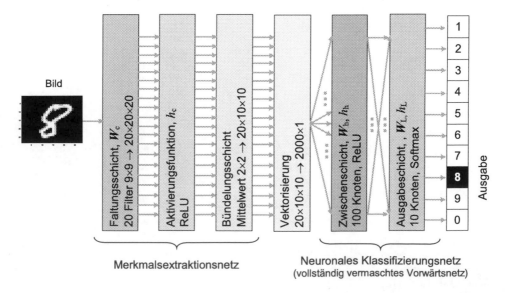

Abb. 14.7 Erweiterte NN-Architektur zur Zeichenerkennung bei Handschriften. (nach Kim 2017)

Für die *Faltung* wird der Befehl `conv2` („2-D convolution") mit dem optionalen Formparameter `valid` eingesetzt. Er verzichtet auf Ergänzungen am Bildrand (Kap. 4). Die resultierenden 2-D-*Merkmalsräume* verkleinern sich folglich auf die Größe 20×20. Insgesamt liegen nach der eigentlichen Faltungsschicht 20·20·20 = 8.000 Datenpunkte als Netzeingaben (`z_c`) der Faltungsschicht vor.

Die Datenpunkte werden der *ReLU-Aktivierungsfunktion* (`a_c = max(0,z_c)`), unterworfen (Abb. 14.8, Kap. 13). Die im BPA benötigte Ableitung der ReLU-Aktivierungsfunktion implementiert die *logische Indizierung*, (`a_c>0`). Sie setzt das Ergebnis auf 0 bzw. 1 entsprechend den beiden Steigungen der Aktivierungsfunktion in Abb. 14.8.

Die anschließende *Bündelungsschicht* nutzt die quadratische Maske der Größe 2×2, wobei der jeweilige Mittelwert als Repräsentant ausgewählt wird. Folglich reduzieren die 2-D-Merkmalsräume nochmals auf die Größe 10×10. Am Ausgang der Bündelungsschicht liegen 20 · 10 · 10 = 2000 Datenpunkte (`a_cp`) der Merkmalsextraktion vor. Die abschließende *Vektorisierung* erzeugt daraus den Merkmalsvektor (`a_cv`) mit 2000 Elementen für das nachfolgende vollständig vermaschte neuronale Klassifizierungsnetz (FCN) (Kap. 13).

Die Zwischenschicht im Klassifizierungsnetz hat 100 Knoten (`W_h`) und die Ausgabeschicht 10 Knoten (`W_L`). Zum Einsatz kommen die ReLU- bzw. die Softmax-Aktivierungsfunktion.

Momentum

Beim Training mit dem BPA wird zusätzlich ein *Momentum* (Impuls, Schwung) eingebracht. Das heißt, die Gewichtsänderungen pro Testbild bzw. Stapel wirken im Trainingsprozess noch eine gewisse Zeit mit abnehmender Stärke nach. Eine Umsetzung in MATLAB könnte wie folgt aussehen: Sei `dw`, die mit dem BPA berechnete Gewichtsänderung des Testbilds bzw. Stapels, `m` das Momentum, `beta` der Minderungsfaktor des Momentums und `w` das anzupassende Gewicht, dann erfolgt die Anpassung gemäß

```
m = dw + beta*m;
w = w + m;
```

In die Berechnung des Momentums geht die um n Trainingsschritte (Bilder bzw. Stapel) zurückliegende Gewichtsänderung eines Testbildes mit dem effektiven Gewicht β^n ein. Wenn $0 < \beta < 1$, wird anschaulich von exponentiellem Vergessen gesprochen. Bei $\beta = 0.95$ ist der Einfluss einer Gewichtsänderung `dw` nach 14 Schritten auf etwas

Abb. 14.8 ReLU-Aktivierungsfunktion und ihre Ableitung

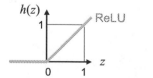
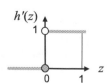

weniger als die Hälfte abgeklungen. Die Anwendung eines Momentums kann das Lernen beschleunigen und den Verlauf der Lernkurve glätten.

Im Beispiel wird das Training stapelweise und in Epochen organisiert. Eine Epoche entspricht einem vollständigen Durchlauf aller (ausgewählter) Testbilder; und ein Stapel beispielsweise die Anwendung von daraus 100 Testbildern. Bei der Stapelverarbeitung erfolgt die Gewichtsanpassung nur einmal am Ende des Stapels.

MATLAB-Programm des CNN/FCN-Netzes mit einer Faltungsschicht

Nachdem Struktur und Arbeitsweise des CNN/FCN-Netzbeispiels im Überblick vorgestellt sind, kommen wir zur Umsetzung in ein MATLAB-Programm. Dabei verzichten wir aus didaktischen Gründen auf MATLAB-Befehle aus speziellen Werkzeugen, wie beispielsweise die `Neural Network Toolbox`.

Den Kern des BPA zeigt der Programmausschnitt in Programm 14.1. Zur besseren Überschaubarkeit sind die Programmteile für die Stapelverarbeitung und Epoch-Zyklen weggelassen. Der Ausschnitt zeigt den BPA in drei Sektionen: die Vorwärtsphase (Abb. 14.7), die Backpropagation-Phase (Abschn. 14.6) und zum Schluss die Gewichtsanpassung und die Kostenfunktion (Kreuzentropie, Kap. 12).

Programm 14.1 Backpropagation-Algorithmus mit Faltungsschicht (Programmausschnitt `mnistConv`)

```
% forward pass
x = X(:,:,k); % input data, image (28x28)
for m=1:20 %(1) convolutional layer, (20x20)x20
 z_c(:,:,m) = conv2(x,W_c(:,:,m),'valid'); % convolutional layer
end
a_c = max(0,z_c); % ReLU activation fcn
for m=1:20 % Pooling (10x10)x20
 a_c_mean = conv2(a_c(:,:,m),meanFilter,'valid');% mean filter
 a_cp(:,:,m) = a_c_mean(1:2:end,1:2:end); % subsampling
end
a_cv = reshape(a_cp,[],1); % vectorization 2000x1
z_h = W_h*a_cv; % hidden layer, 100x1
a_h = max(0,z_h); % ReLU activation fcn
z_L = W_L*a_h; % output layer, 10x1
expz = exp(z_L); % softmax activation fcn
a_L = expz/sum(expz);
% backpropagation
% output layer
t = zeros(10,1); t(D(k)) = 1; % One-hot encoding
delta_L = a_L - t; % error
% hidden layer
delta_h = (a_h>0).*W_L'*delta_L; % derivative of ReLU
```

```
% pooling layer
delta_a_cv = W_h'*delta_h;
delta_a_cp = reshape(delta_a_cv,size(a_cp));% inverse vectorizat.
for m = 1:20 % kronecker tensor product, feature map expansion
 delta_a_c(:,:,m) = kron(delta_a_cp(:,:,m),.25*ones(2));
end
delta_z_c = (a_c>0).*delta_a_c; % derivative of ReLU
% convolutional layer (update information)
for m = 1:20
delta_x(:,:,m) = conv2(x(:,:),…
 rot90(delta_z_c(:,:,m),2),'valid'); % 180 degree rotation
end
% weight adjustments (accumulate for batch averages)
dW_c = dW_c + delta_x;
dW_h = dW_h + delta_h*a_cv';
dW_L = dW_L + delta_L*a_h';
croEnt(batch) = croEnt(batch) + (-log(a_L))'*t; % cost fcn
```

Der Programmausschnitt (Programm 14.1) ist Teil der Trainingsfunktion `mnistConv`, die vollständig in Abschn. 14.9 (Programm 14.10) aufgelistet ist.

Training und Test

Mit dem Testprogramm `testMnistConv` (Programm 14.11) wurde ein Training mit den ersten 10.000 Trainingsmustern in zehn Epochen durchgeführt. Die globale Lernrate α und der Minderungsfaktor β waren 0,01 bzw. 0,95. Für das Training benötigte das eingesetzte Notebook (Intel® Core™ i7-6700HQ CPU @ 2,60 GHz, 16 GB RAM) circa 229 s. Der Lernvorgang wurde mit dem Kreuzentropie-Kriterium, gemittelt über einen Stapel („mini batch"), überwacht. Die sich ergebende Lernkurve, die Kreuzentropie-Werte über der fortlaufenden Stapelnummer, zeigt Abb. 14.9. Zu Beginn nimmt die Kreuzentropie rasch ab. Im weiteren Verlauf schwankt sie stark, um stellenweise auf relativ große Werte zu springen. Das könnten Hinweise auf eine Überanpassung („overfitting") sein. Im Großen und Ganzen ist ein erfolgreiches Lernen zu erwarten.

Zusätzlich wurde der Lernvorgang mittels der Erkennungsquote („accuracy") in jeder Epoche erfasst. Die Erkennungsquoten beziehen sich auf das Training und sind in Tab. 14.1 zusammengestellt. Die Erkennungsquote stieg von 66,45 % nach Training in der ersten Epoche auf 97,38 % in der zehnten Epoche.

Ausschlaggebend für die Qualität des NN ist jedoch die Erkennungsquote im abschließenden Test mit den 10.000 Testbildern. Im Beispiel wird im Test eine Erkennungsquote von 95,38 % erreicht. Das heißt, von den 10.000 Testbildern werden nach Abschluss der Trainings 462 nicht richtig zugeordnet. Dieser Wert und die Werte in Tab. 14.1 wurden erst durch zufälliges Durchmischen („shuffling", `randperm`) der Reihenfolge der Trainingsmuster in jeder Epoche erreicht. Ohne diese Maßnahme war die Erkennungsquote mit 91,18 % deutlich geringer.

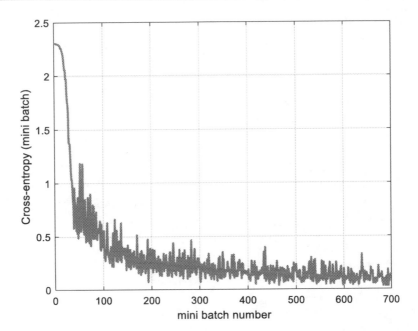

Abb. 14.9 Lernkurve des NN mit einer Faltungsschicht (10.000 Trainingsbildern, 7 Epochen, Stapelgröße 100, Lernrate $\alpha = 0{,}01$, Minderungsfaktor $\beta = 0{,}95$, Erkennungsquote im Test 95,38 %) (`testMnistConv`)

Tab. 14.1 Erkennungsquote im Training in den jeweiligen Epochen (`testMnistConv`)

Epoche	1	2	3	4	5
Erkennungsquote	66,45 %	90,39 %	92,76 %	94,50 %	95,54 %
Epoche	6	7	8	9	10
Erkennungsquote	95,91 %	96,68 %	96,86 %	97,18 %	97,28 %

Bei wiederholten Trainings zeigten sich die Ergebnisse empfindlich gegen Veränderungen der Parameter. So wurden auch Überläufe in den Gewichten (`NaN`) und Erkennungsquoten beobachtet, die auf eine zufällige Zuordnung schließen lassen. Gut eingestellte und länger trainierte CNN/FCN-Netze erreichen für das MNIST-Beispiel Erkennungsquoten über 99 % (Gonzalez 2018).

Darstellung der Faltungskerne und 2-D-Mermalsräume

Um die Arbeit des Merkmalsextraktionsnetzes zu veranschaulichen, wurden für ein Beispiel die Ergebnisse verschiedener interner Verarbeitungsschritte erfasst und als Grafik ausgegeben (`display_mnistTrain`). Zunächst zeigt Abb. 14.10 das Beispiel, die in 28×28 Pixel digitalisierte Ziffer „3". Daneben sind die trainierten 20 Faltungskerne der Größe 9×9 in einem Bild zusammengestellt. Zur Trennung der Faltungskerne sind

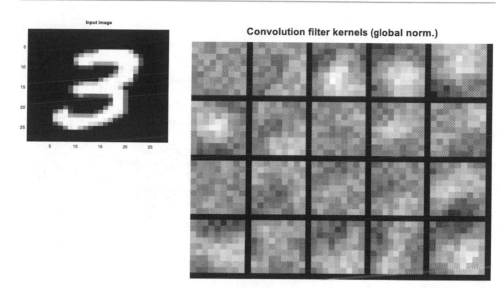

Abb. 14.10 Klassifizierung mit dem CNN/FCN-Netz mit einer Faltungsschicht: Ein Testbild und die trainierten 20 Faltungskerne (9×9) (`display_mnistTrain`)

schwarze Balken eingezogen. Die Gewichte werden durch Grauwerte im Bereich von 0 (schwarz) bis 255 (weiß) dargestellt, wobei das globale Minimum bzw. Maximum aller Gewichte zur Normierung der Darstellung verwendet wurde. Es lassen sich unterschiedliche Strukturen erkennen. Eine sinnvolle Zuordnung zur Klassifizierungsaufgabe gelingt mit menschlichem Auge – wenn überhaupt – nicht auf den ersten Blick.

Die resultierenden Faltungsprodukte, die 2-D-Merkmalsräume, zeigt Abb. 14.11 links. Darin ist die Drei in mehreren Merkmalsräumen gut zu erkennen. Rechts daneben

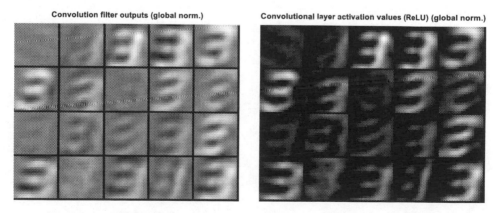

Abb. 14.11 Klassifizierung mit dem CNN/FCN-Netz mit einer Faltungsschicht: Ausgangssignale der 20 Filter vor und nach Anwenden der Aktivierungsfunktion (ReLU) (20×20) (`display_mnistTrain`)

Abb. 14.12 Klassifizierung
mit dem CNN/FCN-Netz
mit einer Faltungsschicht:
Ausgangssignale der 20
Filter nach Anwenden der
Aktivierungsfunktion (ReLU)
und der Bündelung (10×10)
(`display_mnistTrain`)

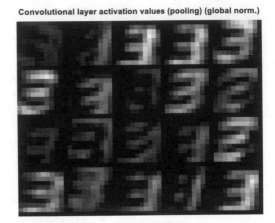
Convolutional layer activation values (pooling) (global norm.)

sieht man die Ergebnisse der ReLU-Aktivierungsfunktion. Durch die ReLU werden
Teile der Faltungsprodukte zu null gesetzt. Schließlich kann der Einfluss der Bündelung
in Abb. 14.12 beobachtet werden. An den größeren Pixeln ist die Vergröberung der
2-D-Signale zu erkennen.

Übung 14.1 Handschriftzeichenerkennung mit CNN/FCN-Netz (1)
Das vorgestellte Beispiel zeigt anschaulich wie ein CNN/FCN-Netz mit einer Faltungs-
schicht trainiert werden kann und welche Aufgabe es bewältigt. Beachten Sie in Ihrer
Kritik, dass es sich hier um ein einführendes Beispiel handelt. Eine Optimierung bzw.
Härtung des Programms, um praktische Probleme im Training zu vermeiden, fehlt der
Einfachheit halber.

a) Machen Sie sich mit dem Trainingsprogramm `mnistConv` (Programm 14.10) und
   Testprogramm `testMnistConv` (Programm 14.11) vertraut. Überprüfen Sie
   anhand Abb. 14.7 die Umsetzung der Netzarchitektur und des BPA im Programm.
b) Nun können Sie verschiedene Parametereinstellungen ausprobieren und Änderungen
   vornehmen. Beobachten Sie die Veränderungen in Lernkurve und Erkennungsquote.
   Schnelle Veränderungsmöglichkeiten bestehen beispielsweise in der Einstellung
   – der Länge der Trainingsfolge (`Lx`)
   – der Zahl der Epochen (`epoch`)
   – der Stapelgröße (`bsize`)
   – des globalen Lernparameters (`alpha`)
   – des Momentum-Minderungsfaktors (`beta`)
   – und das An- oder Abschalten der Randomisierung der Bildreihenfolge im Training
     (`shuffle`)
     Beim Ausprobieren von Einstellungsmöglichkeiten vergessen Sie nicht, dass
     eine umfassende Untersuchung, einschließlich möglicher Interaktionseffekte, aus

Zeitgründen nicht sinnvoll und wegen des vereinfachten Beispiels auch nur bedingt praxisrelevant ist. Das folgende Beispiel bringt hingegen neue Gesichtspunkte.

c) Sie können auch das Programm `display_mnistTrain` (Programm 14.12) nutzen, um weitere beispielhafte Einblicke in die 2-D-Merkmalsextraktion zu gewinnen.

14.7.2 Neuronales Netz mit zwei Faltungsschichten

Ebenfalls anhand der MNIST-Datensammlung demonstrieren Gonzalez und Woods (2018, Example 12.17) das Zusammenspiel von Merkmalsextraktion und Klassifizierung. Anders als im vorangehenden Abschnitt verwenden sie zwei Faltungsschichten, was zusätzlich die Rückwärtspropagation nach Abschn. 14.6 notwendig macht. Viele Programmdetails können jedoch aus dem vorhergehenden Beispiel übernommen werden.

Die Struktur des von Gonzalez und Woods zu Demonstrationszwecken vorgeschlagenen Merkmalsextraktionsnetzes (CNN) und seine Parametrisierung zeigt Abb. 14.13. (Eine Darstellung des vorgestellten CNN/FCN-Netzes mit Bildbeispielen für die 2-D-Merkmalsräume ist in Gonzalez [2018, Fig. 3] zu finden.)

MATLAB-Programm des CNN/FNC-Netzes mit zwei Faltungsschichten

Die Programmumsetzung des BPA ist im Kern in Programm 14.2 zusammengestellt. Die erste Faltungsschicht hat sechs Filter mit den Kerngrößen 5×5 und die Faltung wird mit dem Befehl `conv2` und dem optionalen Formfaktor `valid` umgesetzt. Hinzu kommt jeweils ein Bias. Folglich sind in der ersten Faltungsschicht $6 \cdot (5 \cdot 5 + 1) = 156$ Gewichte zu trainieren. Es resultieren sechs 2-D-Merkmalsräume der Dimension 24×24 mit insgesamt $24 \cdot 24 \cdot 6 = 3456$ Datenpunkten (①, `z_c1`). Nach Anwendung der ReLU-Aktivierungsfunktion (②, `a_c1`) wird die Bündelung wie in Abschn. 14.7.1 mit Mittelwert und Feldgröße 2×2 vorgenommen. Es ergeben sich schließlich sechs Merkmalsräume der Dimension 12×12, also $12 \cdot 12 \cdot 6 = 864$ Datenpunkte (③, `a_c1p`).

Die sechs Merkmalsräume der ersten Faltungsschicht liefern die sechs „Eingangsbilder" der zweiten Faltungsschicht. Der sprachlichen Klarheit und der Verständlichkeit willen, wird den „Eingangsbildern" je eine Ablage („pocket") logisch zugeordnet, in die die Faltungsprodukte der zweiten Schicht jeweils einsortiert werden.

Pro Ablage sind in der zweiten Faltungsschicht zwölf Filter der Kerngröße 5×5 mit Bias vorgesehen. Das führt auf insgesamt $6 \cdot 12 \cdot (5 \cdot 5 + 1) = 1872$ Gewichte, weil für jede Ablage ein eigener Satz von zwölf Filtern verwendet wird. Es gibt folglich sechs Ablagen mit je zwölf 2-D-Merkmalsräumen, also insgesamt $6 \cdot 12 = 72$ 2-D-Merkmalsräume mit den Dimensionen 8×8. Die Zahl der Datenpunkte (④, `z_c2`) ist $8 \cdot 8 \cdot 12 \cdot 6 = 4608$. Es schließt sich die ReLU-Aktivierungsfunktion (⑤, `a_c2`) an.

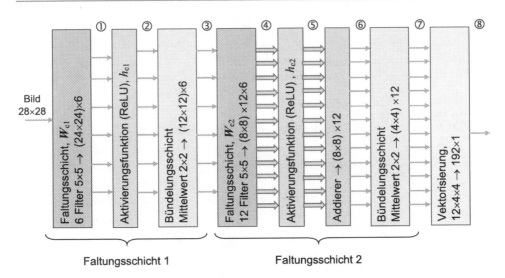

Abb. 14.13 Merkmalsextraktionsnetz (CNN) mit zwei Faltungsschichten. (nach Gonzalez und Woods 2018)

Anders als in der ersten Faltungsschicht wird jetzt ein Addierer eingeschoben (Abb. 14.13), um den Rechen- und Speicheraufwand zu reduzieren. Die Addition der 2-D-Merkmalsräume selbst ist im CNN keine fremde Operation, weil sie auch nur eine einfache Form der gewichteten Summe darstellt. Das Zusammenlegen geschieht durch die elementweise Addition der 2-D-Merkmalsräume aus je einer Ablage. Es ergeben sich nach der Addition insgesamt zwölf 2-D-Merkmalsräume, wobei der räumliche Zusammenhang des rezeptiven Feldes, die Nachbarschaftsbeziehung, erhalten bleibt. Die Zahl der Datenpunkte (⑥, a_c2a) reduziert sich auf $8 \cdot 8 \cdot 12 = 768$.

Darauf folgt die Bündelung wie in der ersten Faltungsschicht (⑦, a_c2p). Folglich übergibt die Vektorisierung $12 \cdot 4 \cdot 4 = 192$ Aktivierungswerte (⑧, a_c2v) an das nachfolgende FCN.

Das FCN besitzt keine Zwischenschicht, womit nur eine Gewichtung zwischen den 192 Eingangsknoten und den zehn Ausgangsknoten stattfindet. Die Trennung der Ziffern im 192-dimensionalen Merkmalsraum fußt demzufolge auf Hyperebenen, s. Kap. 11.

Die Backpropagation geschieht ähnlich wie im vorhergehenden Beispiel minstConv. Neu hinzu kommt die Rückwärtspropagation des „Fehlers" (d_z_c2) durch die zweite Faltungsschicht in die erste.

```
d_a_c1p_(:,:,n,m) = conv2(d_z_c2(:,:,n,m),…
rot90(W_c2(:,:,n,m),2),'full'); % backpropagation
```

Hier kommt die Faltung mit dem Formfaktor full zum Einsatz, weil im Vorwärtspfad mit dem Formfaktor valid die 2-D-Merkmalsräume der Dimension 12×12 im Ergebnis auf die Dimension 8×8 beschnitten wurden (Abb. 14.13). Mit dem Formfaktor full wird die Matrix des „Fehlers" (d_z_c2) zur Faltung am Rand mit Nullen fortgesetzt, so dass sich mit der Größe 5×5 der Gewichtsmatrix (W_c2) im Ergebnis die Seitenlängen $8 + 5 - 1 = 12$ wieder einstellt.

Training und Test

Training und Test sind in den Programmen `trainCnnFcn` (Programm 14.13) bzw. `testCnnFcn` (Programm 14.14) umgesetzt. Wie im vorhergehenden Beispiel wird das Kreuzentropie-Kriterium mit der Softmax-Aktivierungsfunktion und ein Momentum zur Anpassung verwendet. Gonzales und Woods (2018) verwenden hingegen das MSE-Kriterium. Die Stapelgröße wird mit 50 vorgegeben (Gonzalez 2018). Zur Lernüberwachung werden die Kreuzentropie und der mittlere quadratische Fehler pro Stapel bestimmt und ausgegeben. Hinzu kommt die Erkennungsquote in der jeweiligen Epoche.

Programm 14.2 Backpropagation-Algorithmus mit zwei Faltungsschichten (Programmausschnitt `trainCnnFcn`)

```
%% forward pass
x = X(:,:,k); % input data, image (28x28)
% CNN convolutional layer 1
for m = 1:NFc1
 z_c1(:,:,m)= conv2(x,W_c1(:,:,m),'valid') + B_c1(m); % (24x24)
 a_c1(:,:,m) = max(0,z_c1(:,:,m)); % ReLU
 mpool = conv2(a_c1(:,:,m),meanFilter1,'valid'); % mean pooling
 a_c1p(:,:,m)= mpool(1:2:end,1:2:end); % subsampling, (12x12)x6
end
% CNN convolutional layer 2
for m = 1:NFc1 % pockets
 for n = 1:NFc2 % filters per pocket
  z_c2(:,:,n,m) = …
  conv2(a_c1p(:,:,m),W_c2(:,:,n,m),'valid') + B_c2(n,m);
  a_c2(:,:,n,m) = max(0,z_c2(:,:,n,m)); % ReLU, (8x8)x12x6
 end
end
% sum across pockets and preserve perception zones
a_c2a = zeros(size(a_c2(:,:,:,1))); % (8x8)x12
for n = 1:NFc2
 for m = 1:NFc1
  a_c2a(:,:,n) = a_c2a(:,:,n) + a_c2(:,:,n,m);
 end
 mpool= conv2(a_c2a(:,:,n),meanFilter2,'valid'); % mean pooling
 a_c2ap(:,:,n)= mpool(1:2:end,1:2:end); % subsampling, (4x4)x12
end
a_c2v = reshape(a_c2ap,[],1); % vectorization 192x1
```

```
% FCN
z_L = W_L*a_c2v; % output layer, 10x1
expz = exp(z_L); % softmax activation fcn
a_L = expz/sum(expz); % output, 10x1
%% backpropagation
% output layer
t = zeros(10,1); t(D(k)) = 1; % One-hot encoding of figures
d_L = a_L - t; % delta of error fcn
% CNN 2
d_a_c2v = W_L'*d_L; % delta 192x1
d_a_c2ap= reshape(d_a_c2v,size(a_c2ap)); % inverse vect., (4x4)x12
for n = 1:NFc2 % kronecker tensor product, feature maps expansion
 d_a_c2a(:,:,n) = kron(d_a_c2ap(:,:,n),meanFilter2); % (8x8)x12
 for m=1:NFc1 % pockets
  d_a_c2(:,:,n,m) = d_a_c2a(:,:,n); % adder -> splitter
  % derivative of ReLU layer fcn
  d_z_c2(:,:,n,m) = …
   a_c2(:,:,n,m)>0).*d_a_c2(:,:,n,m); % (8x8)x12x6
 end
end
% backpropagate CNN 2
d_a_c1p = zeros(size(a_c1p)); % (12x12)x6
for m = 1:NFc1 % pockets
 for n = 1:NFc2
  d_a_c1p_(:,:,n,m) = conv2(d_z_c2(:,:,n,m),…
   rot90(W_c2(:,:,n,m),2),'full'); % backpropagation
  d_a_c1p(:,:,m) = d_a_c1p(:,:,m) + d_a_c1p_(:,:,n,m);
 end
end
% CNN 1
for m = 1:NFc1
 d_a_c1(:,:,m) = kron(d_a_c1p(:,:,m),meanFilter1);
end
d_z_c1 = (a_c1>0).*d_a_c1; % (24x24)x6
% update information CNN 2, weight adjustments W_c2 and bias B_c2
UP2 = zeros(size(W_c2));
for m = 1:NFc1
 for n = 1:NFc2
  UP2(:,:,n,m) = conv2(d_a_c1p_(:,:,n,m),…
   rot90(a_c1p(:,:,m),2),'valid'); % update info
 end
end
UP2B = zeros(NFc2,NFc1);
for m = 1:NFc1
 for n = 1:NFc2
```

```
 UP2B(n,m) = sum(sum(d_a_c2(:,:,n,m)));
 end
end
% update information CNN1, weight adjustments W_c1 and bias B_c1
UP1 = zeros(size(W_c1));
for m = 1:NFc1
 UP1(:,:,m) = conv2(x(:,:),…
  rot90(d_z_c1(:,:,m),2),'valid'); % update information
end
UP1B = zeros(1,NFc1);
for m = 1:NFc1
 UP1B(m) = sum(sum(d_a_c1(:,:,m)));
end
% accumulate for batch average
dW_c1 = dW_c1 + UP1; dB_c1 = dB_c1 + UP1B;
dW_c2 = dW_c2 + UP2; dB_c2 = dB_c2 + UP2B;
dW_L = dW_L + d_L*a_c2v';
costFcn(batch) = costFcn(batch) + (-log(a_L))'*t; % cross-entrop.
```

Um eine Vergleichbarkeit mit dem Programm testMnistConv herzustellen (Tab. 14.1), wird die Trainingslänge gleich 10.000 gewählt, die Verwürfelung der Reihenfolge der Trainingsbilder in jeder Epoche eingeschaltet und der Minderungsfaktor β gleich 0,95 gesetzt. Und wie im vorhergehenden Beispiel, wird die Lernrate α auf 0,01 eingestellt.

Nach circa 300 s lagen die Ergebnisse aus 10 Epochen am Rechner vor. Die resultierenden Erkennungsquoten sind in zu Tab. 14.2 zu finden. Die Erkennungsquote nimmt rasch zu, degeneriert dann jedoch, weil es schließlich zu Fehlanpassungen kommt. Im abschließenden Test wird eine Erkennungsquote von 76,11 % erreicht.

Tab. 14.2 Erkennungsquote im Training in den jeweiligen Epochen (testCnnFcn) für unterschiedliche Lernraten α und Anzahl der Trainingsbilder

Epoche	1	2	3	4	5
Lernrate α					
0,01[a]	61,64 %	84,50 %	84,89 %	86,38 %	85,84 %
0,001[a]	22,26 %	70,23 %	80,29 %	82,42 %	83,44 %
0,001[b]	69,62 %	85,27 %	86,68 %	87,65 %	89,38 %

Epoche	6	7	8	9	10
Lernrate α					
0,01[a]	86,14 %	85,25 %	84,30 %	80,11 %	78,56 %
0,001[a]	83,03 %	84,54 %	84,62 %	85,43 %	86,14 %
0,001[b]	88,47 %	88,63 %	90,25 %	91,00 %	91,66 %

Anzahl der Trainingsbilder (a) 10.000 bzw. (b) 60.000

Wegen des Abfalls der Erkennungsquote wird die Lernrate auf 0,001 verkleinert und das Training wiederholt. Die Erkennungsquote zeigt jetzt in Tab. 14.2 zwar zu Beginn einen geringeren Zuwachs, aber ein Einbruch wie vorhin bleibt aus. Nach zehn Epochen wird im anschließenden Test die Erkennungsquote von 86,95 % erzielt. Es werden 8695 von 10.000 Ziffern richtig erkannt, 1084 mehr als vorhin aber 813 weniger als mit dem Programm `testMinstConv` im vorhergehenden Beispiel.

Das Beispiel betont abermals die Wichtigkeit der Lernrate. In der Literatur (z. B. Goodfellow et al. 2016) werden neben dem Momentum und Delta-bar-Delta-Methode (Kap. 11) verschiedene Maßnahmen zur Beschleunigung bzw. Verbesserung des Lernens durch adaptive Lernraten vorgeschlagen. Im Weiteren verzichten wir der Einfachheit halber auf eine derartige Optimierung.

Gonzalez und Woods (2018) berichten von einer Erkennungsquote von 98 % bei der Trainingslänge von 60.000 Mustern und 40 Epochen. Wir wiederholen deshalb das Training mit obiger Lernrate von 0,001, aber bei voller Trainingslänge für 10 Epochen. Mit den nun sechsmal so vielen Trainingsbildern vergrößert sich auch die Rechenzeit um etwa den Faktor sechs auf circa 1834 s, also ungefähr 31 min.

Die neu erzielten Erkennungsquoten sind ebenfalls in Tab. 14.2 eingetragen. Der abschließende Test liefert die Erkennungsquote von 93,34 %, und damit eine deutliche Steigerung.

Abschließend wurde das Training auf 40 und 200 Epochen (Rechenzeit ca. 10,3 h) erweitert. Damit kann schließlich eine Erkennungsquote im Test von 95,94 bzw. 96,52 % erzielt werden. Die Entwicklung der Erkennungsquote („accuracy") im Training zeigt Abb. 14.14. Die in (Gonzalez und Woods 2018) angegebenen Erkennungsquoten werden mit dem selbstprogrammierten einfachen MATLAB-Programm nicht ganz erreicht.

2-D-Merkmalsräume

Für ein konkretes Beispiel werden die Muster in den 2-D-Merkmalsräumen in Abb. 14.13 mit dem Programm `display_CnnFcn` sichtbar gemacht. Die Trainings-ergebnissen nach 200 Epochen (`cnnFcn_2020_6_19_5_54.mat`) werden zugrunde gelegt und ein Bild aus der Trainingsfolge zufällig ausgewählt (Abb. 14.14).

Das Testbild und die zugehörigen Muster in den sechs 2-D-Merkmalsräumen der ersten Faltungsschicht zeigt Abb. 14.15. Die Zahlenwerte werden als Grauwertbilder im Bereich von null bis 255 dargestellt. Dazu wurde für jedes Muster der Kontrast durch individuelle Grauwertspreizung maximiert. Minimale und maximale Werte der Muster sind im Bild jeweils darüber angegeben. In den 2-D-Merkmalsräumen der ersten Faltungsschicht ist das Testbild, die Ziffer 6, gut zu erkennen.

Anwenden der ReLU-Aktivierungsfunktion und der Bündelung liefert die Muster für die sechs 2-D-Merkmalsräume in Abb. 14.16. Auch hier ist das Testbild noch gut zu erkennen.

Schließlich ist die Ziffer des Eingangsbildes in den 2-D-Merkmalsräumen der Faltungsschicht 2 in Abb. 14.17 nicht mehr zu erkennen. Nichts desto trotz, wird die Ziffer richtig detektiert.

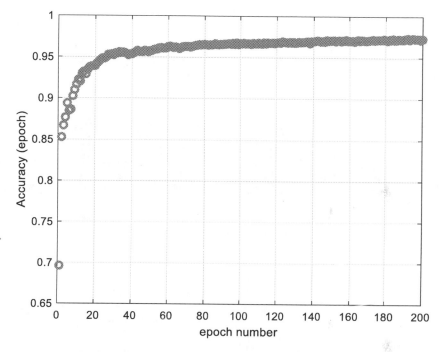

Abb. 14.14 Erkennungsquote je Trainings-Epoche (Trainingsbilder 60.000, Lernrate $\alpha = 0{,}001$, Minderungsfaktor $\beta = 0{,}95$, Erkennungsquote im Test 96,52 %) (`testCnnFcn`)

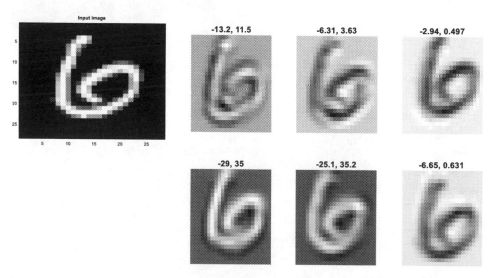

Abb. 14.15 Eingangsbild und resultierende Muster in den 2-D-Merkmalsräumen der sechs Filter der ersten Faltungsschicht (skalierte Darstellung) (`display_CnnFcn`)

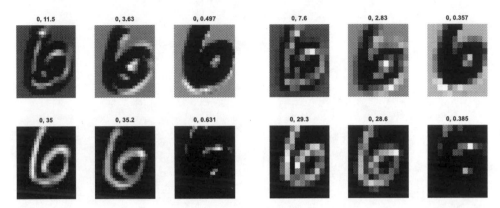

Abb. 14.16 Muster in den 2-D-Merkmalsräumen der Faltungsschicht 1 nach Anwendung der ReLU-Aktivierungsfunktion (links) und der Bündelung (rechts) (`display_CnnFcn`)

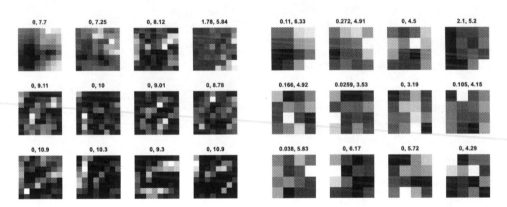

Abb. 14.17 Muster in den zwölf 2-D-Merkmalsräumen der Faltungsschicht 2 nach Addition (links) und Bündelung (rechts) (`display_CnnFcn`)

Übung 14.2 Handschriftzeichenerkennung mit CNN/FCN-Netz (2)

Im vorhergehenden Abschnitt wurde in der Übung 14.1 ein CNN/FCN-Netz mit einer Faltungsschicht im CNN und einer Zwischenschicht im FCN eingesetzt, und in diesem Abschnitt eine mit zwei Faltungsschichten und ohne Zwischenschicht. In beiden Netzen konnten in Trainingsbeispielen eine Erkennungsquote von über 95 % erreicht werden.

Erweitern Sie die Programme `trainCnnFcn` (Programm 14.13) und `testCnnFcn` (Programm 14.14) um eine Zwischenschicht im FCN. Verwenden Sie darin beispielsweise 96 Knoten. Ändert sich das Lernverhalten und lässt sich eine höhere Erkennungsquote erreichen?

Leaky-ReLU-Aktivierungsfunktion

Als Nachteil der ReLU-Aktivierungsfunktion wird angeführt, dass Knoten mit negativen Netzeingaben null gesetzt werden, was dem Abschalten des Knotens gleichkommt.

Somit bleibt die Adaption seiner Gewichte im Gradientenabstiegsverfahren aus (Goodfellow et al. 2016). Um das zu vermeiden werden verschiedene Modifikationen vorgeschlagen. Eine einfache Anpassung ist die *Leaky-ReLU-Aktivierungsfunktion* bei der die Kennlinie im Sperrbereich so modifiziert wird, dass das Signal „durchsickern" kann (engl. „leaky" für Deutsch leck oder undicht).

$$h(z) = \begin{cases} z & z > 0 \\ 0,01 \cdot z & z \leq 0 \end{cases}$$

Die Kennlinie kann mit einer Programzeile als Aktivierungsfunktion implementiert werden, z. B.

```
% leaky ReLU (leaky = 0.01)
a_c1(:,:,m) = leaky*min(0,z_c1(:,:,m)) + max(0,z_c1(:,:,m));
```

Bei der Backpropagation wird entsprechend die Ableitung benötigt, z. B.

```
d_z_c1 = (leaky*(a_c1<=0)+(a_c1>0)).*d_a_c1; % (24x24)x6
```

Ausfallmethode
Eine besonders effiziente Methode Generalisierungsfehler zu reduzieren ist das abwechselnde quasi zufällige Nullsetzen von einigen Netzeingaben, was praktisch dem Ausfall *(„dropout")* der jeweils zugehörigen Knoten gleichkommt. Die *Ausfallmethode* und ihre Umsetzung mittels der Funktion `dropOut` ist in Kap. 13 ausführlicher beschrieben.

Übung 14.3 Handschriftzeichenerkennung mit CNN/FCN-Netz (3)
Setzen Sie die vorherige Übung fort, indem Sie Ihr Programm um die Leaky-ReLU-Aktivierungsfunktion und die Ausfallmethode ergänzen. Verwenden Sie beispielsweise eine Ausfallquote von 20 %. Ändert sich das Lernverhalten und lässt sich eine höhere Erkennungsquote erreichen?

14.7.3 Handschriftzeichenerkennung mit der MATLAB-Toolbox

MATLAB unterstützt die Entwicklung und Anwendung von NN durch die Deep Learning Toolbox bzw. Neural Network Toolbox. Dazu gehören auch Beispiele für das Training und den Test eines NN für die Klassifikationsaufgabe. Die Erkennung von handschriftlichen Ziffern wird im Beispiel „Create Simple Deep Learning Network for Classification" vorgestellt. Es handelt sich um ein MATLAB „Live Script", welches die interaktive Bearbeitung des Dokuments und insbesondere die Ausgabe von Zwischenergebnissen erlaubt. Ergänzt wird der Programmcode durch kurze erklärenden Texte zwischen den Programmteilen. Das Beispiel demonstriert

- das Laden und Erkunden der Bilddaten
- die Definition der Netzwerkarchitektur
- die Spezifikation der Trainingsoptionen
- das Training
- die Validierung und Berechnung der Erkennungsquote.

Das Beispielprogramm legen wir für die weiteren Untersuchungen zugrunde und wenden dabei MATLAB-Funktionen aus der Neural Network Toolbox an. (Wenn Sie keinen Zugriff auf die Toolbox haben, können Sie das Beispiel zwar nicht unmittelbar umsetzen, jedoch sollte die folgende ausführliche Erklärung trotzdem gewinnbringend nachvollziehbar sein.)

Die Umsetzung des CNN/FCN-Netzes wird im Folgenden schrittweise erläutert. Der Vergleichbarkeit halber wenden wir das Netz auf den vollen MNIST-Datensatz an. Dies bringt uns direkt zum Punkt „Laden und Erkunden der Bilddaten", da der Datensatz im MATLAB-Beispiel selbst nur 10.000 Bilder mitbringt.

Datensatz anlegen und laden

MATLAB nutzt als Eingangsdaten das *Bilddatenobjekt* `imds`, das als virtueller Bilddatenspeicher mit dem Befehl `imageDatastore` erzeugt wird. Dementsprechend wurden für das Beispiel vorab die Unterverzeichnisse `DatasetTrain` und `DatasetTest` angelegt. In jedem der Unterverzeichnisse wurden weitere Unterverzeichnisse 0, 1 bis 9 generiert und mit den jeweiligen Trainingsbildern bzw. Testbildern für die Klassen (Ziffern) 0, 1 bis 9 befüllt. Die Namen der Unterverzeichnisse geben die Klassennamen wider. Jedes Bild wurde als eigene Bilddatei vom Typ Portable Network Graphics (`png`) abgelegt, siehe vorbereitende Programme `prepDatasetTest` und `prepDatasetTrain` (s. `Online-Ressourcen`).

Nach diesen Vorbereitungen können mit dem Befehl `imageDatastore` die Bilddateien (`imds.Files`) eingelesen und die Namen der Unterverzeichnisse als Label (`imds.Label`) richtig zugeordnet werden, siehe Programm 14.3. Zum späteren schnellen und wiederholten Zugriff wird das Bilddatenobjekt abgespeichert (`save`). Später werden die beschriebenen Programmzeilen auskommentiert.

Programm 14.3 CNN/FCN-Netzwerk – Datensatz laden (1. Programmabschnitt mtlbDemoTest)

```
% CNN/FCN-Network (matlab demo)
% create simple deep learning network for classification
% mnist data base (-> prepDatasetTrain.m, prepDatasetTest.m)
% mtlbDemoTest 2020-06-30
%% Training data
datasetPath = …
'C:\Users\Werner\Documents\MATLAB\DeepLearning\DatasetTrain';
```

```
imds = imageDatastore(datasetPath,'includeSubfolders',true',…
 'FileExtensions','.png','LabelSource','foldernames');
%% Save imageDatastore
save imdsTrainData.mat imds
load imdsTrainData
```

Datensatz erkunden

Die Prüfung des Bildobjektes erfolgt zunächst exemplarisch, indem neun Bilder (`imsd.Files`) zufällig auswählt und gemeinsam mit ihren Klassen (`imds.Label`) am Bildschirm dargestellt werden, siehe Abb. 14.18 und Programm 14.4. Zudem wird die Häufigkeiten der Klassen durch den Befehl `countEachLabel` erfasst und eine Tabelle mit den Klassenbezeichnungen und der Anzahl der zugeordneten Bilder am Bildschirm ausgegeben. Die Resultate zu den Trainings- und Testbildern sind in Tab. 14.3 zusammengestellt. Offensichtlich sind die Klassen, anders als im MATLAB-Datensatz, nicht gleichverteilt. So ist im Trainingsdatensatz die „1" um 24 % häufiger als die „5". Im Testdatensatz (s. a. Abb. 14.19) spiegeln sich die Verhältnisse wider. Dort ist die „1" sogar um 27 % häufiger als die „5". (Dies kann ein Nach- oder auch Vorteil sein. In manchen Anwendungen, wie bei Kontodaten, sind die Ziffer beispielsweisc nicht gleich häufig).

Nachdem die Bereitstellung des Datensatzes und die Richtigkeit der Zuordnung der Bilder zumindest exemplarisch geprüft sind, ist als letzte Vorbereitung die Aufteilung der Trainingsdaten in die beiden Phasen Training und Validierung vorzunehmen (Kap. 12). Die Aufteilung führt der Befehl `splitEachLabel` durch. Als prozentualer Anteil für die Trainingsphase wird 80 % der Bilder in der am schwächsten besetzten Klasse vorgegeben. Die Zuordnung erfolgt zufällig. (Im originalen MATLAB-Beispiel stehen je Klasse 1000 Bilder zur Verfügung, wobei je 750 für die Trainingsphase zugeteilt werden).

Nach diesen Vorarbeiten wird das CNN/FCN-Netz spezifiziert.

Tab. 14.3 Klassenhäufigkeiten (`Count`) der Trainings und Testbilder

Label	Trainingsbilder	Testbilder
0	5923	980
1	6742	1135
2	5958	1032
3	6131	1010
4	5842	982
5	5421	892
6	5918	958
7	6265	1028
8	5851	974
9	5949	1009

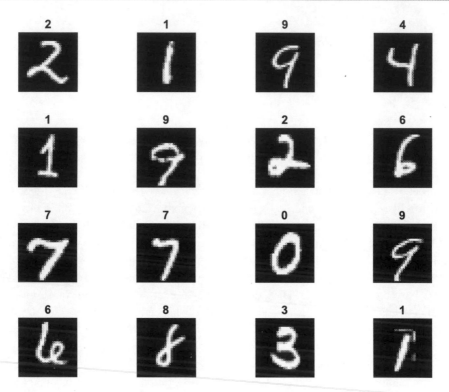

Abb. 14.18 Zufallsauswahl von Bildern (`imds.Files`) aus dem Trainingsdatensatz und Klassenzugehörigkeit (`imds.Labels`)(`mtlbDemoTest`)

Programm 14.4 CNN/FCN-Netzwerk – Daten erkunden und aufteilen (2. Programmabschnitt `mtlbDemoTest`)

```
%% Show images
[Lx,~] = size(imds.Files);
figure;
perm = randperm(Lx,9);
for i=1:9
 subplot(3,3,i)
 imshow(imds.Files{perm(i)});
 title(cellstr(imds.Labels(perm(i))));
end
%% Show frequency of classes for training
labelCount = countEachLabel(imds)
%% Auxiliaries
img = readimage(imds,1);
[M,N] = size(img);
NumberImages = sum(labelCount.Count);
```

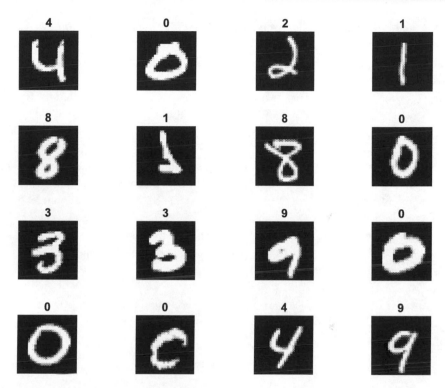

Abb. 14.19 Zufallsauswahl von Bildern (`imds.Files`) aus dem Testdatensatz und Klassen-zugehörigkeit (`imds.Labels`) (`mtlbDemoTest`)

```
MIN = min(labelCount.Count);
%% Number of images for training and validation
numTrainFiles = round(.80*MIN);
[imdsTrain,imdsValidation] = ...
 splitEachLabel(imds,numTrainFiles,'randomize');
```

Definition der Netzwerkarchitektur

Die Architektur des CNN/FCN Netzes fixiert der Befehl `layers`. Es werden die ver-schiedenen Schichten in ihrer Reihenfolge und mit ihren Parametern aufgeführt, siehe Programm 14.5. Die Liste beginnt mit der Eingabeschicht `imageInputLayer([` `M,N,1])`. Als Parameter treten die Bildgröße $M \times N$ und die Zahl der Farbkanäle auf, beispielsweise „1" für Grauwertbilder und „3" für RGB-Bilder. Im konkreten Beispiel liegen Bilder der Größe 28×28 vor.

Die zweite Schicht ist die Faltungsschicht `convolution2dLayer(3,8,'Pad` `ding',1)` mit der Faltungskerngröße 3×3 und der Anzahl der Filter gleich acht. Die Option `padding` bedeutet zusammen mit der „1", dass die Dimension der Faltungs-ergebnisse gleich der Dimension der Eingangsbilder ist. Letzteres entspricht dem Form-faktor `same` im bekannten Befehl `conv2`.

An die Faltungsschicht schließt sich die Schicht *Stapelnormierung* `batchNormalizationLayer` an. Sie wurde 2015 von Ioffe und Szegedy (2015) vorgeschlagen und kann das Lernen wesentlich beschleunigen. Das Verfahren wird im Anschluss an diese Übersicht näher vorgestellt.

Auf die normierten Werte wird die ReLU-Aktivierungsfunktion `reluLayer` angewendet. Schließlich folgt die Bündelungsschicht `maxPooling2dLayer(2,'Stride',2)` mit der Maximum-Auswahl und Unterabtastung mit der Schrittweite zwei.

Damit ist der ersten „Block", die Faltungsschicht 1 im Merkmalsextraktionsnetz (CNN), abgeschlossen. Es folgen zwei weitere Faltungsschichten. In der letzten wird auf die Bündelung verzichtet. Zum Schluss liegen $(7 \cdot 7) \cdot 32 = 1568$ Datenpunkte für die folgende Klassifizierung des Bildes vor.

Im Klassifizierungsnetz (FCN) wird, wie im ersten Beispiel (Abschn. 14.7.1), auf eine Zwischenschicht verzichtet, so dass wiederum nur eine auf Hyperebenen basierte Erkennung vorgenommen werden kann.

Programm 14.5 CNN/FCN-Netzwerk – Netzwerkstruktur festlegen (3. Programmabschnitt `mtlbDemoTest`)

```
%% Define CNN/FCN Network Architecture
layers = [...
  imageInputLayer([M,N,1])
  convolution2dLayer(3,8,'Padding','same')
  batchNormalizationLayer
  reluLayer
  maxPooling2dLayer(2,'Stride',2)

  convolution2dLayer(3,16,'Padding','same')
  batchNormalizationLayer
  reluLayer
  maxPooling2dLayer(2,'Stride',2)

  convolution2dLayer(3,32,'Padding','same')
  batchNormalizationLayer
  reluLayer
  fullyConnectedLayer(10)
  softmaxLayer
  classificationLayer];
```

Stapelnormierung

An die Faltungsschicht schließen sich jeweils *Stapelnormierungen* an. Die Normierung der Netzeingänge z_i, d. h. der Datenpunkte aus den Faltungsprodukten an den

Filterausgängen, wurde von Ioffe und Szegedy (2015) vorgeschlagen. Dabei werden Mittelwert μ und Varianz σ^2 der Netzeingänge stapelweise (Index B) auf null bzw. eins normiert.

$$x_i = \frac{z_i - \mu_B}{\sqrt{\sigma_B^2 + \varepsilon}}$$

Die Konstante ε wird positiv und klein gewählt. Sie verhindert numerische Instabilitäten, wenn die Varianz sehr klein wird. Goodfellow et al. (2016) geben für ε beispielsweise den Wert 10^{-8} an. Ferner weisen Sie darauf hin, dieselben Mittelwerte und Varianzen für die gleichen räumlichen Positionen in den 2-D-Merkmalsräumen zu verwenden. Am Ende des Trainings werden Mittelwert und Varianz über alle Stapel gemittelt und für die spätere Verwendung gespeichert.

Hinzu kommt eine lineare Transformation, d. h. die Multiplikation mit einem Skalierungsfaktor („scale") γ und die Addition einer Konstanten („offset") β.

$$y_i = \gamma \cdot x_i + \beta$$

Nach der Normierung werden somit Mittelwert und Varianz neu eingestellt. Die Parameter γ und β werden im Training gelernt, womit Mittelwerte und Varianzen der Netzeingänge in jeder Schicht durch das NN „nach Bedarf" angepasst werden können.

Man beachte auch, dass die Normierung, wenn man ε vernachlässigt, ebenfalls eine lineare Transformation ist. Beide Transformationen können zu einer zusammengezogen werden. Sie können sich auch gegenseitig kompensieren, wenn es im Anwendungsfall sinnvoll sein sollte.

Die Stapelnormierung und die lineare Abbildung sind differenzierbare Funktion bzgl. des Netzeinganges z_i und der Parameter, μ_B und σ^2_B bzw. γ und β, sowie der Zwischengröße x_i. Alle wirken sich letztlich auf die Kostenfunktion aus und sind im Backpropagation-Algorithmus nach der Kettenregel zu berücksichtigen. Ioffe und Szegedy (2015) listen die für den Gradienten notwendigen sechs partiellen Ableitungen auf und beschreiben das Training in der Stapelnormierungsschicht mit einem zwölfschrittigen Algorithmus.

Die Stapelnormierung stabilisiert das Lernen im gesamten NN. Sie beschleunigt das Lernen insbesondere bei sehr tiefen NN, indem größere Lernraten möglich werden (Goodfellow et al. 2016; Ioffe und Szegedy 2015). Durch die Stapelnormierung kann auch die Anwendung der Ausfallmethode reduziert oder ganz weggelassen werden. Weitere Maßnahmen zur Verbesserung des Lernens werden in Verbindung mit der Stapelnormierung denkbar (Ioffe und Szegedy 2015).

Optionen

Das Training wird durch eine Reihe von optionalen Vorgaben im Befehl `trainingOptions` gesteuert. MATLAB listet 21 Optionen auf, die mit Standardwerten vorbesetzt sind. Im MATLAB-Beispiel werden folgende Angaben explizit gemacht:

- das stochastisches Gradientenabstiegsverfahren mit Momentum („stochastic gradient descent with momentum", SGDM);
- die initiale Lernrate („initial learning rate") von 0,01 für den Beginn;
- die maximale Anzahl von Trainingsepochen von 4;
- das Mischen der Bilderfolge („shuffle") in jeder Epoche;
- der Datensatz für die Validierung;
- die Häufigkeit der Validierung (Anzahl der trainierten Stapel zwischen den Validierungen);
- keine Anzeige von Trainingsinformationen (Verbose-Modus ausgeschaltet, „false");
- grafische Darstellung während des Trainingsprozesses („accuracy", „loss") und weiterer Angaben.

Programm 14.6 CNN/FCN-Netzwerk – Optionen (4. Programmabschnitt `mtlbDemoTest`)

```
%% Define options
options = trainingOptions('sgdm',…
 'InitialLearnRate',0.01,…
 'MaxEpochs',4,…
 'Shuffle','every-epoch',…
 'ValidationData',imdsValidation,…
 'ValidationFrequency',30,…
 'Verbose',false,…
 'Plots','training-progress');
```

Training und Validierung

Mit den oben vorgegebenen Trainingsdaten, der Netzarchitektur und den Optionen wird das Training durch den Befehl `train` angestoßen und das NN als Objekt `net` erzeugt (Kap. 12), s. Programm 14.7.

Es schließt sich die Validierung an. Dazu wird das NN mit dem Befehl `classify` zur Klassifizierung der Validierungsdaten eingesetzt. Es werden die vorgegebenen Zuordnungen (Label) mit den Ergebnissen der Klassifizierung verglichen, und daraus die Erkennungsquote berechnet und angezeigt.

Programm 14.7 CNN/FCN-Netzwerk – Training und Validierung (5. Programmabschnitt `mtlbDemoTest`)

```
%% Training
net = trainNetwork(imdsTrain,layers,options);
%% Validation
YPred = classify(net,imdsValidation);
YValidation = imdsValidation.Labels;
accuracy = sum(YPred==YValidation)/numel(YValidation);
fprintf('Validated accuracy %g\n',accuracy)
```

Während des Trainings wird der Fortschritt in zwei Grafiken dynamisch angezeigt. Das Ergebnis zeigt Abb. 14.20. Die beiden Grafiken zeigen die Entwicklung der Erkennungsquote („accuracy") und der Kostenfunktion („loss") über die Zahl der Iterationen an. Um die Grafiken nicht allzu sehr zu stauchen, wurde im Beispiel die Zahl der Epochen auf zwei begrenzt.

Der rasche Anstieg der Erkennungsquote ist deutlich zu erkennen. Nach zwei Epochen wird in nur 2 min und 10 s die Erkennungsquote von 98,51 % erreicht. Entsprechend sieht der Abfall der Kostenfunktion aus. Mit vier Epochen und 2 min und 22 s Trainingszeit steigt die Erkennungsquote noch etwas auf 98,61 %.

Bei mehreren Wiederholungen des Programmlaufs wird das Training vorzeitig beendet. Eine weitere Steigerung der Erkennungsquote konnte nicht beobachtet werde.

Test
Der eigentliche Performanz-Test findet mit den Testdaten statt, s. Programm 14.8. Bei zwei und vier Epochen ergibt sich die Erkennungsquote im Test von 98,74 bzw. 98,82 %. Damit liegt das Ergebnis nahe an den von Gonzales (2018) angegebenen 99 %.

Programm 14.8 CNN/ CNN/FCN-Netzwerk – Test (6. Programmabschnitt `mtlbDemoTest`)

```
%% Test data
% datasetPath = ...
% 'C:\Users\Werner\Documents\MATLAB\DeepLearning\DatasetTest';
% imds = imageDatastore(datasetPath,'includeSubfolders',true',...
```

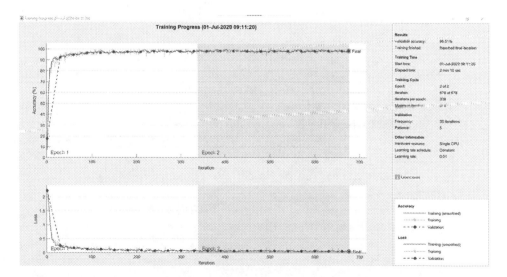

Abb. 14.20 Trainingsfortschritt (Trainingsbilder 60.000, 2 Epochen, Erkennungsquote 98,51 %) (`train`, `mtlbDemoTest`)

```
% 'FileExtensions','.png','LabelSource','foldernames');
%% Save imageDatastore
% save imdsTestData.mat imds
load imdsTestData
%% Show frequency of classes for test
labelCount = countEachLabel(imds)
%% Test
YPred = classify(net,imds);
YTest = imds.Labels;
accuracy = sum(YPred==YTest)/numel(YTest);
fprintf('Test accuracy %g\n',accuracy)
```

Quiz 14.2

Ergänzen Sie die Textlücken sinngemäß.

1. Die grundlegenden Arbeitsschritte der Mustererkennung in der Bildverarbeitung sind: ___, ___, ___, und ___.
2. Die MNIST-Datensammlung enthält ___.
3. Die MNIST-Datensammlung beinhaltet ___ Trainingsmuster und ___ Testmuster.
4. In der MNIST-Datenbank sind die Klassen nicht ___.
5. Die Aufgabe der CNN-Schichten liegt in der ___.
6. Die Aufgabe der FCN-Schichten liegt in der ___.
7. Die Kennlinie der ReLU-Aktivierungsunktion $h(z)$ kann durch zwei ___ beschrieben werden.
8. Die Ableitung der ReLU-Aktivierungsfunktion $h'(z)$ ist für $z < 0$ gleich ___.
9. Faltungsschichten generieren als Netzeingaben ___.
10. Die einmal berechnete Gewichtsänderung wirkt durch das ___ noch eine gewisse Zeit bei den Gewichtsanpassungen nach.
11. Der Minderungsfaktor sollte stets kleiner als ___ vorgegeben werden.
12. CNN/FCN-Netze dienen zur ___.
13. Bei 10.000 Testbildern und einer Erkennungsquote von 97,28 % werden ___ Bilder nicht richtig zugeordnet.
14. Die zufällige Mischung der Bilder im Training mindert das ___-Problem.
15. Die Leaky-ReLU-Aktivierungsfunktion ermöglicht im Sperrbereich ein ___ der Netzeingabe.
16. Mit der Ausfallmethode wird im Grunde eine ___ vorgenommen um ___ zu vermeiden.
17. Eine wesentliche Verbesserung des Lernens in CNN/FCN-Netzen kann durch die ___ erreicht werden.

14.8 Zusammenfassung

Für Klassifizierungsaufgaben haben sich Neuronalen Netzen aus vollständig vermaschten Vorwärtsschichten (FCN) bewährt. Ihnen können Faltungsschichten zur Merkmalsextraktion (CNN) vorangestellt werden. In den Faltungsschichten werden insbesondere die 2-D-Merkmalsräume gelernt, die rezeptive Felder der Bildwahrnehmung erhalten und so Lernen und Erkennen verbessern helfen. Eine aufwendige händische Merkmalsextraktion vorab kann entfallen. Die resultierenden CNN/FCN-Netze werden durch einen entsprechend erweiterten Backpropagation-Algorithmus trainiert.

CNN/FCN-Netze können sich in der Zahl und der Art der Schichten und ihren Parametern unterscheiden. Faltungsschichten bestehen meist aus den Subschichten für die eigentliche Faltungsoperation, die Aktivierungsfunktion und die Bündelung der 2-D-Merkmalsräume. Weiter können Subschichten zur Stapelnormierung nach den Faltungsoperationen und zur additiven Zusammenfassung von 2-D-Merkmalsräumen hinzukommen. Schließlich wird über die Vektorisierung der Anschluss an das neuronale Klassifizierungsnetz (FCN) hergestellt.

In den Schichten existieren vielfältige Möglichkeiten zu Anpassung von Methoden bzw. Parametrisierungen, sodass der Anwender i. Allg. vor dem Entwurf eines CNN/FCN-Netzes einige Entscheidungen zu treffen hat. Das gilt entsprechend auch für das Training, die Validierung und den Test.

In diesem Kapitel wurden am Beispiel der Erkennung von handgeschrieben Ziffern die typischen Aufgaben und Lösungsansätze der Klassifizierung in der Bildverarbeitung durch CNN/FCN-Netze veranschaulicht. In drei konkreten Lösungsbeispielen konnten die theoretischen Ansätze und deren praktische Umsetzung studiert werden. Auch konnte die Anwendung der MATLAB `Deep Learning Toolbox` demonstriert werden.

14.9 Lösungen und Programme

Zu **Quiz 14.1**

1. vollständige Vorwärtsstruktur
2. größten
3. Wahrscheinlichkeiten
4. rezeptiven Feldern
5. Faltung
6. Bilder (i. w. S. zweidimensionale Strukturen mit räumlichen Zusammenhängen), räumliche
7. 2-D-Merkmalsräume („feature maps")
8. „mean pooling"

Zu **Quiz 14.2**

1. Bilderfassung, Bildvorverarbeitung, Merkmalsextraktion, Klassifizierung
2. handschriftliche Ziffern
3. 60.000, 10.000
4. gleichverteilt/ gleich häufig
5. Merkmalsextraktion
6. Klassifizierung
7. Geraden
8. null
9. 2-D-Merkmalsräume („feature maps")
10. Momentum
11. eins
12. Klassifizierung
13. 272
14. Overfitting-Problem
15. Durchsickern
16. Modellmittlung, Generalisierungsfehler
17. Stapelnormierung

Programm 14.9 Konversion der MNIST-Daten (`mnistData`)

```
% Conversion of mnist data
% [test_images, test_labels, train_images, train_labels] = …
% mnistData('mnist._test.csv','mnist_train.csv')
% mnistData * mw * 2020-04-18
function [testImages, testLabels, trainImages, trainLabels] = …
 mnistData(Test,Train)
%% test data
test_data = load(Test); % test data
testLabels = test_data(:,1); % test data labels (correct figure)
test_images = test_data(:,2:end); % test image each row
[M,N] = size(test_images);
testImages = zeros(28,28,M);
for m=1:M
 testImages(:,:,m) = reshape(test_images(m,:),28,28)'; % transp.
end
K = randi(M);
Fig = figure('Name',['Test image label = ',int2str(testLabels(K))]);
colormap gray
imagesc(testImages(:,:,K))
%% training data
train_data = load(Train); % training data
trainLabels = train_data(:,1); % training data labels
train_images = train_data(:,2:end); % training image each row
[M,N] = size(train_images);
```

```
trainImages = zeros(28,28,M);
for m=1:M
trainImages(:,:,m) = reshape(train_images(m,:),28,28)'; % trans.
end
K = randi(M);
Fig      =       figure('Name',['Training    image    label    =
',int2str(trainLabels(K))]);
colormap gray
imagesc(trainImages(:,:,K))
```

Zu **Übung 14.1**

Programm 14.10 Training des CNN/FCN-Netzes mit einer Faltungsschicht mit dem BPA (`mnistConv`)

```
% Training of ConvNet with back-propagation algorithm
% (Kim, 2017, 133-135)
% function [W_c,W_h,W_L,croEnt,accuracy] = mnistConv(…
% W_c,W_h,W_L,alpha,beta,bsize,X,D)
% alpha : learning rate
% beta : weight update for momentum (exponential decay)
% bsize : batch size
% mnistConv * mw * 2020-06-08
function [W_c,W_h,W_L,croEnt,accuracy] = …
 mnistConv(W_c,W_h,W_L,alpha,beta,bsize,X,D)
%% Initialization
% momentum
mo_c = zeros(size(W_c)); mo_h = zeros(size(W_h));
mo_L= zeros(size(W_L));
accuracy = 0;
N = length(D); % number of training images/ labels
blist = 1:bsize:(N-bsize+1); % start points of batch lists
%% One epoch loop
croEnt = zeros(1,length(blist)); % allocate memory for cross-entropy
% allocate memory
z_c = zeros(20,20,20); % 20 feature maps of (20x20)
meanFilter = .25*ones(2); % pooling, 2x2
a_cP = zeros(10,10,20); % 20 feature maps of (10x10)
delta_a_c = zeros(size(z_c)); % (20x20)x20
delta_x = zeros(size(W_c)); % (9x9)x20, -> update filter weights
for batch=1:length(blist)
 % initialize weight change elements
dW_c=zeros(size(W_c)); dW_h=zeros(size(W_h)); dW_L=zeros(size(W_L));
 % Mini-batch loop
begin = blist(batch);
```

```
for k = begin:begin+bsize-1
 % forward pass
 x = X(:,:,k); % input data (image 28x28)
 for m=1:20 % (1) convolutional layer, 20x20x20
  z_c(:,:,m) = conv2(x,W_c(:,:,m),'valid'); % convolu.
 end
 a_c = max(0,z_c); % (2) ReLU activation fcn
 for m=1:20 % (3) Pooling (10x10)x20
  a_c_mean = conv2(a_c(:,:,m),meanFilter,'valid');% mean
  a_cp(:,:,m) = a_c_mean(1:2:end,1:2:end); % subsampling
 end
 a_cv = reshape(a_cp,[],1); % (4) vectorization 2000x1
 z_h = W_h*a_cv; % hidden layer, 100x1
 a_h = max(0,z_h); % ReLU activation fcn
 z_L = W_L*a_h; % output layer, 10x1
 expz = exp(z_L); % softmax activation fcn
 a_L = expz/sum(expz);
 % Backpropagation
 % output layer
 t = zeros(10,1); t(D(k)) = 1; % One-hot encoding of fig.
 delta_L = a_L - t; % error
 % hidden layer
 delta_h = (a_h>0).*W_L'*delta_L; % derivative of ReLU
 % pooling layer
 delta_a_cv = W_h'*delta_h;
 delta_a_cp = reshape(delta_a_cv,size(a_cp)); % inv. vect.
 for m = 1:20 % kronecker tensor product, feature maps exp.
  delta_a_c(:,:,m) = kron(delta_a_cp(:,:,m),meanFilter);
 end
 delta_z_c = (a_c>0).*delta_a_c; % derivative of ReLU
 % convolutional layer
 for m = 1:20
  delta_x(:,:,m) = conv2(x(:,:),…
   rot90(delta_z_c(:,:,m),2),'valid'); % 180 degree
 end
 %
 dW_c=dW_c+delta_x;
 dW_h=dW_h+delta_h*a_cv';
 dW_L=dW_L+delta_L*a_h';
 croEnt(batch) = croEnt(batch) + (-log(a_L))'*t;
 [~,i] = max(a_L); % index of maximum (recognition)
 if i==D(k)
  accuracy = accuracy + 1; % accurate recognition
 end
end
```

```
croEnt(batch) = croEnt(batch)/bsize;
% update weights
mo_c = (-alpha/bsize)*dW_c + beta*mo_c; W_c = W_c + mo_c;
mo_h = (-alpha/bsize)*dW_h + beta*mo_h; W_h = W_h + mo_h;
mo_L = (-alpha/bsize)*dW_L + beta*mo_L; W_L = W_L + mo_L;
end
accuracy = accuracy/N; % rate (epoch)
end
```

Programm 14.11 Testprogramm für das Training des NN mit einer Faltungsschicht
(`testMnistConv`)

```
% testMnistConv (Kim,2017,140-141)
% testMnistConv * mw * 2020-06-16
%% Data
clear all
% fprintf('Load mnist data\n')
% [testImages, testLabels, trainImages, trainLabels] = …
% mnistData('mnist_test.csv','mnist_train.csv');
% save mnist.mat testImages testLabels trainImages trainLabels
load mnist.mat
rng(1); % initialize random number generator
%% Learning
% initialize weights
W_c = .01*randn(9,9,20); % convolutional layer
W_h = (2*rand(100,2000)-1)*sqrt(6)/sqrt(100+2000); % hidden layer
W_L = (2*rand(10,100)-1)*sqrt(6)/sqrt(10+100); % output layer
Lx = 10000; % length of training sequence (…60000)
X = trainImages(:,:,1:Lx); % image data (inputs)
for k=1:Lx
 X(:,:,k) = X(:,:,k)/256; % normalize input
end
D = trainLabels(1:Lx); D(D==0) = 10; % 0 -> 10, labels (outputs)
epoch = 10; % number of epochs
bsize = 100; % batch size
alpha = .01; % learning rate
beta = .95; % deminishing factor
shuffle = true; % enable scrambling of training sequence
% allocate memory
croEntropy = []; accuracy_e = zeros(1,epoch);
XX = X; DD = D;
fprintf('Epoch: ')
tic
for epo=1:epoch
```

```
fprintf('%i ',epo)
if shuffle
 ind = randperm(Lx); % random permutation
 for k=1:Lx
  XX(:,:,k)=X(:,:,ind(k)); DD(k)=D(ind(k));
 end
end
 [W_c,W_h,W_L,croEnt,accur] = ...
  mnistConv(W_c,W_h,W_L,alpha,beta,bsize,XX,DD);
 croEntropy = [croEntropy croEnt];
 accuracy_e(epo) = accur;
 fprintf('%5.2f%%, ',100*accur);
end
% elapsed time
tsec = toc; fprintf('\nElapsed time %8.2f s \n',tsec)
% performance plot
figure, plot(1:length(croEntropy),croEntropy,'LineWidth',2), grid
xlabel('mini-batch number'), ylabel('Cross-entropy (mini batch)')
%% Test
fprintf('Test\n')
Tx = 10000;
X = testImages(:,:,1:Tx);
for k=1:Tx
 X(:,:,k) = X(:,:,k)/256; % normalize
end
D = testLabels(1:10000); D(D==0) = 10; % 0 -> 10
z_c = zeros(20,20,20); % allocate memory for convolutional layer
meanFilter = .25*ones(2); % a. m. for pooling layer, mean (2x2)
a_cP = zeros(10,10,20); % a. m. for 20 feature maps of (10x10)
accuracy = 0;
N = length(D);
for k=1:N
 x = X(:,:,k); % input (28x28)
 for m=1:20 % convolutional layer (20x20)x20
  z_c(:,:,m) = conv2(x,W_c(:,:,m),'valid');
 end
 a_c = max(0,z_c); % ReLU activation fcn
 for m=1:20 % pooling 10x10x20
  a_c_mean = conv2(a_c(:,:,m),meanFilter,'valid'); % mean
  a_cp(:,:,m) = a_c_mean(1:2:end,1:2:end); % subsampling
 end
 a_cv = reshape(a_cp,[],1); % vectorization 2000x1
 z_h = W_h*a_cv; % hidden layer 100x1
 a_h = max(0,z_h); % activation fcn ReLU
 z_L = W_L*a_h; % output layer 10x1
```

```
expv = exp(z_L); a_L = expv/sum(expv); % softmax activation fcn
[~,i] = max(a_L); % index of maximum (recognition)
if i==D(k)
  accuracy = accuracy + 1; % accurate recognition
 end
end
accuracy = accuracy/N;
fprintf('Accuracy ratio %5.2f %% \n',100*accuracy)
% save results
time = fix(clock);
name = strcat('mnistConv',num2str(time(1)),'_',num2str(time(2)),…
 '_',num2str(time(3)),'_',num2str(time(4)),'_',num2str(time(5)),'.
mat');
save(name,'Lx','epoch','bsize','alpha','beta','shuffle',…
 'W_c','W_h','W_L','croEntropy','accuracy_e','accuracy','tsec')
```

Programm 14.12 Darstellung der Faltungskerne und 2-D-Merkmalsräume (`display_mnistTrain`)

```
% Show training results (mnistConv)
% display_mnistTrain * mw * 2020-06-19
load mnist.mat % MNIST data
X = testImages;
D = testLabels; D(D==0) = 10;
load mnistConv2020_6_16_16_45
%% Forward processing ─────────-
z_c = zeros(20,20,20); % allocate memory for convolutional layer
meanFilter = .25*ones(2); % pooling layer, mean 2x2
a_cP = zeros(10,10,20); % 20 feature maps of 10x10
k = 8;
x = X(:,:,k)/256; % input (28x28)
for m=1:20 % (1) convolutional layer (20x20x20)
 z_c(:,:,m) = conv2(x,W_c(:,:,m),'valid');
end
a_c = max(0,z_c); % (2) ReLU activation fcn
% (3) pooling layer (mean) (10x10x20)
for m=1:20 % Pooling 10x10x20
 a_c_mean = conv2(a_c(:,:,m),meanFilter,'valid'); % mean
 a_cp(:,:,m) = a_c_mean(1:2:end,1:2:end); % subsampling
end
a_cv = reshape(a_cp,[],1); % (4) vectorization (2000x1)
z_h = W_h*a_cv; % hidden layer (100x1)
a_h = max(0,z_h); % activation fcn ReLU
z_L = W_L*a_h; % output layer (10x1)
expv = exp(z_L); a_L = expv/sum(expv); % softmax activation fcn
```

```
[~,i] = max(a_L); % index of maximum (recognition)
if i==D(k)
 fprintf('Recognition - true %1i\n',D(k))
else
 fprintf('Recognition - false\n')
end
%% Graphics ——————————
%% input
figure
imagesc(x), colormap gray
title('Input image')
%% convolutional filters
filters = zeros(4*10,5*10);
for m=1:4
 row = 10*(m-1);
 for n=1:5
  col = 10*(n-1);
  filters(row+1:row+9,col+1:col+9) = W_c(:,:,5*(m-1)+n);
 end
end
filters = filters - min(min(filters));
filters = 255*filters/max(max(filters));
for m=1:4
 filters(m*10,:) = 0;
end
for n=1:5
 filters(:,n*10) = 0;
end
figure
imagesc(filters), colormap gray, axis off
title('Convolution filter kernels (global norm.)')
%% Convolutional filters outputs
Z_c = zeros(4*21,5*21);
for m=1:4
 row = 21*(m-1);
 for n=1:5
  col = 21*(n-1);
  Z_c(row+1:row+20,col+1:col+20) = z_c(:,:,5*(m-1)+n);
 end
end
Z_c = Z_c - min(min(Z_c)); Z_c = 255*Z_c/max(max(Z_c));
for m=1:4
 Z_c(m*21,:) = 0;
end
for n=1:5
```

```
 Z_c(:,n*21) = 0;
end
figure
imagesc(Z_c), colormap gray, axis off
title('Convolution filter outputs (global norm.)')
%% Convolutional layer activation values (ReLU)
A_c = zeros(4*21,5*21);
for m=1:4
 row = 21*(m-1);
 for n=1:5
  col = 21*(n-1);
  A_c(row+1:row+20,col+1:col+20) = a_c(:,:,5*(m-1)+n);
 end
end
A_c = A_c - min(min(A_c)); A_c = 255*A_c/max(max(A_c));
for m=1:4
 A_c(m*21,:) = 0;
end
for n=1:5
 A_c(:,n*21) = 0;
end
figure
imagesc(A_c), colormap gray, axis off
title('Convolutional layer activation values (ReLU) (global norm.)')
%% Convolutional layer activation values (pooling)
A_cp = zeros(4*11,5*11);
for m=1:4
 row = 11*(m-1);
 for n=1:5
  col = 11*(n-1);
  A_cp(row+1:row+10,col+1:col+10) = a_cp(:,:,5*(m-1)+n);
 end
end
A_cp = A_cp - min(min(A_cp)); A_c = 255*A_c/max(max(A_cp));
for m=1:4
 A_cp(m*11,:) = 0;
end
for n=1:5
 A_cp(:,n*11) = 0;
end
figure
imagesc(A_cp), colormap gray, axis off
title('Convolutional    layer    activation    values    (pooling)    (global
norm.)')
```

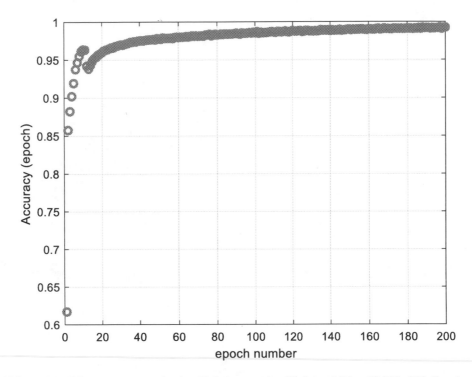

Abb. 14.21 Erkennungsquoten in den Trainingsepoche (Trainingsbilder 60.000, 200 Epochen, Lernrate $\alpha = 0{,}001$, Minderungsfaktor $\beta = 0{,}95$). Erkennungsquote in der 200. Epoche 99,24 %, Erkennungsquote im abschließenden Test 97,70 % (`testCnn2Fcn2`)

Zu Übung 14.2

Siehe Programm 14.14 (`testCnnFcn`) und Programm 14.13 (`trainCnnFcn`) sowie die Lösung in den Online-Ressourcen `testCnn2Fcn2` und `trainCnn2Fcn2`.

Das Ergebnis eines Trainings- und Testlaufes zeigt Abb. 14.21. Die Erfolgsquote steigt im Wesentlichen mit der Trainingslänge an. Nach wenigen Epochen ist allerdings ein leichter Einbruch zu beobachten, dessen Gründe aus Zeitgründen nicht weiter untersucht wurden. Danach steigt die Erkennungsquote wieder an, um schließlich im Training 99,24 % zu erreichen. Von den 60.000 Trainingsbildern werden folglich 456 nicht richtig zugeordnet.

Der Vergleich zwischen der erreichten Erkennungsquote im Training von 99,24 % und im Test von 97,70 % zeigt eine merkliche Degradation, einen Verlust von circa 1,5 %.

Die Zwischenschicht („hidden") kann im Trainingsprogramm `trainCnnFcn` in der Vorwärtsrichtung (FCN) im Programm durch zwei zusätzliche Zeilen ergänzt werden.

```
% FCN
z_h = W_h*a_c2v; % hidden layer, 100x1
a_h = max(0,z_h); % ReLU
```

```
z_L = W_L*a_h; % output layer, 10x1
expz = exp(z_L); % softmax activation fcn
a_L = expz/sum(expz); % output, 10x1
```

In der Rückwärtsrichtung wird im Wesentliche eine neue Zeile in `trainCnnFcn` benötigt.

```
% output layer
t = zeros(10,1); t(D(k)) = 1; % One-hot encoding of figures
d_L = a_L - t; % delta of error fcn
d_h = (a_h>0).*W_L'*d_L;
```

Programm 14.13 Trainingsprogramm CNN/FCN-Netz mit zwei Faltungsschichten (nach Gonzalez und Woods 2018) (`trainCnnFcn`)

```
% Training of CNN/FCN-System with back-propagation algorithm
% (Gonzalez & Woods, 2018)
% function [W_c1,B_c1,W_c2,B_c2,W_L,costFcn,accuracy] = …
% trainCnnFcn(W_c1,B_c1,W_c2,B_c2,W_L,X,D,alpha,beta,batchSize)
% train_cnn_fcn * mw * 2020-06-16
function [W_c1,B_c1,W_c2,B_c2,W_L,costFcn,mse,accuracy] = …
 trainCnnFcn(W_c1,B_c1,W_c2,B_c2,W_L,X,D,alpha,beta,batchSize)
%% Initialization
Ntrain = length(D); % number of training images (labels)
blist = 1:batchSize:(Ntrain-batchSize+1); % start points of batch
lists
costFcn = zeros(1,length(blist)); % allocate memory for cost function
mse = zeros(1,length(blist)); % allocate memory for mse
accuracy = 0; % allocate memory for accuracy
[Mc1,Nc1,NFc1] = size(W_c1); % convolution layer 1 (5x5)x6
meanFilter1 = .25*ones(2); % pooling (2x2)
[Mc2,Nc2,NFc2,~] = size(W_c2); % convolution layer 2 (5x5)x12x6
meanFilter2 = .25*ones(2); % pooling (2x2)
mo_W1 = zeros(size(W_c1)); mo_B1 = zeros(size(B_c1));
mo_W2 = zeros(size(W_c2)); mo_B2 = zeros(size(B_c2));
mo_WL = zeros(size(W_L));
% signals - allocate memory
x = zeros(28,28); % input data (image)
z_c1 = zeros(24,24,NFc1); % (1) NFc1 feature maps (24x24)
d_z_c1 = zeros(size(z_c1));
a_c1 = zeros(size(z_c1)); % (2) NFc1 feature maps (24x24)
d_a_c1 = zeros(size(z_c1));
a_c1p = zeros(12,12,NFc1); % (3) NFc1 feature maps (12x12)
d_a_c1p = zeros(size(a_c1p));
```

```
d_a_c1p_ = zeros(12,12,NFc2,NFc1);
z_c2 = zeros(8,8,NFc2,NFc1); % (4) NFc2 feature maps (8x8) in NFc1
pockets
d_z_c2 = zeros(size(z_c2));
a_c2 = zeros(size(z_c2)); % (5) NFc2 feature maps (8x8) in NFc1
pockets
d_a_c2 = zeros(size(a_c2));
a_c2a = zeros(size(a_c2(:,:,:,1))); % (6) NFc2 feature maps (8x8)
d_a_c2a = zeros(size(a_c2a));
a_c2ap = zeros(4,4,NFc2); % (7) NFc2 feature maps (4x4)
d_a_c2ap = zeros(size(a_c2ap));
a_c2v = zeros(192,1); % (8) vectorization (4*4*NFc2)
d_a_c2v = zeros(size(a_c2v));
%% One epoch loop
for batch=1:length(blist)
 % initialize weight change elements
 dW_c1 = zeros(size(W_c1)); dB_c1 = zeros(size(B_c1));
 dW_c2 = zeros(size(W_c2)); dB_c2 = zeros(size(B_c2));
 dW_L = zeros(size(W_L));
 % mini-batch loop
 begin = blist(batch);
 for k = begin:begin+batchSize-1

  %% forward pass
  x = X(:,:,k); % input data, image (28x28)
  % CNN convolutional layer 1
  for m = 1:NFc1
 z_c1(:,:,m) = conv2(x,W_c1(:,:,m),'valid') + B_c1(m); % (24x24)
 a_c1(:,:,m) = max(0,z_c1(:,:,m)); % ReLU
 mpool = conv2(a_c1(:,:,m),meanFilter1,'valid'); % mean pooling
 a_c1p(:,:,m) = mpool(1:2:end,1:2:end); % subsampling, (12x12)x6
  end
  % CNN convolutional layer 2
  for m = 1:NFc1 % pockets
   for n=1:NFc2 % filters per pocket
 z_c2(:,:,n,m) = …
 conv2(a_c1p(:,:,m),W_c2(:,:,n,m),'valid') + B_c2(n,m);
 a_c2(:,:,n,m) = max(0,z_c2(:,:,n,m)); % ReLU, (8x8)x12x6
   end
  end
  % sum accross pockets and preserve perception zones
  a_c2a = zeros(size(a_c2(:,:,:,1))); % (8x8)x12
  for n = 1:NFc2
   for m = 1:NFc1
    a_c2a(:,:,n) = a_c2a(:,:,n) + a_c2(:,:,n,m);
```

```
   end
mpool = conv2(a_c2a(:,:,n),meanFilter2,'valid'); % mean pooling
a_c2ap(:,:,n) = mpool(1:2:end,1:2:end); % subsampling, (4x4)x12
   end
  a_c2v = reshape(a_c2ap,[],1); % vectorization 192x1
  % FCN
  z_L = W_L*a_c2v; % output layer, 10x1
  expz = exp(z_L); % softmax activation fcn
  a_L = expz/sum(expz); % output, 10x1

  %% backpropagation
  % output layer
  t = zeros(10,1); t(D(k)) = 1; % One-hot encoding of figures
  d_L = a_L - t; % delta of error fcn
  % CNN 2
  d_a_c2v = W_L'*d_L; % delta 192x1
d_a_c2ap = reshape(d_a_c2v,size(a_c2ap)); % inv. vect. (4x4)x12
for n = 1:NFc2 % kronecker tensor product, feature maps expansion
 d_a_c2a(:,:,n) = kron(d_a_c2ap(:,:,n),meanFilter2); % (8x8)x12
 for m=1:NFc1 % pockets
 d_a_c2(:,:,n,m) = d_a_c2a(:,:,n); % adder -> splitter
 % derivative of ReLU layer fcn
 d_z_c2(:,:,n,m) = …
  (a_c2(:,:,n,m)>0).*d_a_c2(:,:,n,m); % (8x8)x12x6
 end
end
% backpropagate CNN 2
d_a_c1p = zeros(size(a_c1p)); % (12x12)x6
for m = 1:NFc1 % pockets
 for n = 1:NFc2
 d_a_c1p_(:,:,n,m) = conv2(d_z_c2(:,:,n,m),…
 rot90(W_c2(:,:,n,m),2),'full'); % backpropagation
 d_a_c1p(:,:,m) = d_a_c1p(:,:,m) + d_a_c1p_(:,:,n,m);
 end
end
  % CNN 1
  for m = 1:NFc1
  d_a_c1(:,:,m) = kron(d_a_c1p(:,:,m),meanFilter1);
  end
  d_z_c1 = (a_c1>0).*d_a_c1; % (24x24)x6
% update information CNN 2, weight adjustments W_c2 and bias B_c2
  UP2 = zeros(size(W_c2));
  for m = 1:NFc1
   for n = 1:NFc2
    UP2(:,:,n,m) = conv2(d_a_c1p_(:,:,n,m),…
```

```
   rot90(a_c1p(:,:,m),2),'valid'); % update info
  end
 end
 UP2B = zeros(NFc2,NFc1);
 for m = 1:NFc1
  for n = 1:NFc2
   UP2B(n,m) = sum(sum(d_a_c2(:,:,n,m)));
  end
 end
% update information CNN1, weight adjustments W_c1 and bias B_c1
 UP1 = zeros(size(W_c1));
 for m = 1:NFc1
  UP1(:,:,m) = conv2(x(:,:),…
  rot90(d_z_c1(:,:,m),2),'valid'); % update information
 end
 UP1B = zeros(1,NFc1);
 for m = 1:NFc1
  UP1B(m) = sum(sum(d_a_c1(:,:,m)));
 end
 % accumulate for batch average
 dW_c1 = dW_c1 + UP1; dB_c1 = dB_c1 + UP1B;
 dW_c2 = dW_c2 + UP2; dB_c2 = dB_c2 + UP2B;
 dW_L = dW_L + d_L*a_c2v';
costFcn(batch) = costFcn(batch) + (-log(a_L))'*t; % cross-entr.
mse(batch) = mse(batch) + (a_L - t)'*(a_L - t);
[~,i] = max(a_L); % index of maximum (hot-shot recognition)
 if i==D(k)
  accuracy = accuracy + 1; % accurate recognition
 end
end
costFcn(batch) = costFcn(batch)/batchSize;
mse(batch) = .5*mse(batch)/batchSize;
%% update weights
mo_W1 = (-alpha/batchSize)*dW_c1 + beta*mo_W1;
W_c1 = W_c1 + mo_W1;
mo_B1 = (-alpha/batchSize)*dB_c1 + beta*mo_B1;
B_c1 = B_c1 + mo_B1;
mo_W2 = (-alpha/batchSize)*dW_c2 + beta*mo_W2;
W_c2 = W_c2 + mo_W2;
mo_B2 = (-alpha/batchSize)*dB_c2 + beta*mo_B2;
B_c2 = B_c2 + mo_B2;
mo_WL = (-alpha/batchSize)*dW_L + beta*mo_WL;
W_L = W_L + mo_WL;
end
accuracy = accuracy/Ntrain; % normalize
end
```

Programm 14.14 Testprogramm (nach Gonzalez und Woods 2018) (`testCnnFcn`)

```
% CNN/FCN-System
% Convolutional NN and fully connected NN (Gonzalez & Woods, 2018)
% testCnnFcn * mw * 2020-06-20
%% Data
clear all
% fprintf('Load mnist data\n')
% [testImages, testLabels, trainImages, trainLabels] = …
% mnistData('mnist_test.csv','mnist_train.csv');
% save mnist.mat testImages testLabels trainImages trainLabels
load mnist.mat
rng(1); % initialize random number generator
%% Learning
% initialize weights
NFc1 = 6; NFc2 = 12; % number of "filters" in CNN 1 and CNN2, resp.
W_c1 = .1*randn(5,5,NFc1); % CNN 1, (5x5)x6
B_c1 = .1*ones(1,NFc1); % bias CNN 1, 1x6
W_c2 = .1*randn(5,5,NFc2,NFc1); % CNN 2, (5x5)x12x6
B_c2 = .1*ones(NFc2,NFc1); % bias CNN 2, 1x12x6
W_L = (2*rand(10,192)-1)/sqrt(10+192); % output layer
% load previous results for Ws and Bs
Lx = 60000; % length of training sequence (…60000)
X = trainImages(:,:,1:Lx); % image data (inputs) (28x28)xLx
for k=1:Lx
 X(:,:,k) = X(:,:,k)/256; % normalize
end
D = trainLabels(1:Lx); D(D==0) = 10; % 0 -> 10, labels (outputs)
sAVE = 10; % save intermediate results every sAVE epoch
epoch = 10;
batchSize = 50; % batch size
alpha = .001; % learning rate
beta = .95; % weight update for momentum (exponential decay)
shuffle = true; % enable scrambling of input sequence
XX = X; DD = D;
costFcn = []; mse_b = []; accuracy_e = zeros(1,epoch);
fprintf('Epoch: '); tic
for epo=1:epoch
 fprintf('%i ',epo)
 if shuffle
  ind = randperm(Lx); % random permutation of test images
  for k=1:Lx
   XX(:,:,k) = X(:,:,ind(k)); DD(k) = D(ind(k));
  end
 end
```

```
[W_c1,B_c1,W_c2,B_c2,W_L,costF,mse,accur] =
 trainCnnFcn(W_c1,B_c1,…
 W_c2,B_c2,W_L,XX,DD,alpha,beta,batchSize);
costFcn = [costFcn costF];
mse_b = [mse_b mse];
accuracy_e(epo) = accur;
fprintf('%5.2f%%, ',100*accur);
% save intermediate data
if mod(epo,sAVE)==0
 time = fix(clock);
 name = strcat('cnnFcn_',num2str(time(1)),'_',…
  num2str(time(2)),'_',num2str(time(3)),'_',…
  num2str(time(4)),'_',num2str(time(5)),'_',num2str(epo),'.mat');
 save(name,'Lx','epoch','batchSize','alpha','beta','shuffle',…
 'NFc1','NFc2','W_c1','B_c1','W_c2','B_c2','W_L',…
 'costFcn','accuracy_e','mse_b')
 end
end
% elapsed time
tsec = toc; fprintf('\nElapsed time %8.2f s \n',tsec)
% performance plot
figure, plot(1:length(costFcn),costFcn,'LineWidth',2), grid
xlabel('mini batch number'), ylabel('Cross-entropy (mini batch)')
figure, plot(1:length(mse_b),mse_b,'LineWidth',2), grid
xlabel('mini batch number'), ylabel('MSE (mini batch)')
figure, plot(1:epoch,accuracy_e,'o','LineWidth',2), grid
xlabel('epoch number'), ylabel('Accuracy (epoch)')
%% Test
fprintf('Test\n')
Tx = 10000;
X = testImages(:,:,1:Tx);
D = testLabels(1:Tx); D(D==0) = 10; % 0 -> 10
accuracy = 0;
[Mc1,Nc1,NFc1] = size(W_c1); % convolution layer 1 (5x5)x6
meanFilter1 = .25*ones(2); % pooling (2x2)
[Mc2,Nc2,NFc2,~] = size(W_c2); % convolution layer 2 (5x5)x12x6
meanFilter2 = .25*ones(2); % pooling (2x2)
z_c1 = zeros(24,24,NFc1); % (1) NFc1 feature maps (24x24)
a_c1 = zeros(size(z_c1)); % (2) NFc1 feature maps (24x24)
a_c1p = zeros(12,12,NFc1); % (3) NFc1 feature maps (12x12)
z_c2 = zeros(8,8,NFc2,NFc1); % (4) NFc2 feature maps (8x8) in NFc1
pockets
a_c2 = zeros(size(z_c2)); % (5) NFc2 feature maps (8x8) in NFc1
pockets
a_c2a = zeros(size(a_c2(:,:,:,1))); % (6) NFc2 feature maps (8x8)
```

```
a_c2ap = zeros(4,4,NFc2); % (7) NFc2 feature maps (4x4)
a_c2v = zeros(192,1); % (8) vectorization (4*4*NFc2)
for k = 1:Tx
 x = X(:,:,k)/256; % input data, image (28x28), normalize
% CNN convolutional layer 1
 for m = 1:NFc1
 z_c1(:,:,m) = conv2(x,W_c1(:,:,m),'valid') + B_c1(m); % (24x24)
 a_c1(:,:,m) = max(0,z_c1(:,:,m)); % ReLU
 mpool = conv2(a_c1(:,:,m),meanFilter1,'valid'); % mean pooling
 a_c1p(:,:,m) = mpool(1:2:end,1:2:end); % subsampling, (12x12)x6
 end
% CNN convolutional layer 2
 for m = 1:NFc1 % pockets
  for n=1:NFc2 % filters per pocket
  z_c2(:,:,n,m) = …
   conv2(a_c1p(:,:,m),W_c2(:,:,n,m),'valid') + B_c2(n,m);
   a_c2(:,:,n,m) = max(0,z_c2(:,:,n,m)); % ReLU, (8x8)x12x6
  end
 end
% sum accross pockets and preserve perception zones
 a_c2a = zeros(size(a_c2(:,:,:,1))); % (8x8)x12
 for n - 1:NFc2
  for m = 1:NFc1
   a_c2a(:,:,n) = a_c2a(:,:,n) + a_c2(:,:,n,m);
  end
 mpool = conv2(a_c2a(:,:,n),meanFilter2,'valid'); % mean pooling
 a_c2ap(:,:,n) = mpool(1:2:end,1:2:end); % subsampling, (4x4)x12
 end
 a_c2v = reshape(a_c2ap,[],1); % vectorization 192x1
% FCN
 z_L = W_L*a_c2v; % output layer, 10x1
 expz = exp(z_L); % softmax activation fcn
 a_L = expz/sum(expz); % output, 10x1
 [~,i] = max(a_L); % index of maximum (recognition)
 if i==D(k)
  accuracy = accuracy + 1; % accurate recognition
 end
end
accuracy = accuracy/Tx;
fprintf('Accuracy ratio %5.2f %% \n',100*accuracy)
% save results
time = fix(clock);
name = strcat('cnnFcn_',num2str(time(1)),'_',num2str(time(2)),'_',…
num2str(time(3)),'_',num2str(time(4)),'_',…
num2str(time(5)),'.mat');
```

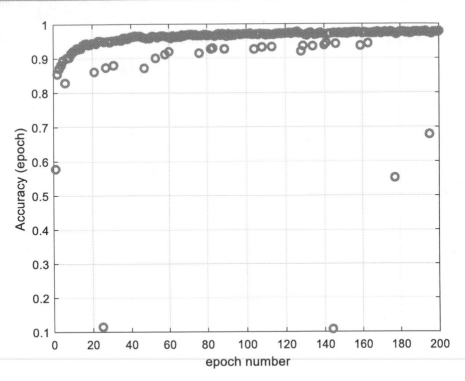

Abb. 14.22 Erkennungsquote in den Trainingsepochen (Trainingslänge 60.000, 200 Epochen, Lernrate $\alpha = 0{,}001$, Minderungsfaktor $\beta = 0{,}95$, Leaky-ReLU-Aktivierungsfunktion, Ausfallmethode mit 20 % Ausfallquote). Erkennungsquote in der 200. Epoche 97,85 %, Erkennungsquote im abschließenden Test 97,44 % (`testCnn2Fcn2_LD`)

```
save(name,'Lx','epoch','batchSize','alpha','beta','shuffle',…
  'NFc1','NFc2','W_c1','B_c1','W_c2','B_c2','W_L',…
  'costFcn','accuracy','accuracy_e','mse_b','tsec')
```

Zu Übung 14.3

Siehe Programme `testCnn2Fcn2_LD` und `trainCnn2Fcn2_LD` in den Online-Ressourcen.

Die Anwendung der Ausfallmethode auf die verborgenen Knoten ändert das Lernverhalten grundlegend, s. Abb. 14.22. Durch die Ausfälle kommt es in den Epochen vereinzelt zu merklichen Einbrüchen der Erkennungsquote bis hin zum fast völligen Ausfall der Bilderkennung bei ca. 10 % (vgl. Zufallsauswahl bei 10 Ziffern). Handelt es sich dabei um Programm- oder Programmierfehler? Sind 80 % der Knoten überflüssig? Liegt eine Überparametrisierung vor, oder werden die Knoten gebrauch um das „restliche 1 %" der Bilder richtig zu erkennen? Sollte die Zahl der Epochen weiter erhöhen werden, weil wegen der Ausfälle ein längeres Training nötig ist? Diese Übung endet mit mehr Fragen als sie begonnen hat.

Schließlich sei angemerkt das im Programm weitere Maßnahmen oder Varianten nicht verwendet wurden, wie die Regularisierung der Gewichte (Kap. 13) und die Stapelnormierung für die Netzeingaben vor den nichtlinearen Aktivierungsfunktionen (`batchNormalizationLayer`) und einiges mehr (Goodfellow et al. 2016).

Literatur

Birbaumer, N., & Schmidt, R. F. (2010). *Biologische Psychologie* (7. Aufl.). Heidelberg: Springer.

Carter, R., Aldrige, S., Page, M., & Parker, S. (2010). *Das Gehirn. Anatomie, Sinneswahrnehmung, Gedächtnis, Bewusstsein, Störungen*. München: Dorling Kindersley

Gonzalez, R. C. (2018). Deep convolutional neural networks [Lecture Notes]. *IEEE Signal Processing Magazine, 35*(6), 79–87. https://doi.org/10.1109/MSP.2018.2842646.

Gonzalez, R. C., & Woods, R. E. (2018). *Digital image processing* (4. Aufl.). Harlow: Pearson.

Goodfellow, I., Bengio, Y., & Courville, A. (2016). *Deep learning*. Cambridge: MIT Press.

Ioffe, S., & Szegdedy, C. (2015). Batch normalization: Accelerating deep network Training by reducing internal covariate shift. *arXiv preprint arXiv: 1502.03167.*

Kim, P. (2017). Matlab deep learning. With machine learning, neural networks and artificial intelligence. *Apress.* https://doi.org/10.1007/978-1-4842-2845-6.

Redmon, R. C. (2020). Download 18.04.2020. https://pjreddie.com/projects/mnist-in-csv/.

Schandry, R. (2006). *Biologische Psychologie* (2. Aufl.). Weinheim: Beltz.

Erratum zu: Digitale Bildverarbeitung

**Erratum zu: M. Werner, *Digitale Bildverarbeitung*,
https://doi.org/10.1007/978-3-658-22185-0**

Leider wurden die Gleichungen auf S. 218 und S. 220 des Kapitels 8 fehlerhaft veröffentlicht. Die korrekten Gleichungen lauten:

S. 218: $X \circledast Q = (X \ominus Q_1) \cap (X^c \ominus Q_2)$ mit $Q = (Q_1, Q_2)$ und

S. 220: $X \otimes Q = X - (X \circledast Q) = X \cap (X \circledast Q)^c$ mit $Q = (Q_1, \ldots, Q_8)$

Darüber hinaus wurden allen 14 Kapiteln des Buches elektronische Zusatzmaterialien hinzugefügt.

Die korrigierte Version des Buches finden Sie unter
https://doi.org/10.1007/978-3-658-22185-0

Stichwortverzeichnis

Printed in the United States
by Baker & Taylor Publisher Services